世界を知る新しい教科書

THE MATHS BOOK
数学大図鑑

カール・ワルシ ほか著
竹内薫 日本語版監修　日暮雅通 訳

河出書房新社

Printed and bound in China

www.dk.com

世界を知る新しい教科書
数学大図鑑

2024年9月30日　初版発行

著　者　カール・ワルシほか

日本語版監修　竹内薫

訳　者　日暮雅通

装丁者　松田行正＋杉本聖士

発行者　小野寺優

発行所　株式会社河出書房新社
〒162-8544
東京都新宿区東五軒町2-13
電話　(03) 3404-1201［営業］
　　　(03) 3404-8611［編集］
https://www.kawade.co.jp/

組　版　株式会社キャップス

Printed and bound in China
ISBN 978-4-309-25469-2

■日本語版監修
竹内薫（たけうち・かおる）
1960年生まれ。サイエンス作家。理学博士。評論、エッセイ、講演などを幅広くこなし、メディアでも活躍。著書に、『99.9%は仮説』、『理系バカと文系バカ』、『怖くて眠れなくなる科学』『ゼロから学ぶ量子力学』、『自分はバカかもしれないと思ったときに読む本』など。
訳書に、ロヴェッリ『すごい物理学講義』（監訳）、テイラー『WHOLE BRAIN 心が軽くなる「脳」の動かし方』、ジー『超圧縮 地球生物全史』など。監修書籍多数。

協力：間中千元

■翻訳
日暮雅通（ひぐらし・まさみち）
翻訳家。1954年生まれ、青山学院大学理工学部卒業。日本文藝家協会会員。訳書はドーラン&ビゾニー『ガガーリン』、ハート=デイヴィス『サイエンス大図鑑』、フォーブズ&グリムジー『ナノサイエンス図鑑』（以上、河出書房新社）、ベントリー『ビジュアル版　数の宇宙』（悠書館）ほか多数。

執筆者紹介

カール・ワルシ(編集顧問)

英国の学校やカレッジで長年数学を教えてきた。2000 年に数学の本の出版を始め、中等教育レベルの学生向けの教科書シリーズを英国内外で出版、ベストセラーとなる。インクルーシブ教育と、あらゆる年齢層の人々が異なる方法で学ぶという考えに尽力している。

ヤン・デンジャーフィールド

上級数学の講師および上級試験官。英国公認教育評価者協会のフェローであり、王立統計学会のフェローでもある。30 年以上にわたり英国数学史学会会員。

ヘザー・デイヴィス

英国の作家で教育者。30 年にわたり数学を教えてきた。ホダー・エデュケーション社から教科書を出版し、英国数学教師協会の出版物を管理している。また、英国内外の試験委員会のためにコースを提供し、生徒のための強化活動も執筆・発表している。

ジョン・ファーンドン

科学や自然に関する一般書を幅広く出版してきた。英国王立協会の「ヤング・ピープルズ・サイエンス・ブック・プライズ」の最終候補に 5 度選出されるなど、数々の賞を受賞している。さまざまなテーマに関する約 1,000 冊の本の執筆や共同執筆を手がけ、*The Oceans Atlas*、*Do You Think You're Clever?*、*Do Not Open* などの書籍で国際的に高い評価を得たほか、*Science* や *Science Year by Year* などにも寄稿している。

ジョニー・グリフィス

ケンブリッジ大学、放送大学、イースト・アングリア大学で数学と教育学を学んだ後、英国ノーフォークのパストン・カレッジで 20 年以上数学を教えてきた。2005 年から 2006 年にかけては、人気の数学ウェブサイト「Risps」を立ち上げたことでギャツビー・ティーチャー・フェローに選ばれた。2016 年、数学の学生を対象としたコンペティション「リタングル」を創設。

トム・ジャクソン

25 年間にわたり作家として活躍。大人向けおよび子供向けのノンフィクション書を約 200 冊執筆し、科学技術の幅広い分野で貢献してきた。その中にはマーカス・デュ・ソートイとの共著によるシリーズ *Numbers: How Counting Changed the World; Everything is Mathematical* や、キャロル・ヴォーダーマンとの共著 *Help Your Kids with Science* などがある。

ムクル・パテル

ロンドンのインペリアル・カレッジで数学を学び、さまざまな分野で執筆やコラボレーションを行ってきた。子供向けの数学の本 *We've Got Your Number* の著者であり、ティルダ・スウィントンが声を担当した映画の脚本もある。また、コンテンポラリー振付家のための作曲や、建築家のためのサウンド・インスタレーションも数多く手がけている。現在は AI の倫理的問題を研究中。

スー・ポープ

数学教育者で、数学教師協会の長年の会員。同協会の会議で数学教育史に関するワークショップを共同運営している。著書は幅広く、最近では *Enriching Mathematics in the Primary Curriculum* を共同編集した。

マット・パーカー(序文)

オーストラリア出身の数学教師。現在はスタンダップ・コメディアンで、数学コミュニケーター。著名な数学ユーチューバーとして、Numberphile と Stand-up Maths チャンネルで活躍しており、ビデオ再生回数は 1 億回を超えている。Festival of the Spoken Nerd でライブ・コメディを披露し、ロイヤル・アルバート・ホールの前では円周率の計算ライブを行った。BBC やディスカバリー・チャンネルでテレビやラジオ番組のプレゼンターも務めている。著書に *Humble Pi: A Comedy of Maths Errors*(『屈辱の数学史』)がある。

目次

中世
500～1500年

ルネサンス期
1500～1680年

啓蒙思想期
1680～1800年

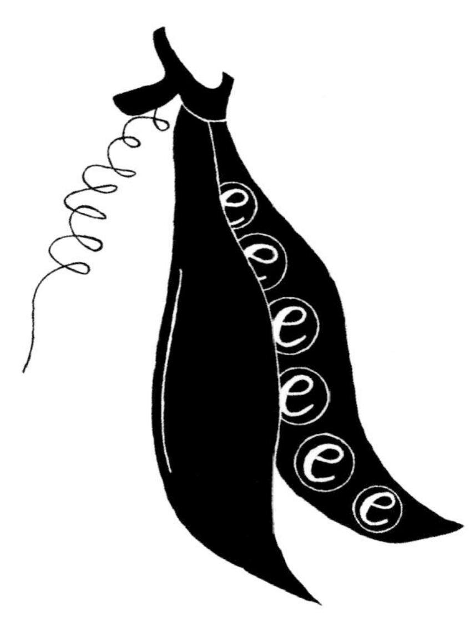

19世紀
1800～1900年

現代数学
1900年～現在

序文

数学のすべてを1冊の本にまとめるのはたいへんな仕事であり、不可能とも言える。人類は何千年にもわたって数学を探究し、発見してきた。初期の算術や幾何学が最古の都市や文明の基礎となり、事実上、私たちは数学に頼って種（しゅ）としての進歩を遂げたのだ。また哲学上も、パターンや論理を探究する純粋な思考の訓練に数学を活用してきた。

数学というのは、ひとつの定義でくくるのが驚くほど難しい学問だ。「数字に関する分野」だと、簡単にかたづけられるものではない。それでは、本書で扱う幾何学や位相幾何学を含め、膨大な数学的トピックが除外されてしまう。もちろん、数が数学の最も難解な領域を理解するのに非常に有用なツールであることに変わりはないが、重要なのは、数が数学の最も興味深い側面ではないということだ。数だけに焦点を当てると、木を見て森を見ずになってしまう。

ちなみに、「数学者が楽しんでいるようなこと」という私なりの数学の定義は、愉快な循環論法ではあっても、ほとんど役に立たない。「大きな考え（ビッグ・アイデア）を単純に説明すること」というのが、じつは悪くない定義かもしれない。数学とは、最も大きな考えに対して最も単純な説明を見つける試みとも考えられよう。それはパターンを見いだして要約しようと努めることだ。ピラミッドをつくったり土地を分割したりするのに欠かせない、実用的な3角形に関するパターンもあれば、抽象代数学の26の散発的なグループをすべて分類しようとするパターンもある。これらは有用性と複雑性の両面でまったく異なる問題であるが、どちらのタイプのパターンも時代を超えて数学者の執念の対象になってきた。

数学のすべてを整理する決定的な方法はないが、年代順に見ていくのは悪くない方法だ。本書は、人類が数学を発見するまでの歴史的な道のりを、数学を分類し、直線的な流れにまとめる方法として用いている。勇気ある努力ではあるが、難しい。現在の数学的知識は、時代も文化も超えて広大無辺とも言える範囲のさまざまな人々によって築き上げられたものなのだから。

つまり、例えば魔方陣をとりあげた項のような短い記述に、数千年の歴史と地球上の全範囲が詰め込まれることになる。各行、列、対角線上の和がどれも同じになるように数を配置する魔方陣は、最も古いレクリエーション数学の分野のひとつである。紀元前9世紀の中国に始まり、紀元後100年のインドの書物、中世のアラブの学者、ルネサンスのヨーロッパ、そして現代の数独パズルへと、物語は巡りめぐっていく。わずか2ページで、2001年のジオ魔方陣まで3000年の歴史をカバーしているわけだ。数学におけるこんなに小さな分野でさえ、紙幅が足りなかったということを、わかってほしい。

数学のほんの一例を研究するだけでも、人類がどれほどのことを成し遂げてきたかを思い知らされる。反面、数学がもっとうまくやれるはずの部分も浮き彫りにされる。数学の歴史に女性が見事にとりこぼされていることも、無視できない。何世紀ものあいだ、多くの才能が無駄にされ、多くの功績が適切に評価されずにきた。しかし私は、数学者の多様性が改善され、誰もが数学を発見し学ぶようになることを願っている。

というのも、この先も数学の体系は成長し続けるからだ。もしこの本が100年早く書かれていたら、260ページくらいまではほとんど同じだっただろう。そして、そこで終わっていただろう。エミー・ネーターの環論も、アラン・チューリングの計算機も、ケヴィン・ベーコンの「6次の隔たり」もない。そして間違いなく、100年後に印刷される版は、325ページ以降も続くだろう。そして、誰でも数学ができるのだから、誰が、いつ、どこで、新しい数学を発見するかはわからない。21世紀に数学を大きく発展させるためには、すべての人々を巻き込む必要がある。本書が、すべての人を奮い立たせる一助となれば幸いである。

MATT PARKER

マット・パーカー

イントロダクション

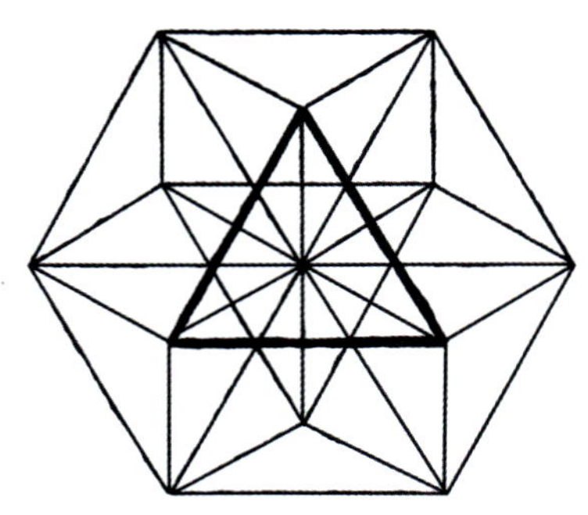

数学の歴史は、有史以前、初期の人類がものの数を数え、数値化する方法を発見したときまでさかのぼる。そうすることで、人類は数、大きさ、形の概念に一定のパターンとルールを見いだすようになった。例えば、2つのもの（小石であれ、木の実であれ、マンモスであれ）を別の2つに足すと、必ず4つになるという、足し算と引き算の基本原理を発見したのである。このような考え方は、現代の私たちには当たり前のように思えるかもしれないが、当時としては深い洞察の成果だった。また、数学の歴史が発明というよりむしろ発見の物語であることも、そこからよくわかる。数学の根本原理を認識したのは人間の好奇心と直感であり、のちにそれを記録し表記するさまざまな手段を提供したのは人間の創意工夫だが、原理自体は人間の発明ではない。数学の法則は、物理学の法則と同様、普遍的であり、永遠であり、不変である。平面上の3角形の内角の和が180°、つまり直線になることが初めて示されたとき、数学者がそれを発明したわけではない。これまでもずっと真実だった（そしてこれからもずっと真実である）ことを発見しただけなのだ。

魂の詩人でなければ、数学者ではいられない。

ソフィア・コワレフスカヤ
ロシアの数学者

初期の応用

数学的発見のプロセスは、先史時代、人々が数値化する必要があるものを数える方法を開発することから始まった。最も単純なものとしては、骨や棒に集計記号を刻んで数を記録するという、初歩的ながら信頼性の高い方法があった。やがて、数に単語や記号が割り当てられるようになる。商品の仕入れや在庫管理などのため、算術の基本演算を表現する手段として生まれた数体系が進化しはじめた。

狩猟採集生活をしていた人類が交易や農耕に従事するようになり、社会が高度化していくにつれて、算術演算と数体系はあらゆる取引に不可欠なツールとなっていく。石油や小麦粉、土地の区画のような数えられない商品の取引、在庫管理、納税のために、重さや長さといった寸法を数値で表す計測システムが開発された。計算も複雑になっていき、足し算と引き算から掛け算と割り算の概念が発達して、土地の面積なども計算できるようになった。

初期の文明社会では、数学の新発見、特に空間中の物体の測定が、幾何学という分野の基礎となり、建築や道具作りに生かせる知識ともなった。実用的な計測をすることで、人々は必ず生まれる特定のパターンが役に立つことを発見した。建築用の単純だが正確な正方形は、3、4、5単位の辺をもつ3角形からつくることができる。この正確な道具と知識がなければ、古代メソポタミアやエジプトの道路、運河、ジッグラト（聖塔）、ピラミッドは建造できなかっただろう。そうして数学的発見が天文学、航海術、工学、簿記、租税などに応用されていくにつれ、さらなるパターンやアイデアが生まれる。相

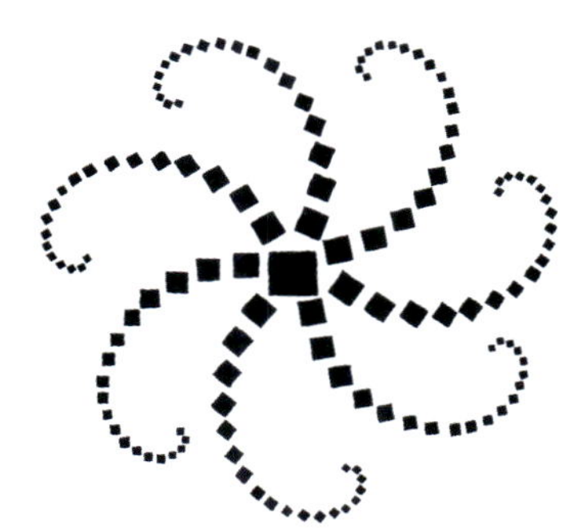

互に促し合う発見と応用のプロセスを経て、古代文明はそれぞれに数学の基礎を確立したが、同時にそれ自体のための数学、いわゆる純粋数学への憧れも発展させていった。紀元前1世紀のなかばから、最初の純粋数学者がギリシアに、やや遅れてインドと中国にも現れはじめ、それ以前の文明の技術者、天文学者、探検家といった実用数学の先駆者たちの遺産を土台に、学問を築いていく。

自分たちの発見を現実に応用することにはあまり関心がなかった初期の数学者たちだが、研究を数学だけに限定していたわけではない。数、形、プロセスの特性を探究する中で、彼らは普遍的なルールやパターンを発見し、宇宙の本質について形而上学的な疑問を投げかけた。そのため、しばしば数学は哲学を補完する学問とみなされた。時代を超えて偉大な数学者の多くは哲学者でもあり、その逆もまた然りである。

幾何学は永遠に
存在するものの知識である。

ピュタゴラス
古代ギリシアの数学者

算術と代数学

かくして、私たちが今日理解している数学の歴史が始まった。本書の大部分を占める、数学者たちの発見、推測、洞察の歴史である。数学の歴史は数学者個人の思考や着想ばかりでなく、メソポタミアやエジプトの古代文明から、ギリシア、中国、インド、イスラム帝国を経て、ルネサンス期のヨーロッパ、そして現代に至るまで、社会や文化の物語でもある。社会や文化の発展にともない、数学もいくつかの異なる、しかし相互に結びついた研究分野からなる学問とみなされるようになっていく。

まず現れたのが、さまざまな意味で最も基本的な、算術（ギリシア語の“数”arithmos にちなんで arithmetic と呼ばれる）という数や量を研究する分野だ。算術の初歩は数を数え、ものに数値を割り当てることだが、数に適用する足し算、引き算、掛け算、割り算などの演算にも関係している。数体系という単純な概念から、数の性質の研究、さらには概念そのものの研究が生まれる。定数 π や e、素数や無理数など、ある種の数は特別な魅力を持ち、多くの研究の対象となっている。

数学のもうひとつの主要な分野、代数学は、構造、つまり数学が組織化される方法を研究する学問である。したがって、ほかのあらゆる分野と何らかの関連性がある。算術と異なるのは、変数（未知数）を表すために文字などの記号を使うこと。その基本的なかたちとして、代数学は数学の中でこれらの記号がどのように使われるかという根本的な規則を研究する。方程式を解く方法は、かなり複雑な2次方程式でさえも、古代バビロニア時代にはすでに発見されていた。しかし、このプロセスを単純化する記号の使用法を開拓したのはイスラム黄金時代の中世の数学者たちであり、アラビア語の al-jabr に由来する“algebra（代数）”という言葉を生み出した。最先端の代数学によって、抽象化という考え方が抽象代数学という代数的構造の研究にまで拡張された。

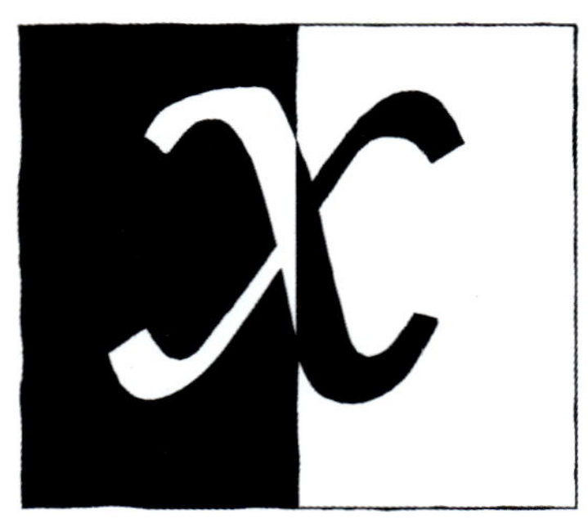

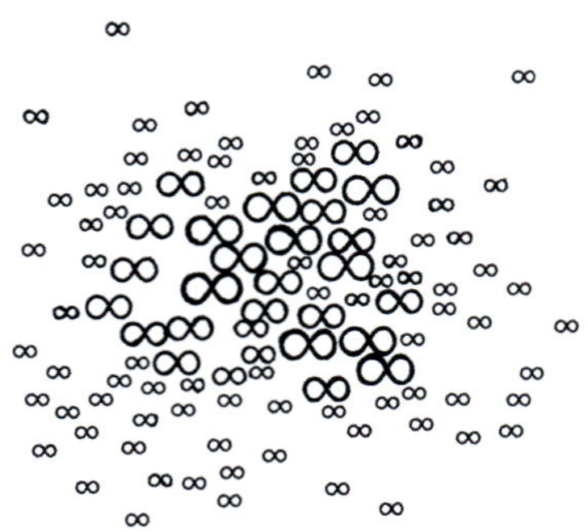

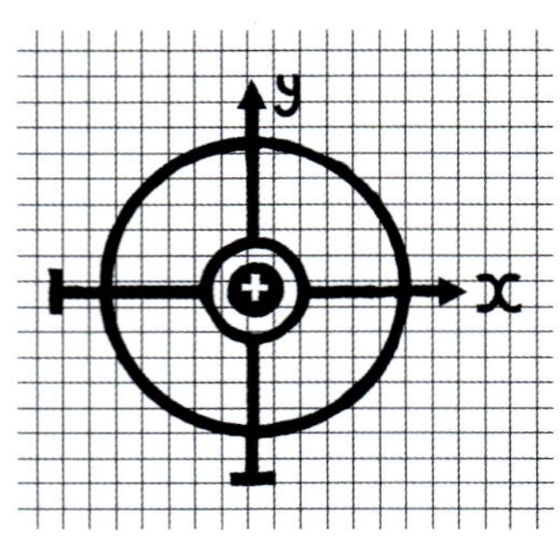

幾何学と微積分学

数学の3つ目の主要分野、幾何学は、空間の概念と、空間内の物体の関係を扱う学問である。つまり、図形の形、大きさ、位置を研究する。工学や建設プロジェクト、土地区画の測定や割り当て、航海や暦づくりのための天体観測など、物理的な寸法を記述する実務から発展した。特に三角法（3角形の性質を研究する学問）という部門は、実務に役立った。おそらくその非常に具体的な性質ゆえに、幾何学は多くの古代文明で数学の礎石として、ほかの分野での問題解決や証明の手段となった。

なかでも古代ギリシアでは、幾何学と数学が事実上の同義語だった。ピュタゴラス、プラトン、アリストテレスら偉大な数理哲学者の遺産がユークリッドによって統合され、幾何学と論理学の組み合わせに基づく彼の数学原理は、約2000年にわたり学問の基礎として受け入れられてきた。しかし19世紀になると、古典的なユークリッド幾何学に代わる新たな学問が提唱され、空間内の物体だけでなく空間そのものの性質や特性を考察する位相幾何学など、新たな研究分野が開拓される。

古典期以来、数学は静的な状況、つまりある瞬間にものごとがどのような状態にあるかを研究対象としてきたため、連続的な変化を測定したり計算したりする方法はなかった。その問題に答えを出したのは、17世紀にゴットフリート・ライプニッツとアイザック・ニュートンがそれぞれ独自に発展させた微分積分法だ。微積分学の2つの部門、微分学と積分学によって、グラフ上の曲線の傾きやその下の面積などを分析する方法が見いだされ、変化を記述したり計算したりできるようになった。

> **数学では、**
> **問題を解くことよりも**
> **質問することの方に**
> **価値がある。**
>
> **ゲオルク・カントール**
> ドイツの数学者

微分積分法の発見はのちに、20世紀の量子力学やカオス理論などと特に関係が深い、解析学という分野を切り開いていく。

論理学の再検討

19世紀後半から20世紀初頭にかけて、もうひとつ、数学基礎論という分野が登場した。哲学と数学の結びつきが復活したのだ。紀元前3世紀のユークリッドのように、ゴットロープ・フレーゲやバートランド・ラッセルをはじめとする学者たちが、数学的原理の根拠となる論理的基礎を探究した。彼らの研究は、数学の本質とは何か、数学はどのように機能するのか、数学の限界はどこにあるのかを再検討するきっかけとなった。基本的な数学概念を研究する数学基礎論は、おそらく最も抽象的な分野だろう。一種のメタ数学でありながら、現代数学のあらゆる分野を補助するものとして不可欠な学問だ。

新しい技術、新しいアイデア

算術、代数学、幾何学、微積分学、数学基礎論といったさまざまな数学の分野には、それぞれ研究すること自体に価値があり、学術的数学には、一般的にほとんど理解できない抽象的なも

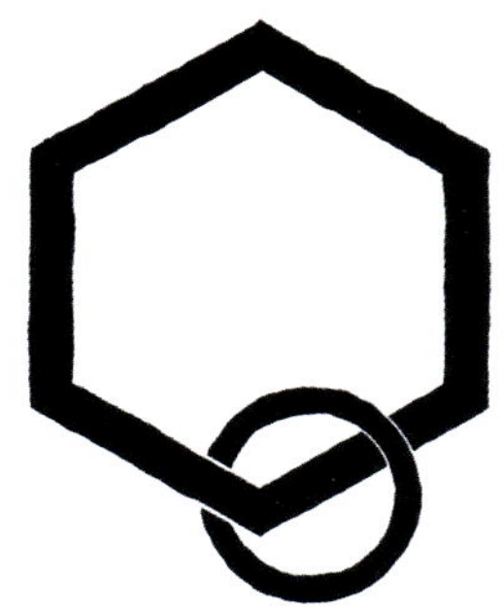

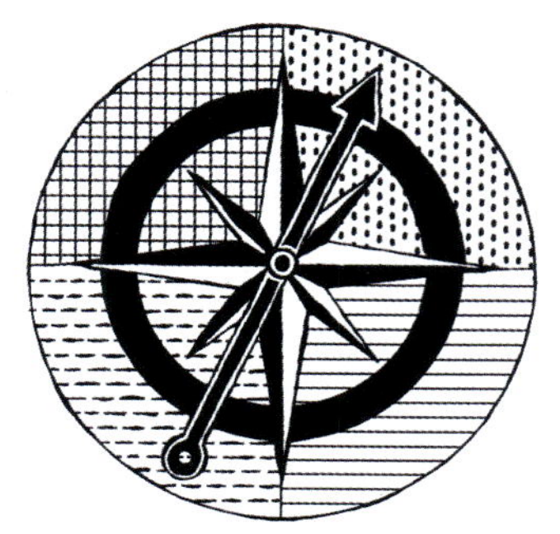

のというイメージがある。しかし、数学的発見にはたいてい応用があり、また数学を応用した科学技術の進歩が今度は数学的思考の革新を促すことにもなった。

その典型的な例が、数学とコンピュータの共存関係である。もともとコンピュータは、数学者や天文学者などが扱うデータのために、計算という“力仕事”をする機械的手段として開発されたものだが、実際にコンピュータを構築するには新しい数学的思考が必要だった。機械的な、そして電子的な計算装置をつくるには、エンジニアばかりでなく数学者も貢献し、その結果としてコンピュータが新しい数学的アイデアを発見する道具ともなったのである。将来も数学の定理が新たに応用されていくことは間違いないだろう。そして、まだ解決されない問題が数多くある以上、数学的発見が尽きることはないように思われる。

数学の歴史は、こうしたさまざまな分野の探究と、新たな分野の発見の物語である。また、未解決の問題に対する答え探しに、あるいは新しいアイデアを求めて、明確な目的をもって未知の領域に踏み出した数学者たち、そして数学的な旅の途中で偶然出会ったアイデアがどこにつながるのか見てみようとひらめいた人たちの物語でもある。その発見が未踏の地への道を切り開く画期的な啓示となることもあれば、「巨人の肩の上に立つ」ように以前の思想家のアイデアを発展させたり、その実用的な応用法を見つけたりすることもある。

本書は、初期の発見から現在に至るまで、数学における「大きな考え（ビッグ・アイデア）」の数々を紹介し、それらがどこから来たのか、誰が発見したのか、そして何が重要なのかを平易な言葉で説明している。なじみのあるトピックも、そうでないものもあるだろう。発見されたアイデアを理解し、アイデアを発見した人々や社会に目を向けることで、数学の普遍性や有用性だけでなく、数学者が数学に見いだす気品（エレガンス）と美にも触れていただきたい。◆

正しく見さえすれば、
数学には真理だけでなく
至高の美しさもある。

バートランド・ラッセル
イギリスの哲学者、数学者

古代および古典期

紀元前3500年～紀元500年

紀元前 3500 年ごろ

シュメールの粘土板にさまざまな量が表され、計算システムの存在をうかがわせる。

紀元前 3000 年ごろ

シュメール人が 60 進法を導入、小さい円錐形で 1、大きい円錐形で 60 を表す。

紀元前 1650 年ごろ

古代エジプト人が面積と体積の計算法を記述、リンドのパピルス写本に記録する。

紀元前 530 年ごろ

ピュタゴラスが学校を設立。みずからの形而上学的信条と、ピュタゴラスの定理などの数学的発見を教える。

紀元前 430 年ごろ

メタポントゥムのヒッパソス、分数で表せない無理数を発見。

紀元前 387 年ごろ

プラトンがアテネのアカデメイアに学園を創設。入り口の門に「幾何学を知らぬ者、くぐるべからず」という看板を掲げる。

紀元前 300 年ごろ

ユークリッドが、最も影響力の大きい数学書『原論』を著す。素数の無限性の証明など、数学の進歩の集大成。

はるか 4 万年前、人類は木や骨に印を付けるという方法で早くも数を数えていた。そのころすでに人類が初歩的な数と算術を認識していたのは確かだが、数学らしい数学の歴史は、初期の文明における数体系の発達から幕を開ける。最初は世界最古の農耕都市、西アジアのメソポタミアで、紀元前 3500 年ごろに数体系が生まれた。シュメール人がさまざまな記号で数量を表すタリーマーク（刻み目のしるし）という概念を生み出し、バビロニア人はそれを楔形文字の高度な数体系に発展させた。紀元前 1800 年ごろから、バビロニア人は初歩的な幾何学と代数学を用いて、建築、工学、土地分割の計算など実用的な問題を解いていた。

やや遅れて古代エジプト文明にも、似たような歴史が始まる。古代エジプトの貿易や課税には高度な数体系が必要だったし、建築や工学は計測手段と幾何学および代数学の知識に頼っていた。エジプト人はまた、天体や季節のサイクルを計算して予測し、天体観測と数学のスキルを併用して宗教や農業の暦をつくった。紀元前 2000 年ごろには、算術と幾何学の原理を確立していた。

ギリシアの厳密さ

紀元前 6 世紀以降は、東地中海全域で古代ギリシアの影響力が急速に高まっていく。ギリシアの学者たちは、バビロニア人とエジプト人の数学的アイデアをたちまち同化し、エジプトで生まれた基数 10（10 個の記号を使う）の数体系を使用した。特に幾何学は、形の美しさと対称性を崇拝するギリシア文化におあつらえむきだった。数学は古典的ギリシア思想の礎石となり、それが芸術、建築、哲学にまで反映された。ピュタゴラスとその信奉者たちは、幾何学と数の神秘的な性質に触発され、数学的原理こそ宇宙とそこに存在するすべてのものの基礎であると信じて研究する、カルト教団的な共同体を設立した。

エジプト人はピュタゴラスより何世紀も前から、3、4、5 単位の辺を持つ 3 角形を建築の道具として使い、角がきちんと直角になるようにしていた。観察から思いついたアイデアを経験則として応用したのだが、ピュタゴラス

紀元前 250 年ごろ

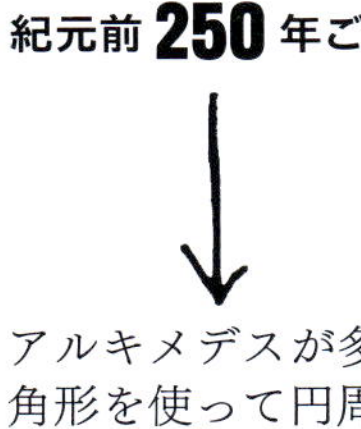

アルキメデスが多角形を使って円周率の近似値を求める。

紀元前 200 年ごろ

ペルガのアポロニウスの著書『円錐曲線論』によって、幾何学に重要な進歩がもたらされる。

紀元前 150 年ごろ

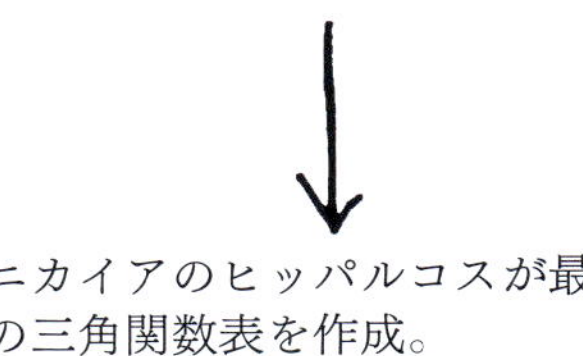

ニカイアのヒッパルコスが最初の三角関数表を作成。

紀元前 500 年ごろ

古代中国で、黒と赤の竹の棒を使って負と正の数を表すシステムが開発される。

250 年ごろ

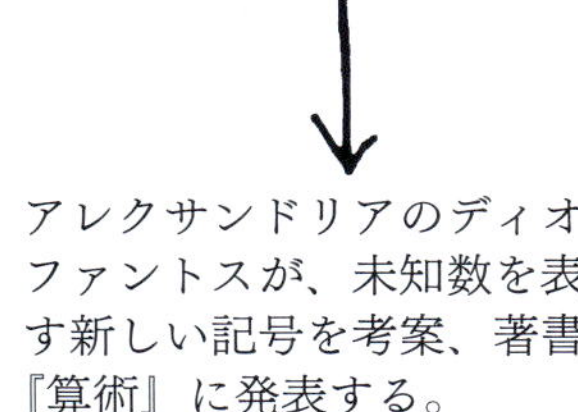

アレクサンドリアのディオファントスが、未知数を表す新しい記号を考案、著書『算術』に発表する。

263 年

中国で劉徽(りゅうき)が『九章算術注』を著す。紀元前 10 世紀ごろ中国の学者たちが編纂した『九章算術』の重要な注釈書。

470 年

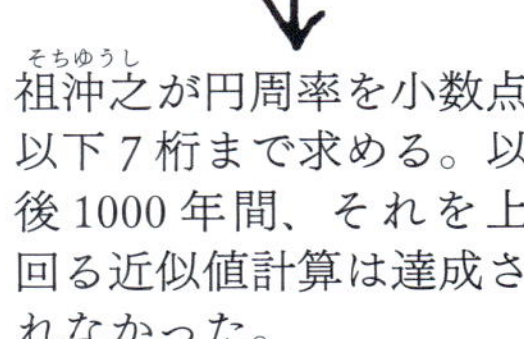

祖沖之(そちゅうし)が円周率を小数点以下 7 桁まで求める。以後 1000 年間、それを上回る近似値計算は達成されなかった。

はこの原理を厳密に示し、すべての直角 3 角形に当てはまるという証明を提示した。厳密に証明するという考え方が、ギリシア人の数学への最大の貢献であろう。

プラトンがアテネに設立した学園は哲学と数学の研究を専門とし、プラトン自身も 5 つのプラトン立体（正 4 面体、立方体〔正 6 面体〕、正 8 面体、正 12 面体、正 20 面体）を記述した。そのほかエレアのゼノンをはじめとする哲学者たちも、数学の基礎に論理学を応用し、無限や変化の問題を明らかにした。彼らは無理数という不可解な現象まで探究していた。プラトンの弟子アリストテレスは、論理形式の理路整然とした分析によって、帰納的推論（観察から経験則を推論する）と演繹的推論（確立された前提、または公理から、論理的手順を踏んで結論に到達する）の違いを明らかにした。

先人の業績をもとにユークリッドが公理的真理からなる数学的証明の原理を著した『原論』は、その後 2000 年にわたって数学の基礎となった。ディオファントスも同様の厳密さで、方程式の中で未知数を表す記号の使用法を開拓した。それが代数学の記号表記への第一歩となる。

東方の新たな夜明け

ギリシアの優位は、やがて台頭したローマ帝国に取って代わられる。ローマ帝国は、数学を学問としてではなく実用的なツールとみなした。それと同じころ、インドと中国の古代文明はそれぞれに独自の数体系を築いていた。中国は特に 2 世紀から 5 世紀のあいだに、主として古典的な数学文書を改訂敷衍した劉徽(りゅうき)の業績のおかげで、数学が盛んになった。◆

数字がそれぞれの位置につく

位取りの数

関連事項

主要文明
バビロニア

分野
算術

それまで
4万年前 石器時代のヨーロッパやアフリカで、人々は木や骨に印を付けて数を数えた。

紀元前3500～3200年 シュメール人が土地の測量や夜空の研究のため、初期の計算システムを開発する。

紀元前3200～3000年 バビロニアで60進法の発展とともに、粘土を使って数を表すようになる。小さい円錐形で1、大きい円錐形で60、球形で10を表す。

その後
2世紀 中国で10進法の計算盤を使う。

7世紀 インドのブラーマグプタが、単に位取りを示すだけではない、それ自体が数字としてのゼロを確立する。

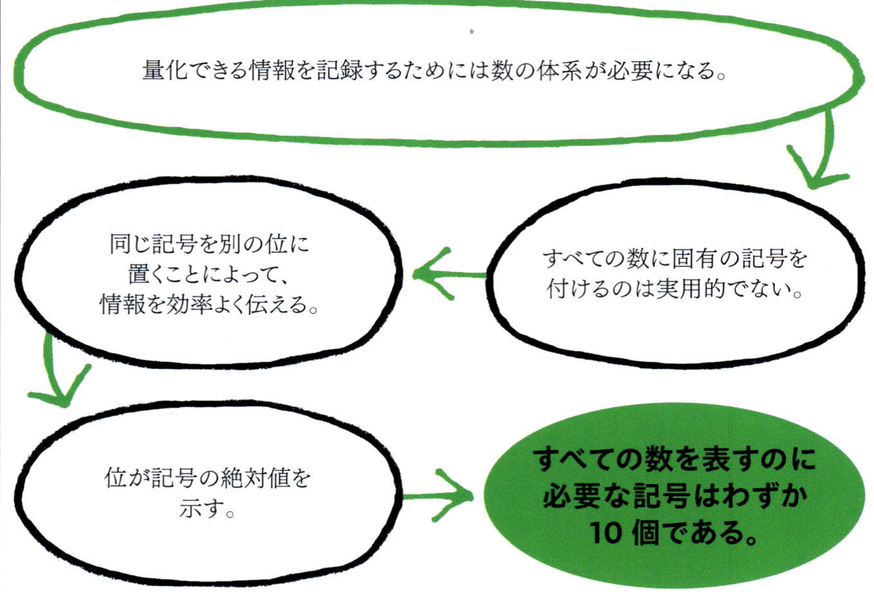

史上初めて高度な記数法を使ったのは、現在のイラク、チグリス川とユーフラテス川のあいだに栄えた古代文明メソポタミアの、シュメール人だという。早くも紀元前3500年ごろ、シュメールの粘土板に、さまざまな量を表す記号が記されている。シュメール人に続いてバビロニア人も、数学的ツールを用いて効率よく帝国を管理運営していた。

エジプトなど近隣諸国と違って、バビロニアでは数の値を記号と位置の両方で示す位取り数（桁値）システムを採用していた。今日、例えば10進法では、数字の桁の位置によって、その値が1の位の数（10未満）、10の位の数、100の位の数、またはそれ以上の桁値であるかが示される。このようなシステムでは、記号の小さな集合で膨大な範囲の値を表すことができるため、計算がより効率的になる。対照的に桁値システムのなかった古代エジプトでは、1の位の数、10の位の数、100の位の数、1,000の位の数、それ以上の数を別々の記号で示した。大きな数を表すには、50個以上の象形文字（ヒエログリフ）が必要だった。

異なる基数の使用

今日採用されているインド＝アラビア記数法は基数10システム（10進法）である。表記に必要な記号は、9つの数字（1、2、3、4、5、6、7、8、9）、および、ある桁に数が「ない」ことを示すゼロ（0）の、合計10個だけだ。バビロニア式と同様、桁の位置がその値を表し、右端が最小値の桁となる。基数10システムでは、22のような2桁の数字は、$(2\times10^1)+2$を表し、左の2の値は右の2の値の10倍である。数字を追加して桁が増えると、左側へ100、1,000と、さらに大きな10の累乗の桁値が示されていく。整数の後に記号（現在標準的には小数点）を付けて、

> **私たちは計算し、計量し、測定し、観察することができる——これが自然哲学だ。**
>
> **ヴォルテール**
> フランスの哲学者

参照：リンドのパピルス写本（p32～33）■計算盤（p58～59）■負の数（p76～79）■ゼロ（p88～91）■フィボナッチ数列（p106～11）■小数（p132～37）

整数と小数に分けて表記することもでき、小数部分の桁値はそれぞれ左側の10分の1を表す。バビロニア人は、おそらくシュメール人から受け継いだと思われる、より複雑な60進法（基数60システム）の数体系を用いた。それは今日でも世界中で、時間や円の360°（360＝6×60）、地理座標の測定に使われている。なぜ60を基数としたのかは、まだはっきりとはわかっていない。1、2、3、4、5、6、10、12、15、20、30という多くの数で割り切れることから選ばれたのかもしれない。バビロニア人はまた、太陽暦（365.24日）に基づいた暦年を採用し、1年の日数を360（6×60）日プラス祝祭日としていた。

バビロニアの60進法では、1の記号を単独で使ったり繰り返したりして1から9までの数字を表す。10を表す別の記号を、1の記号の左側に置き、2～5回繰り返して59までの数を表す。60（60×1）を表すにはもとの1の記号を再利用するが、1の記号よりも左側に置く。60進法なので、1の記号が2つ並べば61、3つなら3661、つまり60^2+60+1を表す。

60進法には明らかな欠点があった。10進法よりも多くの記号が必要になるのだ。何世紀ものあいだ、60進法

バビロニアの太陽神シャマシュが、古代の測量器具であるロッド（棒）と巻き綱を、訓練を終えたばかりの測量士に授ける。紀元前1000年ごろの粘土板。

楔形文字

19世紀後半、イラク周辺のバビロニア遺跡出土の粘土板に刻まれた楔形（くさびがた）文字が、学者たちによって解読された。湿った粘土に尖筆の両端を使ってつけたその刻み目は、文字や単語ばかりか高度な数体系までも表していた。エジプトと同様にバビロニアでも、複雑な社会を管理するために書記が必要とされていて、数学的なことが記録されたものはたいていが書記養成学校の粘土板だと思われる。

掛け算、割り算、幾何学、分数、平方根、立方根、方程式などにまで及ぶバビロニアの数学について、今では多くのことが判明している。エジプトのパピルス巻本と違って、粘土板はよく残っているからだ。紀元前1800年から1600年にかけてのものを中心に、数千枚が世界中の博物館に収蔵されている。

英語のcuneiform（楔形文字）はラテン語のcuneus（クネウス、くさび）から派生した言葉で、湿った粘土や石、金属に刻まれた記号の形を表している。

1	11	21	31	41	51
2	12	22	32	42	52
3	13	23	33	43	53
4	14	24	34	44	54
5	15	25	35	45	55
6	16	26	36	46	56
7	17	27	37	47	57
8	18	28	38	48	58
9	19	29	39	49	59
10	20	30	40	50	60

バビロニアの60進法数体系は、2つの記号から構成されていた。1単位の記号を単独で使ったり複数組み合わせたりして1から9までの数字を表し、10の記号は繰り返しによって20、30、40、50を示す。

には位取り記号も、整数と分数を分ける記号もなかった。しかし、紀元前300年ごろになると、バビロニア人は、今日私たちがある桁に数がないことをゼロで示すように、2つのくさびによって値がないことを示していた。ゼロが使われた最古の例だろう。

その他の数え方

地球の反対側にあたるメソアメリカでは、マヤ文明が紀元前1000年ごろに独自の高度な数体系を開発した。マヤ文明の数体系は20進法であり、おそらく手と足の指を使った単純な数え方から発展したものであろう。実際、20進法はヨーロッパ、アフリカ、アジアなど世界中で使われていた。言語にはしばしばこの数体系のなごりが見られる。例えばフランス語では、80はquatre-vingt（4×20）と表現される。ウェールズ語やアイルランド語でもいくつかの数字は20の倍数で表現され、英語のscoreは20である。また、旧約聖書の詩篇第90篇に、人間の寿命は「60（threescore）と10年」、あるいは長くて「80（fourscore）年」と表現されている。

中国では、紀元前500年ごろから、16世紀にインド＝アラビア数字が正式に採用されるまで、数字を表すのに棒数字を使っていた。これが最初の10進法である。算木と呼ばれる短い棒を使い、縦棒と横棒を交互に並べることで、1の位の数、10の位の数、100の位の数、1,000の位の数、さらにそれ以上の桁値を表すことができた。例えば45なら、4本の横棒で4×10の1乗（40）、5本の縦棒で5×1の1乗（5）を表す。しかし、4本の縦棒の後に5本の縦棒が続くと、405（$4\times10^2+5\times1$）となる。横棒がないことは、数に10の位の数がないことを意味する。計算は計数盤上の棒を操作することで行われた。正の数と負の数を表すにはそれぞれ赤と黒の棒を使った。西洋社会のローマ数字のように、中国では今でも棒数字が使われることがある。

中国の位取り方式は、計算盤（算盤）に反映されている。ローマ人も似たような道具を使っていたが、少なくとも紀元前200年にさかのぼる中国の計算盤は、最も古い珠算器のひとつである。今日でも使われている中国式は、横棒で上下が仕切られ、1、10、100といった位に分かれた縦の線に通した珠が並ぶ。各列には、棒の上に5の珠が2個、下に1の珠が5個ある。

日本は14世紀に中国の算盤を取り入れ、独自の珠算器を開発した。各列、仕切り棒の上に5の値の珠が1つ、下に1の値の珠が4つあるそろばんだ。日本では今もそろばんが使われている。若い人たちがそろばんを頭の中で使っ

バビロニア文明とアッシリア文明は滅びたが……。バビロニアの数学は今でも興味深いし、バビロニアの60進法は今でも天文学に使われている。

G・H・ハーディ
イギリスの数学者

私たちがほかならぬ
10進法で仕事をするのは、
ひとえに解剖学的構造の
結果である。私たちは
10本の指を使って数を
数えるのだから。

マーカス・デュ・ソートイ
イギリスの数学者

て暗算能力を競うコンテストもある。

現代の記数法

今日世界中で使われているインド＝アラビア10進法の起源はインドにある。1世紀から4世紀にかけて、ゼロとともに9つの記号を使用し、位取りを利用することであらゆる数を効率的に表記できるように開発された。9世紀にアラブの数学者がこのシステムを採用し、改良した。小数点を導入し、このシステムで整数の分数も表現できるようにしたのだ。

そのおよそ3世紀後、ピサのレオナルド（フィボナッチ）が、著書『算盤の書』（1202年）を通じてインド＝アラビア記数法をヨーロッパに広めた。しかし、その採用によって近代数学への進歩の道が開かれるまでには、ローマ数字や伝統的な数え方ではなく新しい体系を使うかどうかの議論が数百年も続いた。

電子計算機の出現により、ほかの基数が重要な意味を持つようになった。10個の記号で表記する10進法と違って、2進法には記号が1と0の2つしかない。2進法は位取り方式だが、10を掛ける代わりに各列に2を掛ける。2進法では、111という数字は$1\times2^2+1\times2^1+1\times2^0$、つまり4+2+1、10進法では7を意味する。

2進法においても、その基本が何であれ、現代のすべての数体系と同様に、位取りの原則は常に同じである。バビロニアの遺産である位取りは、大きな数を表現するための強力で、理解しやすく、効率的な方法である。◆

日本の漁民が信仰する大漁の神で、七福神のひとりでもある恵比寿が、そろばんで利益を計算している。歌川豊広画『鯛の夢』。

現存する最古のマヤ書である『ドレスデン絵文書』。13ないし14世紀のもので、マヤの数字記号や象形文字が描かれている。

マヤの数体系

紀元前2000年ごろから中央アメリカに住んでいたマヤ人は、紀元前1000年ごろから20進法で天文学や暦の計算をしていた。バビロニア人と同様、彼らは360日に祝祭日を加えた365.24日の暦を太陽年に基づいて使用し、作物の生育サイクルを計算するのに役立てた。

マヤの暦は、点を1、棒を5とする記号を用いた。点と棒の組み合わせで19までの数字をつくることができる。19より大きい数字は縦書きで、最も小さい数字が下にくる。紀元前36年の碑文には、マヤ人がゼロを表す貝殻の形をした記号を使っていたことが記されており、これは4世紀までに広まった。

マヤの数体系は、16世紀にスペインが征服するまで中央アメリカで使われていた。しかし、その影響がそれ以上広がることはなかった。

累乗の最高指数が2

2次方程式

関連事項

主要文明
エジプト
(紀元前2000年ごろ)
バビロニア
(紀元前1600年ごろ)

分野
代数学

それまで
紀元前1800年ごろ　ベルリンのパピルス写本に、古代エジプトで解かれた2次方程式が記録されている。

その後
7世紀　インドの数学者ブラーマグプタが、正の整数だけを用いて2次方程式を解く。

10世紀　エジプトの学者アブー・カーミルが、負の数と無理数を用いて2次方程式を解く。

1545年　イタリアの数学者ジローラモ・カルダーノが、代数学の規則を記した『アルス・マグナ』を出版。

2次方程式とは、未知数の2乗(指数2の累乗)を含み、2より大きい指数の累乗は含まない方程式のことだ。方程式を使って現実世界の問題を解く能力は、数学の大切な初歩のひとつである。放物線のような曲線の面積や経路が絡む問題には2次方程式が非常に有用で、ボールやロケットの飛行といった物理現象を記述する。

古代のルーツ

2次方程式の歴史は世界中に広がっている。そもそもは相続のために土地を分割する必要性から、あるいは足し参照：無理数（p44〜45）■負の数（p76〜79）■ディオファントス方程式（p80〜81）■ゼロ（p88〜91）■代数学（p92〜99）■二項定理（p100〜01）■3次方程式（p102〜05）■虚数と複素数（p128〜31）

2次方程式には2乗が含まれるので、2次元の計算に使われる。

次元の数は、方程式の実数解の最大個数に等しい。

2次方程式には最大2個、3次方程式には最大3個の実数解が存在する。

2次方程式が、あるいはどんな方程式でも、ゼロに等しく設定される場合（例えば$x^2+3x+2=0$）、その解を根（こん）という。

2次方程式の2個の根は、グラフ上で2次曲線がx軸に交わる点を示す。

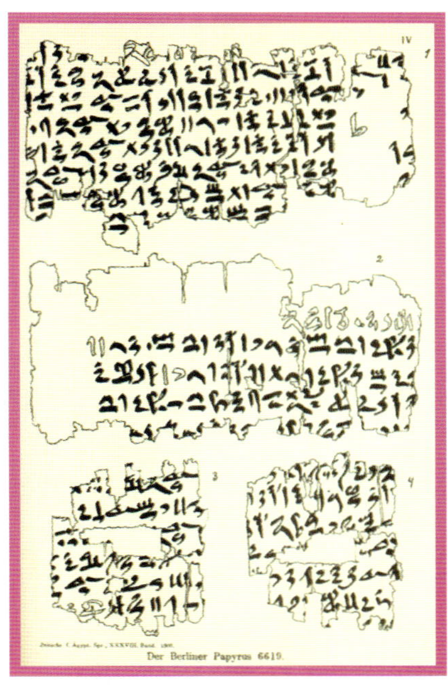

ベルリンのパピルス写本。1900年、ドイツのエジプト学者ハンス・シャック＝シャッケンブルクが複写、出版した。このパピルスには2つの数学的問題が含まれており、そのうちの1つは2次方程式である。

算や掛け算を含む問題を解くために、2次方程式が生まれたようだ。

現存する最古の例のひとつが、ベルリンのパピルス写本として知られる古代エジプトの文献（紀元前1800年ごろ）にある。記されている問題は――1辺10キュービットの正方形の面積が、小さい正方形2つの面積に等しい。一方の小さい正方形の1辺は、もう1つの正方形の辺の2分の1に4分の1を足した長さに等しい。現代の表記に置き換えると、$x^2+y^2=100$、$x=(1/2+1/4)\ y=3/4y$という連立方程式になる。代入して2次方程式$(3/4y)^2+y^2=100$とし、それぞれの正方形の1辺の長さを求めることができる。

エジプト人は、「仮位置」という方法を使って解を求めた。通常、簡単に計算できる便利な数を選び、まずその数を用いて方程式の解を求める。その結果、方程式に正しい解を与えるために数を調整する方法がわかる。例えば、ベルリンのパピルス写本の問題では、2つの小さい正方形のうち大きい方の正方形に使う、最も計算が楽な長さは4である。いちばん小さい正方形の辺の長さは、もう一方の小さい正方形の辺の3/4なので、3となる。これらの仮の数字を使ってつくられた2つの正方形の面積は、それぞれ16と9となり、合計面積は25。100の1/4にしかならないので、写本の方程式に合わせるには面積を4倍にしなければならない。したがって、仮位置の長さ4と3を2倍にして、解の8と6に達する。

2次方程式に関する初期の記録はほかに、正方形の対角線が小数点以下5桁まで記されたバビロニアの粘土板にもある。バビロニアの粘土板YBC 7289（紀元前1800〜1600年ごろ）には、長方形を描いて正方形に切り詰めることによって2次方程式$x^2=2$の解を求める方法が示されている。紀元7世紀、インドの数学者ブラーマグプタは、$ax^2+bx=c$の形の方程式に適用できる2次方程式の解の公式を書いた。当

2次方程式の解の公式。この公式によって2次方程式を解く。現代の慣例では、2次方程式は定数*a*掛けるx^2、定数*b*掛ける*x*、単体の定数*c*からなる。下図に、*a*、*b*、*c*を使って*x*の値を求める式を示す。2次方程式はゼロに等しく設定されることが多いが、そうするとグラフ上で計算がしやすいからだ——*x*の解は2次曲線と*x*軸の交点になる。

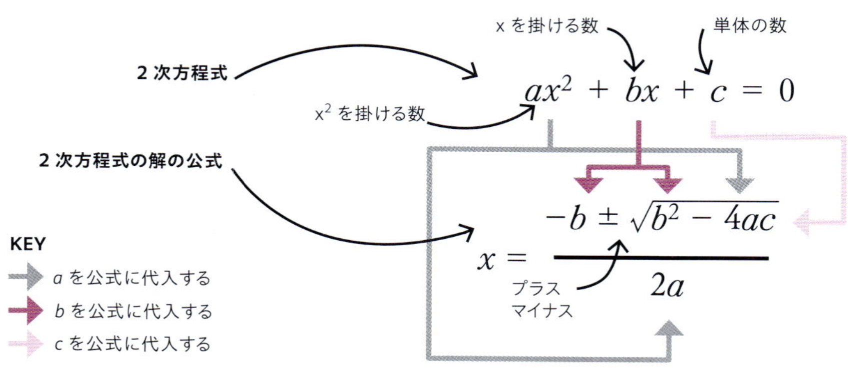

時の数学者は文字や記号を使わなかったので、彼は解答を言葉で書いているが、それは上に示した現代の公式と似ていた。

8世紀、ペルシャの数学者アル＝フワーリズミーは、2次方程式の幾何学的な解法である平方完成を用いた。10世紀までは、2次方程式は抽象的な代数学ではなく土地に関わる現実的問題の解決に使われていたため、幾何学的な解法がよく用いられた。

負の解

インド、ペルシャ、アラブの学者たちは、これまで正の数しか使わなかった。方程式$x^2+10x=39$を解くと、彼らは解を3とした。しかし、この問題の正しい解は2つあり、もう1つの解は-13である。xを-13とすると、$x^2=169$、$10x=-130$。負の数を足すと、それに相当する正の数を引くのと同じ結果になるので、$169+(-130)=169-130=39$となる。

10世紀、エジプトの学者アブー・カーミルは、負の数や代数的な無理数（2の平方根など）も、解と係数（未知数を乗じる数）の両方として利用した。16世紀までには、ほとんどの数学者が負の解を受け入れ、無理数（比にならない根——小数では正確に表せない根）にも動じなくなる。また、方程式を言葉で書くのではなく、数字や記号を使うようにもなっていた。数学者たちはプラスマイナスの記号±を使って2次方程式を解くようになったのだ。$x^2=2$という方程式の解は$x=\sqrt{2}$ではなく$x=\pm\sqrt{2}$となる。プラスマイナスの記号が含まれるのは、負の数を2つ掛け合わせると正の数になるためだ。$\sqrt{2}\times\sqrt{2}=2$だが、$-\sqrt{2}\times-\sqrt{2}=2$もまた成り立つ。

1545年、イタリアの学者ジローラモ・カルダーノが『アルス・マグナ（偉大なる技術、あるいは代数学の規則）』を出版し、「和が10で積が40の数の組は何か」という問題を探究。この問題が、平方完成すると$\sqrt{(-15)}$が得られる2次方程式につながることを発見した。当時の数学者には2乗すると負になる数は考えられなかったが、カルダーノは、思い込みを捨て、負の15の平方根を導入して方程式の2つの解を求めることを提案した。$\sqrt{(-15)}$のような数は、のちに「虚数」と呼ばれるようになる。

方程式の構造

現代の2次方程式は通常$ax^2+bx+c=0$のように表記される。*a*、*b*、*c*の文字は既知数、*x*は未知数を表す。方程式には、変数（未知数を表す記号）、係数、定数（変数を掛け合わせない記号）、演算子（プラス記号や等号など）が含まれる。項とは、演算子で区切られた部分のことで、数値でも変数でも、またその両方の組み合わせでもよい。現代の2次方程式は、ax^2、bx、c、0の4つの項からなる。

放物線

関数とは変数（多くの場合xとyで表す）

政治は現在のためにあるが、方程式は永遠のためにある。

アルベルト・アインシュタイン

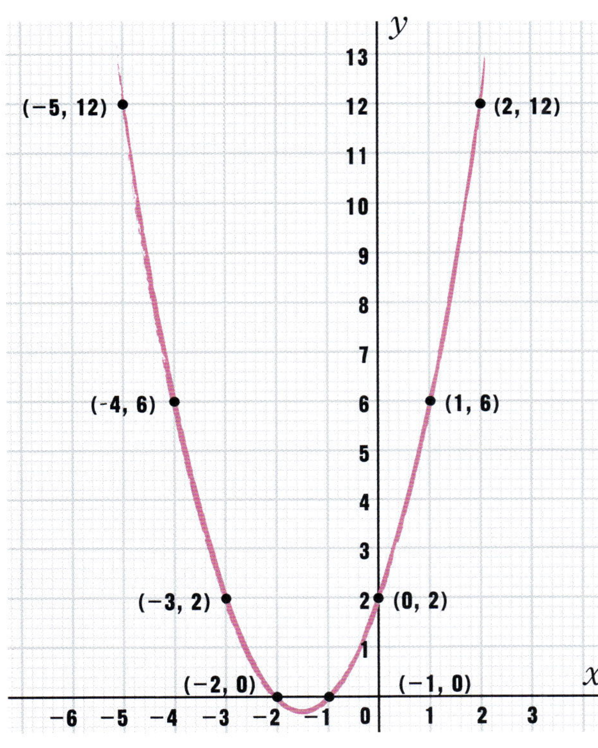

2次関数$y=ax^2+bx+c$のグラフは、放物線と呼ばれるU字型の曲線を描く。左のグラフは、$a=1$、$b=3$、$c=2$の場合の2次関数の点（黒）をプロットしたもので、2次方程式$x^2+3x+2=0$を表している。xの解は、$y=0$で曲線がx軸を横切る点、つまり-2と-1である。

間の関係を定義する項群のことである。2次関数は一般に$y=ax^2+bx+c$と表記され、グラフ上では放物線と呼ばれる曲線になる（上図参照）。$ax^2+bx+c=0$の実数解（虚数解ではない）が存在する場合、それは放物線がx軸を横切る点の根になる。すべての放物線が軸を2カ所で横切るわけではない。放物線がx軸に一度しか接しない場合は、2つの根が一致している（解が互いに等しい）ことを意味する。この形の最も簡単な方程式は$y=x^2$である。放物線がx軸に接したり横切ったりしなければ、実根は存在しない。放物線はその反射特性により、実世界で有用であることが証明されている。衛星放送アンテナが放物線を描くのは、このためだ。アンテナで受信した信号が放物面に反射し、受信機のある一点に向けられる。◆

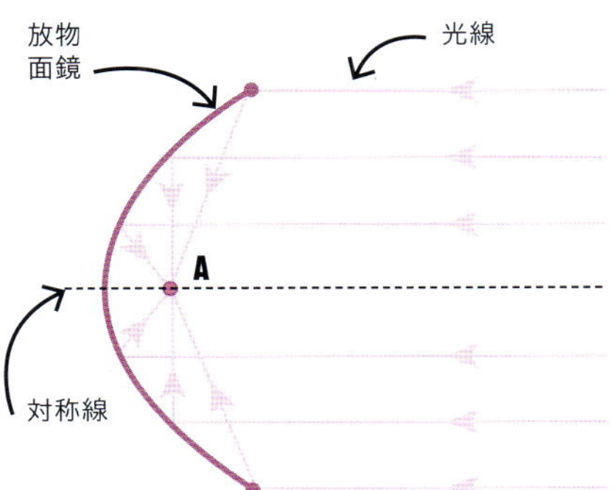

放物面には特別な反射特性がある。放物面鏡に当たる対称線と平行な光線がすべて、同じ定点（A）に反射する。

実用的な応用

当初は幾何学的な問題を解くために使われた2次方程式だが、今日では数学、科学、技術の多くの側面で重要である。例えば、投射飛行は2次方程式でモデル化できる。空中に投げ上げられた物体は、重力の結果として再び空中で落下する。そういう投射物の運動を、2次関数で予測できるのだ。2次方程式は、時間、速度、距離の関係をモデル化したり、レンズのような放物面を計算したりもできる。また、ビジネスの世界では、損益の予測にも使われる。利益は、総収入から生産コストを差し引いたものに基づいている。企業はこれらの変数を使って利益関数という2次方程式を作成し、利益を最大化する最適な販売価格を計算する。

米陸軍で一般的に使用されているMIM-104パトリオット地対空ミサイルの発射。軍事専門家が2次方程式を使って発射体の軌道をモデル化する。

あらゆる探究のための正確な計算

リンドのパピルス写本

関連事項

主要文明
古代エジプト
（紀元前1650年ごろ）

分野
算術

それまで
紀元前2480年ごろ　ナイル川の氾濫レベルを石に刻んで記録する。単位はキュービット（腕尺、約52cm）とパーム（掌尺、約7.5cm）。

紀元前1850年ごろ　モスクワのパピルス写本に、半球の表面積やピラミッドの体積の計算など、25の数学的問題の解答が掲載されている。

その後
紀元前1800年ごろ　ベルリンのパピルス写本がつくられる。古代エジプトで2次方程式が使われていたことがわかる。

紀元前6世紀　ギリシアの科学者タレスがエジプトを訪れ、数学理論を研究。

ロンドンの大英博物館に所蔵されているリンドのパピルス写本には、古代エジプトの数学について興味深い記述がある。1858年にエジプトでこのパピルスを購入したスコットランドの古文書学者アレクサンダー・ヘンリー・リンドにちなんで名づけられたこのパピルス写本は、3500年以上前にアフモセという書記が、さらにそれ以前の文書を複写したものである。大きさは32センチ×200センチで、算術、代数学、幾何学、計量法に関する84の問題が収録されている。この問題や、それ以前のモスクワのパピルス写本など古代エジプトの遺物に記録された問題から、面積、比率、体積を計算するテクニックがわかる。

エジプトの神ホルスの目は、力と守護のシンボルだった。そのパーツは分母が2の累乗である分数を表すのにも使われた。例えば、目玉は1/4、眉毛は1/8を表す。

概念を表す

エジプトの数体系は、最古の10進法だった。1桁の数に1本線、10の累乗にはそれぞれ異なる記号を用いて表記した。記号を繰り返すことによってほかの数を示していく。分数は、数の上に点をつけて示した。エジプトの分数の概念は、単位分数に最も近い——つまり、1/*n*（*n*は整数）のかたちだ。分数が2倍になるときは、1つの単位分数にもう1つの単位分数を足したものとして書き直す必要があった。例えば、現代の表記法による2/3は、エジプト表記では1/2＋1/6となる（エジプト人は同じ分数の繰り返しを許さなかったので、1/3＋1/3ではない）。

リンドのパピルス写本にある84の問題は、古代エジプトで一般的に使われていた数学的方法を示している。例えば問題24は、ある数とその数の7

参照：位取りの数（p22〜27） ■ピュタゴラス（p36〜43） ■ π を計算する（p60〜65）
■代数学（p92〜99） ■小数（p132〜37）

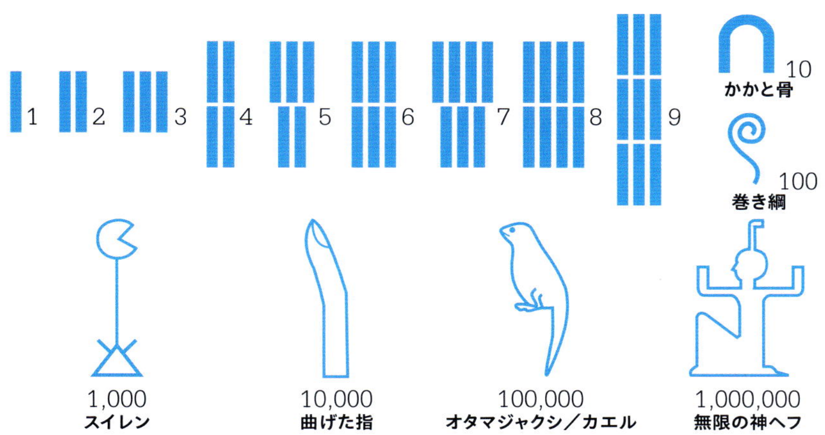

古代エジプト人は、1から9までの数字を縦線で表した。特に石に刻む場合は、10の累乗の数を上図のような象形文字（ヒエログリフ）（絵文字）で示した。

分の1を足すと19になる数は何かを問うものである。方程式にすると $x+x/7=19$。問題24に適用されているのは、「仮位置」という解法だ。中世まで使われていた技法で、試行錯誤に基づき、変数に対して最も単純な値、つまり「仮」の値を選び、スケーリング係数（必要な量を結果で割ったもの）を使って値を調整する。

問題24の計算では、数7に対して7分の1をかけてみるのが最も簡単なので、変数の「仮」の値として7が最初に使われる。計算の結果は――7＋7/7（つまり1）――8であり、19ではないのでスケーリング係数が必要になる。推測値7が必要量からどれだけ離れているかを見つけるために、19を8（「仮」の答え）で割る。結果は2＋1/4＋1/8（エジプトの掛け算は分数の2倍と半分に基づいていたため、2と3/8ではない）。これをスケーリング係数に適用する。つまり、7（もとの「仮」の値）に2＋1/4＋1/8（スケーリング係数）を掛けて、16＋1/2＋1/8（つまり16と5/8）という値を求める。

パピルス写本の問題には、商品や土地の取り分を計算するものが多い。

正確さのレベル

古代ギリシアの時代から、円の面積は半径の2乗（r^2）に円周率 π（パイ）を掛けて求められた。πr^2 と表記する。古代エジプトに π の概念はなかったが、リンドのパピルス写本にある計算法から、彼らが π の近似値を知っていたことがわかる。彼らの円面積の計算は、円の直径を半径の2倍（$2r$）として、$(8/9\times 2r)^2$ と表すことができるが、簡約すると81分の256かける r^2 となり、円周率に相当する値は256/81となる。これは円周率の真の値より約0.6パーセント大きい。◆

教則本

リンドのパピルス写本とモスクワのパピルス写本は、古代エジプト文明の最盛期に残された最も完全な数学文書である。算術、幾何学、求積法（寸法の研究）に精通した書記によって丹念に書写されたもので、ほかの書記たちの訓練に使われた可能性が高い。おそらく当時最先端の数学的知識を収めたものではあるが、学問的な著作物とは見なされず、貿易、会計、建設、その他計測や計算を伴う活動で指導書として使用された。

例えば、エジプトの技術者たちはピラミッド建設に数学を用いた。リンドのパピルス写本には、斜面を1キュービット下るごとに移動する水平距離の尺度セケドを使って、ピラミッドの傾斜を計算する記述がある。ピラミッドの側面が急であればあるほど、セケドは少なくなる。

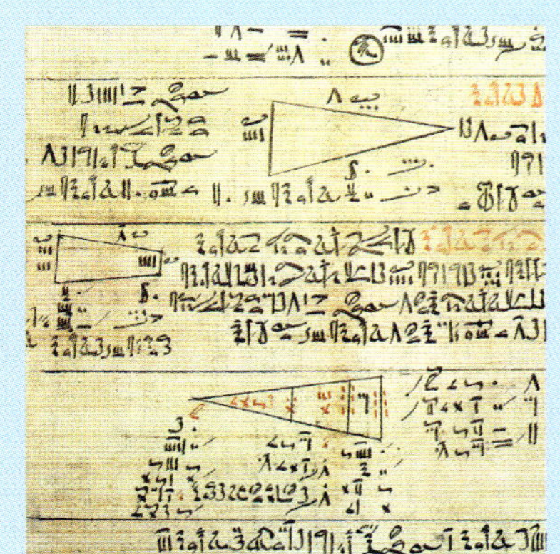

リンドのパピルス写本。書記は数字の表記に神官文字を使っている。この筆記体は、複雑な象形文字（ヒエログリフ）を描くよりも簡潔で実用的だった。

縦、横、斜めの和が等しい

魔方陣

関連事項

主要文明
古代中国

分野
整数論

それまで
紀元前9世紀　中国の『易経（変化の書）』に、占いに用いる数字の八卦が記される。

その後
1782年　レオンハルト・オイラーが、ラテン方陣をとりあげた*Recherches sur une nouvelle espèce de carrés magiques*（新しい種類の魔方陣（マジック・スクエア）についての研究）を著す。

1979年　ニューヨークのデル・マガジンズ社から、最初の数独スタイルのパズルが出版される。

2001年　イギリスの電子工学エンジニア、リー・サローズが、数字ではなく幾何学的な形を配置した「ジオ魔方陣（geomagic squares）」を発明。

魔方陣は、マスが3×3個以上並ぶ正方形で、各マスに異なる整数が配置されている。

各行、各列、対角線上の数字の和がすべて同じになる。 → その和を定和という。

1から9までの整数を3×3のマス目に並べる方法は何千通りもある。その中で、各行、各列、対角線上の数の和（定和）が同じになる魔方陣（魔法の正方形（マジック・スクエア））は8通りしかない。1から9までの数の合計は45であり、3つの行または列の合計が同じなので、定和は45の1/3、つまり15となる。実際には、3×3マス魔方陣の数の組み合わせは1通りだけで、あとの7つはこの組み合わせを回転させたものである。

古代の起源

魔方陣は、おそらく「レクリエーション数学」の最も古い例だろう。正確な起源は不明だが、最初に言及されたのは中国の『洛書（洛水の巻き本）』の伝説で、紀元前650年のことである。伝説によると、大洪水に直面した禹（う）帝の前に神亀が現れる。その亀の背中に、円形の点で1から9までの数を表した魔方陣の文様があったという。そこから、奇数と偶数の配置（偶数は常に正方形の角にある）には不思議な性質があると信じられ、時代を超えて幸運のお守りとされるようになった。

中国の考え方がシルクロードなどの交易路を通じて広まるにつれて、ほかの文化も魔方陣に興味をもつようになっていく。100年ごろのインドの書物や占い書『ブリハット・サンヒター』

参照：無理数（p44〜45） ■エラトステネスのふるい（p66〜67） ■負の数（p76〜79） ■フィボナッチ数列（p106–11）
■黄金比（p118〜23） ■メルセンヌ素数（p124） ■パスカルの三角形（p156〜61）

ドイツの画家アルブレヒト・デューラーによる銅版画『メランコリアⅠ』。鐘の下に4次の魔方陣があり、1514という作画年が巧みに描き込まれている。

（550年ごろ）には、インドで最古の魔方陣が記録され、香料の量を測るために使われた。14世紀になると、古代文明の学問とヨーロッパのルネサンスとのあいだに重要なつながりをつくったアラブの学者たちが、ヨーロッパに魔方陣を紹介した。

さまざまな大きさの方陣

魔方陣の行と列の数を次数という。例えば、3行3列なら3次の魔方陣だ。2行2列ではすべて同じ数でなければ成立しないため、2次の魔方陣は存在しない。次数が大きくなるにつれて、魔方陣の量も増える。4次の魔方陣は880通りあって、定和は34。5次の魔方陣になると数億通り存在し、6次の魔方陣が何通りあるかはまだ計算されていない。魔方陣は数学者の永遠の憧れの的である。15世紀イタリアの数学者で『量の力』の著者ルカ・パチョーリは、魔方陣を収集していた。18世紀のスイスでは、レオンハルト・オイラーも興味をもち、考案した方式にラテン方陣と名づけた。ラテン方陣の行と列には、それぞれ一度だけ現れる図形や記号が配置される。ラテン方陣の派生形のひとつに、人気のパズルとなっている数独（Sudoku）がある。数独は1970年代にアメリカで考案され（当時はナンバープレイスと呼ばれていた）、1980年代に日本で流行して、今ではおなじみになった「数字は独身に限る」という意味の呼び名がついた（ナンバープレイス、略してナンプレとも呼ばれる）。9×9マスのラテン方陣を3行3列ごとに区切り、各行各列のほか細分化した方陣それぞれにも9つの数すべてを重複しないように配置するというルールだ。◆

> **魔術師がつくりでもしたのか、**
> **魔法のようにこのうえなく**
> **不思議な魔方陣。**
>
> **ベンジャミン・フランクリン**
> みずからが発見した魔方陣について語る

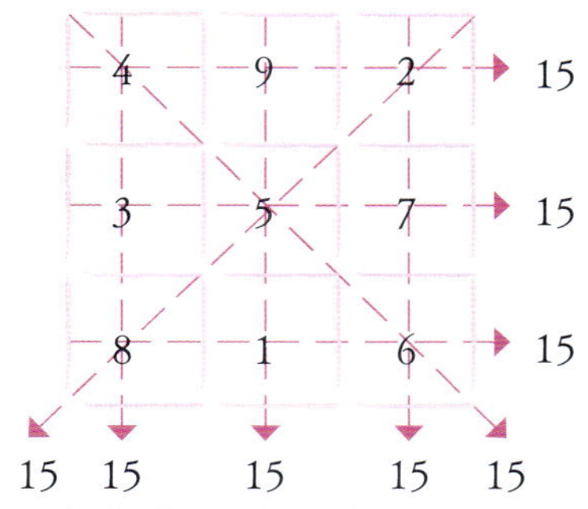

4	9	2	→ 15
3	5	7	→ 15
8	1	6	→ 15

15　15　15　15　15

洛書魔方陣の定和は15。

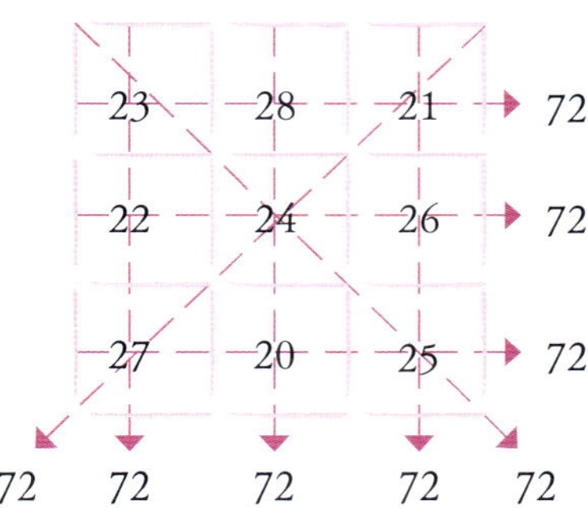

23	28	21	→ 72
22	24	26	→ 72
27	20	25	→ 72

72　72　72　72　72

洛書魔方陣各マスの数に19を足す。定和は72。

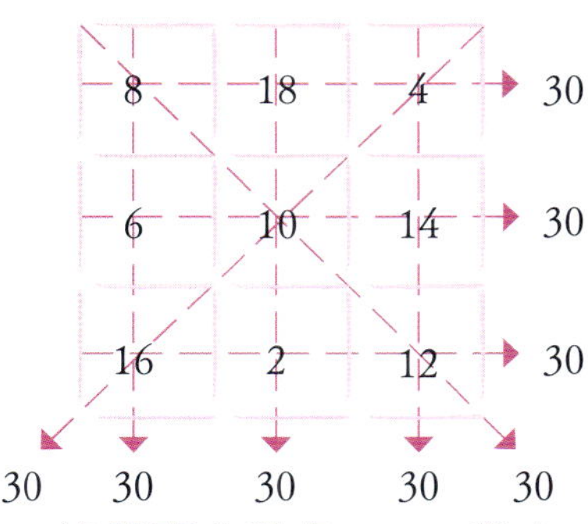

8	18	4	→ 30
6	10	14	→ 30
16	2	12	→ 30

30　30　30　30　30

洛書魔方陣各マスの数をすべて2倍にする。定和は30。

魔方陣が1つできれば、方陣の各マスに配置された数にそれぞれ同じ数を足しても、やはり魔方陣になる。また、すべての数に同じ数を掛けても魔方陣ができる。

数は万物の根源

ピュタゴラス

関連事項

主要人物
ピュタゴラス
（紀元前570〜495年ごろ）

分野
応用幾何学

それまで
紀元前1800年ごろ バビロン出土のプリンプトン322粘土板にある楔形文字の数の列に、ピュタゴラス数に関連する数がいくつか含まれている。

紀元前6世紀 自然は理性によって解釈できるという考えの先駆者である、ギリシアの哲学者ミレトスのタレスが、神話によらない宇宙の説明を提案する。

その後
紀元前375年ごろ 著書『国家』第10巻で、プラトンがピュタゴラスの輪廻転生説を支持する。

紀元前300年ごろ ユークリッドが、原始ピュタゴラス数の集合を求める公式を作成する。

紀元前6世紀ギリシアの哲学者ピュタゴラスは、古代で最も有名な数学者でもある。数学、科学、天文学、音楽、医学の分野で彼の業績だとされている数々のことをピュタゴラスがすべて成し遂げたかどうかは別として、彼が数学と哲学を追究するために生き、数を宇宙の神聖な構成要素とみなす、排他的な共同体を創設したことは間違いない。

角度と対称性

ピュタゴラス学派は幾何学の達人ぞろいで、3角形の3つの角度の和（180°）が2つの直角の和（90°+90°）に等しいことを知っていた。ピュタゴラスの信奉者たちは、のちにプラトンの立体として知られるようになるいくつかの正多面体——完全に対称な3次元形状（立方体など）——にも気づいていた。

ピュタゴラス自身の名前から何よりもまず連想されるのは、直角3角形の3辺の関係を表す公式だ。cを3角形の最も長い辺（斜辺）の長さ、aとbを隣接して直角をつくる短い2辺（対辺と隣接辺）の長さとして、$a^2+b^2=c^2$という公式が成り立ち、ピュタゴラスの定理として広く知られている。例えば、短い2辺の長さが3cmと4cmの

古代ギリシアの七賢人に数えられるミレトスのタレス。若きピュタゴラスは、その幾何学的・科学的なアイデアに刺激を受けたようだ。2人がエジプトで会った可能性もある。

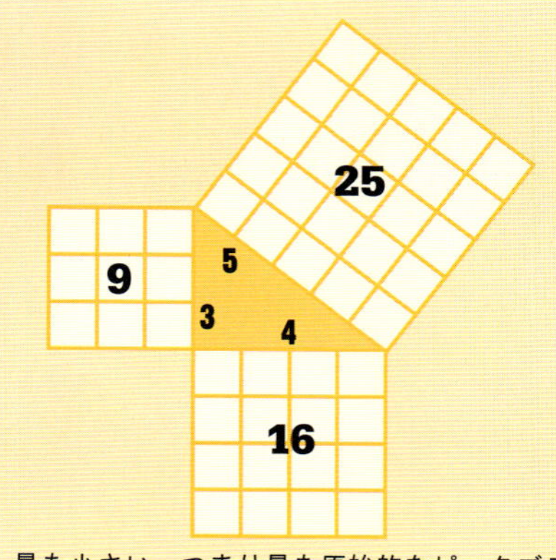

最も小さい、つまり最も原始的なピュタゴラス数を、辺の長さが3、4、5の直角3角形で表す。上図に示すように、9+16は25になる（$3^2+4^2=5^2$）。

ピュタゴラス数

$a^2+b^2=c^2$という方程式の3つの整数解の集合をピュタゴラス数というが、その存在はピュタゴラスよりずっと前から知られていた。紀元前1800年ごろ、バビロニア人がピュタゴラス数を何組もプリンプトン322粘土板に記録していた——数直線の発達とともに三つ組数も広まったのだろう。ピュタゴラス学派は三つ組数を見つける方法を導き出し、そのような集合が無限に存在することを証明した。紀元前6世紀の政争から同学派の多くが粛清されたあと、ピュタゴラスは南イタリアのほかの地域に移住して、三つ組数の知識を古代世界に広めた。その2世紀後にユークリッドが、$a=m^2-n^2$、$b=2mn$、$c=m^2+n^2$という、ピュタゴラス数を生成する公式を導き出す。例外はあるが、mとnは任意の整数で、例えば7と4なら、33、56、65（$33^2+56^2=65^2$）というピュタゴラス数を生成する。この公式によって、新たにピュタゴラス数を見つけだすプロセスが劇的にスピードアップした。

参照：無理数（p44〜45）■プラトンの立体（p48〜49）■三段論法的推論（p50〜51）■ π を計算する（p60〜65）■三角法（p70〜75）■黄金比（p118〜23）■射影幾何学（p154〜55）

下図に、ピュタゴラス方程式（$a^2+b^2=c^2$）がなぜ成り立つかを示す。大きい正方形の中に、同じ大きさの直角3角形（3辺を a、b、c とする）が4つある。4つの3角形の斜辺（c 辺）に囲まれた、傾いた小さい正方形ができる。

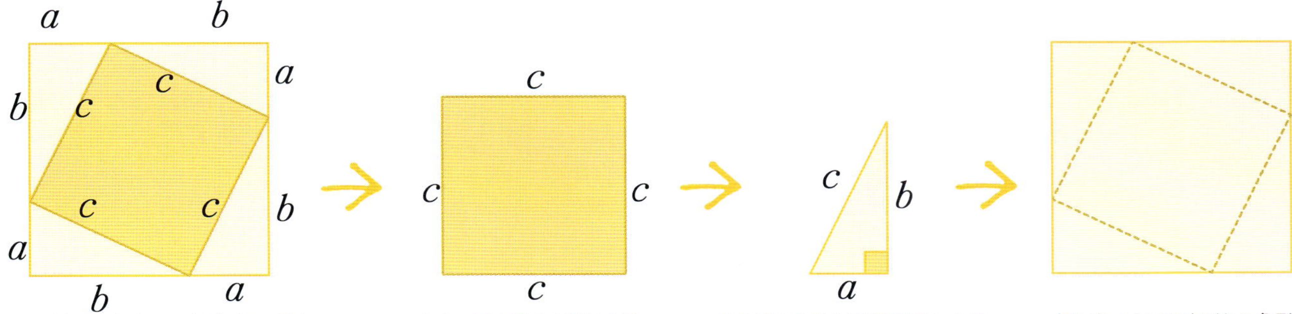

面積 A の大きい正方形の辺の長さは（$a+b$）である。したがって、面積は $(a+b)^2$ に等しい。$A=(a+b)(a+b)$

大きい正方形の内側にある、傾いた小さい正方形の面積は c^2 である。

それぞれの3角形の面積は $ab/2$（底辺 a に高さ b を掛けて2で割った値）である。4つの3角形の面積の合計は、$4ab/2=2ab$ である。

傾いた小さい正方形と3角形の面積の合計は、大きい正方形の面積（A）に等しい。$A=c^2+2ab$

A は（$a+b$）（$a+b$）に等しい：$(a+b)(a+b)=c^2+2ab$
式の括弧を展開して（最初の括弧の各項と2番目の括弧の各項を掛ける）、すべて足す：$a^2+b^2+2ab=c^2+2ab$
式の左右の辺から $2ab$ を引く：$a^2+b^2=c^2$

直角3角形の、斜辺の長さは5cmということだ。この斜辺の長さは、$3^2+4^2=5^2$（$9+16=25$）から求められる。また、方程式 $a^2+b^2=c^2$ の整数解の集合を、ピュタゴラス数（ピュタゴラスの三つ組数）という。3、4、5という三つ組数を2倍にすると、6、8、10（$36+64=100$）という別のピュタゴラスの三つ組数になる。3、4、5のように、集合の構成要素が1より大きい公約数をもたないことを“原始的”といい、その三つ組数を原始ピュタゴラス数という。集合6、8、10は、その構成要素に共約数2があるので原始ピュタゴラス数ではない。

ピュタゴラスが生まれる何世紀も前に、バビロニア人と中国人が直角3角形の3辺のあいだの数学的な関係をよく知っていたことを示す十分な証拠がある。しかし、その関係を示す公式が真であり、すべての直角3角形にあてはまることを最初に証明したのはピュタゴラスだと思われる。それが定理に名を冠されているゆえんだ。

発見の旅

ピュタゴラスは旅好きで、他国から吸収した考え方が彼の数学的インスピレーションを刺激したことは間違いない。アナトリア（現在のトルコ）西部のミレトスからそう遠くないサモス島出身の彼は、ミレトスのタレスの学校で、タレスの弟子の哲学者アナクシマンドロスのもとに学んだのかもしれない。20歳で旅に出てからは、長いあいだ放浪していた。フェニキア、ペルシャ、バビロン、エジプトを訪れ、インドにも足を伸ばしたようだ。エジプトでは辺の長さが3、4、5（第1のピュタゴラス数）の3角形は直角3角形だと知られていたので、建築プロジェクトで測量士たちがその長さの巻き綱をもとに完璧な直角をつくった。その方法を直接観察したことから、ピュタゴラスは数学の基礎となる定理を研究し、証明

理性は不滅なり。
ほかのすべては
滅びる運命にある。

ピュタゴラス

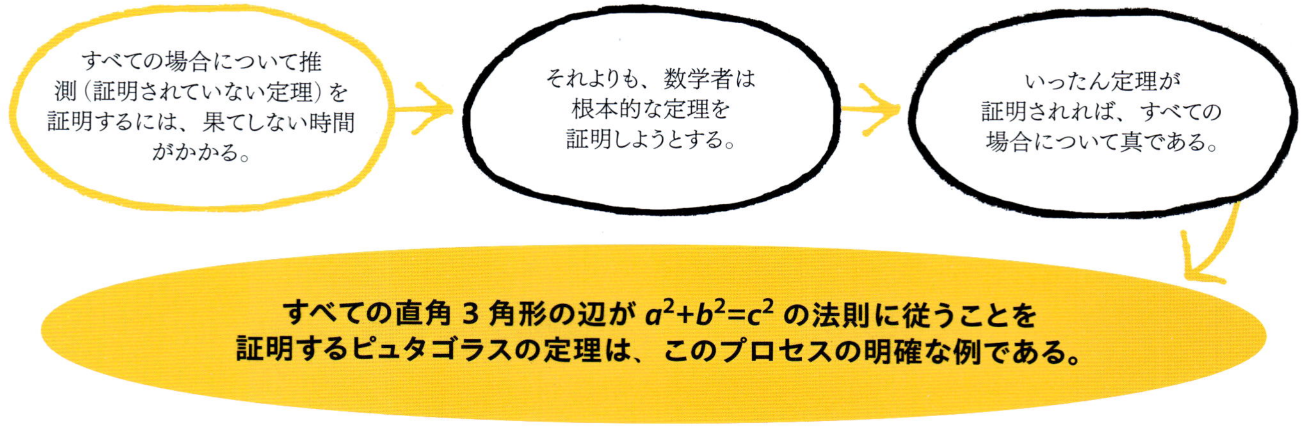

すべての場合について推測（証明されていない定理）を証明するには、果てしない時間がかかる。

それよりも、数学者は根本的な定理を証明しようとする。

いったん定理が証明されれば、すべての場合について真である。

すべての直角3角形の辺が $a^2+b^2=c^2$ の法則に従うことを証明するピュタゴラスの定理は、このプロセスの明確な例である。

するようになったのかもしれない。エジプトでピラミッドの高さを計算し、幾何学に演繹的推論を適用した、すぐれた幾何学者ミレトスのタレスにも会った可能性もある。

ピュタゴラス学派の共同体

20年間の放浪の果てに、やがてギリシア系住民の多い南イタリアのクロトン（現クロトーネ）に定住したピュタゴラスは、教団を設立し、自分の数学的信念と哲学的信念の両方を教える共同体をつくる。教団では女性も歓迎され、600人のメンバーのかなりの部分を女性が占めていた。入団者は所有物と財産をすべて教団に捧げる義務があり、数学的発見の秘密を守ることも誓った。ピュタゴラスの指導のもと、共同体は政治的にも大きな影響力をもつようになった。

ピュタゴラスの定理をはじめとする数学に進歩をもたらした数々の知識は、ピュタゴラスと緊密につながる共同体で門外不出にされた。そのうちのひとつが、点で表すと正多角形の形になる多角数だ。例えば、4は4つの点で正方形を形成する多角数（4角数）。10も多角数（3角数）で、10個の点を底辺に4、次の行から上へ3、2、頂点に1と点を積み上げて3角形を形成する（4＋3＋2＋1＝10）。

ピュタゴラスから2000年後の1638年、ピエール・ド・フェルマーがこの考えを発展させ、あらゆる数は最大 k 個の k 角形の数の和として書くことができると主張した。例えば、19は3つの3角数の和として書くことができる――1＋3＋15＝19。フェルマーはこの予想を証明することができなかった。1813年になって、フランスの数学者オーギュスタン＝ルイ・コーシーが証明を完遂した。

数に魅入られる

ほかにもピュタゴラスを興奮させた数がある。その数自身より小さいすべての約数の正確な和で表せる、完全数だ。最小の完全数は6で、その約数1、2、3を足すと6になる。次が28（1＋2＋4＋7＋14＝28）、3番目は496、4番目は8,128である。完全数の特定に実用的な価値はなかったが、そのパターンの一種独特な美しさがピュタゴラスと教団メンバーを魅了した。

> 心の強さは節制にあり。
> 節制していれば、
> 理性が情熱に
> 曇らされることはない。
>
> **ピュタゴラス**

> 最もすぐれた人間は、
> 人生の意味と目的を
> 発見することにみずからを
> 捧げる。
>
> **ピュタゴラス**

私はピュタゴラスの
神秘的な方法と数の
秘術にしばしば
感服してきた。

サー・トマス・ブラウン
イギリスの博学者

対照的に、ピュタゴラスは無理数に対して圧倒的な恐怖と不信感を抱いていたらしい。2つの整数の比として表現できない、つまり整数でも分数でも書き表せない数——最も有名な例はπ——は、宇宙は整数と分数が秩序正しく支配しているというピュタゴラスの主張を否定するものだった。一説によると、$\sqrt{2}$を求めようとして無理数の存在を証明してしまった教団の数学者ヒッパソスを、ピュタゴラスが動転のあまり溺死に追いやったという。

ピュタゴラスの冷厳な面は、ピュタゴラス教団の新発見を公にした教団のメンバーが処刑されたという噂でも強調されている。発見されたのは12の正5角形からなる正多面体で、プラトンの立体5種類のひとつ、正12面体として知られるようになった形である。ピュタゴラス学派は5角形を崇拝し、中心が5角形の五芒星をシンボルマークにしていた。したがって、正12面体に関する知識を暴露して教団の秘密保持規則を破るのは、死刑に値する重大犯罪だったのだ。

統合された哲学

古代ギリシアでは、数学と哲学は補完的な学問とみなされて、一緒に学ばれていた。ギリシア語のphilos（"愛する"）とsophos（"知恵"）から"philosopher（哲学者）"という言葉をつくったのが、ピュタゴラスだという。ピュタゴラスとその後継者たちにとって、哲学者の義務は知恵の追求だった。

ピュタゴラス独自の哲学は、スピリチュアルな思想と数学、科学、論証を融合させたものだった。彼の信念のひとつに、エジプトや中東を旅したときに出会ったと思われる輪廻転生がある。魂は不滅であり、死ぬと新しい肉体に乗り移るという思想だ。その2世紀後、アテネでプラトンがこの思想に魅了され、対話にたびたびとりいれた。その後、キリスト教も肉体と魂の分裂という考えを受け入れ、ピュタゴラスの考えが西洋思想の中核をなしていく。

数学にとって重要なのは、ピュタゴラスが宇宙に存在するすべてのものは

ラファエロが1509～1511年にローマのバチカン宮殿の壁に描いたフレスコ画、『アテナイの学堂』より。書物に向かうピュタゴラスが、彼から学ぼうとする学者たちに囲まれている。

ピュタゴラスは、音楽や形に数的パターンが見いだされることに気づいた。

数を点で表したときに、正多角形をつくる数の集合がある。

竪琴の弦の長さの比が、連続する音階中の音に関係する。

重さが2倍のハンマーは、1オクターブ低い音を出す。

数と比が、形や楽器・道具の出す音を支配する。

数に関係し、数学的法則に従っているとも信じていたことだ。ピュタゴラスとその信奉者たちは、身のまわりのあらゆるものに数学的パターンを求めた。

調和の中の数

ピュタゴラスにとって音楽は非常に重要だった。音楽は楽しむだけのものではなく、神聖な科学だと考えていたようだ。音楽はハルモニア（宇宙と精神の調和と秩序）という概念を統一する要素だった。そういう考え方からか、ピュタゴラスは数学的比率と調和につながりがあることを発見したとされる。鍛冶屋の前を通りかかったとき、重さの違うハンマーを同じ長さの金属に打ちつけると異なる音が出ることに気づいたという言い伝えもある。職人たちのハンマーの重さが特定の比率になっていれば、打ちつける音が調和するのではないか。

鍛冶場にあった4本のハンマーの重さの比は、6、8、9、12という単純な整数比だった。重さ6と12のハンマーは、高さの異なる同じ音を出す——今の音楽用語で言うと、1オクターブ離れた音だ。重さ6のハンマーが出す音の振動数は重さ12のハンマーの2倍で、振動数比も重さの比に対応している。重さ12と9のハンマーは、重さの比が4：3であったため、きれいな完全4度の響きになる。重さ12と8のハンマーも、重さの比が3：2できれいな音（完全5度）を出す。

対照的に、重さ9と8のハンマーでは不協和音になった。快い響きの楽音が数の比と結びついていることに気づいたピュタゴラスは、数学と音楽の関係を初めて明らかにしたのである。

音階の創造

学者たちは鍛冶屋の話の信憑性を疑ってきたが、ピュタゴラスの業績だと広く信じられている音楽的発見はもう

ピュタゴラスはすぐれた竪琴奏者だったという。古代ギリシアの音楽家を描いた右の絵の楽器は、トリゴノン（左）とシターラという竪琴の仲間。

イタリア、フィレンツェにあるドゥオーモ広場のフレスコ画より、ダンテ（1265～1321年）『神曲』の数秘術。ダンテは著作の中で何度も、ピュタゴラスに影響を受けたと言及している。

ひとつある。ピュタゴラスは、長さの異なる竪琴の弦が出す音について実験し、振動する弦が振動数fの音を出すとすれば、弦の長さを半分にすると振動数$2f$となり１オクターブ高い音が出ることを発見した。調和のとれた音になるハンマーの重さの比を、振動する弦にも適用してみたところ、きれいに響く音が出た。そこでピュタゴラスは、１オクターブ内に収まるように完全５度の音を積み重ねて音階を構成した。

この純正律音階は18世紀まで使われ、その後、１オクターブをより均等にした平均律音階に取って代わられた。ピュタゴラス音階は１オクターブ内で表現できる音楽には適していたが、長調や短調で書かれ、数オクターブにまたがるような現代により近い音楽には向いていない。

文化圏によってさまざまな種類の音階が使われてきたが、西洋音楽の長い伝統は、音楽と数学的比率の関係を探究したピュタゴラス学派の時代にまでさかのぼる。

ピュタゴラスの遺産

ピュタゴラスが古代で最も有名な数学者であることは、幾何学、数論、音楽への貢献によって正当化される。彼のアイデアは必ずしも独創的なものばかりではなかったが、公理と論理をもとに信奉者たちとともに厳密に構築し、発展させた数学の体系は、あとに続く人々にとってすばらしい遺産となった。◆

> **弦の響きには**
> **幾何学があり、**
> **天空の配置には**
> **音楽がある。**
>
> **ピュタゴラス**

ピュタゴラス

紀元前570年ごろ、エーゲ海東部のギリシア領サモス島に生まれる。ピュタゴラスの思想は、プラトンからニコラウス・コペルニクス、ヨハネス・ケプラー、アイザック・ニュートンに至るまで、歴史上の偉大な学者の多くに影響を与えた。紀元前518年ごろ、南イタリアのクロトンに約600人からなる共同体を設立するまでは、広く旅をして、エジプトや中東の学者たちからアイデアを吸収したと考えられている。禁欲的なピュタゴラス教団は、食事や衣服の厳格な規則を守りながら、知的探求のために生きることを求めた。記録は残っていないが、彼の定理やその他の発見が書き留められたのは、おそらくこのころからであろう。ピュタゴラスは60歳のとき、共同体の若いメンバーであるテアノと結婚し、おそらく子供を2、3人もうけたようだ。クロトンの政治的混乱は、ピュタゴラス教徒に対する反乱を引き起こした。ピュタゴラスは、教団施設に放火されたとき、またはその直後、紀元前495年ごろに亡くなったという。

有理数ではない実数

無理数

関連事項

主要人物
ヒッパソス
（紀元前5世紀）

分野
数体系

それまで
紀元前19世紀　楔形文字で刻まれた碑文から、バビロニア人が直角3角形を作図し、その性質を理解していたことがうかがえる。

紀元前6世紀　ギリシアで直角3角形の辺の長さの関係が発見され、のちにピュタゴラスの功績とされる。

その後
紀元前400年　キュレネのテオドロスが、3から17までの非平方数の平方根が無理数であることを証明する。

紀元前4世紀　ギリシアの数学者クニドスのエウドクソスが、無理数の数学的基礎を確立する。

2つの整数の比のかたちで表せる数——分数、有限小数や循環小数、百分率——を、有理数（ratio〔比〕になる数、rational number）という。整数（自然数）はすべて、分母が1の分数で表せるので、有理数である。しかし、無理数（irrational number）は2つの数の比のかたちに表すことができない。

ギリシアの学者ヒッパソスは、紀元前5世紀、幾何学の問題に取り組んでいて、初めて無理数を特定したと考えられている。直角3角形の斜辺〔直角に対向する辺〕の2乗はほかの2辺の2乗の和に等しいという、ピュタゴラスの定理を知っていたヒッパソスは、2つの短辺が1に等しい直角3角形にこの定理を適用した。1^2+1^2は2なので、斜辺の長さは2の平方根である。

ところが、2の平方根は2つの整数の比のかたちに、つまり分数として、表すことができない。自乗（2乗）するとぴったり2になる有理数はないのだ。そのため、2の平方根は無理数であり、2という数は非平方数、つまり平方因子をもたない数（無平方数ともいう）ということになる。3、5、7など、その他多くの非平方数の場合も平方根は無理数である。逆に、4（2^2）、9（3^2）、16（4^2）など平方数の場合は、平方根も整数、ということは有理数である。

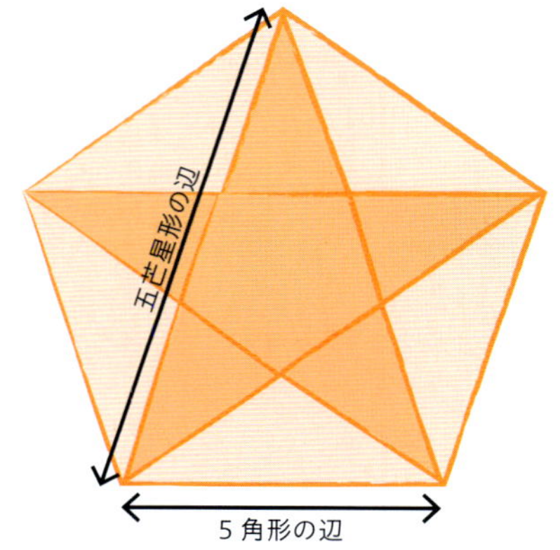

ヒッパソスは、正5角形の辺の長さと、その中に形成される五芒星形の1辺の長さの関係を探るうちに、無理数に出会ったようだ。彼は、その関係を2つの整数の比のかたちで表すのは不可能であることを発見した。

無理数の概念はなかなか受け入れられなかったが、のちのギリシアやインドの数学者たちはその性質を探究した。9世紀には、アラビアの学者が代数学に無理数を用いた。

参照：位取りの数（p22～27）■2次方程式（p28～31）■ピュタゴラス（p36～43）■虚数と複素数（p128～31）■オイラー数（p186～91）

実数を2乗すると正の数値になる。

2の平方根を2乗すると、2という正の数になる。

無理数の小数点以下の桁値は、循環せず無限に続く。

2の平方根は1.414213...と、循環しない無限小数である。

2の平方根は、有理数ではない実数である。

10進法では

インド＝アラビア位取り10進記数法では、無理数を小数点以下の桁が繰り返しパターンなしに無限に続く小数として示すことができるため、無理数の研究をさらに進めることができた。例えば、0.1010010001...という数は、連続する1のペアのあいだにはさまるゼロが増えながら無限に続く無理数である。円の円周と直径の比である円周率（π）も無理数だ。それが、1761年にヨハン・ハインリッヒ・ランベルによって証明された――それまでπの推定値は3ないし22/7だった。

任意の2つの有理数のあいだには、必ず別の有理数を見つけることができる。その2数の平均値も有理数になり、その平均値ともとの数の平均値も有理数になる。任意の2つの有理数のあいだに無理数を見つけることもできる。一例としては、循環小数の桁値を変える方法がある。0.124124...と0.125125...のあいだに無理数を見つけるには、循環する数列124の2番目の周期で1を3に変えて0.124324...とし、5番目と9番目の周期でもう一度同じことをし、そのたびに1を3に入れ替える間隔を1周期ずつ広げていく。

集合論ができる前の数学の大きな課題のひとつは、有理数と無理数のどちらが多いかを明らかにすることであった。集合論では、それぞれが無限に存在するにもかかわらず有理数よりも無理数の方が多いことが証明される。◆

ヒッパソス

ヒッパソスの生い立ちの詳細は不明だが、紀元前500年ごろ、マグナ・グラエキア（現イタリア南部）のメタポントゥムで生まれたようだ。ピュタゴラスの伝記を書いた哲学者イアンブリコスによると、ヒッパソスは、すべての数は整数の比で表せると熱烈に信じるピュタゴラス学派の、マテマティキというセクトの創始者だった。

ヒッパソスは、ピュタゴラス教団で異端視されるはずの無理数（比で表せない数）を発見したというのが通説になっている。一説によると、ヒッパソスはピュタゴラス学派の仲間の反感を買って船から投げ落とされ、溺死したという。ピュタゴラス学派が無理数を発見したと外部にもらしたために罰せられたという説もある。ヒッパソスの没年は不明だが、おそらく紀元前5世紀であろう。

主な著作

紀元前5世紀『神秘的な談話』

アキレスはカメに追いつけない

ゼノンのパラドックス

関連事項

主要人物
エレアのゼノン
(紀元前495〜430年ごろ)

分野
論理学

それまで
紀元前5世紀初頭 ギリシアの哲学者パルメニデスが、南イタリアのギリシア植民地エレアにエレア学派を創設。

その後
紀元前350年 アリストテレスが『自然学』を著し、相対運動の概念を用いてゼノンのパラドックスに反論する。

1914年 イギリスの哲学者バートランド・ラッセルが、ゼノンのパラドックスを計り知れないほど微妙なものだとし、運動は時間に対する位置の関数であると述べる。

エレアのゼノンは、紀元前5世紀に古代ギリシアで栄えたエレア学派の哲学者である。宇宙を構成する原子にまで分割できると信じた多元論者とは対照的に、エレア派は万物の不可分性を信じた。

ゼノンは、多元論者の見解の不合理さを示すために40のパラドックスを書いた。そのうちの4つ——二分法のパラドックス、アキレスと亀のパラドックス、矢のパラドックス、スタジアムのパラドックス——は、運動を扱ったものだ。二分法のパラドックスは、運動は分割できるという多元論的見解の矛盾を示す。ある距離を移動する物体は、終点に到着する前に中間点に到達しなければならず、その中間点に到達するためには、まず4分の1地点に到達しなければならない。無限の地点を通過しなければならないので、終点に到達することはない。

アキレスと亀のパラドックスでは、亀の100倍のスピードで走るアキレスが、亀の100メートル後ろから走りはじめる。スタートの合図とともに、アキレスは100メートル走って亀の

ゼノンの矢のパラドックス
——1本の矢を射る。

どの時点においても
その矢は、空間中のある
1つの静止点を占める。

飛んでいる矢は、
いつの時点でもその瞬間は
静止している。

**飛んでいる矢は
止まっている。**

参照：ピュタゴラス（p36～43）■三段論法的推論（p50～51）■微積分学（p168～75）■超限数（p252～53）■数学の論理（p272～73）■無限の猿定理（p278～79）

スタート地点に着くが、亀は1メートル先にいる。アキレスがさらに1メートル走るあいだに、亀は100分の1メートル走り、まだリードしている。これが無限に続き、アキレスが追いつくことはない。

スタジアムのパラドックスは、それぞれ同人数が並ぶ3つの列に関する矛盾である。1つの列は静止しており、あとの2列が同じスピードで互いに反対方向に走り抜ける。パラドックスによれば、動く列の人は、一定時間内にもう一方の動く列の2人とすれ違うあいだ、静止している列の人とは1人しかすれ違わない。よって、その一定時間の半分と倍が等しいという矛盾する結論になる。

何世紀にもわたって、多くの数学者がこれらのパラドックスに反論してきた。微積分法が完成して初めて、数学者が矛盾を生じることなく無限小の数量を扱えるようになる。◆

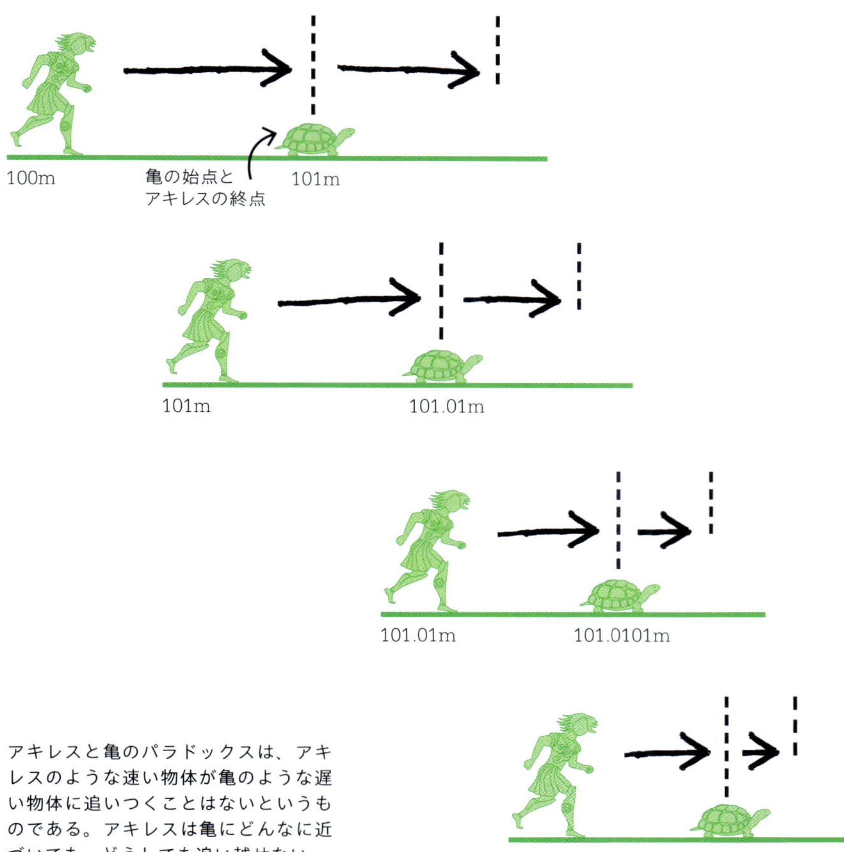

アキレスと亀のパラドックスは、アキレスのような速い物体が亀のような遅い物体に追いつくことはないというものである。アキレスは亀にどんなに近づいても、どうしても追い越せない。

エレアのゼノン

紀元前495年ごろ、ギリシアの都市エレア（現イタリア南部ヴェリア）に生まれた。幼くして哲学者パルメニデスの養子になり、“愛された”ともいわれる。ゼノンはパルメニデスが創設したエレア学派に入門した。40歳のころ、アテネを訪れ、ソクラテスに出会う。ゼノンはソクラテス門下の哲学者たちにエレア学派の思想を紹介した。

ゼノンは、有名なパラドックスで数学の発展に貢献した。のちにアリストテレスが、ゼノンを論理的議論における弁証法（対立する2つの視点から出発する論証法）の創始者と評する。ゼノンが自身の議論をまとめた書物は現存していないが、アリストテレスの『自然学』にゼノンのパラドックスが9つ掲載されている。

ゼノンの生涯についてはほとんど知られていないが、古代ギリシアの伝記作家ディオゲネスによれば、僭主ネアルコスを打倒しようとして、かえって倒されたという。ネアルコスに立ち向かって耳を噛みちぎったとも伝えられる。

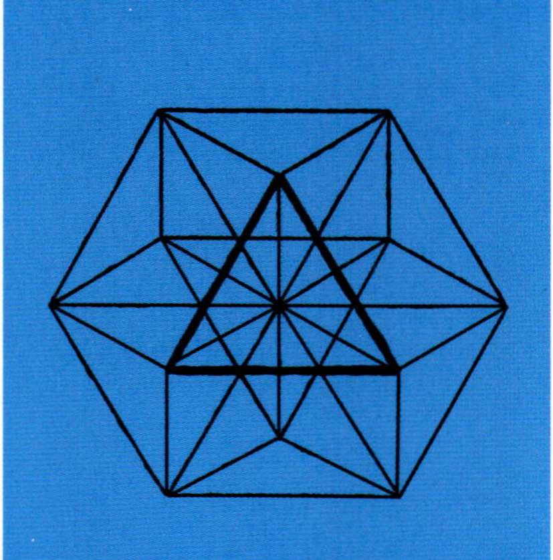

正多面体の組み合わせから無限の複雑さが生まれる

プラトンの立体

関連事項

主要人物
プラトン
（紀元前428〜348年ごろ）

分野
幾何学

それまで
紀元前6世紀　ピュタゴラスが、正4面体、立方体、正12面体を発見する。

紀元前4世紀　プラトンと同時代のアテナイ人テアイテトスが、正8面体と正20面体について論じる。

その後
紀元前300年ごろ　ユークリッドが『原論』に、5つの正凸多面体を完全に記述する。

1596年　ドイツの天文学者ヨハネス・ケプラーが、太陽系をプラトンの立体で幾何学的に説明するモデルを提案。

1735年　レオンハルト・オイラーが、多面体の面、頂点、辺を関連づける公式を考案。

正多面体の各辺の長さと
交わる角度は等しい。

同一正多角形の面が
等しい頂角で交わる正多面体は、
5種類しか存在しない。

その5種類の立体とは、
正4面体、立方体、正8面体、
正12面体、正20面体である。

それらをプラトンの立体という。

完全な対称性をもつプラトンの立体5種類は、ギリシアの哲学者プラトンが紀元前360年ごろに著した対話篇『ティマイオス』でその形を一般化するずっと以前から、学者たちには知られていたと思われる。平面と直線の辺で構成される3次元形状の、5つの正凸多面体はどれも、それぞれ同一正多角形の面からなり、各頂点で出会う面の数も、各辺の長さ、交わる角度も同じだ。正多角形を神聖なものと考えたプラトンは、古代の4元素に4つの立体を割り当てた——立方体（正6面体）は土、正20面体は水、正8面体は空気、正4面体は火。正12面体は、天とその配置に関連づけられる。

多角形で構成される

ユークリッドが『原論』第13巻で説明しているように、それぞれが同一の正3角形、正方形、正5角形からなる正多面体は、5つしか存在しない。同一の多角形が少なくとも3つ、頂点で接しなければ、プラトンの立体にならないので、最も単純なのが正4面体

参照：ピュタゴラス（p36～43）■ユークリッドの『原論』（p52～57）■円錐曲線（p68～69）■三角法（p70～75）
■非ユークリッド幾何学（p228～29）■トポロジー（p256～59）■ペンローズ・タイル（p305）

プラトンの立体

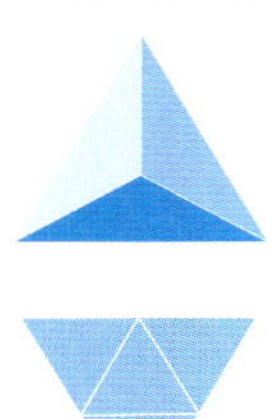
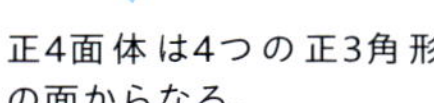

正4面体は4つの正3角形の面からなる。

立方体は6つの正方形の面からなる。

正8面体は8つの正3角形の面からなる。

正12面体は12の正5角形の面からなる。

正20面体は20の正3角形の面からなる。

――正3角形4面からなるピラミッド形だ。正8面体と正20面体も正3角形で形成され、立方体は正方形、正12面体は正5角形の面からなる。

プラトンの立体には、頂点と面の数に双対性もある。例えば、立方体が6面と8頂点をもつのに対して、正8面体は8面と6頂点。正12面体（12面、20頂点）と正20面体（20面、12頂点）も対をなす。4面、4頂点の正4面体は、自己双対という。

宇宙に存在する形か？

プラトンばかりでなく後世の学者たちも、自然界や宇宙にプラトンの立体を探し求めた。1596年、ヨハネス・ケプラーが、当時知られていた6つの惑星（水星、金星、地球、火星、木星、土星）の位置はプラトンの立体の観点から説明できると推論した。ケプラーは後に自分が間違っていたことを認めたが、計算によって惑星が楕円軌道を描いていると導き出したのだった。

1735年にはスイスの数学者レオンハルト・オイラーが、プラトンの立体の性質をさらに掘り下げて公式に示した。頂点の数（V）から辺の数（E）を引いて面の数（F）を足すと、つねに2に等しい。つまり、$V-E+F=2$である。

また、自然界にプラトンの立体が実在することも今ではわかっている――、ウイルス、気体、銀河のクラスターなどある種の結晶の形状が正多面体なのだ。◆

プラトン

紀元前428年ごろ、アテネで裕福な両親のもとに生まれ、家族の友人でもあったソクラテスに弟子入りする。紀元前399年にソクラテスが処刑されて深い衝撃を受けたプラトンは、ギリシアを離れて旅に出た。その間にピュタゴラスの著作を発見し、数学への愛が芽生えた。前387年、アテネに戻ったプラトンはアカデメイアに学園を創設し、入り口に「幾何学を知らぬ者、くぐるべからず」という看板を掲げる。哲学の一分野として数学を教えたプラトンは、幾何学の重要性を強調し、幾何学的形状（特に5つの正凸多面体）によって宇宙の特性を説明できると信じた。数学的対象に完全性を見いだし、それが現実と抽象の違いを理解する鍵であると考えた。紀元前348年ごろにアテネで没した。

主な著作

紀元前375年ごろ『国家』
紀元前360年ごろ『ピレボス』
紀元前360年ごろ『ティマイオス』

論証には前提となる真理が必要

三段論法的推論

関連事項

主要人物
アリストテレス
(紀元前384〜322年)

分野
論理学

それまで
紀元前6世紀 ピュタゴラスとその弟子たちが、幾何学定理の体系的証明法を開発。

その後
紀元前300年ごろ ユークリッドが著書『原論』に、公理からの論理的演繹という観点から幾何学を記述する。

1677年 ゴットフリート・ライプニッツが、数理論理学の発展に先んじて論理学の記号表記法を提案する。

1854年 ジョージ・ブールが、代数論理学に関する2冊目の著書『思考の法則の研究』を出版。

1884年 ドイツの数学者ゴットロープ・フレーゲが著書『算術の基礎』で、数学を支える論理的原理を考察する。

古代ギリシアでは数学と哲学のあいだに明確な区別がなく、両者は相互に依存し合っていると考えられていた。哲学者にとって重要な原則のひとつは、論理的な考えの流れに沿って、説得力のある議論を展開することだった。ソクラテスの弁証法に基づいて、仮定に疑問を投げかけ、不整合や矛盾を明らかにする方法である。しかし、アリストテレスはこのモデルでは完全に満足できず、論理的な議論の体系的構造を探ることにした。まず、論理的に議論できそうなさまざまな種類の命題を特定し、それらをどのように組み合わせれば論理的な結論に到達できるかを明らかにした。『分析論前書』では、Sを“砂糖”などの主語(subject)、Pを“甘い”などの述語(predicate)として、命題の種類を「すべてのSはPである」、「すべてのSはPではない」、「いくつかのSはPである」、「いくつかのSは

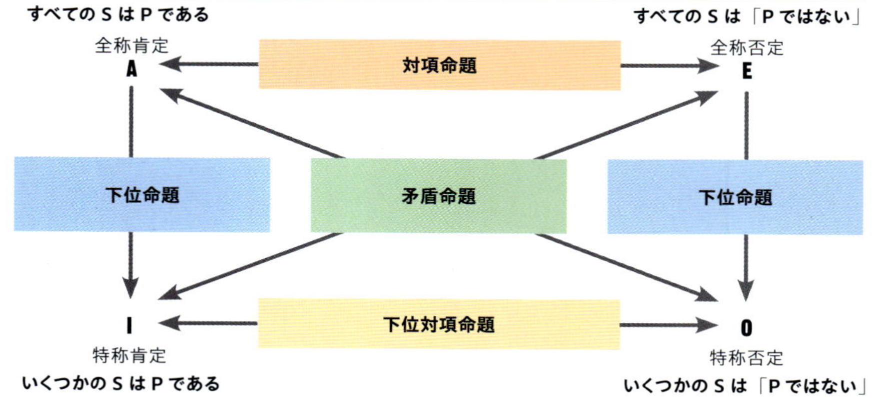

上図に、Sを“砂糖”などの主語(subject)、Pを“甘い”などの述語(predicate)として、4種類の命題を配する。対角線上にあるAとO、EとIは矛盾する(一方が真なら他方は偽)。AとEは両方とも真にはなりえないが、両方とも偽にはなりうる。IとOは、両方とも真にはなりうるが、両方とも偽にはなりえない。三段論法的推論では、Aが真ならIも真でなければならないが、Iが偽ならAも偽でなければならないことを意味する。

参照：ピュタゴラス（p36～43）■ゼノンのパラドックス（p46～47）■ユークリッドの『原論』（p52～57）■ブール代数（p242～47）■数学の論理（p272～73）

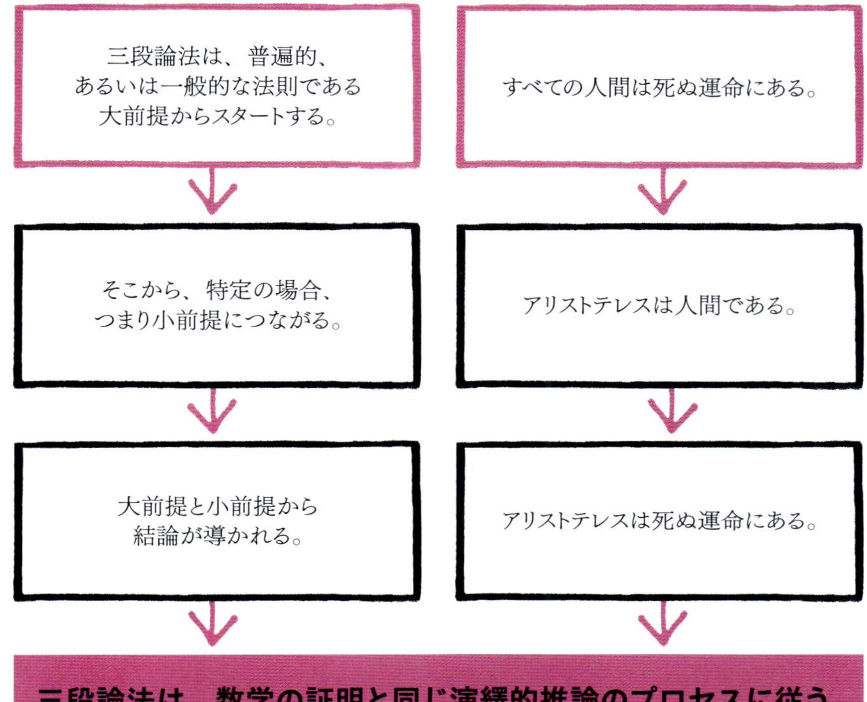

Pではない」の4種類に大別している。2つのそのような命題から論証を組み立て、結論を導くことができる。要するに、三段論法という論理形式、すなわち、2つの前提から結論を導く方法である。アリストテレスは、前提から結論が導かれる論理的に妥当な三段論法と、前提から結論が導かれない論理的に妥当でない三段論法の構造を明らかにし、論理的な議論を構築し分析するための方法をつきとめた。

厳密な証明を求めて

その論にいう妥当な三段論法とは、大きな前提となる一般的原則から考えていく推論のプロセスという意味だ。例えば、“すべての人間は死ぬ運命にある”という大前提と、小前提になる特定の場合、“アリストテレスは人間である”から、必然的に“アリストテレスは死ぬ運命にある”という結論に到達する。このような演繹的推論が数学的証明の基礎である。

アリストテレスは『分析論後書』の中で、たとえ有効な三段論法であっても、自明の真理や公理のような、真と認められた前提に基づかないかぎり、結論は真にはなりえないと述べている。この考えによってアリストテレスは、ユークリッド以降の数学の定理のモデルとなる、論理的な考え方の基礎となる、公理的真理の原理を確立した。◆

アリストテレス

紀元前384年、マケドニア宮廷医師の息子として生まれた。17歳のころアテネに行き、プラトンのアカデメイアに入門、頭角を現す。プラトンの死後まもなく、マケドニア人への偏見があるアテネを離れ、アソス（現在のトルコ）で学問を続けた。紀元前343年、フィリッポス2世に呼び戻されて、マケドニア宮廷で学問を指導した。このとき教えたひとりが、フィリッポス王の息子アレクサンドロス、のちのアレクサンダー大王である。

紀元前335年、アリストテレスはアテネに戻り、アカデメイアに対抗する学園リュケイオンを創設した。前323年、アレクサンダー大王の死後、アテネは再び反マケドニアに傾き、アリストテレスはエウボイア島ハルキスにある家屋敷に隠棲した。紀元前322年に同地で死去。

主な著作

紀元前350年ごろ『分析論前書』
紀元前350年ごろ『分析論後書』
紀元前350年ごろ『命題論』
紀元前335～323年『ニコマコス倫理学』
紀元前335～323年『政治学』

全体は部分より大きい

ユークリッドの『原論』

関連事項

主要人物
ユークリッド
（紀元前300年ごろ）

分野
幾何学

それまで
紀元前600年ごろ　ギリシアの哲学者、数学者、天文学者であるミレトスのタレスが、半円に内接する角度が直角であることを証明する。これがユークリッド『原論』の命題3-31となる。

紀元前440年ごろ　ギリシアの数学者キオスのヒポクラテスが、初めて体系的に整理された幾何学定理集『原論』を著す。

その後
1820年ごろ　カール・フリードリヒ・ガウス、ボーヤイ・ヤーノシュ、ニコライ・イワノヴィッチ・ロバチェフスキーといった数学者たちが、非ユークリッド双曲幾何学を目指しはじめる。

ユークリッドの『原論』は、数学史上最も重要な著作だと断言していい。2000年以上ものあいだ、空間と数に関する人類の概念を支配し、20世紀初頭まで幾何学の標準教科書として君臨した。

ユークリッドは紀元前300年ごろ、エジプトのアレクサンドリアに住んでいた。この都市は、地中海周辺に栄えた豊かなギリシア語文化圏、ヘレニズム世界の一部だった。耐久性に乏しいパピルスに書かれただろう彼の著作は、後世の学者たちによる複製、翻訳、注釈として残るだけである。

集大成

『原論』は13巻からなる数学の集大成で、内容は多岐にわたる。第1巻から第4巻は平面幾何学（平面図形の研究）を扱う。第5巻は、ギリシアの数学者であり天文学者でもあったクニドスのエウドクソスの業績といわれる、比例論を扱っている。第6巻では、より高度な平面幾何学を論じる。第7巻から第9巻は整数論に割かれ、数の性質と関係について論じている。長大かつ難解な第10巻では、現在では無理数という、整数の比で表すことができない数を論じ、第11巻から第13巻までは、3次元の立体幾何学を考察している。『原論』の第13巻の実際の著者は、アテネのプラトン学派の数学者テアイテトス（紀元前369年没）ではないかと考えられている。プラトンの立体ともいう、4面体、立方体、8面体、12面体、20面体の5つの正凸多面体を扱っているのだ。

幾何学に王道なし。
ユークリッド

ユークリッドは円錐曲線論も書いたといわれるが、この著作は現存してい

ユークリッド

ユークリッドの生年や出生地は不明で、その生涯についてはほとんど知られていない。プラトンが創設したアテネのアカデメイアで学んだという。5世紀、ギリシアの哲学者プロクロスの『数学者列伝』の中に、ユークリッドはプトレマイオス1世ソーテール（紀元前323～285年）の時代にアレクサンドリアで教えていたと記されている。

ユークリッドの著作は、初等幾何学と一般数学の2つの分野にわたる。『原論』のほか、遠近法、円錐切断面、球面幾何学、数理天文学、整数論、数学的厳密さの重要性についての著作がある。ユークリッドの著作とされるもののうちいくつかは失われてしまったが、少なくとも5つが21世紀まで残った。紀元前4世紀なかばから紀元前3世紀なかばのあいだに没したと推定される。

主な著作

『原論』
『円錐曲線論』
『カトプトリカ』
『パエノメナ』
『オプティカ』

参照：ピュタゴラス（p36～43）■プラトンの立体（p48～49）■三段論法的推論（p50～51）■円錐曲線（p68～69）■極大問題（p142～43）■非ユークリッド幾何学（p228～29）

ない。円錐曲線とは、平面と円錐が交わってできる図形で、円、楕円、放物線の形がある。

証明の世界

『原論（ストイケイア）』（英語ではエレメンツ）という書名には、ユークリッドの数学的アプローチを反映する特別な意味がある。20世紀イギリスの数学者ジョン・フォーヴェルによると、ギリシア語で“要素”を意味するstoicheiaの意味が時代とともに変化し、並木の中の1本のオリーブの木のような“線の構成要素”から“別のものを証明するために使われる命題”へと変化し、最終的には“ほかの多くの定理の出発点”を意味するようになったという。ユークリッドはそういう意味で書名にしたのではないか。5世紀の哲学者プロクロスは、要素とは“アルファベットの1文字”のようなもので、文字の組み合わせから言葉を生み出すように、公理（真であることが自明な命題）の組み合わせから命題を生み出すという意味だと考えた。

論理的推論

『原論』はユークリッドが何もないところに築きあげたのではなく、彼以前に登場した多くのすぐれた数学者たちの成果を基礎にしてまとめたものだ。すでにミレトスのタレスやヒポクラテスら、とりわけプラトンが、ユークリッドがみごとに体系化した数学的思考、すなわち証明の世界へと向かいはじめていた。そのユークリッドの著作が、完全に公理化された数学としては現存する最古の例である。基本的事実を特定し、そこから妥当な論理的演繹となる命題（前提）へ進む。また、ユークリッドは当時の数学的知識を集大成して、さまざまな命題間の論理的関係が整理され、入念に説明された数学体系を構築することにも成功している。

数学を体系化しようという試みは至難のわざだ。公理系を考案するにあたり、ユークリッドはまず、点、直線、面、円、直径といった23の用語の定義から始めた。そして、5つの公準を提示する。任意の2点を直線で結ぶことができる。任意の直線を無限大まで延長できる。任意の中心と任意の半径の円を描くことができる。すべての直角は互いに等しい。そして、平行線に関する公準（p.56参照）。

続いて、5つの公理（共通概念）を付け加える。$A=B$かつ$B=C$ならば、$A=C$。$A=B$かつ$C=D$ならば、$A+C=B+D$。$A=B$かつ$C=D$ならば、$A-C=B-D$。AがBと重なり合うならば、AとBは等しい。Aの全体はAの部分より大きい。

命題1（57ページ参照）を証明するために、ユークリッドは端点がAとBの直線（線分）を引く（次ページの図参照）。端点をそれぞれ中心として2つの交差

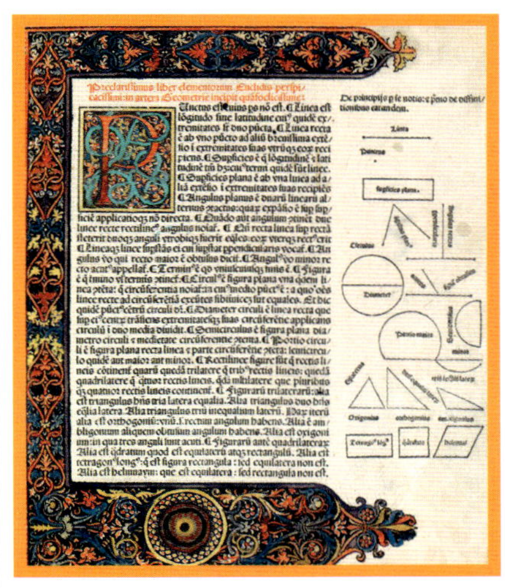

1482年、ヴェネツィアで出版された、ユークリッドの『原論』初版、冒頭ページに掲載されたラテン語のテキストと図。

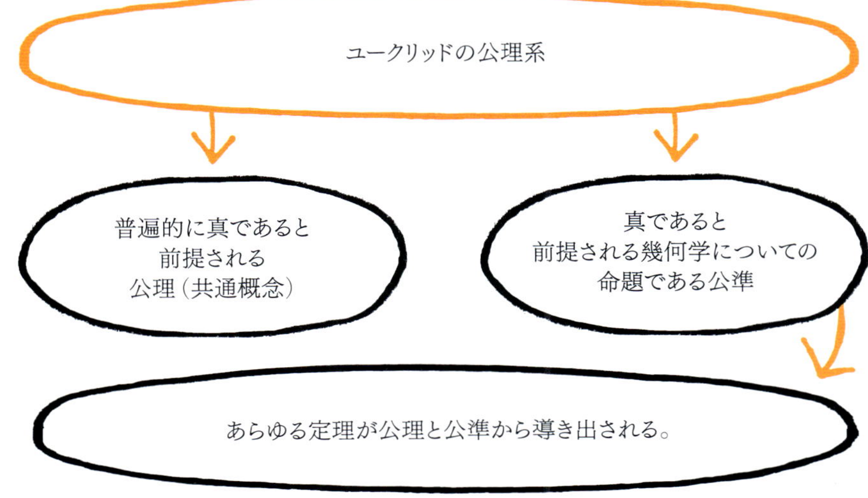

ユークリッドの５つの公準

1. 任意の2点を直線で結ぶことができる。

2. 任意の直線を無限大まで延長できる。

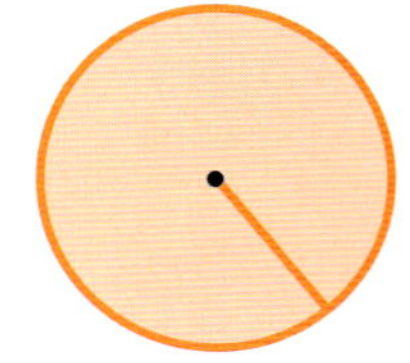

3. 任意の中心と任意の半径の円を描くことができる。

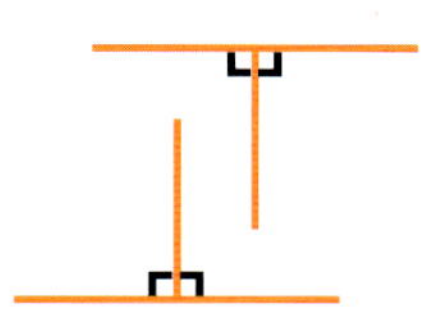

4. すべての直角は互いに等しい。

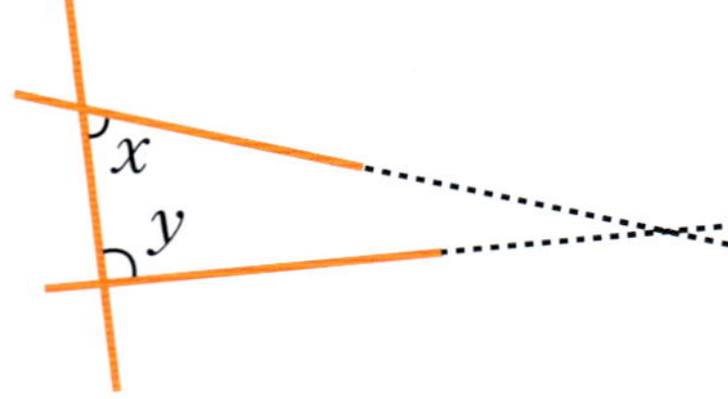

5. $x+y$が2直角より小さければ、2本の直線は必ず片側で最終的に交わる。

する円を描くと、どちらの円も半径が*AB*となる。ここでは第３の公準を使っている。円の交点を*C*として、２本の直線*AC*と*BC*を描く。２つの円の半径は等しいので、$AC=AB$、$BC=AB$、よって$AC=BC$――ユークリッドの第１の公理（同じものに等しいものは、互いに等しい）である。つまり、彼は*AB*上に正３角形を描いたことになる。『原論』のラテン語訳で、推論はQEF（quod erat faciendum、“それはなされるべきことであった”という意味）で終わる。

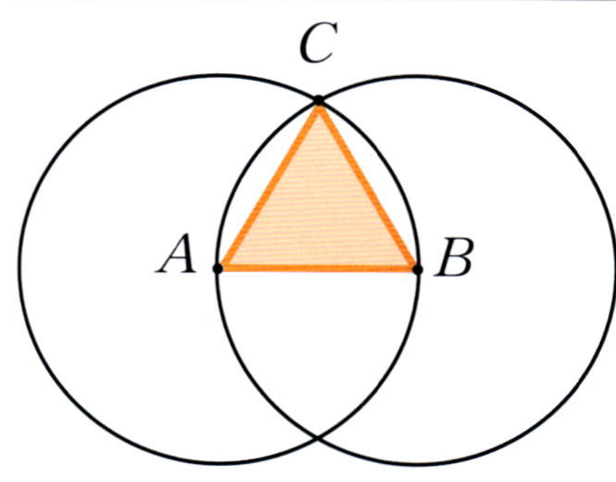

命題1の正3角形をつくるために、ユークリッドは直線を1本引き、左右の端点（ここではAとB）を中心にして円を描いた。それぞれの端点と円の交点Cを結ぶ直線を引くと、辺AB、AC、BCの長さ（いずれも円の半径に等しい）が等しい正3角形ができる。

論証はQED（quod erat demonstrandum、“それは証明されるべきことであった”という意味）で終わる。

正３角形をつくるという命題は、ユークリッドの方法の好例である。それぞれの段階が定義、公準、公理を参照して正当化されなければならない。それ以外のものは自明とせず、直観は潜在的に疑わしいものと見なされる。

ユークリッドのまさに第１の命題が、後世の書き手たちによって批判された。例えば、ユークリッドは２つの円の交点*C*が存在することを、正当化も説明もしていない。明白ではあるが、前もって仮定に言及されていない。公準５が交点について述べているが、それは２本の直線についてであって、２つの円の交点ではない。同様に、３角形は３本の直線に囲まれた平面図形であると定義しながら、ユークリッドは３角形の辺*AB*、*BC*、*CA*が同一平面上にあることを明確に示してはいないようだ。

公準５は、平行線の性質を証明するのに使えるので、“平行線公準”とも呼ばれる。これは、２つの直線（*A*, *B*）を横切る直線が、一方の側に２つの直角（180°）よりも小さい内角をつくる場合、直線*A*と*B*は、無限に延長すれば、最終的にその側で交差するというものである。ユークリッドは命題29までこの公準を使わなかった。命題29では、２本の平行な直線を横切る直線の条件の１つは、同じ側の内角が２直角に等しいことであると述べている。第５の公準はほかの４つよりも苦心してつくられており、ユークリッド自身も慎重だったようだ。

どのような公理系でも重要なのは、すべての真の命題を導くのに足る公理が（ユークリッドの場合は公準も）そろっていることだが、ただし、ほかの公理から導

> **幾何学とは、**
> **常に存在するものに**
> **ついての知識である。**
>
> **プラトン**

くことができる余分な公理は避ける必要がある。平行線公準は、ユークリッドの公理(共通概念)、定義、ほかの4つの公準を用いて命題として証明できるのか、証明できるのであれば第5公準は不要なのではないか、という疑問もあった。ユークリッドの同時代や後世の学者たちが、反証を試みては失敗した。そして19世紀になって、第5公準はユークリッド幾何学にとって必要であり、ほかの4つの公準からは独立したものであるとされた。

ユークリッド幾何学を超えて

『原論』では球面幾何学も扱う。ユークリッドの後継者、ビテュニアのテオドシウスとアレクサンドリアのメネラウスがその分野を探究した。ユークリッドの定義するのは平面上の点だが、球面上の点としても理解できる。

このことは、ユークリッドの5つの公準を球面にどのように適用できるかという問題を提起する。球面幾何学では、ほとんどすべての公理が、ユークリッドの『原論』に示されたものとは異なる。『原論』はユークリッド幾何学と呼ばれるものを生み出したが、球面幾何学は非ユークリッド幾何学の最初の例となった。平行線公準は、すべての直線の組が共通の点をもつ球面幾何学でも、平行線が無限に存在する双曲幾何学でも成り立たない。◆

第1巻の最初の16の命題	
命題1	与えられた有限な直線(線分)上に正3角形をつくること。
命題2	与えられた点において(端点として)、与えられた線分に等しい線分をつくること。
命題3	2つの等しくない線分が与えられたとき、大きいものから小さいものに等しい線分を切り取ること。
命題4	2つの3角形の2辺と2辺の長さがそれぞれ等しく、その等しい2辺にはさまれる角が等しいならば、それぞれの底辺は等しく、2つの3角形の面積は等しく、残りの2角も等しい。
命題5	二等辺3角形において、底辺の上の角は左右で互いに等しく、等しい2辺を底辺の下に延長すれば、底辺の下の角も互いに等しい。
命題6	3角形において、2つの角が互いに等しいならば、等しい角に対する辺も互いに等しい。
命題7	1つの線分を底辺として3角形をなす2線分があるとき、同じ底辺の線分の両端から、その2線分と同じ側に等しい長さで、別の点を頂点とする3角形をなすような線分をつくることはできない。
命題8	2つの3角形において、2辺の長さがそれぞれ等しく、底辺の長さもそれぞれ等しければ、等しい辺にはさまれた角度も等しい。
命題9	与えられた角を二等分すること。
命題10	与えられた有限直線を二等分すること。
命題11	与えられた直線上の与えられた点から、垂直な直線を立てること。
命題12	与えられた無限の直線に対して、その直線上にない与えられた点から、垂直な直線を引くこと。
命題13	直線上に立てた直線が角をつくるとき、左右の角はそれぞれ直角か、和が2直角に等しいか、どちらかである。
命題14	任意の直線上のある点で、別々の側にあって、その点で交わる2直線が2直角に等しい角をつくるとき、その2直線は1直線上にある。
命題15	2つの直線が交わるとき、その対頂角は互いに等しい。
命題16	任意の3角形において、1つの辺を延長してできる外角はその内対角よりも大きい。

数を使わずに計算する

計算盤

関連事項

主要文明
古代ギリシア
（紀元前300年ごろ）

分野
数体系

それまで
紀元前18000年ごろ　中央アフリカで、獣骨に数が刻まれる。

紀元前3000年ごろ　南米で、紐に結び目をつくって数を記録する。

紀元前2000年ごろ　バビロニア人が位取り記数法を発展させていく。

その後
1202年　ピサのレオナルド（フィボナッチ）が著書『算盤の書』の中で、インド＝アラビア数体系を称賛する。

1621年　イギリスでウィリアム・オートレッドが、対数を使う計算を簡単にする計算尺を発明。

1972年　ヒューレット・パッカード社が、持ち運びできるサイズで学術計算のできる関数電卓を発売。

計算盤（アバカス）とは、古代から使われてきた計数・計算装置である。さまざまな形があるが、どれも原理は同じ。さまざまな大きさの数値が、列や行に並んだ“カウンター”によって表される。

初期のアバカス

アバカス（abacus）は、古代ギリシア語のabax（アバク）から派生したラテン語で、“平板”や“盤”を意味する。現存する最古の計算盤は紀元前300年ごろのサラミス・タブレットで、大理石板に横線が刻まれている。この線の上に小石を置いて数を数えた。いちばん下の線が0から4まで、その上の線が5の位、その上の線は10の位、50の位……と数えていった。この石板（タブレット）は、1846年にギリシアのサラミス島で発見された。

サラミス・タブレットはバビロニアのものだという説もある。ギリシア語のabaxがじつはフェニキア語またはヘブライ語の“塵（abaq）”に由来する

そろばん大会

日本の小学生は、暗算力を養う方法として、今でもそろばんを算数の授業で使っている。そろばんはもっと複雑な計算にも使われる。そろばんの達人になると、電子計算機に数字を打ち込むよりも計算が速い。

毎年、そろばん（珠算）の全国大会が開催される。つづり字競技会のようなノックアウト方式で、速さと正確さが試される。大会のハイライトのひとつは、フラッシュ暗算競技である。そろばん操作を想像しながら暗算で、3桁の数字15個を足し算するのだ。出場者は大きなスクリーンに表示される数字を見ながら暗算するが、ラウンドごとに数字の点滅が速くなる。15個の数字を足すフラッシュ暗算の2023年の世界記録は、1.62秒だった。

参照：位取りの数（p22～27）■ピュタゴラス（p36～43）■ゼロ（p88～91）■小数（p132～37）■微積分学（p168～75）

右図の算盤は、917,470,346という数にセットされている。各列には、5を表す“天”珠2顆と、1の値を表す“地”珠が5顆あり、1列15単位の値が数えられる。10進法の9単位ではなく、15単位を使用する中国の16進法の計算もできる。足し算の場合、右から始まる位ごとの単位数値を、珠を上にスライドさせて入力し、足す数も珠を上にスライドさせて入力する。引き算の場合は、もとの数を入力してから、珠を下にスライドさせて引く数を入力する。

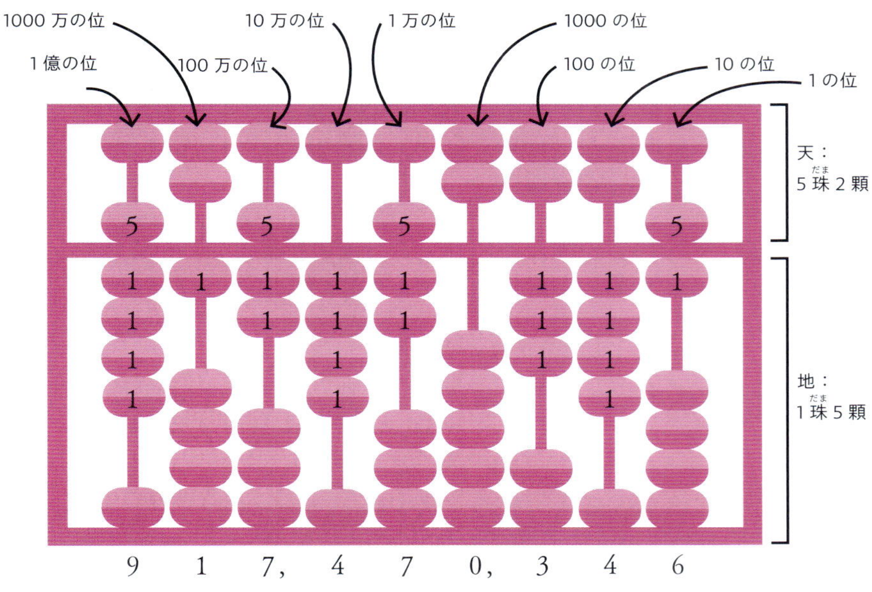

としたら、砂を敷き詰めた台上に格子を描き、計数用の小石を置いて数を数えた、はるかに古いメソポタミア文明の計数台を指す（訳注：89 ページ中下の図版参照）可能性もあるのだ。紀元前 2000 年ごろに開発されたバビロニアの位取り記数法も、アバカスにヒントを得たのかもしれない。

ローマ人は、ギリシア式計数台を、計算を大幅に簡略化する装置に改良した。ギリシア式アバカスの横列がローマ式アバカスでは縦列となり、そこに小さな小石（ラテン語では calculi）を置いた。“計算（calculation）”の語源である。

中央アメリカのコロンブス以前の文明でも、計算盤の一種が使われていた。5 桁の 20 進法に基づいて、トウモロコシの粒を糸に通して数を表していた。装置の実物は残っていないが、学者たちは古代オルメカ人が 3000 年前に発明したと考えている。紀元 1000 年ごろまで、アステカの人々にネポフアルツィンツィン（nepohualtzintzin）と呼ばれていた。

天と地

2 世紀ごろ、中国で計算盤が一般的な道具となった。中国の算盤（サンパン）はローマ式アバカスのデザインに似ているが、金属製の枠に小石をはめ込むのではなく、棒に木製の珠（たま）を取り付けたもので、現代のそろばんの原型となっている。ローマ式アバカスが先か中国式算盤が先かは不明だが、片手の指 5 本を使って数を数える方法がヒントになって偶然似ただけかもしれない。どちらの計算盤にも 2 つの梁（はり）で分けられた部分があり、下（地）は 5 まで数え、上（天）の珠は 5 を表す。

現在、算盤はアジア全域に広まっている。1300 年代には日本に伝わり、そろばんと呼ばれるようになる。そろばんは徐々に改良され、20 世紀には天 1 顆、地 4 顆（天一地四）の形式となった。◆

数を使うローマの数学者ボエティウスと、計数盤を使うギリシアのピュタゴラスの計算競技の審判を務める、算術を擬人化した女性。

円周率探究は宇宙探検のごとし

πを計算する

関連事項

主要人物
アルキメデス
（紀元前287年ごろ〜紀元前212年ごろ）

分野
数論

それまで
紀元前1650年ごろ 中王国時代のエジプト人書記によって、数学の手引書とするリンド・パピルスにπの概算値が記される。

その後
5世紀 中国で祖沖之が、円周率を小数点以下7桁まで計算する。

1671年 スコットランドの数学者ジェームズ・グレゴリーが、その3年後にはドイツでゴットフリート・ライプニッツも、πの計算のためのアークタンジェント（arctan）級数を開発。

2019年 日本で岩尾エマはるかが、クラウド・コンピューティング・サービスを使ってπを小数点以下31兆あまりの桁まで計算。

円の円周と直径の比である円周率π（パイ）は3.141と概算されるが、小数点以下何桁まで計算しても正確に表すことができないという事実は、何世紀にもわたって数学者を魅了してきた。ウェールズの数学者ウィリアム・ジョーンズが1706年に、初めてギリシア文字のπを使ってこの数を表したが、円の円周や面積、球体の体積を計算するうえで、πの重要性は何千年も前から理解されていた。

古代のテキスト

πの正確な値を求めるのは容易ではなく、πの10進数表現を可能な限り多くの位数まで求める探究が続けられている。πの最も古い推定値は、リンドのパピルス写本、モスクワのパピルス写本として知られる古代エジプトの文書に記されている。リンドのパピルス写本は書記の研修生を対象にしていたらしく、円柱とピラミッドの体積の計算方法と、円の面積の計算方法が記されている。円の面積を求めるために使われたのは、円の直径の8/9の辺をもつ正方形の面積を求める方法だった。この方法を用いると、πを小数点以下4桁まで計算すると約3.1605となり、πの最も正確な既知の値よりも0.6パーセントだけ大きい。

円周率はただ高校幾何学の問題にまんべんなくちりばめられた要素というだけではない。数学というタペストリーのいちめんに縫い込まれている。

ロバート・カニゲル
アメリカのサイエンス・ライター

古代バビロンでは、円の面積は円周の2乗に1/12を掛けて求められた。πの値を3と考えていたことになる。この値が旧約聖書にも登場する（列王記上第7章第23節）――「彼はさしわたし10キュービット、高さ5キュービット、周囲30キュービットで正円形の、青銅の鋳型から海を造った」。

紀元前250年ごろ、ギリシアの学者アルキメデスは、円の中にぴったり収まる（内接する）、あるいは円を囲む（外接する）正多角形を構成することに

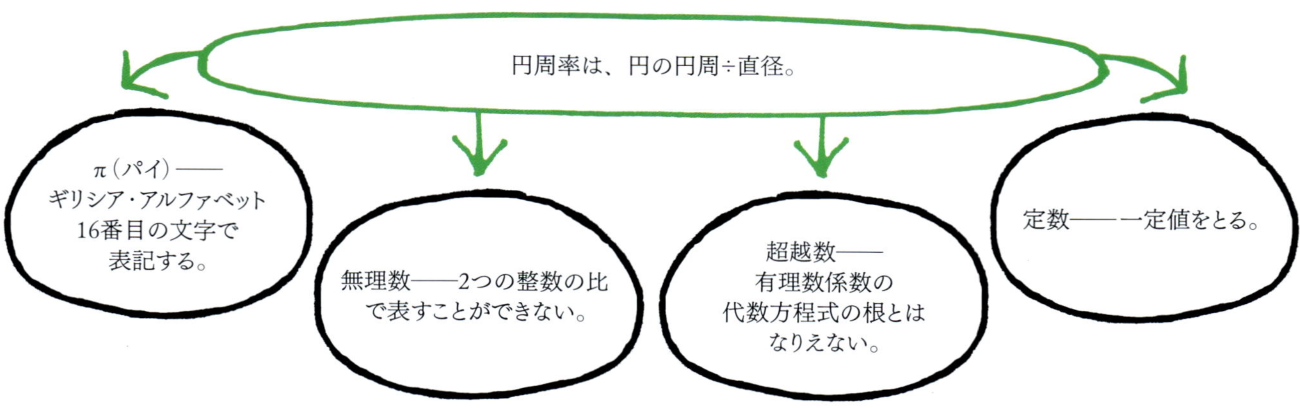

参照：リンドのパピルス写本（p32～33）■無理数（p44～45）■ユークリッドの『原論』（p52～57）■エラトステネスのふるい（p66～67）■祖沖之（p83）■微積分学（p168～75）■オイラー数（p186～91）■ビュフォンの針の実験（p202～03）

基づいて、πの値を決定するアルゴリズムを開発した。彼は、ピュタゴラスの定理（直角3角形の斜辺を1辺とする正方形の面積は、あとの2辺をそれぞれ1辺とする正方形の面積の和に等しい）を用いてπの上限と下限を計算し、正多角形の辺の数が2倍になったときの辺の長さの関係を確立した。これにより、彼は自分のアルゴリズムを96辺の多角形にまで拡張することができた。多数の辺をもつ多角形を使って円の面積を求めることは、アルキメデスより少なくとも200年前には提案されていたが、内接多角形と外接多角形の両方を考えたのは彼が初めてだった。

円の円周を推定するために多角形は古くから使われていたが、内接（円の内側）と外接（円の外側）の正多角形を使ってπの上限と下限を求めたのはアルキメデスが最初である。

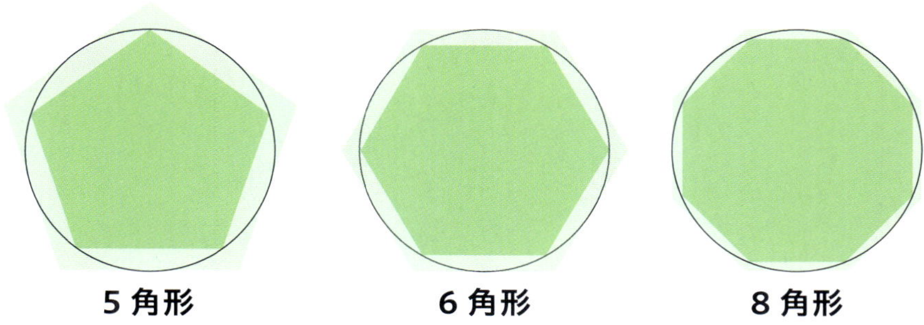

不可能な試み

πを概算するもうひとつの方法、“円を四角くする”というのは、古代ギリシアの数学者に人気のある課題だった。特定の円と同じ面積の正方形をつくるという考え方である。ギリシア人はコンパスと直定規だけを使って円に正方形を重ね合わせ、正方形の面積を求める知識から円の面積を概算した。ギリシア人が成果を出せないまま、19世紀には、πが無理数なので円の面積を正方形で求めるのは不可能であると証明された。このため、不可能な課題を達成しようとする試みを、「円を四角くする」ということもある。

円を四角くする試みはもうひとつある。円を細く切り開いて長方形に並べ替える方法だ（64ページ下図参照）。長

> アルキメデスの著作は、例外なく数学的説明の著作である。
>
> **トーマス・L・ヒース**
> 歴史家・数学者

アルキメデス

紀元前287年ごろ、シチリア島のシラクサに生まれた。ギリシアの博学者アルキメデスは、数学者、技術者として優れた業績を残したが、ある物体によって押しのけられてあふれた水の量がその物体の体積に等しいことに気づいた「エウレカ」の瞬間でも有名。円筒内で回転するスクリュー状の羽根が水を勾配に沿って押し上げる、アルキメディアン・スクリューなどの発明もある。

数学の分野では、実用的なアプローチによって、同じ最大半径と高さを持つ円柱、球、円錐の体積の比を3：2：1と確立した。アルキメデスを微積分の先駆者と考える人は多いが、微積分は17世紀まで発展しなかった。紀元前212年のシラクサ包囲戦で、アルキメデスには危害を加えるなという命令が出ていたにもかかわらず、ローマ兵に殺された。

主な著作

紀元前250年ごろ『円周の測定』
紀元前225年ごろ『球と円柱について』
紀元前225年ごろ『螺旋について』

方形の面積は $r \times 1/2(2\pi r) = r \times \pi r = \pi r^2$（ここで r は円の半径、$2\pi r$ は円周）である。円の面積も πr^2 である。切片が小さいほど、形は長方形に近くなる。

探究の広がり

アルキメデスの死から300年以上たって、プトレマイオス（100～170年ごろ）が、πの近似値を3:8:30（基数60）、つまり $3+8/60+30/3{,}600=$ 約3.1416と求めた。これは、既知のπの最近似値より0.007パーセントだけ大きい。中国では、πの値としてしばしば3が使われたが、2世紀からは $\sqrt{10}$ が一般的になった。後者はπより2.1パーセント大きい。3世紀に王福が、円周142の円の直径は45であると述べた。約3.15であり、πよりわずか1.4パーセント大きい。一方、劉徽（りゅうき）は3,072辺の多角形を使って、πを3.1416と概算した。5世紀、祖沖之（そちゅうし）とその息子が、24,576辺の多角形を使ってπを $355/113 = 3.14159292$ と計算したが、これは16世紀までヨーロッパでは達成されなかった精度（小数点以下7桁まで）である。

インドでは、数学者・天文学者アーリヤバタが、紀元499年の天文学書『アーリヤバティーヤ』にπを求める方法を記している。「4に100を足して、8を掛け、それから62,000を足す。この規則によって、直径20,000の円の円周計算に近づくことができる」。計算すると、$[8(100+4)+62{,}000] \div 20{,}000 = 3.1416$ となる。

ブラーマグプタ（598～668年ごろ）は、12、24、48、96辺の正多角形を用いてπの平方根近似値を導き出した――それぞれ $\sqrt{9.65}$、$\sqrt{9.81}$、$\sqrt{9.86}$、$\sqrt{9.87}$。$\pi^2 = 9.8696$ と小数点以下4桁まで確立した彼は、これらの計算を $\pi = \sqrt{10}$ に簡略化した。

9世紀には、アラビアの数学者アル＝フワーリズミーが $3+1/7$、$\sqrt{10}$、62,832/20,000をπの値として用い、ひとつめがギリシア、あとの2つはインドの近似値とした。12世紀にイギリスの聖職者バースのアデラードがアル＝フワーリズミーの著作を翻訳し、ヨーロッパでπの探究への関心が再燃した。1220年、ピサのレオナルド（フィボナッチ）は、その著書『算盤の書』（1202年）でインド＝アラビア数字を普及させ、πを $864/275=$ 約3.141とした。アルキメデスの近似値よりは少し改善されたが、プトレマイオス、祖沖之、アーリヤバタの計算ほど正確ではなかった。その2世紀後、イタリアの博学者レオナルド・ダ・ヴィンチ（1452～1519年）は、円の面積を求めるために、長さが円の円周と同じで、高さが半径の半分である長方形をつくることを提案した。

1579年、フランスの数学者フランソワ・ヴィエトが、216辺をもつ393個の正多角形を用いて、πを小数点以下10桁まで計算した。1593年にはフランドルの数学者アドリアン・ファン・ルーメン（ロマヌス）が230辺の多角形を使ってπを小数点以下17桁まで計算し、その3年後にはドイツ・オランダの数学教授ルドルフ・ファ

> **円周率には終わりがない。もっと桁数を増やして挑戦してみたい。**
>
> **岩尾エマはるか**
> 日本のコンピュータ・サイエンティスト

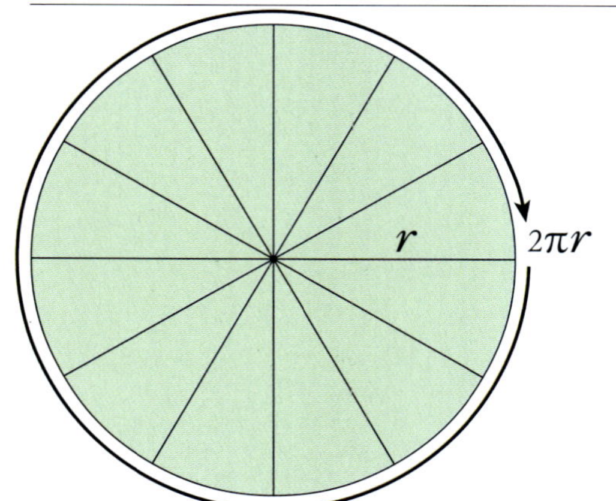

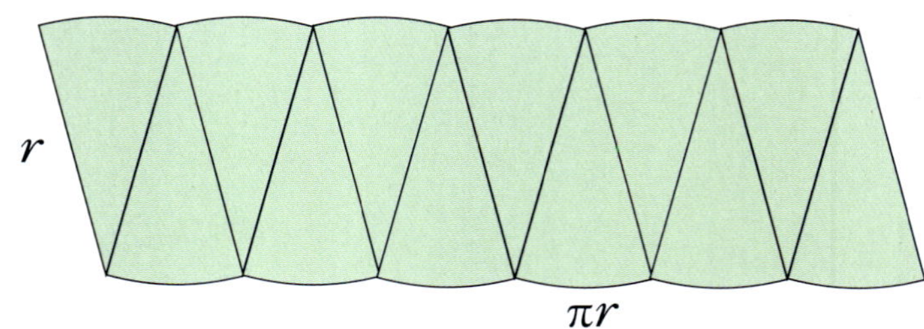

円の切片を長方形に近い形に並べることで、円の面積が πr^2 であることが示される。長方形の高さは円の半径 r にほぼ等しく、幅は円周の半分（$2\pi r$ の半分、つまり πr）である。

エジプトのギザの大ピラミッドの外周と高さの比はほぼ正確にπであり、古代エジプトの建築家がこの数字を認識していたことを示唆しているようだ。

ン・コーレンがπを小数点以下35桁まで計算した。

1671年にスコットランドの天文学者・数学者ジェームズ・グレゴリーによって、また1674年にはゴットフリート・ライプニッツによって、アークタンジェント（arctan）級数が開発され、πを求めるための新しいアプローチが提供された。

残念ながら、この級数を用いてπを小数点以下数桁まで計算するためには、何百もの項が必要となる。18世紀のレオンハルト・オイラーをはじめ、多くの数学者がアークタンジェント級数を使ってπを計算する、より効率的な方法を見つけようと試みた。そして1841年、イギリスの数学者ウィリアム・ラザフォードがアークタンジェント級数を使ってπを小数点以下208桁まで計算した。

20世紀には電卓と電子計算機が登場し、πの数値を求めることが簡単になった。1949年、πの小数点以下2,037桁が70時間で計算された。その4年後には、3,089桁を約13分で計算できた。1961年、アメリカの数学者ダニエル・シャンクスとジョン・レンチが、アークタンジェント級数を使って100,625桁を8時間以内で計算した。1973年、フランスの数学者ジャン・ギヨーとマルタン・ボワイエが、小数点以下100万桁を達成し、1989年にはウクライナ系アメリカ人のデイヴィッド・チュドノフスキーとグレゴリー・チュドノフスキー兄弟によって小数点以下10億桁が計算された。

2016年には、スイスの素粒子物理学者ピーター・トゥルーブがy-cruncherソフトウェアを使ってπを22.4兆桁まで計算した。2019年3月には、日本のコンピュータ・サイエンティスト岩尾エマはるかがπを小数点以下31兆あまりの桁まで計算し、世界新記録を樹立した。◆

円周率を使う

宇宙科学者は始終πを使った計算をしている。例えば、円の直径がわかればπを掛けて円周が計算できるという基本原理をもとに、ある惑星の上空をさまざまな高度で周回する軌道の距離を計算する。2015年、火星と木星のあいだの小惑星帯にある矮小惑星ケレスの軌道を、探査機ドーンが周回するのにかかる時間を計算するのにも、NASAの科学者がこの方法を使った。

カリフォルニアにあるNASAのジェット推進研究所の科学者たちが、木星の衛星のひとつであるエウロパの地表下にどれだけの水素が存在するかを知りたいと考えたとき、彼らはまずエウロパの表面積を計算することによって、与えられた単位面積で生成される水素を見積もった。エウロパの半径がわかっていたので、表面積$4\pi r^2$の計算は簡単だった。

また、地球表面のある地点に立っている人が、地球が1回転するあいだに移動する距離を、πを使って計算し、その人が立っている地点の緯度を求めることもできる。

天体物理学者はπを使った計算で、土星のような惑星の軌道や特徴をつきとめる。

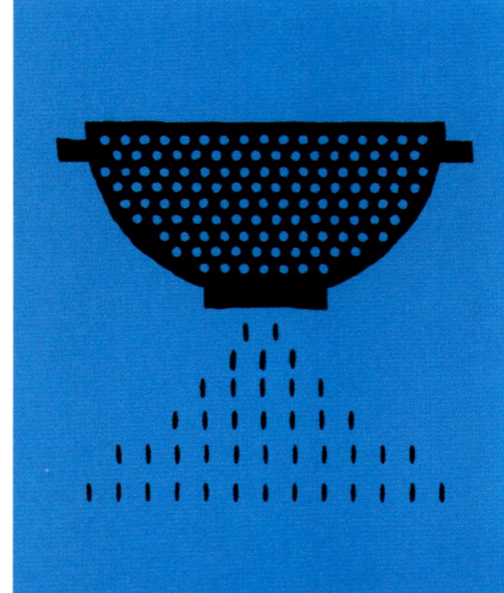

数をふるい分ける

エラトステネスのふるい

関連事項

主要人物
エラトステネス
(紀元前276年ごろ〜紀元前194年ごろ)

分野
数論

それまで
紀元前1500年ごろ　バビロニア人が素数と合成数を区別する。

紀元前300年ごろ　ユークリッドが『原論』第9巻命題20で、素数が無限に存在することを証明。

その後
19世紀初頭　カール・フリードリヒ・ガウスとフランスの数学者アドリアン＝マリー・ルジャンドルが、素数の密度に関する予想を発表。

1859年　ベルンハルト・リーマンが後に「リーマン予想」と呼ばれる仮説を発表。この仮説は素数に関するほかの多くの理論を導くことができるが、まだ証明されていない。

地球の円周率や地球から月や太陽までの距離を計算した、ギリシアの博学者エラトステネスは、素数を求める方法も考案した。素数は1とそれ自身でしか割り切れない数であり、何世紀にもわたって数学者の興味をそそりつづけてきた。数を格子状に並べて2、3、5、それ以上の数の倍数を除外していく“ふるい”を発明したことで、エラトステネスは素数をかなり身近なものにした。

素数にはちょうど2つの因数がある——1とその数自身である。ギリシア人は、すべての正の整数を構成する要素として、素数の重要性を理解していた。ユークリッドは『原論』の中で、合成数（他の整数を掛け合わせることでできる1以上の整数）と素数の両方について、多くの性質を述べている。その中には、すべての整数は素数の積として書けるか、それ自体が素数であるという事実も含まれていた。その数十年後に、エラトステネスがすべての素数を発見できる方法を開発した。最初の素

エラトステネスは“ふるい”を発明して、素数を見つけ出すプロセスをスピードアップさせた。

表に数を並べて書く。

素数の倍数を順に斜線で消していく。

表の中に消されずに残った数が素数である。

参照：メルセンヌ素数（p124）■リーマン予想（p250～51）■素数定理（p260～61）
■有限単純群（p318～19）

エラトステネスの方法では、連続する数を表にして、素数でない数を順に消していく。ここでは100までの数を考える。まず1を消す。次に、2以外の2の倍数を消す。次に、3の倍数、5の倍数、7の倍数も消す。8、9、10は2、3、5の合成数なので、7より大きい数の倍数はすでに消されている。

□ 素数

／ 1および合成数

1	2	3	4	5	6	7	8	9	10
11	12	13	14	15	16	17	18	19	20
21	22	23	24	25	26	27	28	29	30
31	32	33	34	35	36	37	38	39	40
41	42	43	44	45	46	47	48	49	50
51	52	53	54	55	56	57	58	59	60
61	62	63	64	65	66	67	68	69	70
71	72	73	74	75	76	77	78	79	80
81	82	83	84	85	86	87	88	89	90
91	92	93	94	95	96	97	98	99	100

数（唯一の偶数素数）は2である。2以外のすべての偶数は2で割り切れるので素数にはなりえないとすると、その他の素数は奇数である。次の素数は3なので、3の倍数はすべて素数にはなりえない。4（2×2）は、すべて偶数であるその倍数とともに、すでに除外されている。次の素数は5なので、5の倍数はすべて素数にはなりえない。次の素数は7で、その倍数を除外すると49、77、91がなくなる。9の倍数はすべて3の倍数であるため、10の倍数はすべて5の偶数倍であるため、いずれも除外ずみ。11以上の数の倍数は100までの数からすでに除外されている。100までの素数は、2、3、5、7、11と始まって97までの25個しかない。

探究は続く

ピエール・ド・フェルマー、マラン・メルセンヌ、レオンハルト・オイラー、カール・フリードリヒ・ガウスらがその性質をさらに探究した17世紀以降、素数は数学者の注目を集めた。

コンピュータが発達した現代においても、大きな数が素数であるかどうかを判定することは非常に困難である。2つの大きな素数を用いてメッセージを暗号化する公開鍵暗号は、すべてのインターネット・セキュリティの基礎である。もしハッカーが非常に大きな数の素因数分解を決定する簡単な方法を発見したら、新しいシステムを考案する必要がある。◆

エラトステネス

紀元前276年ごろ、リビアのギリシア都市キュレネに生まれる。アテネで学び、数学者、天文学者、地理学者、音楽理論家、文芸評論家、詩人となった。エラトステネスは、古代世界最大の学術機関であるアレクサンドリア図書館の司書長も務めた。地理学という学問を創設し、その学問分野を命名し、今日使われている地理用語の多くをつくりだしたことから、地理学の父として知られる。

また、エラトステネスは地球が球体であることを認識し、エジプト南部のアスワンと北部のアレクサンドリアにおける正午の太陽の仰角を比較することによって、その円周を計算した。さらに、子午線、赤道、極域まで記載された最初の世界地図を作成した。紀元前194年ごろに亡くなった。

主な著作

『地球の測量について』
『地理学』

幾何学的な力わざ

円錐曲線

関連事項

主要人物
ペルガのアポロニウス
（紀元前262〜190年ごろ）

分野
幾何学

それまで
紀元前300年ごろ　ユークリッドが13巻からなる『原論』に、平面幾何学の基礎となる論証体系を記す。

紀元前250年ごろ　アルキメデスが『円錐曲線と回転楕円面』に、円錐切断面を軸まわりに回転させてできる立体をとりあげる。

その後
1079年ごろ　ペルシャの大学者ウマル・ハイヤームが、交差する円錐曲線を使って代数方程式を解く。

1639年　フランスで16歳のブレーズ・パスカルが、円錐曲線に内接する6角形の3組の対辺の交点は一直線上にあると述べる。

古代ギリシアが輩出した多くの先駆的数学者の中で、ペルガのアポロニウスは最も優秀なひとりだった。ユークリッドの偉大な著作『原論』が世に出てから数学を学びはじめた彼は、さらなる推論と証明の出発点として「公理」（真であるとされる記述）をとるという、ユークリッドの方法を採用した。

アポロニウスは幾何学だけでなく、光学（光線の進み方）や天文学など、多くのテーマについて執筆した。著作のほとんどは断片的にしか残っていないが、最も影響力のあった『円錐曲線論』は比較的無事で、全8巻のうち7巻が現存する。1〜4巻はギリシア語、5〜7巻はアラビア語で、すでに幾何学に精通している数学者が読むことを想定して書かれている。

> **息子を遣いに出して……拙著『円錐曲線論』第2巻を届けさせる。じっくり読んで、ほかにも読んでもらえそうな人たちに伝えてほしい。**
>
> **ペルガのアポロニウス**

新しい幾何学

ユークリッドらギリシア初期の数学者は、最も純粋な幾何学的形状として、直線と円に注目した。アポロニウスはこれらを3次元的にとらえた。円周上のあらゆる点から上下のいろいろな方向に伸びる直線を考える。それらの直線が同じ定点（頂点）を通る場合には、円錐ができる。その円錐をさまざまな方法でスライスすると、円錐曲線として知られる一連の曲線ができる。

アポロニウスは『円錐曲線論』の中で、この新しい幾何学的構造の世界を詳細に説明し、究明した円錐曲線の性質を定義している。2つの円錐が同じ頂点で結ばれ、その円形の底面の面積が無限大に広がる可能性があるという仮定に基づいて研究し、3種類の円錐曲線に、楕円、放物線、双曲線と名づ

参照：ユークリッドの『原論』（p52～57）■座標（p144～51）■サイクロイド下の面積（p152～53）■射影幾何学（p154～55）■複素数平面（p214～15）■非ユークリッド幾何学（p228～29）■フェルマーの最終定理を証明する（p320～23）

けた。楕円は、平面が円錐と斜めに交わるときに生じる。放物線は、切り口が円錐の母線（ぼせん）に平行である場合、双曲線は、平面が軸に平行な場合に現れる。彼は円も4つの円錐曲線の1つと見なしたが、実際には、円とは平面が円錐の軸に垂直な楕円である。

他者への道を開く

アポロニウスは、これら4つの幾何学的図形について説明する際、代数的な公式も数字も用いていない。しかし、円錐曲線を1つの軸とそれから計算できる面積としてとらえた彼の考え方は、のちの座標幾何学の創造につながるものだった。1800年後にフランスの数学者ルネ・デカルトやピエール・ド・フェルマーが成し遂げた正確さには到達しないまでも、円錐曲線の座標表現には近づいたのだ。アポロニウスにはいくつか問題もあった。負の数を使わなかったし、明確にゼロを扱わなかった。デカルトが開発した2次元のデカルト幾何学は4つの象限（正負両方の座標をもつ）にまたがって機能したが、アポロニウスの論は事実上1つの象限だけでしか機能しない。

アポロニウスの研究は、中世のイスラム世界で見られた幾何学の進歩にも大きな影響を与え、ルネサンス期にはヨーロッパで再発見され、科学革命の原動力となる解析幾何学の開発へと数学者たちを導いた。◆

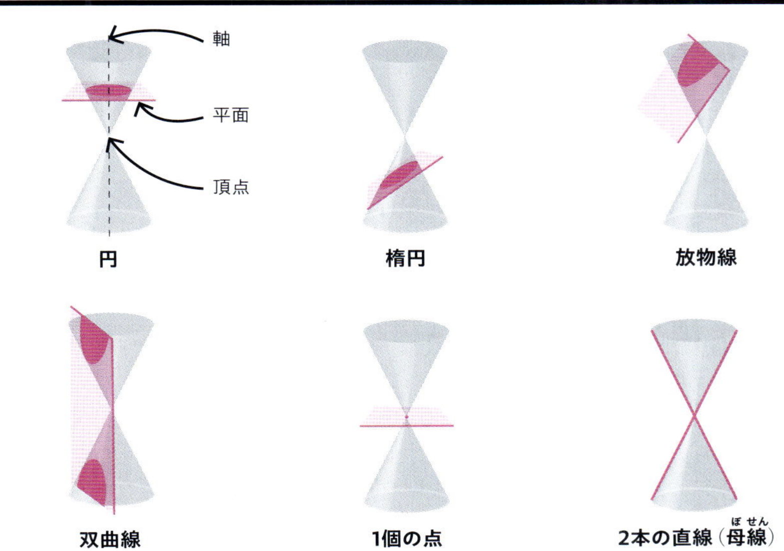

円錐を平面で切断すると円錐曲線になる。アポロニウスが記述した楕円、放物線、双曲線のほか、切断面が頂点に接する場合の点や、頂点と交わる場合の直線もありうる。

［円錐曲線は］自然法則という最も重要な知識に到達するために必要な鍵だ。

アルフレッド・ノース・ホワイトヘッド
イギリスの数学者

ペルガのアポロニウス

生涯についてはほとんど不明。アポロニウスは紀元前262年ごろ、アナトリア（現トルコ領）南部の、女神アルテミス信仰の中心地ペルガに生まれた。地中海の対岸エジプトへ渡り、文化的な大都市アレクサンドリアでユークリッドの弟子たちに学ぶ。

8巻からなる『円錐曲線論』はすべて、アポロニウスがエジプトにいるあいだに編集されたと思われる。ほとんど反響がなかった第1巻はユークリッドにも知られなかったが、以後の巻は幾何学に重要な進歩をもたらした。

アポロニウスには円錐曲線に関する研究のほか、同時代のアルキメデスよりも正確に円周率を概算したという業績もある。また、太陽光線が球面鏡では収束せず、放物面鏡では収束することを初めて指摘した。

主な著作

紀元前200年ごろ『円錐曲線論』

3角形を測る技術

三角法

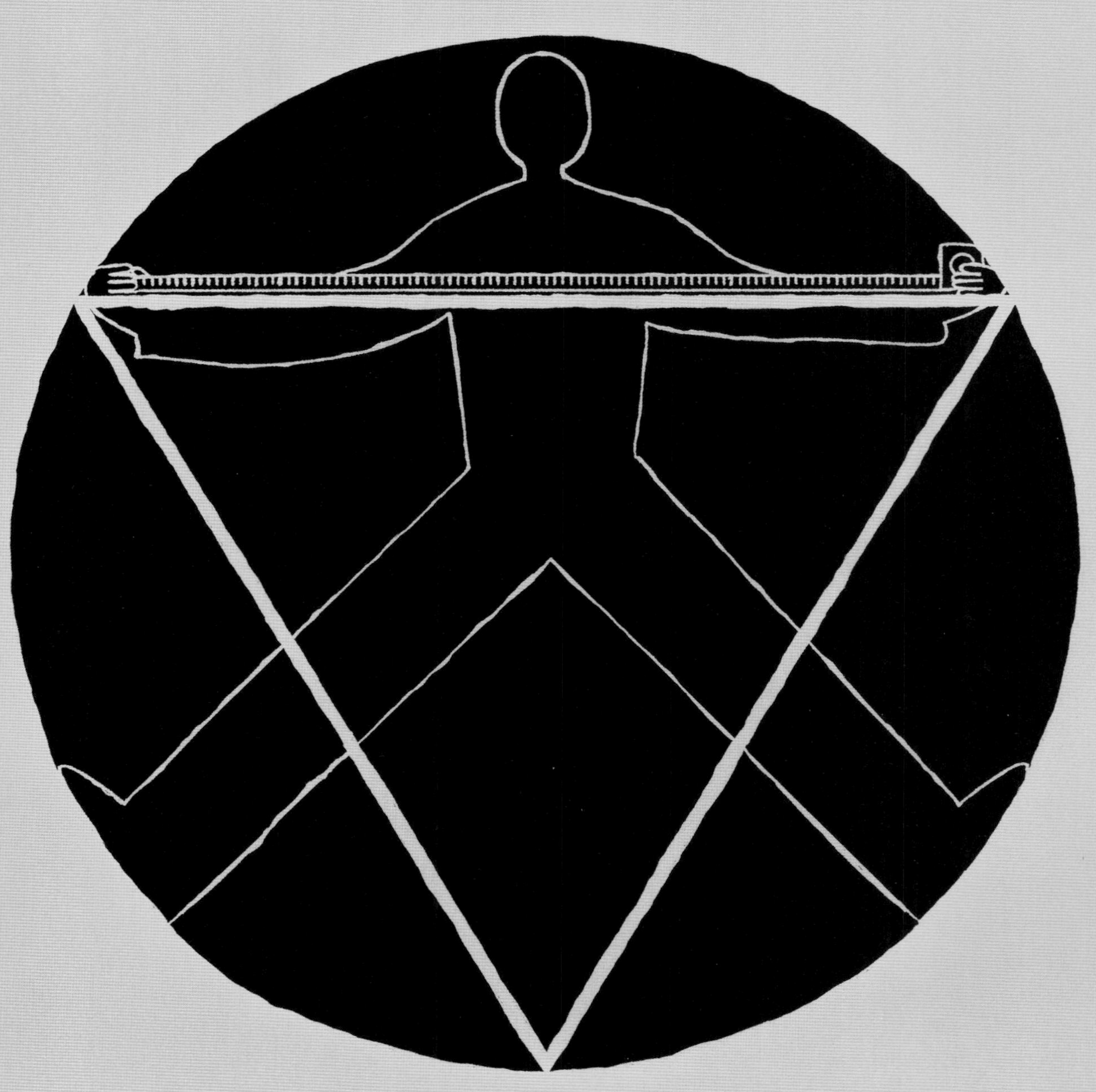

関連事項

主要人物
ヒッパルコス
(紀元前190〜120年ごろ)

分野
幾何学

それまで
紀元前1800年ごろ ピュタゴラスが$a^2+b^2=c^2$という公式を考案するはるか以前、バビロニアの粘土板プリンプトン322に三つ組が記される。

紀元前1650年ごろ エジプトでリンドのパピルス写本に、ピラミッドの傾斜を計算する方法が記される。

紀元前6世紀ごろ 古代ギリシアのピュタゴラスが、3角形の幾何学に関する定理を発見する。

その後
500年 インドで初めて三角法の表が使われる。

1000年 イスラム世界の数学者たちが、3角形の辺と角のあいだのさまざまな比率を使いこなす。

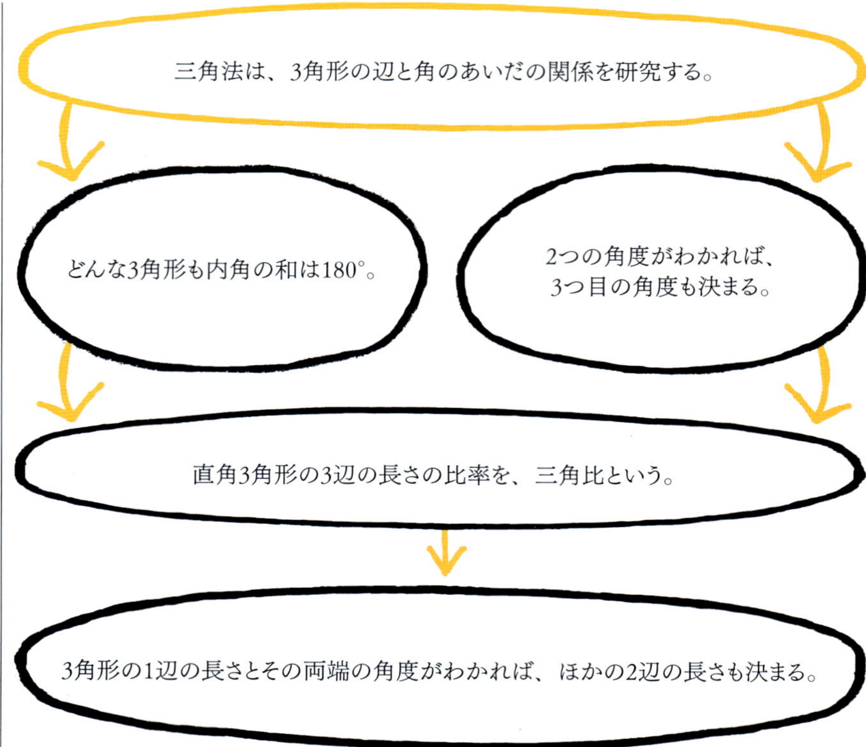

三角法(trigonometry)は、「3角形(triangle)」と「測定(measure)」を意味するギリシア語に基づく用語で、数学の歴史的発展にも現代社会にも大きな重要性をもつ技術である。数学の中でも最も有用な学問のひとつである三角法によって、人々は世界を航海し、電気を理解し、山の高さを測定できるようになった。

古代以来さまざまな文明が、建築には直角が欠かせないことを認めてきた。だからこそ、数学者たちも直角3角形の性質を分析するようになった。すべての直角3角形は、2つの短い辺(長さが等しい場合も、そうでない場合もある)と直角に向き合う斜辺からなり、斜辺はほかのどちらの辺よりも長い。すべての3角形には3つの角があり、直角3角形はそのうちの1つが90°である。

プリンプトン粘土板

1900年代初頭に発見された粘土板に、紀元前1800年ごろにまでさかのぼる3角形の考察が記されていた。1923年にアメリカの出版業者ジョージ・プリンプトンが購入し、「プリンプトン322」として知られるこの粘土板には、直角3角形に関する数値が刻まれていたのだ。その正確な意味について結論は出ていないが、ピュタゴラスの三つ組(直角3角形の3辺の長さを表す3つの正の整数)と、それとは別に辺の2乗の比らしい数も含まれているよ

> **発明したわけではないとしても、三角法を体系的に用いたのは、ヒッパルコスが記録に明示された最初の人物である。**
>
> **サー・トーマス・ヒース**
> イギリスの数学史研究家

参照：リンドのパピルス写本（p32〜33） ■ピュタゴラス（p36〜43） ■ユークリッドの『原論』（p52〜57） ■虚数と複素数（p128〜31）
■対数（p138〜41） ■パスカルの3角形（p156〜61） ■ヴィヴィアーニの3角定理（p166） ■フーリエ解析（p216〜17）

うだ。粘土板本来の用途は不明だが、寸法を測るための実用的なマニュアルとして使われた可能性もある。

古代バビロニア人とほぼ同時期に、エジプトの数学者たちも幾何学への関心を高めていた。背景には、記念建造物の建設計画はもちろん、毎年起こるナイル川の氾濫があった。洪水が収まるたびに耕作地の面積をまた測り直さなくてはならない。エジプト人たちの関心は、リンドのパピルス写本という、分数に関する一連の表が収められた巻き物からもわかる。その中のひとつに、こんな問いがある。「ピラミッドの高さが250キュービット、底面の1辺の長さが360キュービットの場合、そのセケド（seked）は何キュービットか？」セケドはエジプト語で勾配を表すので、これは、まさに三角法の問題だ。

ヒッパルコスによる明確な規則

角度に関するバビロニアの理論に影響を受けた古代ギリシア人は、初期の数学者が頼りにしていた数表ではなく、明確な規則によって支配される数学の一分野として、三角法を発展させた。紀元前2世紀、一般に三角法の創始者とされる天文学者・数学者ヒッパルコスは、特に円や球に内接する3角形や、角度と弦（円または任意の曲線上の2点を結ぶ直線）の長さの関係に関心を寄せていた。ヒッパルコスは、事実上最初の、真の三角関数の表を作成した。

プトレマイオスの貢献

その約300年後、エジプトの都市アレクサンドリアで、「トレミー」としても知られる天才的な博学者クラウディオス・プトレマイオスが、『数学的な論文』（後にイスラムの学者たちによって『アルマゲスト』と改名）という数学研究書を著す。この著作の中でプトレマイオスは、3角形と円の弦に関するヒッパルコスの考えをさらに発展させ、地球を中心とする円軌道を仮定したうえで、太陽やその他の「天体」の位置を予測できる方程式を考案した。プトレマイオスも、それ以前の数学者たちと同様、60を基数とするバビロニア式60進法を用いていた。

中世の天体観測儀アストロラーベ。三角法の原理を応用して天体の位置を計測する。この装置が発明されたのはヒッパルコスのおかげだ。

プトレマイオスの研究はインドでさらに発展し、三角法の分野は天文学の

ヒッパルコス

紀元前190年、ニカイア（現トルコのイズニック）の生まれ。生涯についてはほとんど不明だが、ロードス島にいたころ天体観測の業績で名を知られるようになった。プトレマイオスの『アルマゲスト』に「真実を愛する者」と称され、不朽の名声を与えられる。

ヒッパルコスの著作で現存するのは、詩人アラートスと数学者で哲学者のエウドクソスによる『現象』を星座の記述が不正確だと批判した論評のみ。天文学への貢献として最も有名な『（太陽と月の）大きさと距離について』（現存しないが、プトレマイオスが影響を受けた）では、太陽と月の軌道から分点や至点を算出した。また、彼の作成した史上初の星表が、プトレマイオスの『アルマゲスト』のもとになったらしい。ヒッパルコスは紀元前120年に没する。

主な著作

紀元前2世紀『（太陽と月の）大きさと距離について』

三角法の種類

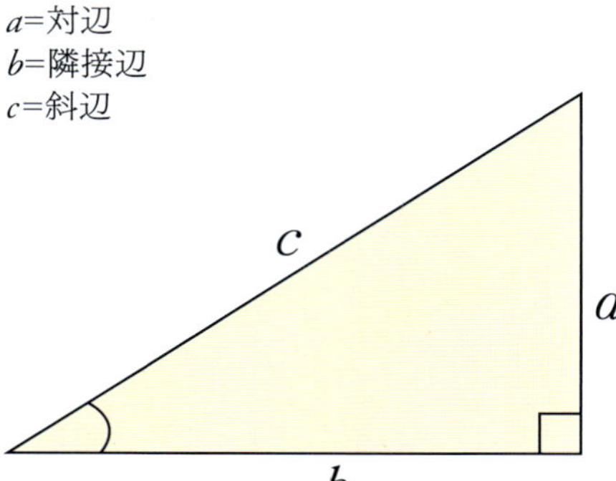

平面三角法
平面（平らな2次元表面）上の3角形を研究する。例えば、建築家が建築物をしっかりと安定させたり、物理学者が運動の模擬実験をしたりするのに利用される。

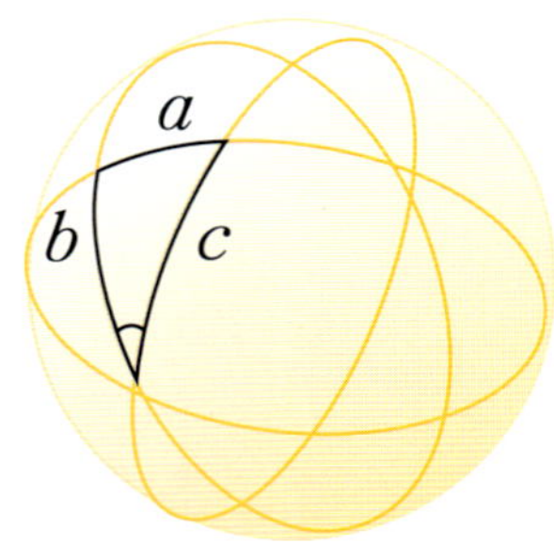

球面三角法
球面（湾曲した3次元表面）上の3角形を研究する。天文学では天体の位置計算に、航海航空学では緯度や経度の計算に利用される。

一部とみなされるようになった。インドの数学者アーリヤバタ（474～550年ごろ）は弦（三角比）の研究を進め、現在正弦（サイン）関数として知られているもの（3角形の長辺である斜辺と角度に対向する辺の長さがわかっているときに、3角形の未知の辺の長さを決定するための正弦／余弦比のすべての可能な値）の最初の表を作成した。

紀元7世紀、インドのもうひとりの偉大な数学者・天文学者ブラーマグプタは、現在ブラーマグプタの公式として知られている業績をはじめ、幾何学と三角法に独自の貢献をした。この公式は、円に内接する4角形の面積を求めるのに使われる。この面積は、4角形が2つの3角形に分割されている場合、三角法で求めることもできる。

> 三角法はほかの数学部門と同じで、ひとりの人物やひとつの国の業績ではない。
>
> **カール・ベンジャミン・ボイヤー**
> アメリカの数学史研究家

イスラム三角法

ブラーマグプタがすでに正弦値の表を作成していたが、9世紀にはペルシャの天文学者であり数学者でもあったハバシュ・アル＝ハシブ（「計算者ハバシュ」）が初めて、3角形の角度と辺を計算するための正弦（サイン）、余弦（コサイン）、正接（タンジェント）の表を作成した。同じ頃、アル＝バッターニ（アルバテニウス）はプトレマイオスの正弦関数の研究を発展させ、天文学の計算に応用した。彼はシリアのラッカで非常に正確な天体観測を記録した。

アラブの学者たちが三角法を開発した動機は、天文学のためだけでなく、宗教的な目的もあった。イスラム教徒が世界のどこからでも聖地メッカの位置を知ることが重要であったのだ。紀元12世紀、インドの数学者で天文学者のバースカラ2世が球面三角法を考案した。これは、平面上ではなく球面上の3角形やその他の図形を探求するものである。

のちの数世紀、三角法は天文学だけでなく航海術においても貴重なものとなった。バースカラ2世の研究は、プトレマイオスの『アルマゲスト』の考え方とともに、バースカラ2世よりはるか以前から三角法の研究を始めていた中世のイスラム学者たちに評価された。

天文学への補助

三角法の発展とともに、人々の天体の見方も徐々に変化していった。天体の動きのパターンを受動的に観察し記録していた学者たちは、その動きを数学的にモデル化し、将来の天文現象をより正確に予測できるようになった。

> 対数表は小さいながらも、それを使って空間内の幾何学的次元や動きについてどんな情報でも得ることができる。
>
> **ジョン・ネイピア**

純粋に天文学の補助としての三角法の研究は、ヨーロッパで新たな発展が勢いを増し始めた16世紀まで続いた。『あらゆる種類の三角法に関する5巻の書』は1533年に出版された。レギオモンタヌスとして知られるドイツの数学者ヨハネス・ミュラー・フォン・ケーニヒスベルクによって書かれたこの著作は、平面3角形（2次元）と球面3角形（3次元の球面上にできる3角形）の辺と角を求めるための既知の定理をすべてまとめたものであった。この著作の出版は、三角法の転機となった。三角法はもはや単なる天文学の一分野ではなく、幾何学の重要な構成要素となったのである。

三角法はさらに発展し、幾何学はその本領を発揮したが、代数方程式を解くのにもますます応用されるようになった。フランスの数学者フランソワ・ヴィエトは、1572年にイタリアの数学者ラファエル・ボンベリが発明した虚数系と組み合わせて、三角関数を用いて代数方程式を解く方法を示した。

16世紀末、イタリアの物理学者で天文学者のガリレオ・ガリレイは、重力が作用する投射物の軌道をモデル化するために三角法を用いた。同じ方程式は、今日でもロケットやミサイルの大気圏への運動を予測するのに使われている。また16世紀には、オランダの地図製作者であり数学者でもあったゲンマ・フリシウスが三角法を用いて距離を割り出し、初めて正確な地図の作成を可能にした。

新たな発展

三角法の発展は17世紀に加速した。スコットランドの数学者ジョン・ネイピアが1614年に対数を発見したことで、正確なサイン、コサイン、タンジェントの表が作成できるようになった。1722年、フランスの数学者アブラム・ド・モアヴルは、ヴィエトよりも一歩進んで、複素数の解析に三角関数を用いる方法を示した。複素数は実部と虚部からなり、機械工学や電気工学の発展に大きな意味を持つことになった。レオンハルト・オイラーは、ド・モアヴルの発見を利用して、「数学で最も優雅な方程式」であるオイラーの恒等式、$e^{i\pi}+1=0$ を導き出した。

18世紀には、ジョゼフ・フーリエが三角法を波動や振動の研究に応用した。“フーリエの三角級数”は、光学、電磁気学、そして最近では量子力学などの科学分野で広く使われている。バビロニア人や古代エジプト人が地面に刺した棒が落とす影の長さについて考えていた初期の段階から、建築学や天文学を経て現代の応用に至るまで、三角法は宇宙をモデル化する数学言語の一部であり続けた。◆

ウェールズにある石造の三角点、“トリグ・ポイント”。1936年に英国陸地測量局が、大ブリテン島の正確な測量図のために、三角点ネットワークづくりを始めた。

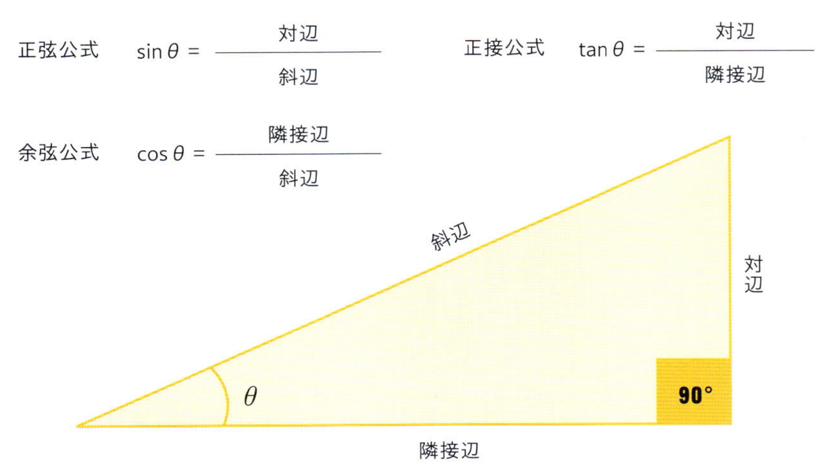

直角3角形の未知の角度θを求めるには、対辺（角θの向かい側）と斜辺の長さが既知であれば正弦公式を用いる。隣接辺と斜辺の長さが既知なら余弦公式を、対辺と隣接辺の長さが既知なら正接公式を用いる。

数値は無より小さいこともある

負の数

関連事項

主要文明
古代中国
（紀元前1700年ごろ～紀元600年ごろ）

分野
数体系

それまで
紀元前1000年ごろ　中国で初めて、竹の棒を使って負数を含む数が示される。

その後
628年　インドの数学者ブラーマグプタが、正と負の数の算術ルールを規定する。

1631年　イギリスの数学者トマス・ハリオットが、彼の死後10年たって出版された著書*Practice of the Art of Analysis*（解析学の実践）で、算術表記法に負の数を受け入れる。

負の数量の実用的な概念は、特に中国では古代から使われていたが、数学の世界で負の数が受け入れられるには、はるかに長い時間がかかった。古代ギリシアの思想家たちや、のちのヨーロッパの数学者たちの多くは、負の数、そして何かが無より小さいという概念を、不合理なものとみなしていた。ヨーロッパの数学者たちが負の数を完全に受け入れ始めたのは17世紀になってからである。

中国の算木（さんぎ）による計算

負の量に関する最も初期の考え方は、商業会計で生まれたようだ。売り手は売った代金を受け取り（正の数量）、買

参照：位取りの数（p22〜27）■ディオファントス方程式（p80〜81）■ゼロ（p88〜91）■代数学（p92〜99）■虚数と複素数（p128〜31）

棒を使った中国の数体系。赤い棒で正の数、黒い棒で負の数を示す。数をなるべくはっきり表すために、縦と横の記号を交互に使う——例えば、縦の7、次に横の5、続いて縦の2と棒を並べて、752という数になる。空きスペースはゼロを表す。

正	0	1	2	3	4	5	6	7	8	9
縦		𝍠	𝍡	𝍢	𝍣	𝍤	𝍥	𝍦	𝍧	𝍨
横		𝍩	𝍪	𝍫	𝍬	𝍭	𝍮	𝍯	𝍰	𝍱

負	0	−1	−2	−3	−4	−5	−6	−7	−8	−9
縦		𝍠	𝍡	𝍢	𝍣	𝍤	𝍥	𝍦	𝍧	𝍨
横		𝍩	𝍪	𝍫	𝍬	𝍭	𝍮	𝍯	𝍰	𝍱

い手は同じ金額を使ったので赤字になる（負の数量）ということだ。古代中国の商業算術では、大きな板の上に並べた小さな竹の棒が使われた。プラスとマイナスの量は異なる色の棒で表され、足し合わせることができた。紀元前500年ごろに生きた中国の軍師、孫子は、戦いの前にこのような棒を使って計算していた。

紀元前150年ごろには、この棒は水平と垂直の棒を交互に並べ、最大5本までセットできるようになった。その後、隋の時代（紀元581〜618年）には、正の量には3角形の棒を、負の量には長方形の棒を使うようになった。このシステムは貿易や税金の計算に使われ、受け取った金額は赤い棒で、負債は黒い棒で表された。異なる色の棒を足し合わせると、収入が負債を帳消しにするように、互いに相殺される。正の数（赤い棒）と負の数（黒い棒）という両極の性質は、相反するが相補的な力——陰と陽——が宇宙を支配しているという中国の概念とも調和していた。

変動する財産

紀元前200年頃から数世紀にわたって、古代中国人は『九章算術』と呼ばれる集大成書を編纂した（囲み参照）。この著作には、彼らの数学的知識のエッセンスが凝縮されており、例えば、損益に関する問題の解答として、負の量を仮定するアルゴリズムが含まれていた。

対照的に、古代ギリシアの数学は幾

古代中国の数学

『九章算術』に、古代中国で知られていた数学の技法が示されている。246の実際的な問題とその解法が集大成された書物だ。

前半の5章は、ほとんどが幾何学（面積、長さ、体積）と算術（比、平方根と立方根）に関する問題。6章では税を扱い、正比例、反比例、複比例といった、ヨーロッパには16世紀ごろまでなかった考え方もとりいれている。7、8章で扱う1次方程式の解法には、“二重仮位置”の法則も含まれる。1次方程式の解として2つの試験的（“仮”の）数値を使い、繰り返し段階を踏んで実際の解を求めるというものだ。最終章には、“勾股”（ピュタゴラスの定理に相当する）を応用した2次方程式の解法が記されている。

中国の温度計目盛りには、氷晶などが0℃——水が凍る温度——よりも冷たいと示す負の数値もついている。

×	−4	−3	−2	−1	0	1	2	3	4
−4	16	12	8	4	0	−4	−8	−12	−16
−3	12	9	6	3	0	−3	−6	−9	−12
−2	8	6	4	2	0	−2	−4	−6	−8
−1	4	3	2	1	0	−1	−2	−3	−4
0	0	0	0	0	0	0	0	0	0
1	−4	−3	−2	−1	0	1	2	3	4
2	−8	−6	−4	−2	0	2	4	6	8
3	−12	−9	−6	−3	0	3	6	9	12
4	−16	−12	−8	−4	0	4	8	12	16

負の数掛ける負の数は正の数になる。すべての正の数には平方根が2つ（正の平方根と負の平方根）あり、負の数には実数の平方根がない――正の数の2乗は正の数、負の数の2乗も正の数になるからだ。

正の数
負の数

何学と幾何学的な大きさ、またはその比に基づいていた。これらの量、すなわち実際の長さ、面積、体積は正の値でしかありえないため、負の数という考え方はギリシアの数学者には理解できなかった。紀元250年ごろのディオファントスの時代には、問題を解くのに1次方程式や2次方程式が使われるようになっていたが、未知の量は依然として幾何学的に、つまり長さで表現されていた。そのため、これらの方程式の解として負の数を考えることは、まだ不合理とみなされていた。

負の数の算術的使用における重要な進歩は、約400年後のインド、数学者ブラーマグプタ（598年ごろ～668年）の研究によってもたらされた。彼は負の数量の算術規則を定め、負の数を示す記号まで用いた。古代中国と同様、ブラーマグプタは数を「財産」（プラス）と「負債」（マイナス）という金融用語でとらえ、プラスとマイナスの掛け算について次のような規則を示した。

二つの財産の積は財産である。2つの借金の積は財産である。借金と財産の積は借金である。財産と借金の積は借金である。

2つのコインの山の積を求めるのは意味がない。掛けられるのは実際の量だけであり、貨幣そのものではないからだ（リンゴとリンゴを掛け合わせることができないのと同じ）。そのためブラーマグプタは、正の数と負の数を用いて算術を行い、その一方で、負の数が何を表すのかを理解するための方法として、財産と負債を用いた。

ペルシャの数学者・詩人アル＝フワーリズミー（780年ごろ～850年ごろ）は、その理論、特に代数学に関する理論が、のちのヨーロッパの数学者たちに影響を与えたが、ブラーマグプタの規則に精通しており、負債を処理するために負の数を使用することを理解していた。しかし、代数学における負の数の使用は意味がないと考え、受け入れられなかった。代わりに、アル＝フワーリズミーは幾何学的な方法に従って1次方程式や2次方程式を解いた。

負の数の受容

中世を通じて、ヨーロッパの数学者たちは、負の量を数として扱うことに疑問を抱いていた。1545年、イタリアの数学者ジローラモ・カルダーノが、1次方程式、2次方程式、3次方程式の解き方を解説した『アルス・マグナ（偉大なる技術）』を出版したときもそうだった。彼は方程式の負の解を除外することができず、負の数を表す記号"m"を使ってさえいた。しかし、彼は負の数の価値を認められず、「架空のもの」と呼んだ。ルネ・デカルト（1596～1650年）も方程式の解として負の量を受け入れたが、それを真の数ではなく「偽根」と呼んだ。

負の数は矛盾と不合理の証拠である。

オーガスタス・ド・モルガン
イギリスの数学者

イギリスの数学者ジョン・ウォリス（1616～1703年）は、数直線をゼロより下に延長することで、負の数に意味を与えた。このように数を線上の点としてとらえる方法によって、ついに負の数は正の数と対等に受け入れられるようになり、19世紀末には数学の中で、量の概念とは別に正式に定義されるようになった。今日、負の数は銀行や温度計や素粒子の電荷に至るまで、多くの分野で使われている。数学における負の数の位置づけに関する曖昧さは、なくなったのだ。◆

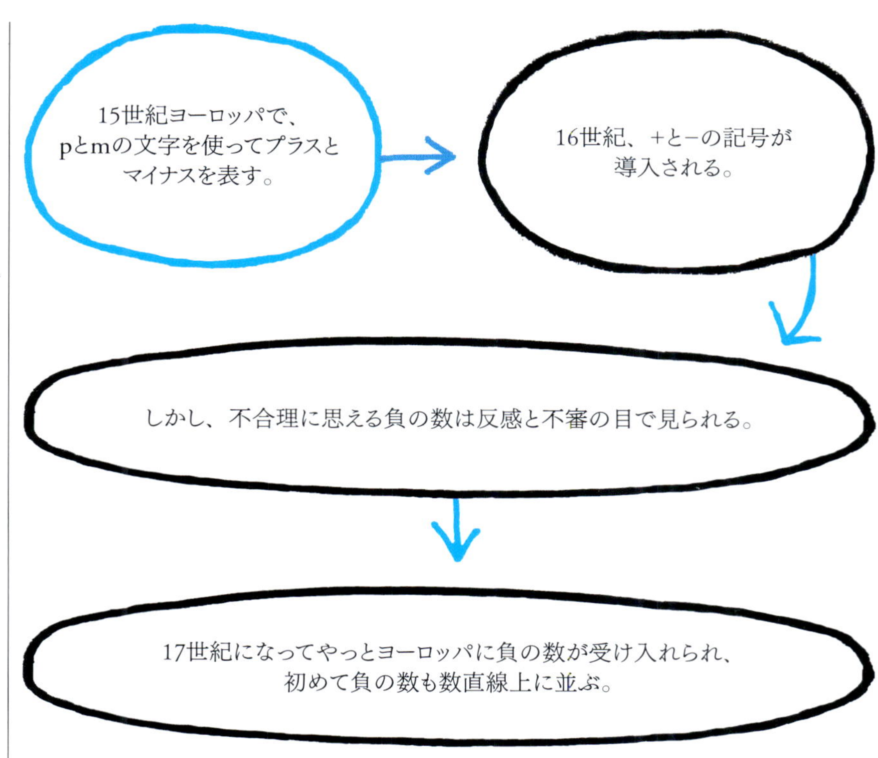

1857年、ニューヨーク、シーマンズ貯蓄銀行の取付け騒ぎ。アメリカの銀行が、支払い準備金（正の金額）なしに巨額の貸し付け（負の金額）をしたことから、預金者が殺到して預金の引出しを求めた。

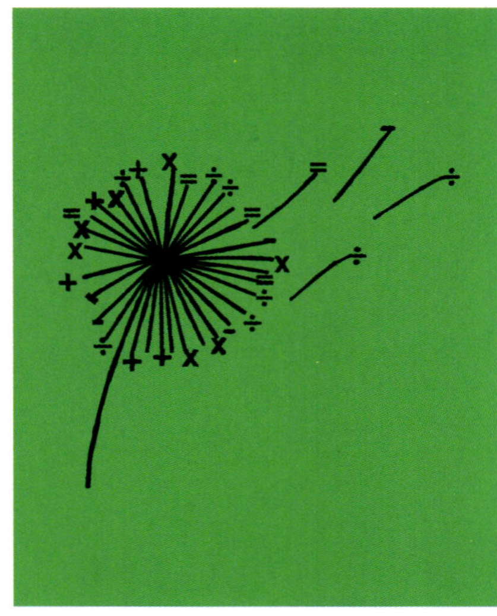

算術の華

ディオファントス方程式

関連事項

主要人物
ディオファントス
（200～284年ごろ）

分野
代数学

それまで
紀元前800年ごろ　インドの数学者バウダーヤナがディオファントス方程式らしきものの解法を発見。

その後
1600年ごろ　フランソワ・ヴィエトが、ディオファントス方程式の解法の基礎を築く。

1657年　ピエール・ド・フェルマーが、自分の読んでいた『算術』の余白に、ディオファントス方程式に関する最終定理を書き込む。

1900年　ダフィット・ヒルベルトが、数学における23の未解決問題のリスト10番目に、あらゆるディオファントス方程式を解くアルゴリズムの探究を挙げる。

1970年　ロシアの数学者たちが、あらゆるディオファントス方程式を解くアルゴリズムは存在しないことを示す。

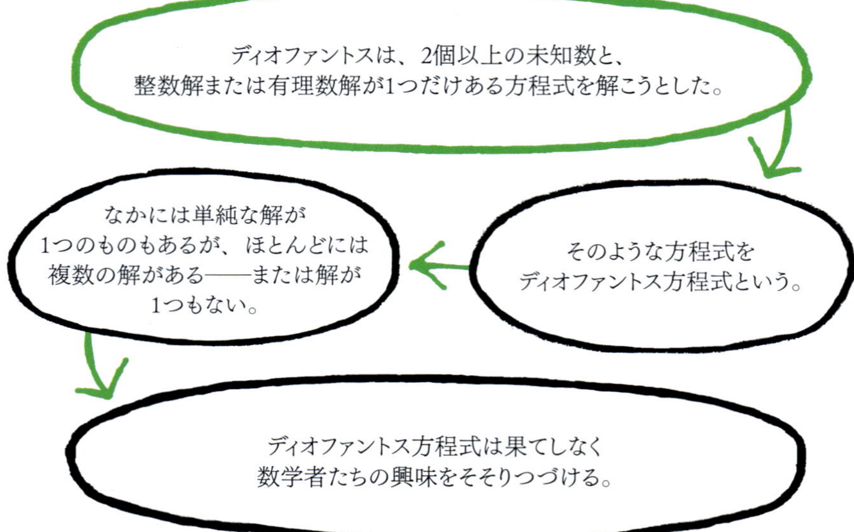

紀元3世紀、数論と算術の先駆者であったギリシアの数学者ディオファントスは、『算術』と題する膨大な著作を残した。13巻の中で現存するのは6巻のみだが、彼は方程式を含む130の問題を探求し、代数学の基礎となる未知数の記号を初めて用いた。現在ディオファントス方程式として知られているものを数学者が完全に探求できたのは、この100年程度のことである。今日、ディオファントス方程式は数論で最も興味深い分野のひとつと考えられている。

ディオファントス方程式は多項式方程式の一種で、$x^3+y^4=z^5$ のように、変数（未知数）のべき乗が整数である方程式である。目的はすべての変数に解を見つけることだが、解は整数か有理数（8/3のように、ある整数を別の整数で

参照： リンドのパピルス写本（p32〜33） ■ ピュタゴラス（p36〜43） ■ ヒュパティア（p82） ■ 等号とその他の記号（p126〜27） ■ 20世紀の23の問題（p266〜67） ■ チューリング・マシン（p284〜89） ■ フェルマーの最終定理を証明する（p320〜23）

ディオファントスが初めて導入した記号体系は……たちまちすんなりと、方程式をわかりやすく表記する手段になった。

クルト・フォーゲル
ドイツの数学史研究家

割ったものとして書けるもの）でなければならない。

解の探求

現在ディオファントス方程式と呼ばれている問題の多くは、ディオファントスの時代よりもずっと前から知られていた。インドでは、古代シュルバ・スートラという文献が明らかにしているように、数学者たちは紀元前800年ごろからそのいくつかを探求していた。紀元前6世紀、ピュタゴラスは直角3角形の辺を計算するための2次方程式をつくったが、その $x^2+y^2=z^2$ 形式はディオファントス方程式である。

$x^n+y^n=z^n$ のようなディオファントス方程式は計算が簡単そうに見えるが、解けるのは2乗のものだけである。べき乗（方程式中の n）が2より大きい場合、方程式は x、y、z の整数解を持たない。フェルマーが1657年に「欄外ノート」で主張し、イギリスの数学者アンドリュー・ワイルズが1995年に最終的に証明した。

ディオファントス著『算術』は、進歩した代数学の研究書として17世紀の数学者たちに多大な影響を与えた。右の巻は1621年刊のラテン語版。

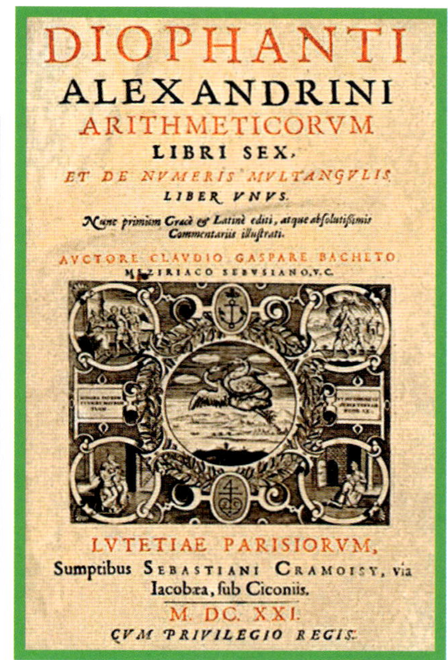

魅惑の源泉

ディオファントス方程式は数も形も膨大で、そのほとんどが解くのが非常に難しい。1900年、ダフィット・ヒルベルトは、これらの方程式がすべて解けるかどうかという問題は、数学者が直面する最大の課題のひとつであると示唆した。

この方程式は現在、解のないもの、有限個の解を持つもの、無限個の解を持つものの3つに分類されている。しかし、数学者は解を見つけることよりも、解がまったく存在しないかどうかを発見することに興味を持つことが多い。1970年、ロシアの数学者ユーリ・マチャセビッチは、彼とほかの3人が長年研究してきたヒルベルトの疑問に決着をつけ、ディオファントス方程式を解く一般的なアルゴリズムは存在しないと結論づけた。しかし、この方程式の魅力はその大部分が理論的なものであるため、研究は続けられている。◆

ディオファントス

その生涯についてはほとんど不明だが、エジプトのアレクサンドリアに紀元200年ごろ生まれたらしい。全13巻の著書『算術』で広く認められるも――最初の6巻にはアレクサンドリアの数学者ヒュパティアが注釈を書いている――あまり世に知られず、16世紀になって再びディオファントスのアイデアへの関心が高まる。

500年ごろ出版された *Greek Anthology* という数学ゲームや数学詩の選集に、ディオファントスの墓に刻まれた墓碑銘と称する問題が収録されている。パズルとして書かれたその問題によると、彼は35歳で結婚、その5年後に生まれた息子が、父親の半分の年齢40歳で亡くなった。ディオファントスはそのさらに4年後、84歳で亡くなったという。

主な著作

250年ごろ『算術』

智の大空に輝く比類なき星

ヒュパティア

関連事項

主要人物
アレクサンドリアのヒュパティア
(355年ごろ〜415年)

分野
算術、幾何学

それまで
紀元前6世紀　ピュタゴラスの妻テアノをはじめ女性たちがピュタゴラス学派で活躍する。

紀元前100年ごろ　テッサリアの魔女こと、数学者で天文学者のアグラオニケが、月食を予測する能力で有名になる。

その後
1748年　イタリアの女性数学者マリア・アニェージが、微分積分について解説する最初の研究書を著す。

1874年　ロシアの数学者ソフィア・コワレフスカヤが、女性として初めて数学の博士号を授与される。

2014年　イランの数学者マリアム・ミルザハニが、女性で初めてフィールズ賞を受賞。

古代世界における先駆的な女性数学者はわずかしか歴史に残っていないが、中でも有名な女性はアレクサンドリアのヒュパティアである。人の心を動かすすぐれた教師であった彼女は、400年代にアレクサンドリアの新プラトン主義哲学の学校の校長に任命された。

ヒュパティアは独創的な研究を行ったことで知られているわけではないが、数学、天文学、哲学の古典的書物を編集し、その解説を書いたとされている。アレクサンドリアの高名な学者であった父テオンを助け、ユークリッドの『原論』やプトレマイオスの『アルマゲスト』および『簡便表』の編纂や決定版作成を行ったとされる。彼女はまた、ディオファントスの13巻からなる『算術』やアポロニウスの『円錐曲線論』の注釈を提供するなど、古典的なテキストの保存と拡大というテオンのプロジェクトを継続した。

ヒュパティアは、その教育、科学的知識、知恵で大きな名声を得たが、415年、その「異教的」な哲学のためにキリスト教の狂信者たちによって殺された。学術界における女性に対する態度はさらに非寛容になっていき、18世紀に啓蒙主義が女性に新たな機会を与えるまで、数学と天文学はほとんど男性だけのものとなった。◆

1889年にジュリアス・クロンバーグが描いた、アレクサンドリアの学者ヒュパティアの肖像画。彼女は殺されたあと、勇敢な殉教者として崇敬され、のちにはフェミニストのシンボルともなる。

参照：ユークリッドの『原論』(p52〜57) ■円錐曲線(p68〜69) ■ディオファントス方程式(p80〜81) ■エミー・ネーターと抽象代数学(p280〜81)

1000年間破られなかった円周率近似値

祖沖之（そちゅうし）

関連事項

主要人物
祖沖之
（429〜501年）

分野
幾何学

それまで
紀元前1650年ごろ　リンドのパピルス写本には、円の面積を計算するのに $(16/9)^2 \fallingdotseq 3.1605$ という円周率πが使われている。

紀元前250年ごろ　アルキメデスが、正多角形を使った反復操作法で円周率πの近似値を求める。

その後
1500年ごろ　インドの天文学者ニーラカンタ・ソマヤジが、無限級数（項の数が無限個ある級数の和）を使ってπを計算する。

1665〜66年　アイザック・ニュートンが、15桁までπを計算する。

1975〜76年　反復アルゴリズムによって、コンピュータでπを何百万桁までも計算できるようになる。

古代中国の数学者たちは、ギリシアの数学者たちと同様、幾何学的計算やその他の計算において、円の直径に対する円周の長さの比率であるπ（パイ）の重要性に気づいていた。1世紀以降、πにはさまざまな値が提案された。実用的な目的に十分な精度を持つものもあったが、中国の数学者の中には、πをより正確に求める方法を模索する者もいた。3世紀、劉徽（りゅうき）はアルキメデスと同じ方法で、円の内外に正多角形を描き、辺の数を増やしていくという方法に取り組んだ。彼は、96辺の多角形でπを3.14と計算できることを発見したが、辺の数を倍々にして3,072辺まで増やすことにより、3.1416という値に到達した。

さらなる精度

5世紀、綿密な計算で名を馳せた天文学者・数学者の祖沖之（そちゅうし）は、πをより正確に求めることに着手した。12,288辺の多角形を使ってπが3.1415926と3.1415927の間にあることを計算し、その比を表す2つの分数を提案した。以前から使われていた近似値（約率）は22/7であり、彼自身の計算による“密率”は355/113であった。これはのちに「祖の比率」として知られるようになった。祖によるπの計算は、ルネサンス期にヨーロッパの数学者たちがその課題に取り組むまで、1000年近く経っても破られることがなかった。◆

祖沖之（そちゅうし）は大昔の天才だったと思えてならない。

建部賢弘（たけべかたひろ）
日本の数学者

参照： リンドのパピルス写本（p32〜33）■無理数（p44〜45）■πを計算する（p60〜65）■オイラーの恒等式（p197）■ビュフォンの針の実験（p202〜03）

中世

500年～1500年

628 年ごろ

インドのブラーマグプタが、ゼロの役割と使用法を確立し、マイナスの数量を“借金”と称する。

8 世紀

イスラム教文化がインドにも広がり、インドの数学者たちにアラビア人学者たちの知識が伝わる。

8 世紀末

バグダードに〈知恵の館〉（図書館・学術センター）が設立され、イスラム／アラブ世界内でアイデアの交流や発展が促される。

820 年ごろ

アル＝フワーリズミーが代数についての著書で、今日なお重要な方程式の解法を数多く紹介する。

825 ～ 830 年ごろ

アル＝フワーリズミーとアル＝キンディーが、現代の“アラビア”数字の前身となるヒンドゥー語の数字使用法を解説。

930 年ごろ

アブー・カーミル死去。著作『代数の書』は、3 世紀のちのフィボナッチに重要な影響を与える。

ローマ帝国が崩壊し、ヨーロッパが中世に入ると、科学と数学の学問の中心は東地中海から中国とインドに移った。5 世紀ごろからインドは数学の「黄金時代」を迎え、独自の長い学問の伝統に加え、ギリシア人によってもたらされたアイデアも土台とした。インドの数学者は幾何学と三角法の分野で大きな進歩を遂げ、天文学、航海術、工学の分野で実用化されたが、最も広範囲に及ぶ革新は、数字のゼロを表す文字の開発だった。

空白や代用文字でなく、単純な円という特定の記号を使ってゼロを表すようになったのは、すぐれた数学者ブラーマグプタの功績であり、彼は計算におけるゼロの使用規則を記述した。実際には、この文字はすでに以前から使われていたのかもしれない。現代のインド＝アラビア記数法の原型であるインドの数体系によく合っていたのだろう。しかし、インドの黄金時代（12 世紀まで続いた）のこうした考え方やほかの考え方が数学の歴史に影響を与えたのは、イスラム世界のおかげである。

ペルシャの大勢力

632 年に預言者ムハンマドが死去した後、イスラム教は急速に中東をはじめとする世界の政治的・宗教的な大勢力となり、アラビアからペルシャを経てアジアはインド亜大陸にまで広がった。この新しい宗教は哲学と科学的探究を高く評価し、バグダードに設立された学問と研究の中心である〈知の館〉には、拡大するイスラム帝国全土から学者が集まった。

知識への渇望は、古代の文献、特に偉大なギリシアの哲学者や数学者のテキストの研究を促した。イスラムの学者たちは古代ギリシアのテキストを保存し翻訳しただけでなく、それらに注釈を加え、独自の概念を発展させた。新しい考え方に寛容な彼らは、インドの革新的な技術、特に記数法を取り入れた。イスラム世界もインドと同様、14 世紀まで続く学問の「黄金時代」を迎え、代数学の発展に重要な役割を果たしたアル＝フワーリズミーなど、影響力のある数学者を次々と輩出した（「代数（algebra）」の語源はアラビア語の「再結合」である）。また、二項定理や 2 次方程式、3 次方程式の扱いに画期的アル＝カラジが、幾何学的な図に頼らずに方程式を解くことが可能になる二項定理を説明する。

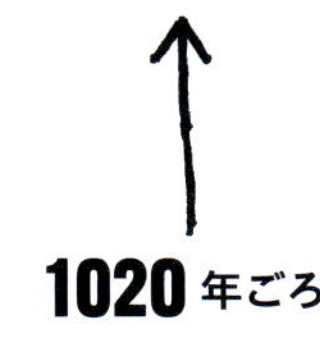

1020 年ごろ

1070 年ごろ

ウマル・ハイヤームが、3 次方程式の分類法と解法を編み出す。

チェスター家のロバートが、アル＝フワーリズミーの著作をラテン語に翻訳する。

1145 年

1202 年

フィボナッチの『算盤の書』が、インド＝アラビア記数法や有名なフィボナッチ数列など、アラブ世界のアイデアを数々紹介する。

歴史学者イブン・ハッリカーンが、チェス盤の上の麦粒問題を初めて記録する。

1256 年

14 世紀

マートン・カレッジのオックスフォードの計算者たちという思想家グループが、オックスフォード大学を西欧数学界で傑出した地位に押し上げる。

ヨーロッパで印刷物となった最初の数学の研究書『トレヴィーゾ算術書』が、匿名で出版される。

1478 年

な貢献をした学者もいる。

東洋から西洋へ

ヨーロッパでは、数学の研究は教会の管理下にあり、ユークリッドの著作の一部を初期に翻訳したものに限られていた。進歩の妨げとなったのは、面倒なローマ数字が使われ続けたことで、計算にはそろばんを使う必要があった。しかし、12 世紀以降、十字軍の時代になると、イスラム世界との接触が増え、イスラムの学者が蓄積してきた科学的知識の豊かさを認める者も現れた。キリスト教の学者たちは、ギリシアやインドの哲学書や数学書、そしてイスラムの学者たちの研究にアクセスできるようになった。代数学に関するアル＝フワーリズミーの論文は、12 世紀にチェスター家のロバートによってラテン語に翻訳され、その後まもなく、ユークリッドの『原論』やその他の重要なテキストの全訳がヨーロッパで出版され始めた。

数学ルネサンス

イタリアの都市国家がいち早くイスラム帝国との交易を始めたため、西洋における数学復興の先陣を切ったのは、フィボナッチの愛称で親しまれたイタリア人、ピサのレオナルドだった。彼はインド＝アラビア記数法を取り入れ、代数学に記号を用い、フィボナッチ数列など多くの独創的なアイデアを提供した。

中世後期には貿易が盛んになり、数学、特に算術と代数の分野がますます重要になった。天文学の進歩にも高度な計算が必要となり、数学教育はより真剣に行われるようになった。15 世紀に活版印刷機が発明されると、『トレヴィーゾ算術書』を含むあらゆる種類の書物が広く出回るようになり、新しく発見された知識がヨーロッパ中に広まった。これらの書物は、ルネサンスとして知られる文化的復興に伴う「科学革命」のきっかけとなった。◆

ゼロから財産を引くと負債になる

ゼロ

関連事項

主要人物
ブラーマグプタ
（598年ごろ〜668年）

分野
数論

それまで
紀元前700年ごろ　粘土板にバビロニアの書記が、かぎ形の刻み目3つで位取りのゼロを記載する。それがのちに、斜めのくさび2つの記号となる。

紀元前36年　中央アメリカ、マヤのステラ（石の平板）に、貝殻形のゼロが記録される。

300年ごろ　インド地方（現パキスタン）のバクシャーリー写本に、位取りのゼロを表す黒いドットが多用される。

その後
1202年　ピサのレオナルド（フィボナッチ）が著書『算盤の書』で、ヨーロッパにゼロを紹介する。

17世紀　ゼロがついに数として確立され、広く使われるようになる。

何かがないことを表す数というのは難しい概念であり、ゼロが広く受け入れられるようになるまで時間がかかったのはそのためかもしれない。バビロニアやシュメールなど、いくつかの古代文明がゼロを発明したと主張することができるが、数字としてのゼロの使用は、インドの数学者ブラーマグプタによって7世紀に提唱された。

ゼロの発展

どのような数字の記録システムも、やがてはその位置が決まる。つまり、どんどん大きくなる数に対応するため

参照：位取りの数（p22〜27） ■負の数（p76〜79） ■2進数（p176〜77）
■大数の法則（p184〜85） ■複素数平面（p214〜15）

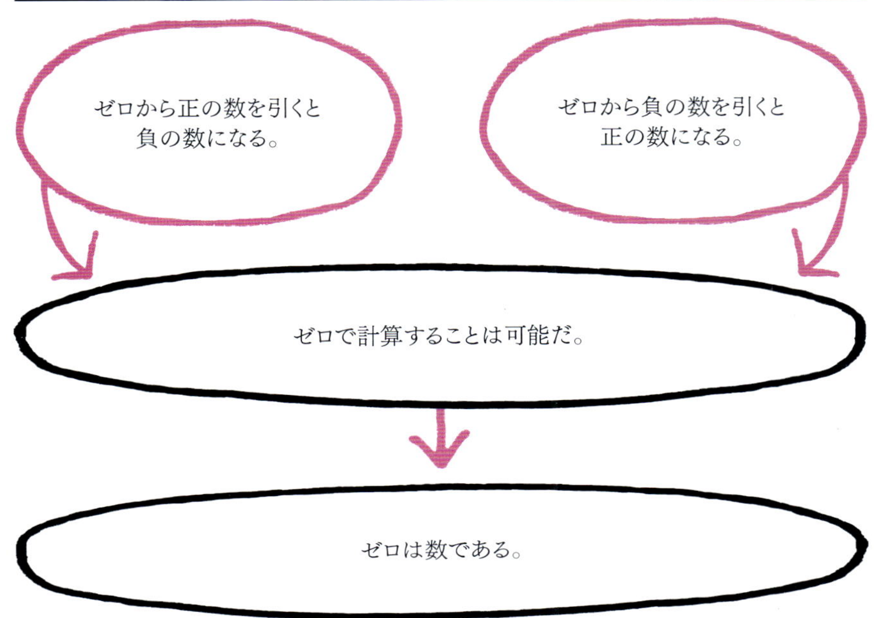

ブラーマグプタ

598年ごろ、インド北西部ビッラマーナ生まれの天文学者・数学者。天文学の中心地ウッジャインの天文台長となり、天文学研究に新しく数論や代数の研究をとりいれた。

ブラーマグプタの考案した10進法の数体系やアルゴリズムは世界中に広まり、後世の数学者たちの研究成果にもつながっていく。“財産”と“負債”と称して正と負の数を計算するルールは、今なお引用されている。ブラーマグプタは2冊目の著書を完成させたほんの数年後、668年に没した。

主な著作

628年『ブラーマ・スプタ・シッダーンタ（正しく確立した天文学知）』
665年『カンダ・カードヤカ（ひと口の食べもの）』

に、桁をその値に従って並べるのである。すべての位取り（位置）システムは、「ここには何もない」ということを表す方法を必要とする。例えば、古代バビロニア文明（紀元前1894〜前539年）は最初、例えば35と305を区別するのに前後関係の表現を使っていたが、最終的には、逆カンマのような二重のくさびマークを使って空の値を示した。このようにして、ゼロは句読点の一形態として世界に浸透したのである。

歴史家にとっての問題は、初期の文明がゼロを使っていた証拠を見つけ、それをゼロと認識しなければならないことであった。ゼロが時代とともに使われたり使われなかったりしたことが、この問題を難しくしている。例えば紀元前300年頃、ギリシア人は幾何学に基づく、より洗練された数学を発展させ始めていた。線分の長さで量を表すというものだ。ギリシア人は位取り記数法を持っていなかったので（長さが存在しないか、または負にすることはできない）、ゼロ、または実際に負の数（0より小さい数）の必要性がなかった。

だが、ギリシア人が天文学における数学の使用を発展させるにつれ、彼らはゼロを表すための「0」を使い始めた。2世紀に書かれた天文学書『アルマゲスト』の中で、古代ギリシア・ローマの学者プトレマイオスは、数字と数字のあいだや数字の最後に円形の記号を使っているが、それ自体を数字とは考えていなかった。

ギリシア人が、アバク（砂を敷き詰めた台や盤）を使って数を数えているところ。計数用の小石を取り除くと跡が丸く残るから、“0”という数字の形になったという説もある。

中央アメリカでは、最初の千年紀のあいだ、マヤ人はゼロを貝殻模様として表した数字として含む、位取り記数法を使用していた。これは、マヤ人が算術に使った3つの記号のうちの1つで、ほかの2つは1を表す点と5を表す棒であった。マヤ人は億の桁ま

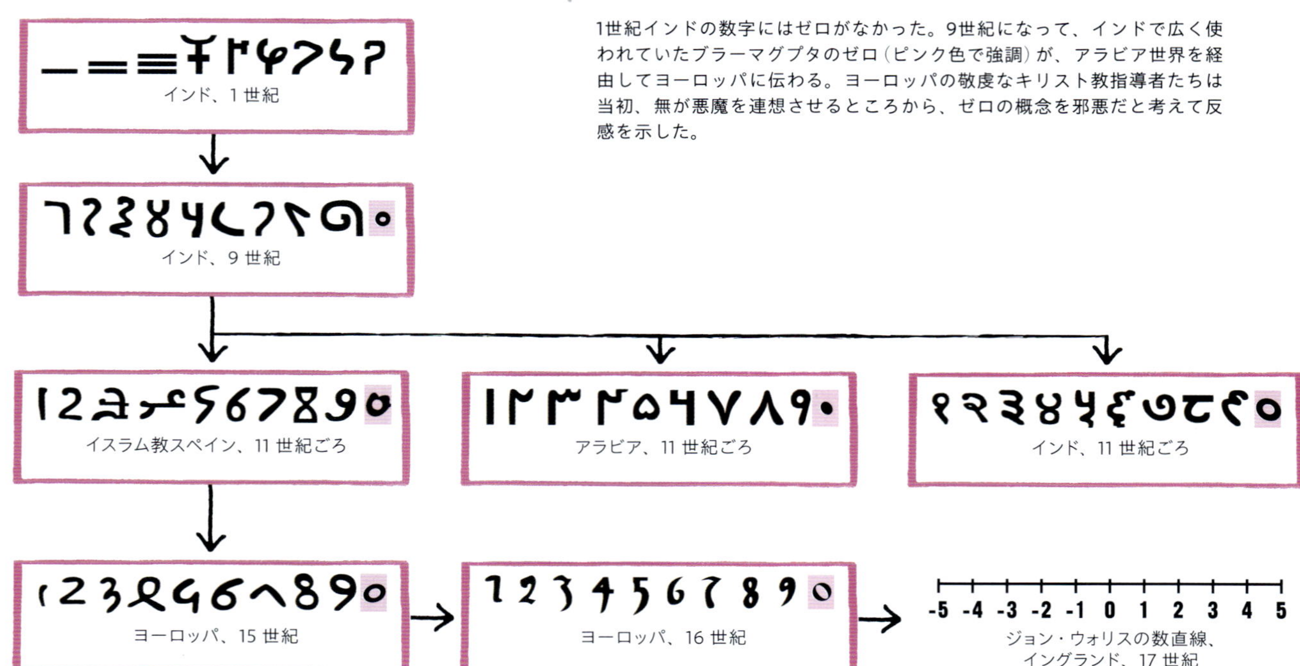

1世紀インドの数字にはゼロがなかった。9世紀になって、インドで広く使われていたブラーマグプタのゼロ（ピンク色で強調）が、アラビア世界を経由してヨーロッパに伝わる。ヨーロッパの敬虔なキリスト教指導者たちは当初、無が悪魔を連想させるところから、ゼロの概念を邪悪だと考えて反感を示した。

18世紀に建設されたインドのウッジャイン天文台にある、ナーディヤリ・ヤントラ（日時計）。7世紀にブラーマグプタが学究生活を送って以来、数学と天文学の中心地となった天文台は、インドの伝統的な子午線（経度ゼロ）と北回帰線の交差点に立地する。

で計算できたが、地理的に孤立していたため、彼らの数学がほかの文化に広まることはなかった。

インドでは、数学は最初の千年紀の初期に急速に進んだ。3世紀と4世紀には、位取り方式が長いあいだ使用され、7世紀（ブラーマグプタの時代）には、円形の記号を代用文字として使用することがすでに確立されていた。

数字としてのゼロ

ブラーマグプタは、ゼロを使った計算のルールを確立した。彼はまず、ある数からそれ自身を引いた結果としてゼロを定義した。例えば、$3-3=0$である。これにより、ゼロは単なる比喩的な表記や代用文字でなく、それ自体が数字として確立された。そして、ゼロを使って計算することの効果を探った。ブラーマグプタは、ある負の数にゼロを加えると、結果はその負の数と等しくなることを示した。同様に、正の数にゼロを加えると、同じ正の数になった。ブラーマグプタはまた、負の数と正の数の両方からゼロを引くことを説明し、それによって数が変化しないことを再度指摘した。

ブラーマグプタはさらに、ゼロから数を引くことの効果について説明した。彼は、ゼロから正の数を引くと負の数

> **ブラックホールというのは神がゼロで割った場所だ。**
>
> **スティーヴン・ライト**
> アメリカのコメディアン

になり、ゼロから負の数を引くと正の数になることを計算した。この計算によって、負の数は正の数と同じ数体系になった。ゼロと同様、負の数は長さや量といった正の値ではなく、抽象的な概念であった。

乗算と除算

ブラーマグプタはさらに掛け算に関してゼロを検証し、ゼロとゼロの掛け算を含め、どんな数でもゼロを掛けた積がゼロになることを説明した。次に、ゼロによる除算について説明したが、これには問題があった。ブラーマグプタは、ある数nをゼロで割った結果を$n/0$と記し、ゼロで割っても数は変わらないことを示唆した。しかし、これはのちに不可能であると判明する。除算は乗算の逆演算である。例えばn/bは、$a \times b = n$という掛け算でaを求める割り算だ。$n/0$はbがゼロということなので、$a \times 0 = n$または単に$0 = n$となり、元のnがゼロならaはどんな数でもよくなり、ゼロでない場合は$a \times b = n$そのものが成り立たなくなる。

ゼロは私たちの知る最も不思議な数だ。私たちは日々、ゼロを目指して励んでいる。

ビル・ゲイツ

数学者は現在、ゼロによる除算を「未定義」と表現している。$n/0$に必要な答えは「無限大」であるという主張もあったが、無限大は数ではないので計算には使えない。ゼロをゼロで割ることはさらに厄介である。ゼロをどんな数で割ってもゼロになると考えれば結果はゼロかもしれないが、どんな数もそれ自体で割れば1になると考えれば、結果は1になるからだ。

9世紀には、イスラムの数学者アル＝フワーリズミーがインド＝アラビア記数法に関する論文を書き、ゼロを含む位取り記数法について記述した。しかし、その300年後、ピサのレオナルド（フィボナッチとして知られる）がインド＝アラビア記数法をヨーロッパに紹介したとき、彼はまだゼロの導入に慎重で、ゼロを数ではなく、「＋」や「－」のような演算子として扱っていた。16世紀になっても、イタリアの数学者ジローラモ・カルダーノはゼロなしで2次方程式や3次方程式を解いていた。ヨーロッパ人が最終的にゼロを受け入れたのは、17世紀にイギリスの数学者ジョン・ウォリスが数直線にゼロを取り入れたときだった。

重要な概念

数学にゼロがなければ、本書の多くの記事は書けなかったことだろう。ゼロがなければ、限りなく小さな量を記述することができないから、負の数も、座標系も、2進法も（したがってコンピュータも）、小数も、微積分も存在しない。そして、工学の進歩は著しく制限されたことだろう。ゼロはおそらく、最も重要な数だと言えるのだ。◆

『トレヴィーゾ算術書』

イタリアで初めて数字のゼロが知られたのは、1478年に匿名で出版された、印刷物としてはヨーロッパ初の数学の研究書、『トレヴィーゾ算術書』として知られる『計算の技術』によってである。画期的だったのは、商人をはじめ計算問題を解きたい万人向けに日常使いのヴェネツィア方言で、インド＝アラビア10進法桁値システムを概説し、数体系の仕組みを記述していることだ。著者は、0を10番目の数と位置づけ、“ゼロ（サイファー）”つまり“無（ヌラ）”と呼ぶ。ほかの数の右に書き添えて左側の数の桁値を上げるほか、数値をもたない数ということだ。

トレヴィーゾの解説によると、ゼロは単なる位取り数だが、その位取り自体がまだ新しい概念だった。数としてのゼロという考え方は何世紀もの長きにわたって受け入れられない。また、実務での数の使い方を学びたい人がほとんどだった『トレヴィーゾ算術書』の読者たちは、そんなことにあまり関心がなかった。

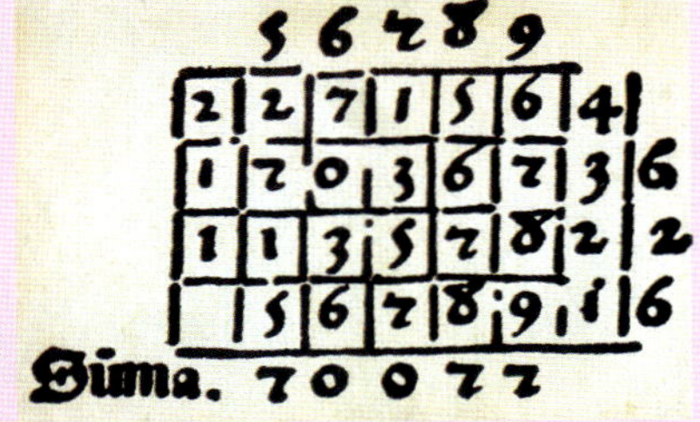

『トレヴィーゾ算術書』所載の、56,789という数に1,234を掛ける方眼法（グリッド）。計算中に、そして最終的な解70,077,626にも、ゼロが位取り数として使われる。同書では掛け算のほかの方法も説明している。

代数は科学的技術

代数学

関連事項

主要人物
アル=フワーリズミー
（780年ごろ〜850年ごろ）

分野
代数学

それまで
紀元前1650年 エジプトでリンドのパピルス写本に、1次方程式の解法が記される。

紀元前300年 ユークリッドの『原論』が幾何学の基礎を築く。

3世紀 ギリシアの数学者ディオファントスが、未知数を表す記号を使う。

7世紀 ブラーマグプタが2次方程式を解く。

その後
1202年 ピサのレオナルド（フィボナッチ）が、インド=アラビア数体系を使う。

1591年 フランソワ・ヴィエトが記号代数学を導入、文字を使って方程式用語を略書する。

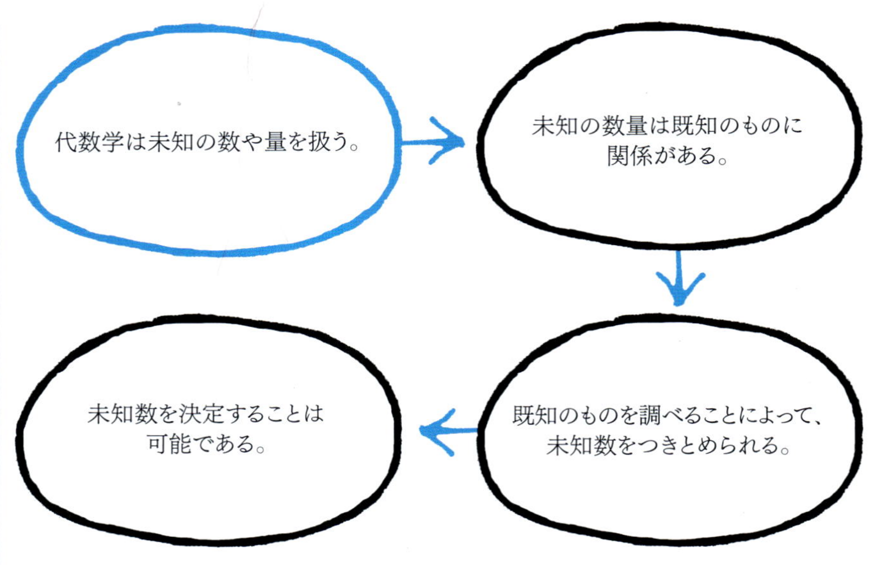

未知の量を計算する数学的手法である代数の起源は、楔形文字の粘土版やパピルスに描かれた方程式からわかるように、古代バビロニア人とエジプト人にまで遡ることができる。代数学は、長さ、面積、体積の決定を必要とする、しばしば幾何学的な性質の実用的な問題を解決する必要性から発展した。数学者は次第に、より幅広い一般的な問題を扱うための規則を発展させていき、長さや面積を計算するために、変数（未知の量）と2乗項を含む方程式が考案された。バビロニア人は、表を使って、穀物倉庫内の空間などの体積を計算することもできた。

新しい方法の探究

何世紀にもわたり、数学が発展するにつれ、問題は長く複雑になり、学者

アル=フワーリズミー

780年ごろ、現ウズベキスタンのヒヴァに生まれたムハンマド・イブン・ムーサー・アル=フワーリズミーは、バグダードに移り住み、〈知恵の館〉で学究生活を送った。

1次方程式と2次方程式を解くルールを体系立てたことから、アル=フワーリズミーは“代数学の父”とも呼ばれる。主著に概説されているそのルールは、“アル=ジャブル（約分）とアル=ムカバラ（消約）”による計算法——彼が考案したその方法が今日でも使われている。そのほかの業績には、ヒンドゥー語の数字についての研究書も挙げられる。そのラテン語翻訳版が、西欧世界にインド=アラビア数字を伝えることになった。

また、地理学の本も著し、世界地図の作成にも携わる。子午線弧長の測定プロジェクトに参加し、アストロラーベ（初期ギリシアの航海用天体観測儀）を開発し、天文表もつくりあげた。850年ごろ死去。

主な著作

820年ごろ『ヒンドゥー語数字の計算について』
830年ごろ『約分と消約の計算の書』

参照：2次方程式（p28〜31） ■リンドのパピルス写本（p32〜33） ■ディオファントス方程式（p80〜81） ■3次方程式（p102〜05）
■方程式の代数的解決（p200〜01） ■代数学の基本定理（p204〜09）

たちは問題を短く単純化する新しい方法を模索した。初期のギリシア数学は主に幾何学に基づいていたが、ディオファントスは3世紀に新しい代数的方法を開発し、未知の量に記号を使用した最初の人物であった。しかし、標準的な代数表記法が受け入れられるまでには1000年以上かかることになる。

ローマ帝国の滅亡後、地中海地域の数学は衰退したが、7世紀からのイスラム教の普及は代数学に革命的な影響を与えた。762年にカリフ（預言者ムハンマド亡き後のイスラム共同体の指導者）のアル＝マンスールがバグダードに首都を置くと、そこはすぐに文化や学問、商業の中心地となった。その地位は、ギリシアの数学者ユークリッドや、アポロニウス、ディオファントスのほか、ブラーマグプタのようなインドの学者の著作をも含む、過去の文化からの写本の入手と翻訳によって、高められていった。そうした文献は大図書館〈知恵の館〉に収められ、研究と知識の普及の中心となった。

初期の代数学者たち

〈知恵の館〉の学者たちは独自の研究を行い、830年にはムハンマド・イブン・ムーサー・アル＝フワーリズミーがその著作『約分と消約の計算の書』を図書館に寄贈した。この本は、代数問題の計算方法に革命をもたらし、現代の代数学の基礎となる原理を導入した。それ以前の時代と同様、論じられる問題の種類は主に幾何学的なものだった。イスラム世界では幾何学の研究が重要だったのだ。宗教美術や建築では人間の形を描くことが禁じられていたこともあり、イスラムのデザインの多くは幾何学模様に基づいていた。

アル＝フワーリズミーは代数学の基本的な操作をいくつか紹介し、それを約分、再結合、消約と表現した。約分（方程式の簡約化）は、引き算した項を方程式の反対側に移動させる再結合（al-jabr）によって行うことができ、次に方程式の両辺のバランスをとる（消約）。このal-jabrが、代数（algebra）の語源となった。

アル＝フワーリズミーは、まったくの白紙の状態から仕事を始めたわけではなかった。それ以前のギリシアやインド人数学者の著作の翻訳があり、自

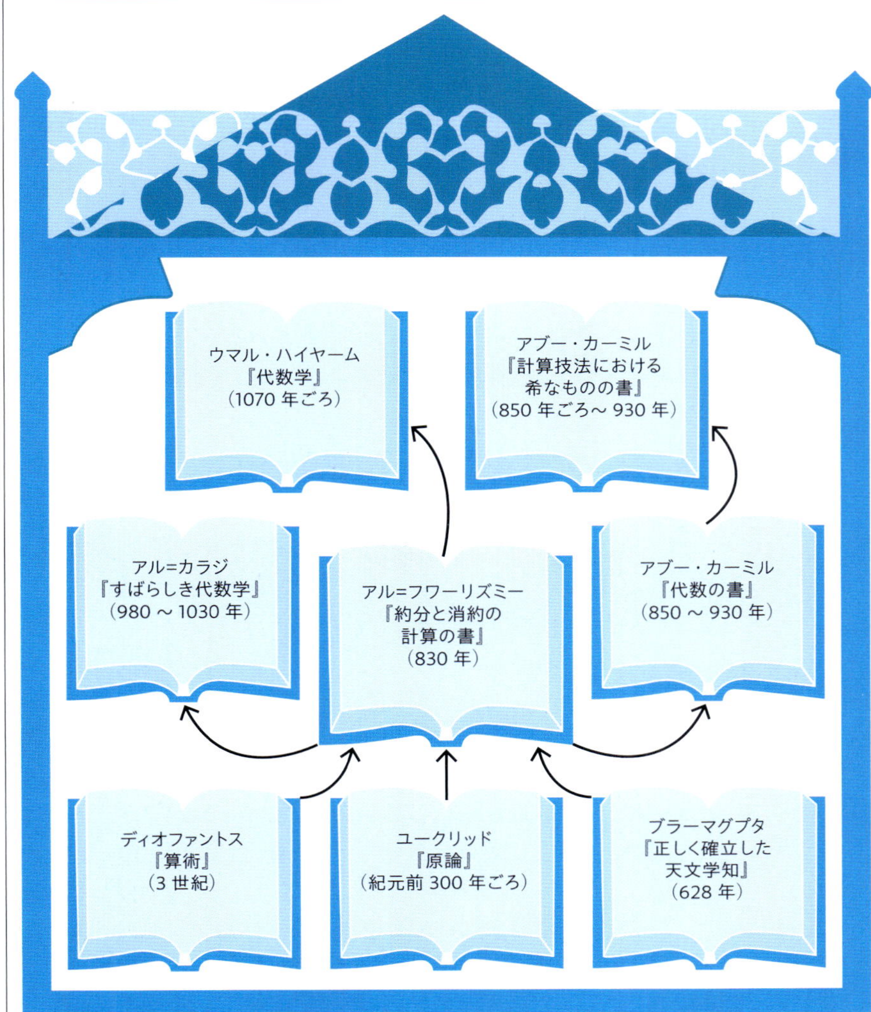

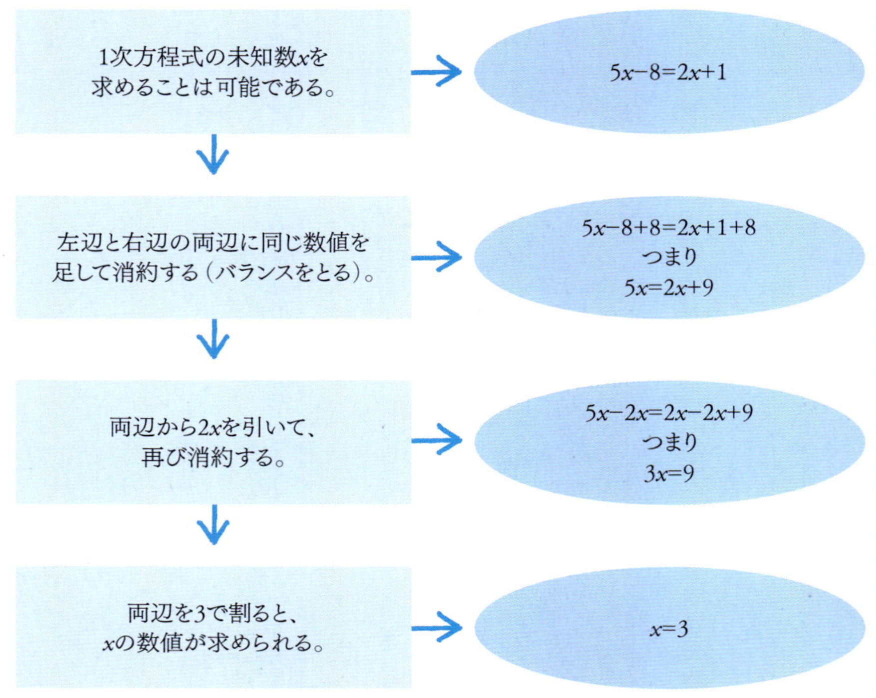

由に利用することができたからだ。彼はインドの10進法位取り法をイスラム世界に紹介し、それが今日広く使われているインド＝アラビアの数体系の採用につながった。

アル＝フワーリズミーは、1次方程式をグラフにプロットすると直線になるということから研究を始めた。1次方程式には変数が1つだけ含まれ、その変数は2乗やそれ以上の累乗でなく、1乗だけで表される。

2次方程式

アル＝フワーリズミーは記号を使わなかった。彼は方程式を、図に頼った言葉で書いた。例えば彼は、$(x/3+1)(x/4+1)=20$という方程式をこう書いた。「ある量。私はそれの3分の1と1ディルハムを、それの4分の1と1ディルハムに掛けた。それは20になる」。ディルハムとは1枚の硬貨のことで、彼は1単位を意味する言葉として用いた。アル＝フワーリズミーによれば、彼の約分と平衡の方法を用いることで、すべての2次方程式（xの最大の累乗がx^2である方程式）は、6つの基本形のいずれかに簡略化できる。現代の表記法では、これらは次のようになる。$ax^2=bx$; $ax^2=c$; $ax^2+bx=c$; $ax^2+c=bx$; $ax^2=bx+c$; $bx=c$（これらの6つのタイプでは、a, b, cはすべて既知の数を表し、xは未知数を表す）。

アル＝フワーリズミーは、より複雑な問題にも取り組み、「平方完成」として知られる技法を用いた2次方程式の幾何学的解法を生み出した（右ページ）。彼はさらに、xの最大累乗がx^3である3次方程式の一般的な解法も探求したが、見つけることはできなかった。しかし、彼がこの目標を追求したことは、数学が古代ギリシアの時代からいかに進歩してきたかを示している。何世紀ものあいだ、代数学は幾何学的な問題を解くための道具にすぎなかったが、それ自体が学問分野となり、ますます難しくなる方程式を計算することが最終目標となったのだ。

合理的な答え

アル＝フワーリズミーが扱った方程式の多くの解は、インド＝アラビア10進法では合理的かつ完全に表現できないものだった。2の平方根である$\sqrt{2}$のような数は、古代ギリシアの時代から知られていたし、もっと以前のバビロニアの粘土板にも記されていたが、アル＝フワーリズミーは825年になって初めて、分数で表せる有理数と、繰り返しパターンのない不定形の小数の列を持つ無理数を区別した。そして、有理数を「聞こえるもの」、無理数を「聞こえないもの」と表現した。

アル＝フワーリズミーの研究は、エジプトの数学者アブー・カーミル（850

代数学の主要な目的は……既知の数に表されている……与えられた条件を注意深く検討することによって……方程式においてそれまで未知だった数値を求めることである。

レオンハルト・オイラー

代数学は
幾何学を書いただけ。
幾何学は
代数学を描いただけ。

ソフィー・ジェルマン
フランスの数学者

年ごろ～930年）によってさらに発展させられたが、その著書『代数の書』は、数学に興味を持つ教養ある人のためというより、ほかの数学者のための学術的な論文として書かれた。アブー・カーミルは2次方程式の解としての無理数を厄介なものとして拒絶せず、受け入れた。また、『計算技法における希なものの書』の中では、不定方程式（解が1つ以上ある方程式）を解こうとした。彼はさらに『鳥の書』でこのトピックを探求し、その中で鳥に関連した代数学の問題を数多く提起した。例えば「100ディルハムで100羽の鳥を買う方法はいくつあるか？」といったものだ。

幾何学的解法

アラブ人「代数学者」の時代まで——つまりアル＝フワーリズミーの9世紀からムーア人数学者アル＝カラサディが亡くなる1486年まで、代数学における重要な発展は幾何学的表現に支えられていた。例えば、アル＝フワーリズミーによる2次方程式を解くための「平方完成」の手法は、正方形の性質を考慮したものである。のちの学

アル＝フワーリズミーが示した2次方程式の解法は、いわゆる“正方形を完成させる”方法だ。$x^2+10x=39$という方程式を例にとって、xを求めるやり方を下図に示す。

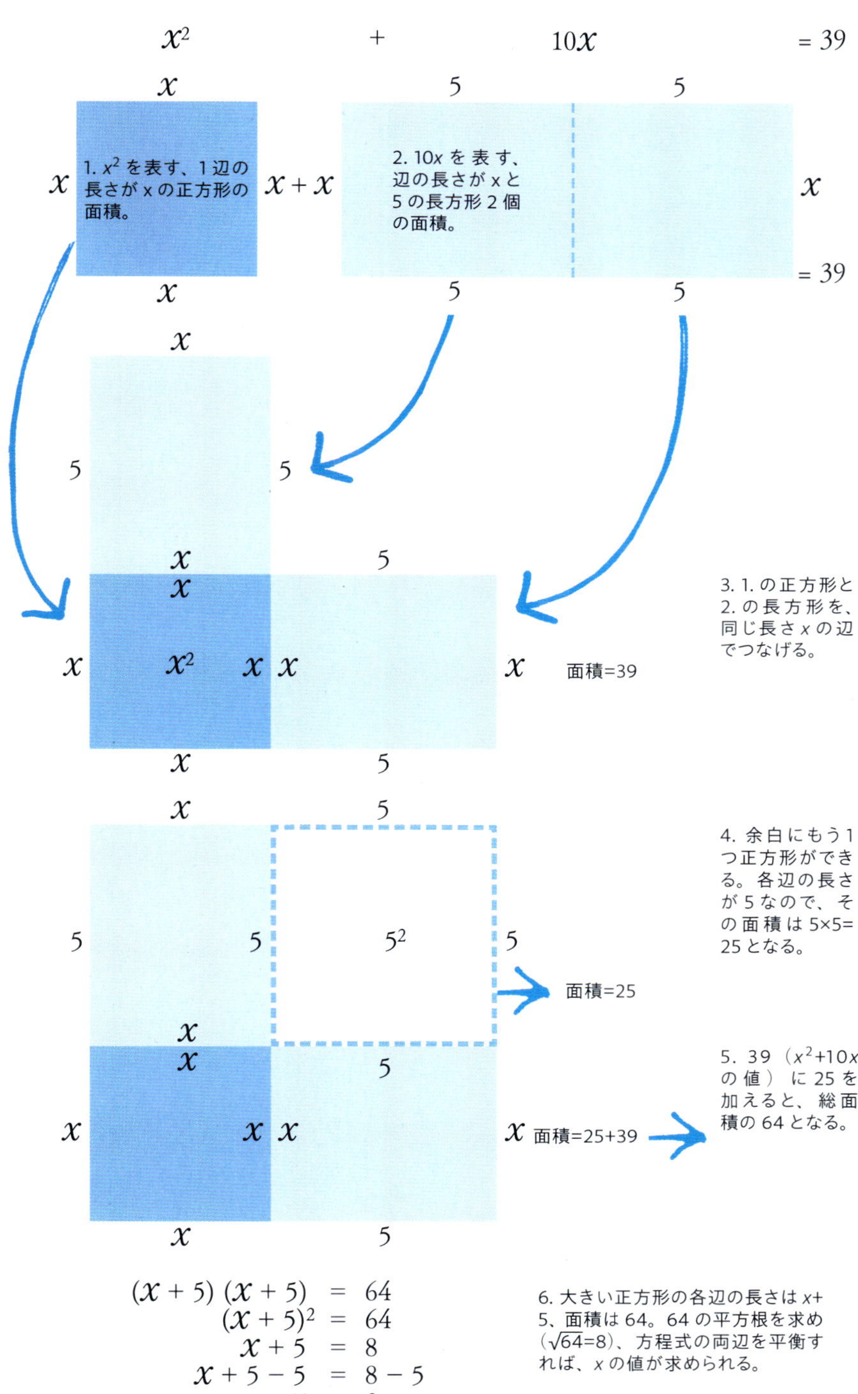

12世紀バスラ（イラク南東部）の詩人・学者アル＝ハリーリによる写本の挿画に描かれた、イスラム教寺院（モスク）の図書室に集う数学者たち。

者たちも同様の方法で研究を進めた。

また、数学者であり詩人でもあったウマル・ハイヤームは、代数学という比較的新しい学問を使って問題を解くことに興味を持っていたが、幾何学的手法と代数学的手法の両方を用いた。彼の『代数学』（1070年）には、ユークリッドの公準（証明を必要とせずに真であると仮定される一連の幾何学的規則）の中にある難問に対する新鮮な視点が含まれている。ハイヤームはアル＝カラジによる初期の研究を引き継ぎ、より大きな集合からいくつかの項目を選択する方法を決定する二項係数についての考えを発展させた。彼は、アル＝フワーリズミーが2次方程式を解くためにユークリッドの幾何学的構成を用いたことにヒントを得て、3次方程式も解いた。

多項式

幾何学は代数学の学問的地位を確立するうえで重要な要素だったが、10世紀から11世紀初頭にかけて、より抽象的な代数理論が開発された。この発展に貢献したのが、アル＝カラジだった。彼は多項式（代数項が混在した式）の計算をするための、一連の手順を確立した。彼は、数の足し算、引き算、掛け算の規則と同じように、多項式を使った計算の規則をつくった。これによって数学者は、より複雑な代数式をより統一された方法で扱うことができるようになり、代数学と算術との本質的な結びつきが強化された。

> **言葉を尽くして論じるよりも、ほんのひとさじの代数。**
>
> **ジョン・B・S・ホールデン**
> イギリスの数理生物学者

数学的証明は現代の代数学の重要な部分であり、証明のツールのひとつは数学的帰納法と呼ばれる。アル＝カラジはこの原理の基本的な形式を用いた。つまり、ある代数に関する命題が最も単純な場合（例えば$n=1$）に対して真であることを示し、その事実を用いて$n=2$に対しても真であることを示し……という具合に、その命題はnの取り得るすべての値に対して真でなければならないという必然的な結論を導いたのである。

アル＝カラジの後継者のひとりに、12世紀の学者イブン・ヤヒヤ・アル＝マグリビ・アル＝サマワールがいる。彼は、一般化された規則を持つ算術の一種として代数を考える新しい方法は、

**まぶしい太陽が星の光を
かき消してしまうがごとく、
集まりの中に代数問題を
提示する人あらば、
さらに問題を解いて
みせればなおさら、
その知識人が他の人々を
顔色なからしめるだろう。**

ブラーマグプタ

代数学者が「算術者が既知のものを操作するのと同じように、すべての算術的道具を使って未知のものを操作する」ことであると指摘した。アル＝サマワールは、アル＝カラジの多項式に関する研究を引き継ぐとともに、指数に関する法則を発展させたことが、のちの対数や指数に関する研究につながり、数学における重要な前進となった。

方程式のプロット

3次方程式は、アレキサンドリアのディオファントスの時代から数学者の課題であった。アル＝フワーリズミーとハイヤームはその理解において大きな進歩を遂げたが、その研究はシャラフ・アル＝ディン・アル＝トゥースィー（おそらくイラン生まれの12世紀の学者）によってさらに発展させられた。彼の数学はそれ以前のギリシアの学者、特にアルキメデスの研究に触発されたものらしい。アル＝トゥーシーは、アル＝フワーリズミーやハイヤームが行っていたよりも、3次方程式の型を決定することに興味を持っていた。彼はまた、最大値と最小値の重要性を明確にし、図形曲線に対する理解を早くから深めていた。彼の研究は、代数方程式とグラフ、つまり数学記号と視覚的表現との結びつきを強化した。

新しい代数学

中世アラブの学者たちによる発見と規則づくりは、今日でも代数学の基礎となっている。アル＝フワーリズミーとその後継者たちの研究は、代数学を学問分野として確立するためのカギとなった。しかし、数学者が定数と未知の変数を表す文字を使って方程式を簡略化するようになったのは、16世紀になってからだ。フランスの数学者フランソワ・ヴィエトが、この発展のカギとなった。彼はアラブの代数学的な手順から、記号代数学として知られるものへと移行した先駆者なのだ。

ヴィエトは『解析法入門』（1591年）の中で、数学者は方程式の中で変数を記号化するために文字を使うべきだと提案した。母音で未知の量を表し、子音で既知の量を表すというのだ。この方式はのちにルネ・デカルトの方式——アルファベットの先頭の文字が既知の数を表し、末尾の文字が未知の数を表すというもの——に取って代わられるのだが、それでもヴィエトは、アラブの学者たちが想像していた以上に代数学的言語を単純化することに貢献した。この革新によって、数学者は幾何学を使わずに、より複雑で詳細な抽象方程式を書くことができるようになった。記号代数がなければ、現代数学がどのように発展していたかを想像するのは難しいだろう。◆

イスラム世界の代数学者たちは、文章に図を添えて方程式を書いた。下図は、14世紀、マスター・アラ＝エル＝ディン・ムハンマド・エル＝フェルジュメディの写本『算術法の問題に関する論文』所載の方程式。

代数学を幾何学の制約から解放する

二項定理

関連事項

主要人物
アル=カラジ
（980年ごろ～1030年ごろ）

分野
数論

それまで
250年ごろ　ディオファントスが著書『算術』に、のちにアル=カラジに引き継がれる代数学のアイデアを記述する。

825年ごろ　ペルシャの天文学者・数学者アル＝フワーリズミーが代数学を発展させる。

その後
1653年　ブレーズ・パスカルが著書『数三角形論』で、のちにパスカルの3角形と呼ばれる二項係数のパターンを明らかにする。

1665年　アイザック・ニュートンが二項定理から一般的な二項級数を引き出し、自身の微分積分法研究の基礎の一部とする。

古代ギリシアで数学は、ほぼ全面的に幾何学上の議論に基づいていた。

↓

アル=カラジがその慣習を破り、数だけを表す用語で方程式の解を扱った。

↓

アル=カラジは、二項定理など、ひとまとまりの代数ルールをつくりあげた。

↓

代数を解くには、もう幾何学図形に頼らなくてもよくなった。

多くの数学演算の中心には、二項定理という重要な基本定理がある。二項定理は、二項式（既知または未知の項を足したり引いたりする簡単な代数式）を掛け合わせるとどうなるかを、簡潔にまとめたものであり、二項定理がなければ多くの数学演算はほとんど不可能である。この定理は、二項を掛け合わせたとき、結果が予測可能なパターンに従うことを示すが、それは代数式として書くことも、三角格子（17世紀にこのパターンを探究したブレーズ・パスカルにちなんでパスカルの三角形として知られている）上に表示することもできる。

二項式を理解する

二項パターンは古代ギリシアとインドの数学者によって最初に観測されたが、その発見者とされているのはペルシャの数学者アル＝カラジである。彼は8世紀から14世紀にかけてバグダードで活躍した多くの学者のひとりである。アル＝カラジは代数項の掛け算を探究した。彼は（x、x^2、x^3）などのいわゆる単項を定義し、それらがど

参照：位取りの数（p22～27）■ディオフォントス方程式（p80～81）■ゼロ（p88～91）■代数学（p92～99）
■パスカルの3角形（p156～61）■確率（p162～65）■微積分学（p168～75）■代数学の基本定理（p204～09）

アル＝カラジは、二項方程式の係数を見つける表をつくりだした。右図はその最初の5列だ。最上段に指数が並び、その下にそれぞれの指数に対する係数を列挙している。各列の最初と最後の数はつねに1。それ以外の数はそれぞれ、前列の隣の数とその上にある数の和となる。

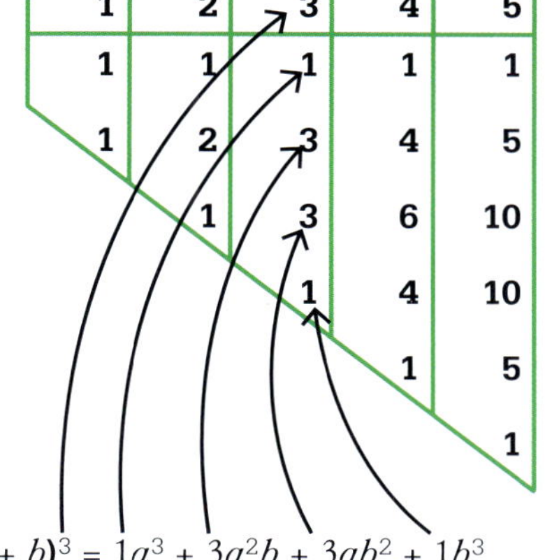

(a＋b)^{3}という方程式を展開するには、見出しが3の列で係数を見つける。

$$(a+b)^3 = 1a^3 + 3a^2b + 3ab^2 + 1b^3$$

> **二項定理とバッハのフーガは結局のところ、歴史上のどんな戦争よりも重要性が高い。**
>
> **ジェイムズ・ヒルトン**
> イギリスの小説家

のように乗じたり割ったりできるかを示した。また、$6y^2+x^3-x+17$ のような「多項式」（複数の項を持つ式）にも注目した。しかし、最も大きな影響を与えたのは、二項式の掛け算の公式を発見したことであった。

二項定理は二項式の累乗に関するものである。例えば、二項式 $(a+b)^2$ を $(a+b)(a+b)$ に変換し、最初の括弧内の各項と2番目の括弧内の各項を掛け合わせると、$(a+b)^2=a^2+2ab+b^2$ となる。2の累乗の計算は何とかなるが、それ以上の累乗になると、結果の式はますます複雑になる。二項定理は、未知の項が掛け合わされる係数（$2ab$ の2のような数）のパターンを解き明かすことによって問題を単純化する。アル＝カラジが発見したように、係数は格子状に並べることができ、列はそれぞれの累乗の掛け算に必要な係数を示している。ひとつの列の係数は、前の列の数字の組を足し合わせることで計算される。展開の累乗を決めるには、二項式の次数を n とする。$(a+b)^2$ では、$n=2$ である。

代数学の解放

アル＝カラジの二項定理の発見は、数学者が複雑な代数式を操作できるようにすることで、代数学の完全な発展への道を開く助けとなった。150年ほど前にアル＝フワーリズミーによって開発された代数学は、未知の量を計算するために記号システムを使用しており、その範囲は限られていた。それは幾何学の規則と結びついており、解は角度や辺の長さといった幾何学的な寸法だった。だがアル＝カラジの研究により、幾何学が完全に数に基づくことになり、代数学は幾何学から解放されたのである。◆

アル＝カラジ

980年ごろの生まれ。アブ・バクル・イブン・ムハンマド・イブン・アル＝ハサン・アル＝カラジという名は、テヘランの西にある都市カラジからついたようだが、生涯のほとんどをバグダードのカリフの宮廷で送る。1015年ごろに重要な数学研究書を3冊書いたのも、宮廷においてだったらしい。アル＝カラジが二項定理を説いた著作は失われてしまったが、彼のアイデアはのちの注釈書に残された。また、工学者でもあったアル＝カラジの著書『隠れている水の掘り出し』は、知られている中で最古の水文（すいもん）学手引き書である。

晩年は“山岳地方”（カラジ付近のエルブルズ山脈だろう）に移り住み、井戸や送水路を掘る実用的なプロジェクトに取り組んだ。1030年ごろ死去。

主な著作

『すばらしき代数学』
『不思議な計算』
『満足な計算』

幾何学的な図で解ける 14 の形式

3次方程式

関連事項

主要人物
ウマル・ハイヤーム
(1048～1131年)

分野
代数学

それまで
紀元前3世紀 アルキメデスが、2つの円錐切断面を使って3次方程式を解く。

7世紀 中国の学者、王孝通（おうこうつう）が、広範囲に及ぶ3次方程式を数理的に解く。

その後
16世紀 イタリアの数学者たちがいち早く、門外不出の3次方程式解法を見いだす。

1799～1824年 イタリアの学者パオロ・ルフィニやノルウェーの数学者ニールス・ヘンリク・アーベルが、5次以上の方程式に対しては代数的な解の公式が存在しないことを示す。

古代世界では、学者たちは幾何学的な方法で問題を考えていた。単純な1次方程式（直線を表す方程式）、例えば $4x+8=12$（xは1乗）は長さを求めるのに使われ、2次方程式の2乗変数（x^2）は未知の面積（2次元空間）を表す。次のステップは3次方程式で、x^3項は未知の体積、つまり3次元空間を表す。

バビロニア人は紀元前1800年に2次方程式を解くことができたが、ペルシャの詩人であり科学者であるウマル・ハイヤームが、平面と円錐の交点によって形成される円錐曲線（円、楕円、双曲線、放物線など）を使った3次方程

参照：2次方程式（p28～31）■ユークリッドの『原論』（p52～57）■円錐曲線（p68～69）■虚数と複素数（p128～31）■複素数平面（p214～15）

3次方程式は変数の3乗（x^3）を含む。

↓

古代ギリシア人たちは、定規とコンパスだけを使って3次方程式を解こうとした。

↓

ウマル・ハイヤームが考案した、それよりも正確な3次方程式の解法は——

↓

3次方程式を、もっと単純な平方（2乗）と長さ（1乗）からなる方程式に分解する。

幾何学的な図を描いて、形が交差するところをさぐり出す。

式を解く正確な方法を発見するまで、さらに3000年かかった。

立方体の問題

複雑な問題を解決するために幾何学を使っていた古代ギリシア人たちは、立方体に頭を悩ませていた。古典的な難問は、他の立方体の体積の2倍の立方体をつくる方法だった。例えば、立方体の辺の長さがそれぞれ1に等しい場合、体積が2倍の立方体をつくるには、どの程度の長さの辺が必要だろうか。現代風に言えば、辺の長さが1の立方体の体積が1^3だとすると、どれだけの辺の長さを3乗（x^3）するとその2倍の体積になるか。つまり、$x^3=2$とするとxは何であろうか？　古代ギリシア人は定規とコンパスを用いてこの3次方程式の解を求めようとしたが、決して成功しなかった。ハイヤームは、このような道具ではすべての3次方程式を解くには不十分であることを見抜き、代数学の論考の中で円錐曲線やその他の方法を用いることを示した。

現代的な記法を用いれば、3次方程式は$x^3+bx=c$のようにシンプルに表現することができる。現代的な表記法がない時代、ハイヤームは方程式を言葉で表現し、x^3を「立方体」、x^2を「正方形」、xを「長さ」、数を「量」と表現した。例えば、彼は$x^3+200x=20x^2+2{,}000$を、立方体と「その辺

ウマル・ハイヤーム

1048年、ペルシャ（現イラン）のニシャプールに生まれ、哲学や科学の教育を受けた。天文学者・数学者として名声を博したが、後援者だったスルタンのマリク・シャーが1092年に没すると、世を忍ばざるをえなくなる。20年後にやっと名誉を回復した彼は、ひっそりとした人生を1131年に閉じた。

数学におけるハイヤームの業績でまっ先に思い出されるのは、3次方程式についての研究書だが、平行線公準というユークリッドの第5公準について、重要な批判書も著している。期せずして、今日ハイヤームの名は何よりも、彼の作品だけではないらしい詩集でよく知られている——1859年にエドワード・フィッツジェラルドが英訳した『ルバイヤート』だ。

主な著作

1070年ごろ『代数学』
1077年『ユークリッドの難点に関する議論』

の200倍」が「その辺の2乗の20倍と2,000を加えたもの」に等しくなるような辺xを求める問題と表現した。$x^3+36x=144$のような簡単な方程式の場合、ハイヤームの方法は幾何学的な図を描くことだった。彼は3次方程式を2つの簡単な方程式に分解できることを発見した。ひとつは円の方程式、もうひとつは放物線の方程式である。これらの単純な方程式が同時に成り立つxの値を求めることで、元の3次方程式を解くことができた。これが下のグラフである。当時、数学者はこのようなグラフ化の手法を持たなかったので、ハイヤームは幾何学的に円と放物線を構成したのであろう。

ハイヤームはまた、円錐断面の性質を調べ、3次方程式の解は、図の円の直径を4とすることで求まると推論していた。この直径はcをbで割ったもので、下の例では144/36である。円は原点（0,0）を通り、その中心はx軸上の（2,0）にある。この図を使って、ハイヤームは円と放物線が交わる点からx軸に垂線を引いた。線がx軸を横切る点（$y=0$の点）が3次方程式のxの値を与える。$x^3+36x=144$の場合、答えは$x=3.14$である（小数第3位を四捨五入）。

ハイヤームは座標や軸（これは約600年後に発明される）を使わなかった。その代わりに、彼はできるだけ正確に図形を描き、その図上の長さを注意深く測った。そして、天文学でよく使われていた三角関数の表を使って、おおよその数値解を求めたのだろう。ハイヤームにとって、解は常に正の数であっただろう。同じように有効なマイナスの答えもあるが、マイナスの数の概念はインドの数学では認められていたものの、17世紀になるまで一般には受け入れられなかった。

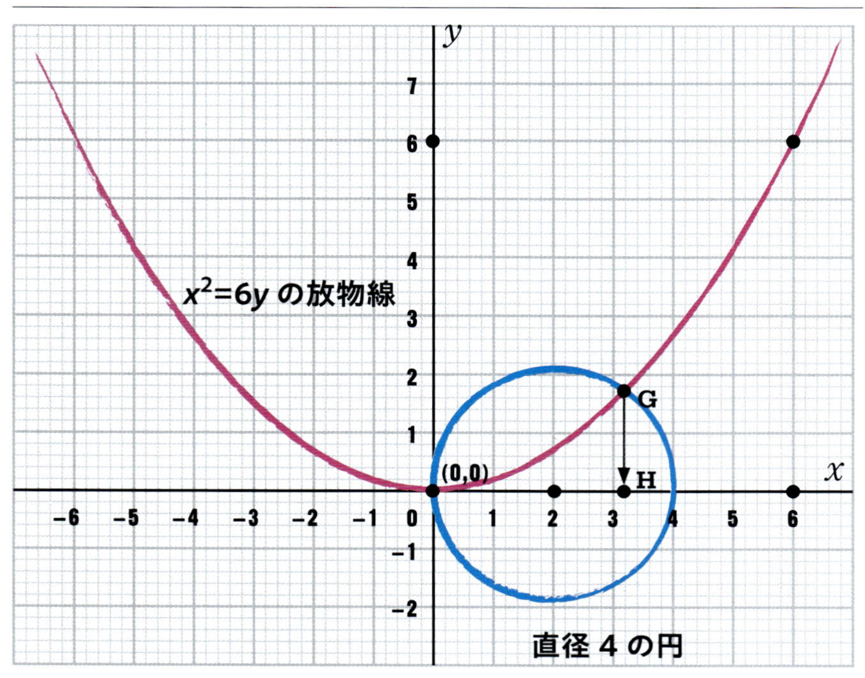

$x^2=6y$を表す放物線（ピンク色）が、$(x-2)^2+y^2=4$の円（青色）と交わる。交点Gから、x軸上の点Hへ直線を引くと、3次方程式$x^3+36x=144$の、xの値（3.14）が求められる。

ハイヤームの貢献

紀元前3世紀に活躍したアルキメデスも、3次方程式を解くために円錐曲線の交点を調べたことがあったかもしれない。だがハイヤームが際立っているのは、体系的なアプローチにより、一般的な理論を生み出したことだ。彼は幾何学と代数学を組み合わせ、円、双曲線、楕円を使って3次方程式を解いたのだった。ただ、それらをどのように構成したかは決して説明せず、単に「器具を使った」と述べるだけだった。

3次方程式が複数の根を持ちうること、したがって複数の解を持ちうることに、ハイヤームはいち早く気づいていた。現代のグラフにおいて、3次関数をx軸の上下に蛇行する曲線としてプロットするとわかるように、3次方程式は最大3つの根を持つ。ハイヤームは2つの根を疑ったが、負の値は考

> 4乗根であれ5乗根であれ
> 6乗根であれ……
> これまで誰もなし得なかった、
> どんな累乗根でも
> 求められる方法を
> 私は示した。
>
> **ウマル・ハイヤーム**

**代数学は定理によって
証明される
幾何学的事実である。**

ウマル・ハイヤーム

イラン、タブリーズの“青のモスク”ことキャブード・モスク。イスラム世界の建築には、タイルの模様、アーチの曲線、天井ドームなど、幾何学的な形への愛着が顕著に表れている。

えなかっただろう。彼は解を見つけるために代数学だけでなく幾何学も使わなければならないことを好まず、幾何学的な努力がいつか算術に取って代わられることを望んでいた。

ハイヤームは、幾何学に直接頼らずに3次方程式を解いた16世紀のイタリアの数学者たちの研究を先取りしていた。シピオーネ・デル・フェッロは3次方程式の最初の代数的解を導き出したが、これは彼の死後にノートから発見されたものだった。彼とその後継者であるニッコロ・フォンタナ・タルタリア、ロドヴィコ・フェラーリ、ジローラモ・カルダーノはみな、3次方程式を解く代数的公式を研究した。カルダーノは1545年にデル・フェッロの解法を自著『アルス・マグナ』の中で発表した。彼らの解法は代数的であったが、当時はゼロや負の数がほとんど使われていなかったこともあり、今日の解法とは異なっていた。

現代代数学へ

3次方程式の解の探求を続けた数学者には、ラファエル・ボンベリがいる。彼は3乗根が複素数、つまり負の数の平方根から導かれる「虚数」単位を利用した数（「実数」では不可能なもの）になりうると、最初に主張したひとりである。16世紀後半、フランス人フランソワ・ヴィエトは、より現代的な代数表記法を考案し、代入と簡略化を用いて解を導いた。1637年までに、ルネ・デカルトは4次方程式（x^4を含む）の解法を発表し、それを3次方程式に還元し、さらに2つの2次方程式に還元して解いた。今日、3次方程式は$ax^3+bx^2+cx+d=0$の形で書くことができる。係数（変数xを乗じるa、b、c）が複素数ではなく実数の場合、方程式は少なくとも1つの実根を持ち、最大で合計3つの根を持つことになる。◆

1年の長さ

1074年、ペルシャを統治するスルタン、ジャラル・アル＝ディン・マリク・シャー1世がウマル・ハイヤームに、7世紀以来の太陰暦を太陽暦に刷新する任務を命じる。首都イスファハンに天文台が新設され、ハイヤームは天文学者を8人集めて任務を補佐するチームを編成した。

1年の長さがかなり正確に365.24日と計算され、観測上で太陽が赤道の真上にある3月の春分の日から始まることになった。太陽が通過する黄道帯の十二宮に合わせて、計算と観測の両方から各月の日数を決めた。太陽が一定して24時間で黄道帯を通過するわけではないので、29日から32日までの幅があるひと月の長さは、年ごとに変わっていく。スルタンの名にちなんだ新ジャラーリー暦は、1079年3月15日から採用され、1925年まで変更されずに使われた。

いたるところにある
“天球の音楽”〔訳注〕

フィボナッチ数列

【訳注】天球が生み出すとピュタゴラスが信じていた、人には聞こえない音楽。古代ギリシアからその考えはあった。

関連事項

主要人物
ピサのレオナルド、
別名フィボナッチ
（1170〜1250年ごろ）

分野
数論

それまで
紀元前200年　のちにフィボナッチ数列と呼ばれるようになる数列を、インドの数学者ピンガラがサンスクリット語で書かれた詩の韻律（歩格）との関連で引用する。

700年　インドの詩人・数学者ヴィラハンカが、その数列について記す。

その後
17世紀　ドイツでヨハネス・ケプラーが、その数列で連続する項の比が収束することに気づく。

1891年　エデュアール・リュカが著書『数論』で、フィボナッチ数列という名称をつくりだす。

ある規則に従って、数を1列に並べたものを数列という。

フィボナッチ数列は 0 と 1 から始まり、次に並ぶ数は前の 2 つの数の和になる。

0 + 1 = 1; 1 + 1 = 2;
1 + 2 = 3; 2 + 3 = 5;
3 + 5 = 8; 5 + 8 = 13...

フィボナッチ数列は無限に続く。

自然界には、ある数列が繰り返し登場する。すべての数が前の２つの数の和になるという数列だ（0、1、1、2、3、5、8、13、21、34 ……）。もともとは紀元前200年ごろにインドの学者ピンガラによって言及されたが、後にフィボナッチとして知られるイタリアの数学者、ピサのレオナルドにちなんで、フィボナッチ数列と呼ばれるようになった。フィボナッチは1202年に出版した『算盤の書』の中で、この数列について探究している。この数列は現在、自然科学や幾何学、ビジネスにおける重要な予測に応用されている。

ウサギの問題

フィボナッチが『算盤の書』で取り上げた問題のひとつは、ウサギの個体数の増加に関するものだった。1組のウサギから出発して、毎月何組のペアが生まれるかを計算するものだ。フィ

フィボナッチ

1170年、イタリアのおそらくピサで、レオナルド・ピサノとして生まれ、フィボナッチ（“ボナッチの息子”）の名で知られるようになったのは死後のことである。官吏だった父の赴任先各所で見聞を広め、北アフリカ、ブギアの会計学校に学んで、1から9までの数を表すインド＝アラビア記数法の記号と出会う。ヨーロッパで使われていた長ったらしいローマ数字に比べていかにも平易なその数字に感心した彼は、1202年に著した『算盤の書』*Liber Abaci* でその表記法を論じた。

レオナルドはまた、エジプト、シリア、ギリシア、シチリア、プロヴァンスにも旅をして、さまざまな数体系を探究した。彼の著作は広く読者を獲得し、神聖ローマ帝国皇帝フリードリヒ2世の目にもとまった。1240〜50年ごろに死去。

主な著作

1202年『算盤の書』
1220年『実用幾何』
1225年『平方の書』

参照：位取りの数（p22〜27） ■ピュタゴラス（p36〜43） ■三角法（p70〜75） ■代数学（p92〜99） ■黄金比（p118〜23） ■パスカルの3角形（p156〜61） ■ベンフォードの法則（p290）

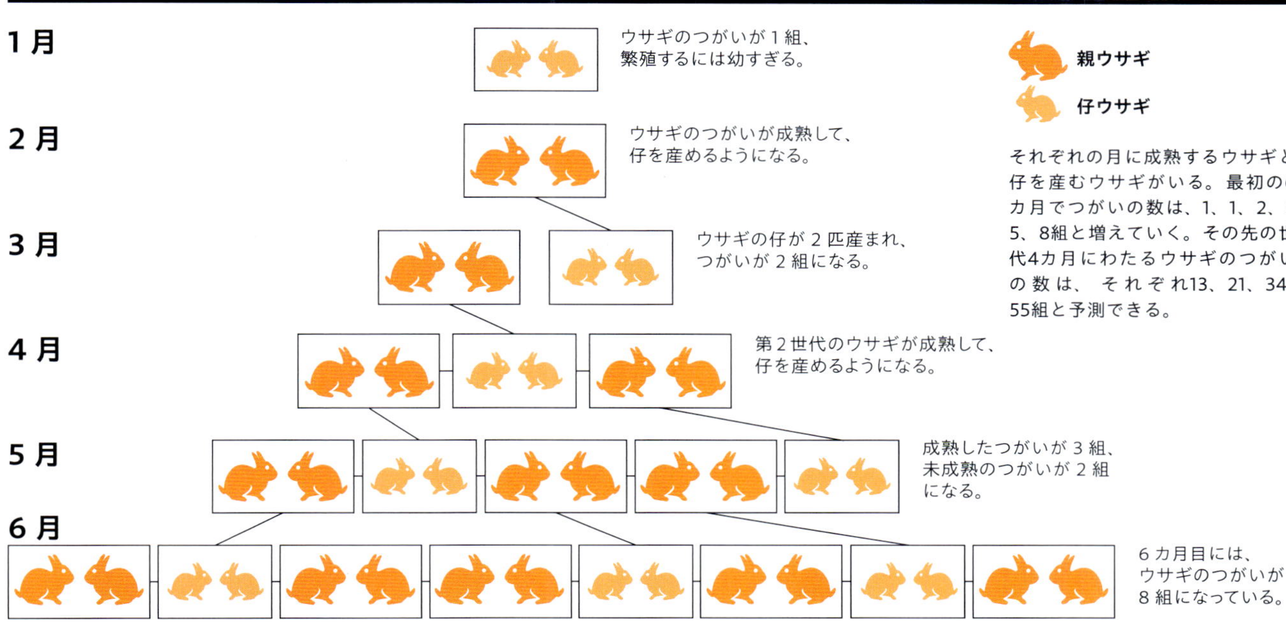

それぞれの月に成熟するウサギと仔を産むウサギがいる。最初の6カ月でつがいの数は、1、1、2、3、5、8組と増えていく。その先の世代4カ月にわたるウサギのつがいの数は、それぞれ13、21、34、55組と予測できる。

ボナッチはいくつかの仮定を置いた。ウサギは死なないこと。ウサギのペアは毎月交尾するが、成熟年齢である生後2カ月を過ぎてからになること。そして、各ペアは毎月オスとメスの子供を1匹ずつ産むことだ。すると、最初の2カ月は元のペアしかいない。3カ月が終わるころには、ペアは2組になる。そして4カ月後には3組になり、第2世代からのペアが繁殖に十分な年齢となる。

その後、個体数の増え方は速くなる。5カ月目には、元のペアとその最初の仔のペアの両方が仔を産むが、2番目の仔のペアはまだ幼い。この結果、ペアの数は合計5つになる。このプロセスは月ごとに続き、その結果、それぞれの数字が前の2つの数字の和となる数列、すなわち1、1、2、3、5、8、13、21、34、55、89、144……という数列ができあがり、この数列はフィボナッチ数列として知られるようになった。多くの数学の問題と同様、この問題も仮定的な状況に基づいている。ウサギの行動に関するフィボナッチの仮定は非現実的と言えるだろう。

ミツバチの世代

フィボナッチ数列が自然界に現れる例として、蜂の巣の中のミツバチが挙げられる。女王蜂の未受精卵からオス蜂が誕生する。卵は未受精であるため、オス蜂には片親である「母親」しかいない。オス蜂は蜂の巣の中でさまざまな役割を持っており、そのひとつが女王蜂と交尾し、その卵を受精させることである。受精卵はメス蜂に成長し、女王蜂にも働き蜂にもなる。つまり、1世代遡ったオス蜂の祖先は母親1匹だけであり、2世代遡ったオス蜂の祖先は母親の両親という2匹の祖先、つまり「祖父母」であり、3世代遡ったオス蜂の祖先は祖母の両親と祖父の母親という3匹の「曽祖父母」である。さらに遡ると、前の世代には5匹、その前の世代には8匹といった具合になる。各世代の祖先の数がフィボナッチ数列を形成するのは、明らかだ。同じ

> **フィボナッチ数列は、
> 自然の意匠が
> どうやってできるのかを
> 解明する鍵となる。**
>
> **ガイ・マーチー**
> アメリカの作家

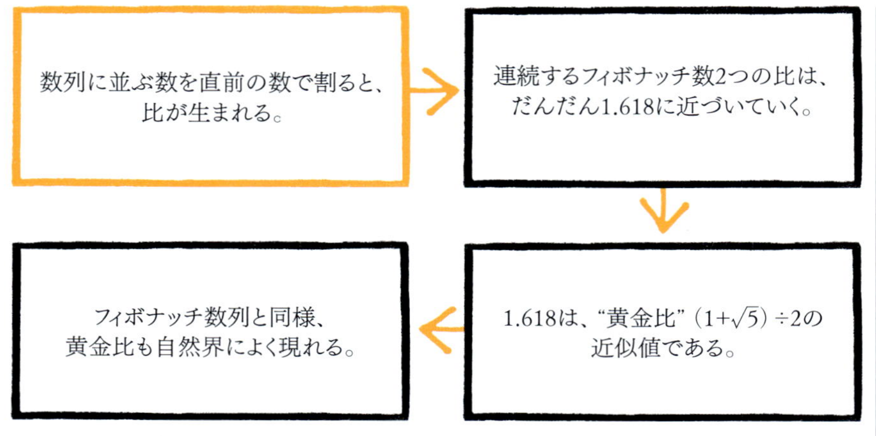

世代の蜂のオスとメスの両親の数の合計は3である。彼らの両親を合計すると5匹の祖父母がおり、その両親を合計すると8匹の曽祖父母がいる。このパターンをもっと前の世代までさかのぼると、フィボナッチ数列は13、21、34、55と続く。

植物の生命

フィボナッチ数列は、いくつかの植物の葉や種子の配列にも見られる。例えば、松ぼっくりやパイナップルは、外側の鱗片が螺旋状に形成されているところにフィボナッチ数を見ることができる。多くの花の花弁は3枚、5枚、8枚で、これらはフィボナッチ数列に属する数である。サワギクの花びらは13枚、チコリの花びらは21枚、ヒナギクの花びらは34枚または55枚である。しかし、花びらが4枚や6枚の花も多いので、フィボナッチ数列の数字は一般的だが、他のパターンもある。各フィボナッチ数は前の2つの数の和であるため、3番目の数を計算する前に最初の2つを知らなければならない。フィボナッチ数列は漸化式で定義できる。つまり、数列内のある数を、その前の数で定義する方程式である。最初のフィボナッチ数は$f_1=1$、2番目は$f_2=1$と書くと、方程式は、$f_n=f_{(n-1)}+f_{(n-2)}$となる（nは3より大きい）。例えば、5番目のフィボナッチ数（f_5）を求めようとする場合、f_4とf_3を足し合わせることになる。

フィボナッチ比

フィボナッチ数列の連続する項の比を計算すると、さらに興味深いことが

［もしも］1匹のクモが
毎日数十センチの高さまで
壁を登っていき、
毎晩一定数滑り落ちるとしたら、
そのクモが壁を登るのに
何日かかることになるだろう?

フィボナッチ

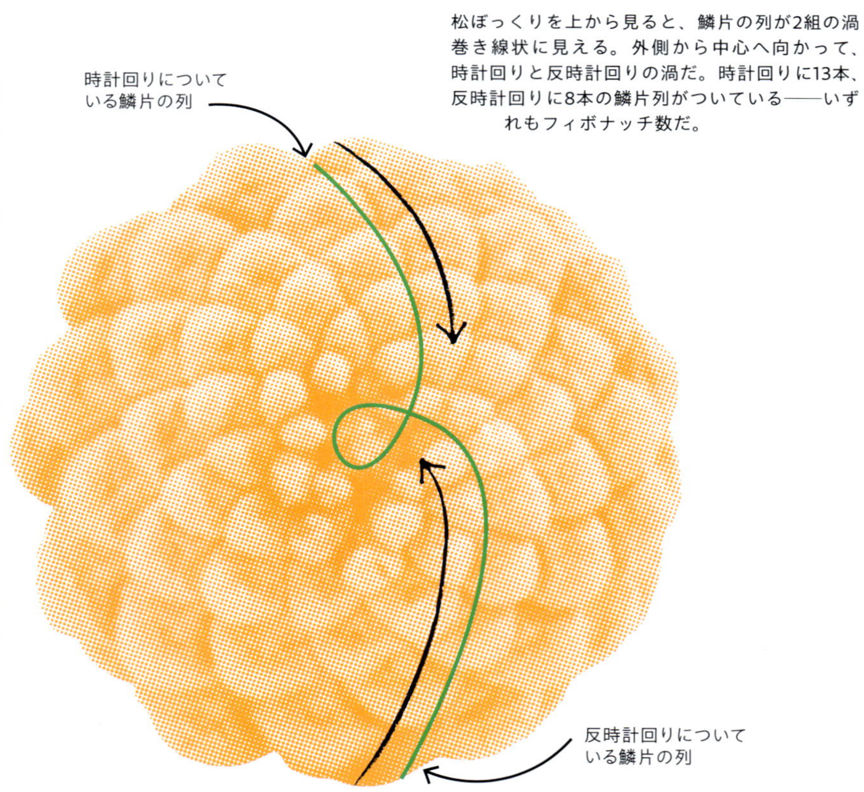

松ぼっくりを上から見ると、鱗片の列が2組の渦巻き線状に見える。外側から中心へ向かって、時計回りと反時計回りの渦だ。時計回りに13本、反時計回りに8本の鱗片列がついている――いずれもフィボナッチ数だ。

ピアノの鍵盤にはハ音からハ音までの1音階に、白鍵が8、黒鍵が5、合わせて13の鍵が並ぶ。黒鍵は2と3のグループに分かれている。どれもフィボナッチ数列に含まれている数だ。

わかる。数列のそれぞれの数を、前にある数で割ると、次のようになる。1/1＝1、2/1＝2、3/2＝1.5、5/3＝1.666…、8/5＝1.6、13/8＝1.625、21/13＝1.61538…、34/21＝1.61904…。このプロセスを無限に続けると、数字は1.618に近づいていくことがわかる。これは「黄金比」または「黄金平均」と呼ばれるものだ。また、同じ数字は「黄金螺旋」と呼ばれる曲線でも重要な意味を持ち、1/4回転するごとに1.618倍ずつ広くなっていく。この螺旋は自然界でよく見られ、松ぼっくりのほか、ひまわりの種子（小花）、コーンフラワー（ムラサキバレンギク）の種は、黄金螺旋状に成長する傾向がある。

芸術と分析

フィボナッチ数列は詩、芸術、音楽にも見られる。例えば詩では、連続する行が1、1、2、3、5、8音節のときに心地よいリズムが生まれ、このように構成された6行20音節の詩の長い伝統がある。紀元前200年頃、ピンガラはサンスクリット詩のこのパターンに気づき、紀元前1世紀にはローマの詩人ウェルギリウスがこのパターンを使っていた。

この配列は音楽にも使われており、フランスの作曲家クロード・ドビュッシー（1862～1918年）も、いくつかの曲でフィボナッチ数を用いている。ドラマチックなクライマックスの「葉ずえを渡る鐘の音」では、曲の全小節とクライマックスの小節の比率は約1.618である。フィボナッチ数列は芸術と結びつけられることが多いが、金融の分野でも有用なツールであることが証明されている。◆

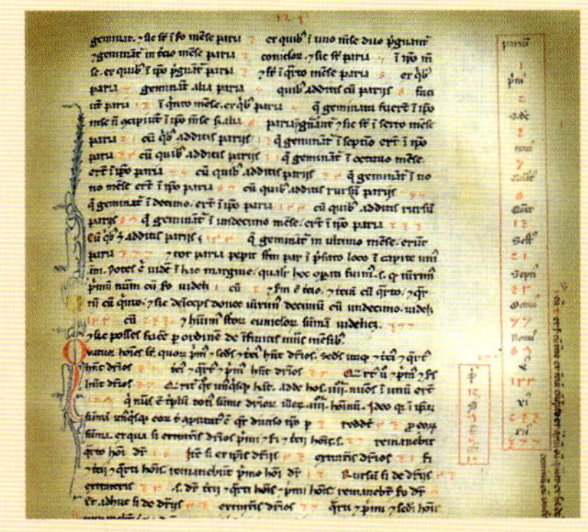

原写本『算盤の書』の1ページ。右側の欄外にフィボナッチ数列が朱書されている。

実用的な解法

フィボナッチの著作は実用を目的に書かれている。例えば、『算盤の書』（1202年）には、利幅や通貨換算など、交易で出くわすさまざまな問題の解法が記述されている。『実用幾何』（1220年）では、角度が同じで大きさの違う3角形を使って背の高い対象物の高さを求めるなどといった、測量に関係する問題を解いている。『平方の書』（1225年）でフィボナッチは、ピュタゴラスの三つ組――直角3角形の3辺の長さを表す3つの整数のグループを求めるなど、いくつか数論の話題にも取り組んだ。直角3角形では最長辺（斜辺）の長さの2乗が、短い2辺の長さそれぞれの2乗の和に等しい。すると、各辺の長さを整数とした場合、直角3角形の斜辺の長さが、5をはじめとしてフィボナッチ数列に1つおきに出現する数（13、34、89、233、610、……）であることがわかった。

倍増しの力（パワー）

チェス盤の上の麦粒

関連事項

主要人物
シッサ・ベン・ダヒール
(3ないし4世紀ごろ)

分野
数論

それまで
紀元前300年ごろ ユークリッドが、平方を記述する累乗（パワー）の概念を導入する。

紀元前250年ごろ アルキメデスが、累乗の掛け算では指数を足せばいい〔$a^m \times a^n = a^{m+n}$〕という、指数法則を用いる。

その後
1798年 イギリスの経済学者トマス・マルサスが、人口は指数関数的に増加するが食糧の増加はそれに追いつかず、破綻を引き起こすと予測。

1965年 アメリカ、インテルの共同創業者ゴードン・ムーアが、集積回路に搭載される素子の点数はおよそ18カ月ごとに倍増すると予測。

“チェス盤の上の麦粒” 問題についての最初の記録は、1256年にイスラム教徒の歴史家イブン・ハッリカーンによって書かれたものだが、おそらく5世紀にインドで生まれたバージョンの再話であろう。それによると、チェスの発明者であるシッサ・ベン・ダヒールは、あるとき、シャリム王に謁見するため召喚された。王はチェスに大喜びし、シッサが望むどんな褒美でも与えると申し出た。するとシッサは、小麦が欲しいと言い、チェス盤の8×8のマス目を使って、希望する麦粒の量を説明した。最初はチェス盤の一番左下のマスに、1粒の麦が置かれた。右へ移動するたびに麦粒の数は倍になり、2番目のマスには2粒、3番目のマスには4粒というように各列に沿って左から右へ移動し、一番右上の64番目のマスまで置いていくというのだ。

あまりにわずかな報酬のようで戸惑った王は、顧問の者たちに粒を数えるよう命じた。8マス目には128粒、24マス目には800万粒以上、そしてチェス盤の前半最後の32マス目には20億粒以上載ることになる。当時、王の穀倉に残る小麦は少なくなっていたが、次の33番目のマスだけで40億粒、つまり大きな畑1つ分の麦粒が必要であることがわかった。この物語には2つの結末がある。1つは、王がシッサを最高顧問に起用するという結末、もう1つは、シッサが王を愚弄した罪で

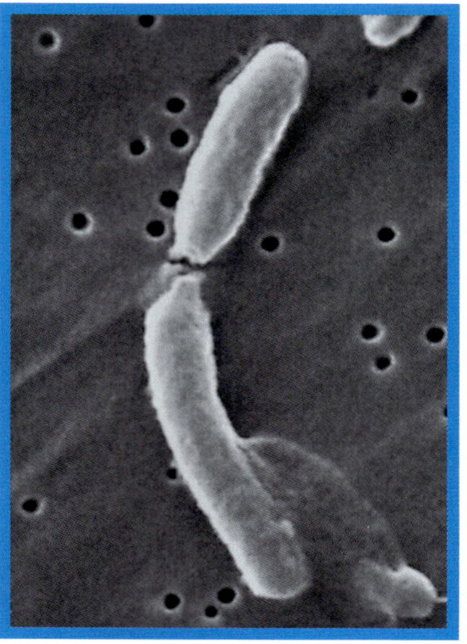

細菌の分裂も指数関数的増加の一例。単一細胞が分裂して2個の細胞になり、2個がそれぞれ分裂して4個になり、それが繰り返される。そのため、細菌類は急速に増殖していく。

参照：ゼノンのパラドックス（p46〜47） ▪三段論法的推論（p50〜51）
▪対数（p138〜41） ▪オイラー数（p186〜91） ▪カタラン予想（p236〜37）

チェス盤上の麦粒というシッサの提案は、指数関数的成長によって数が急増する古い例（下図の百万以上は概数）。下のチェス盤上の麦粒は総計1,800京粒以上（$2^{64}-1$）になる。

7京 2,000兆	14京 4,000兆	28京 8,000兆	60京	120京	230京	460京	920京
281兆	562兆	1,123兆	2,252兆	4,504兆	9,007兆	1京 8,000兆	3京 6,000兆
1兆	2兆	4兆	8兆	17兆	35兆	70兆	140兆
40億	80億	160億	330億	660億	1,310億	2,620億	5,240億
1,600万	3,200万	6,400万	1億 2,800万	2億 5,600万	5億 1,200万	10億	20億
65,536	131,072	262,144	524,288	100万	200万	400万	800万
256	512	1,024	2,048	4,096	8,192	16,384	32,768
1	2	4	8	16	32	64	128

処刑されるという結末である。

シッサの考え方は、現在幾何級数として知られるものの一例であり、連続する項はすべて、前の項に2を掛けたものになる。つまり、1+2+4+8+16……というぐあいだ。2以降は、すべてが2の累乗となるので、$1+2+2^2+2^3+2^4$……と書ける。ここで、上付きの数字（指数）は、もう1つの数（この場合は2）を何回掛けるのかを示す。この級数のチェス盤での最後の項である2^{63}は、2を63回掛けたものだ。

指数のべき乗

この級数における数値の増加のしかたは、「指数関数的」と表現されるものだ。指数は、1にある数字を何回掛けるべきかという表現と見なすことができる。例えば、2^3は1に2を3回掛けることを意味する。つまり$1\times2\times2\times2=8$だ。一方、2^1は、1に2が1回だけ掛けられることを意味するから、$1\times2=2$だ。チェス盤の最初のマスには1粒が入っているので、1がこの級数の初項となる。1という数は、1に2を0回掛けたのと同じであり、1は影響を受けないので、2^0と書くことができる。この理由から、どんな数をゼロ乗しても、すべて1になる。

指数関数的な成長と減衰は、日常生活の多くの場面に関連している。例えば、放射性同位元素は指数関数的な速度で放射性崩壊をして、別の原子に変化する。はじめの原子の総数が半分になるまでの時間を半減期と呼ぶが、崩壊し始めたときの量に関係なく、半分が崩壊するのには同じ時間がかかる。◆

チェス盤の後半

近年の思想家たちは、小麦とチェス盤の問題によってテクノロジーの変化するスピードをたとえてきた。2001年には、コンピュータ科学者レイ・カーツワイルが、最近のテクノロジーの指数関数的成長について述べた小論が反響を呼んだ。これまでの成長がこの先それぞれ倍々になっていくというモデルに基づき、チェス盤の向こう半分に載った小麦の粒さながら、テクノロジーの発展スピードは急速に上がって制御できなくなるだろうと予測したのだ。

カーツワイルの論によると、テクノロジーがこのまま成長していけばやがて、物理学において、ある関数が無限大の値をとる点と定義される、特異点（シンギュラリティ）に至るという。テクノロジーに応用した場合、シンギュラリティに至れば人工知能（AI）の能力が人間を上回る。

ルネサンス期

1500年～1680年

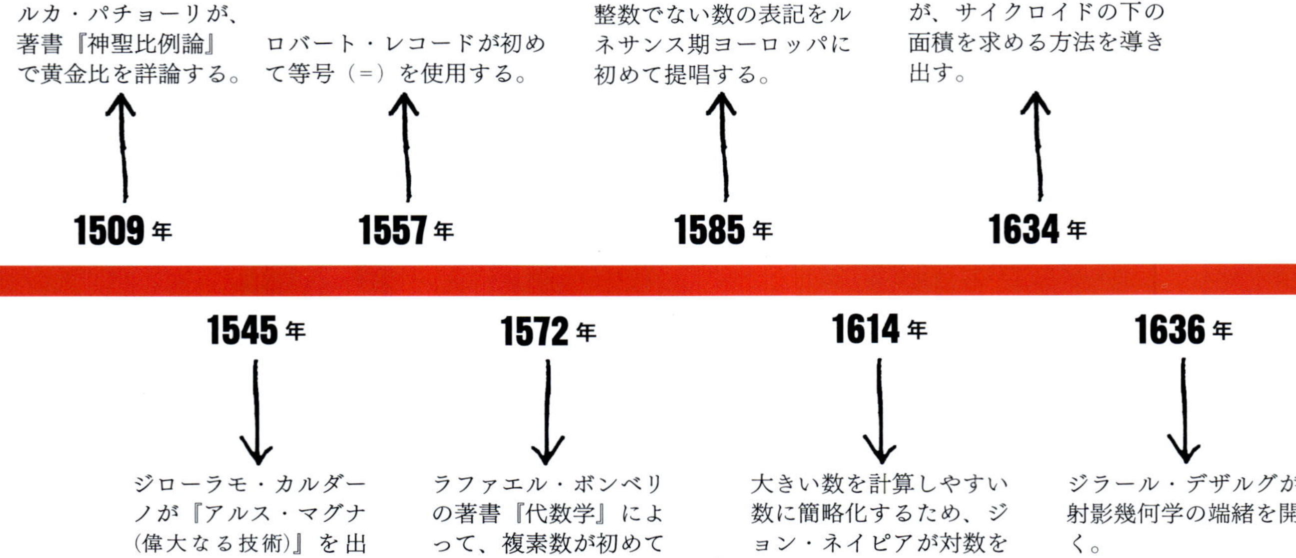

中世を通じて、カトリック教会がヨーロッパ全土で強大な政治力を行使し、学問を事実上独占していたが、15世紀にはその権威も揺らぎはじめた。そして、ギリシア＝ローマ古典期の芸術や哲学への新たな関心に触発された、ルネサンス（「再生」）として知られる新たな文化運動が興る。

ルネサンス期の発見への渇望は「科学革命」をも加速させた。数学、哲学、科学の古典的なテキストが広く手に入るようになり、新世代の思想家たちにインスピレーションを与えた。16世紀にカトリック教会の覇権に異議を唱えるプロテスタント宗教改革も影響した。

ルネサンス芸術は数学にも影響を与えた。ルネサンス初期の数学者ルカ・パチョーリは、古典芸術において非常に重要であった黄金比の数学を研究し、絵画にとりいれられた革新的な遠近法がジラール・デザルグにその背後にある数学を探究させ、そこから射影幾何学の分野が発展していった。また、実用的な問題も数学の進歩を促した。商業にはより高度な会計手段が不可欠だったし、国際貿易が進歩させた航海術には三角法の深い理解が必要だったのだ。

数学的革新

インド＝アラビア記数法が採用され、等号や、掛け算、割り算など関数を表す記号の使用が増えたことから、計算実務は大きく進歩した。もうひとつの大きな進展は、10進法の公式化であり、1585年にシモン・ステヴィンが小数点を導入したことである。

この時代の実用的なニーズに応えるため、数学者たちは関連する計算の表を考案し、ジョン・ネイピアは17世紀に対数を使った計算手段を開発した。ウィリアム・オートレッドの計算尺やゴットフリート・ライプニッツの機械式計算機など、この時代に初めて機械的な計算補助装置が発明され、真の計算装置への第一歩を踏み出した。

新たに手に入る文献のアイデアに触発され、より理論的な道を歩んだ数学者たちもいる。16世紀には、3次方

1637 年

ルネ・デカルトが、現在も使われているデカルト（直交）座標系を一般化する。

1644 年

修道士マラン・メルセンヌが、彼の名にちなんでメルセンヌ数と呼ばれるようになった素数の見つけ方を記述する。

1653 年

ブレーズ・パスカルが、パスカルの3角形として知られる数のパターンについての研究書を発表。

1654 年

ブレーズ・パスカルとピエール・ド・フェルマーが、確率論につながる問題を手紙のやりとりで論じる。

1656 年

クリスティアーン・ホイヘンスが等時曲線（サイクロイド）問題を解き、より正確な時計につながる。

1665～1675 年

ゴットフリート・ライプニッツとアイザック・ニュートンがおそらく別々に、それぞれ独自の微積分法を考案する。

1679 年

ライプニッツが2進法に基づく計算機械を研究し、将来のコンピュータ・コーディングの基礎を築く。

程式や4次方程式の解法がジローラモ・カルダーノなどのイタリアの数学者を悩ませ、マラン・メルセンヌは素数を求める方法を考案し、ラファエル・ボンベリは虚数の使用規則を確立した。17世紀になると、数学的発見のペースはかつてないほど加速し、先駆的な近代数学者が何人も現れた。そのひとりが、問題解決への理路整然としたアプローチで近代科学の時代を築いた、哲学者・科学者・数学者のルネ・デカルトだ。数学への大きな貢献は軸に対する点の位置を特定する座標系の発明であり、それによって直線や図形を代数方程式で記述する解析幾何学という新しい分野が確立された。

1994年まで未解決だった手ごわい最終定理で有名なピエール・ド・フェルマーも、ルネサンス後期の数学者である。あまり知られていないが、微積分学、整数論、解析幾何学の発展にも貢献した。また、仲間の数学者ブレーズ・パスカルとともに、ギャンブルや偶然の要素が大きいゲームについて文通で議論し、確率論の基礎を築いた。

微積分の誕生

17世紀の重要な数学概念のひとつは、当時の科学界の巨人たち、ゴットフリート・ライプニッツとアイザック・ニュートンの2人がそれぞれ独自に発展させた。ジル・ド・ロベルヴァルがサイクロイドの下の面積を求めた研究に続いてライプニッツとニュートンが、古代ギリシアでエレアのゼノンが運動のパラドックスを発表して以来数学者を悩ませてきた、連続変化や加速度などの計算問題に取り組んだのだ。その解決策が微積分の定理であり、無限小を使った計算のルールであった。ニュートンにとって微積分は、物理学、特に惑星の運動に関する研究のための実用的な道具であったが、ライプニッツはその理論的重要性を認識し、微分と積分の規則を洗練させた。◆

芸術と生命の幾何学

黄金比

関連事項

主要人物
ルカ・パチョーリ
(1445～1517年)

分野
応用幾何学

それまで
紀元前447～432年　ギリシアの彫刻家ペイディアスがパルテノン神殿を設計。のちに黄金比に近似しているといわれる。

紀元前300年ごろ　ユークリッドが著書『原論』で、わかっているかぎり初めて黄金比に言及する。

1202年　フィボナッチが『算盤の書』で、数列について取り上げる

その後
1619年　ヨハネス・ケプラーが、連続するフィボナッチ数2つの比は黄金比に収束することを証明。

1914年　アメリカの数学者マーク・バーが、黄金比をギリシア文字ϕ(ファイ)で表す。

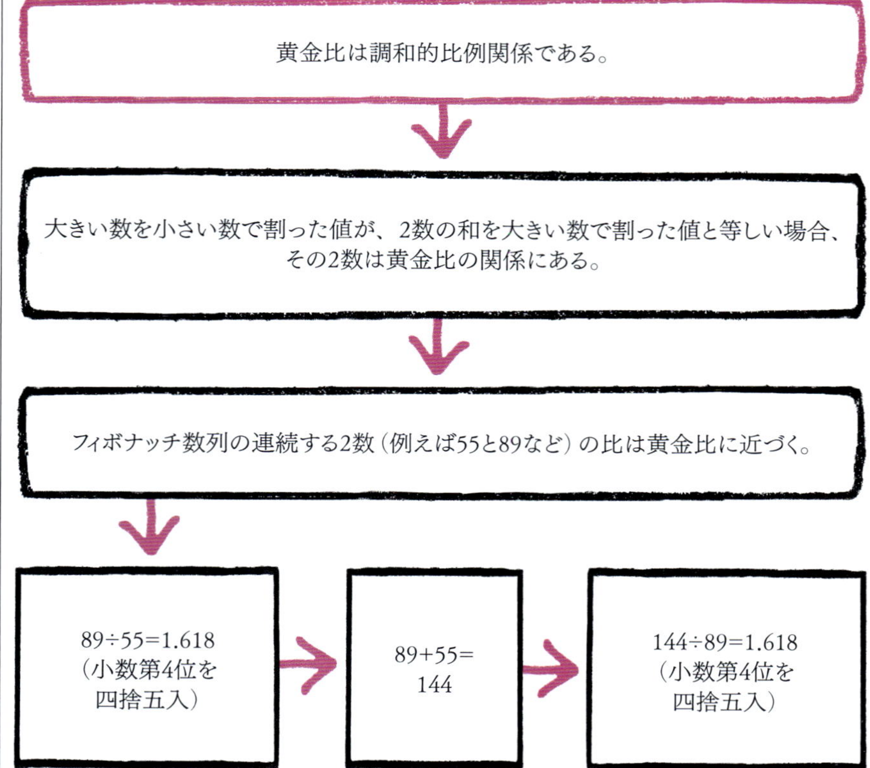

知的創造性の時代であるルネサンス期、芸術、哲学、宗教、科学、数学といった学問分野は互いに、現在よりもずっと密接に結びついていると考えられていた。その中で注目されたのが、数学、比例、美の関係だ。1509年、イタリアの司祭・数学者ルカ・パチョーリが、建築や視覚芸術における遠近法の数学的・幾何学的裏付けについて論じた『神聖比例論』を著す。パチョーリの友人、ルネサンス期を代表する芸術家・博学者のレオナルド・ダ・ヴィンチが挿絵を担当した。

ルネサンス以来、「黄金比」や「黄金分割」、つまりパチョーリの言う「神聖比例」によって芸術を数学的に分析することは、幾何学的完成の象徴になった。線分を2分割し、長い部分の長さ(a)と短い部分の長さ(b)の比が、全体の長さ($a+b$)と長い部分の長さ(a)の比と同じに、つまり$(a+b)\div a=a\div b$となるようにすると、黄金比が求められる。この比の値は、ギリシア文字のϕ(ファイ)で示される数学定数である。ϕという記号は、黄金比の美的可能性を最初に認識したらしい、古代ギリシアの彫刻家ペイディアス(紀元前500～432年)に由来する。彼はアテネのパルテノン神殿の設計に、この比率を用いたと言われている。

π(3.1415...)と同様、ϕも無理数(分数で表せない数)であるため、繰り返しのないランダムなパターンで無限小数に展開される。その近似値は1.618で

> [黄金比は] 悪いものができにくく、良いものができやすい比率だ。
>
> **アルベルト・アインシュタイン**

参照：ピュタゴラス（p36～43）■無理数（p44～45）■プラトンの立体（p48～49）■ユークリッドの『原論』（p52～57）
■πを計算する（p60～65）■フィボナッチ数列（p106～11）■対数（p138～41）■ペンローズ・タイル（p305）

ある。この一見何の変哲もない数が、芸術、建築、自然の中でこれほど美的に好ましいプロポーションを生み出すのは、数学の驚異のひとつである。

φの発見

古代ギリシアの建築にも、φに関連するプロポーションが見られるという説がある。さらに古代エジプト文化では、紀元前2560年ごろにギザに建造された大ピラミッドの底辺と高さの比は1.5717であった。しかし、古代の建築家がこの理想的な比率を意識していたという証拠はない。黄金比への近似は、数学的意図というよりも、むしろ無意識的な傾向の結果だったのかもしれない。

サモスのピュタゴラス（紀元前570～495年）率いる半神学的な数学者・哲学者集団ピュタゴラス学派は、五芒星をシンボルとしていた。五芒星の一辺が他辺と交差する点でそれぞれの辺が2つの部分に分割され、その比率がφである。ピュタゴラス学派は、宇宙は数に基づいていると確信し、すべての数は2つの整数の比として記述できるとも考えていた。ピュタゴラス学派の教義によれば、どんな2つの長さも、ある決まった小さい長さの整数倍である。言い換えれば、それらの比は有理数であり、整数の比として表すことができる。おそらく、ピュタゴラス学派のひとりであったヒッパソスはそれが真実でないことを発見したために、仲間たちに溺死させられたのだろう。

文字による記録

黄金比に関する最古の記述は、紀元前300年ごろのアレクサンドリアの数学者ユークリッドの著作に見られる。ユークリッドの『原論』は、プラトンによって先に記述されたプラトン立体（正4面体など）について論じ、その比率における黄金比（ユークリッドは「外中比」と呼んだ）を示した。また、定規とコンパスを用いて黄金比を構成する方法も示した。

> 善なるものは
> もちろん常に美しく、
> その美しさが調和を
> 欠くことは決してない。
>
> **プラトン**

φとフィボナッチ

黄金比は、もうひとつのよく知られた数学的現象、すなわちフィボナッチ数列として知られる数の集合とも密接な関係がある。ピサのレオナルド（フィボナッチ）が1202年に著書『算盤の書』で紹介したフィボナッチ数列には、

ルカ・パチョーリ

1445年、イタリアのトスカーナ州に生まれる。若いころにローマで、画家・数学者ピエロ・デラ・フランチェスカや有名な建築家レオン・バッティスタ・アルベルティと親交をもち、幾何学、遠近法、建築の知識を得た。教師となってイタリアのあちこちに赴く。また、フランシスコ会に誓いを立て、修道士と教職を兼務した。1496年、ミラノに移って公務員として働く。そこで数学指導もしていたが、その生徒のひとりが、『神聖比例論』に挿絵を描いたレオナルド・ダ・ヴィンチだった。パチョーリは、今も使われている簿記会計の方法も考案した。1517年、トスカーナ州サンセポルクロで死去。

主な著作

1494年『算術、幾何、比および比例に関する全集』（『スムマ』）
1509年『神聖比例論』

レオナルド・ダ・ヴィンチ『最後の晩餐』(1494〜98年)。ダ・ヴィンチは構図に黄金長方形をとりいれているようだ。ほかのルネサンス期の画家たち、ラファエロやミケランジェロなども黄金比を使っている。

前の2つの数を足し合わせた数が並ぶ――1, 1, 2, 3, 5, 8, 13, 21, 34, 55, 89, ……。

ドイツの数学者・天文学者ヨハネス・ケプラーが、フィボナッチ数列のある数をその前の数で割ると黄金比が現れることを示したのは、1619年のことだ。数列の先に進めば進むほど、その計算の答えがϕに近づいていくのだ。例えば、6765÷4181＝約1.61803である。フィボナッチ数列も黄金比も、自然界に広く存在しているようだ。例えば、多くの種類の花がフィボナッチ数の花弁をつけ、松ぼっくりの鱗片の列を上から見ると、時計回りに13本、反時計回りに8本の螺旋状に並んでいる。自然界で近似的に見られるもうひとつの黄金比は黄金螺旋で、4分の1回転するごとにϕの倍数だけ広がる。黄金螺旋は、黄金長方形(辺の長さが黄金比の長方形)を順次小さな正方形と黄金長方形に分割し、正方形の中に4分の1の円を刻むことで描くことができる(次ページを参照)。オウムガイの殻のような自然の螺旋形は、黄金螺旋に似ているが、比率に厳密には合っていない。

黄金螺旋は、1638年にフランスの哲学者・数学者・博学者ルネ・デカルトによって初めて記述され、スイスの数学者ヤコブ・ベルヌーイによって研究された。フランスの数学者ピエール・ヴァリニョンによって「対数螺旋」の一種に分類されたが、これは螺旋が対数曲線によって生成されうるからである。

美術と建築

黄金比は音楽や詩にも見られるが、15世紀から16世紀にかけてのルネサンス美術と結びつけられることが多い。ダ・ヴィンチの絵画『最後の晩餐』(1494〜98年)には黄金比が取り入れられているという。また、ダ・ヴィンチがパチョーリ著『神聖比例論』のために描いた有名な「ウィトルウィウス的人体図」(円と四角形に内接する「完璧なプロポーションの」人間)も、黄金比が

> **黄金比を使って人間の美しさを定義しようとすると問題になるのが、パターンをよく捜しさえすれば、必ずと言っていいほど見つかることだ。**
>
> **ハンナ・フライ**
> イギリスの数学者

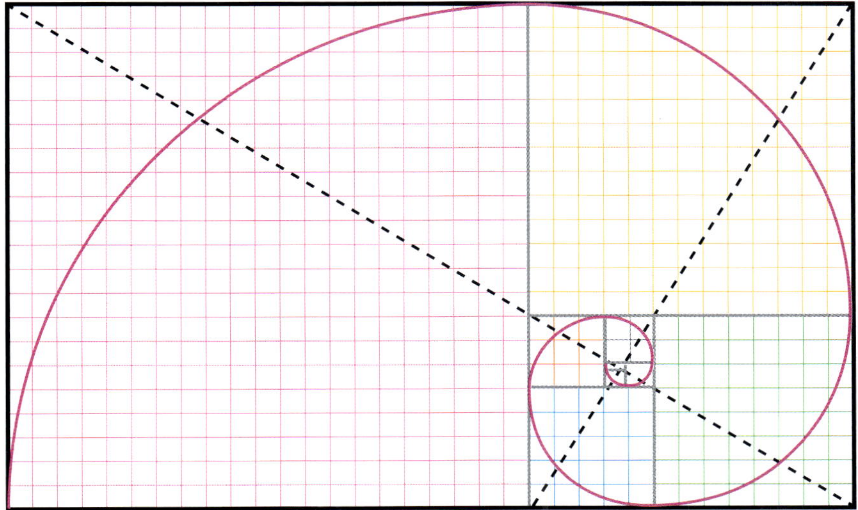

黄金螺旋（フィボナッチ渦）は、黄金方形に収まるように描かれる。黄金方形を正方形と小さい黄金方形に分割し、小さい黄金方形を同じように分割するというプロセスを繰り返していくのだ。正方形内に4分の1円弧を描いてつないでいくと、黄金螺旋ができあがる。

多く含まれる理想的な人体のプロポーションだという。現実には、古代ローマの建築家ウィトルウィウスの理論を表現したウィトルウィウス的人体図の比率は、黄金比にまったく合致していない。にもかかわらず、その後、多くの人が黄金比を人の魅力の概念に関連づけようと試みてきた（右の囲みを参照）。

黄金比への反論

19世紀、ドイツの美学者アドルフ・ツァイジングは、完璧な人間の身体は黄金比に一致すると主張した。身長を足からへそまでの高さで割った数値が黄金比になっているのが、完璧な人体だというのだ。2015年、スタンフォード大学の数学教授キース・デブリンは、黄金比は「150年来の詐欺」だと主張し、黄金比が歴史的に美学と関係があるというツァイジングの考え方を非難した。そして、ツァイジングの考えによって人々が歴史的な芸術や建築を振り返り、黄金比を遡及的に適用するようになったと主張している。同様に1992年、アメリカの数学者ジョージ・マルコフスキーは、人体が黄金比になっているという発見は不正確な測定の結果であると示唆した。

現代社会における利用

ϕの歴史的な使用については議論があるが、黄金比はサルバドール・ダリの『最後の晩餐』（1955年）のような現代作品にも見られる。絵画の形そのものが黄金長方形なのだ。芸術以外にも、黄金比は現代の幾何学、特にイギリスの数学者ロジャー・ペンローズの研究などにも登場し、彼のフィボナッチ・タイルはその構造に黄金比を組み込んでいる。テレビやコンピュータの画面における標準的なアスペクト比である16対9もϕに近く、銀行などのカードもほぼ完全な黄金長方形である。◆

美しい比

研究によると、ある人物の見た目の魅力を左右する大きな要因は顔の対称性らしい。しかし、黄金比による均整はそれよりもっと大きな役割を果たす。例えば顔の長さと幅が黄金比に近く均整のとれた人は、そうでない人よりも魅力的だといわれることが多い。ところが、これまでのところ研究にはっきりした結論は出ていないどころか、矛盾だらけだ。黄金比なら顔の魅力が増すという科学的根拠はなきに等しい。

アメリカの形成外科医スティーヴン・マルカートが、黄金比を人間の顔に適用した“マスク”（下図参照）をつくった。顔の配置がマスクに近ければ近いほど美しいと推定される。ただし、このマスクを美容整形のテンプレートとするのは、数学を使う根拠のない、非倫理的なことだという見方もある。

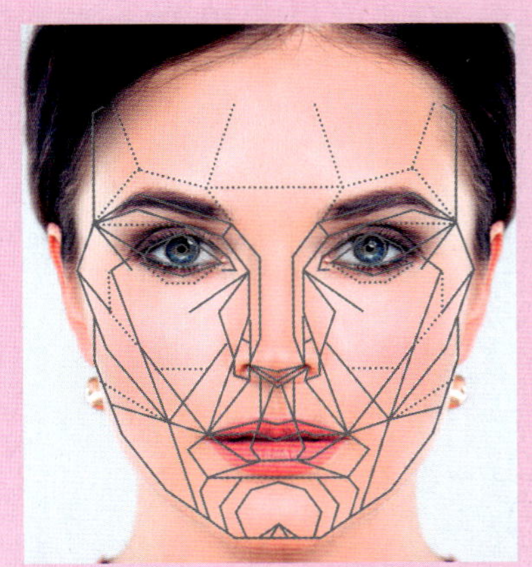

スティーヴン・マルカートの美形マスク。欧米の白人の顔を基に美しさを定義するものだとして批判されてきた。

大きなダイヤモンドのように

メルセンヌ素数

関連事項

主要人物
フダルリクス・レギウス
(16世紀初頭)、
マラン・メルセンヌ
(1588〜1648年)

分野
数論

それまで
紀元前300年ごろ　ユークリッドが、1より大きいすべての整数は素数の積でただひととおりに表せるという、算術の基本的な定理を証明する。

紀元前200年ごろ　エラトステネスが、素数を計算する方法を考案する。

その後
1750年　レオンハルト・オイラーが、メルセンヌ数$2^{31}-1$は素数であることを確認する。

1876年　フランスの数学者エドゥアール・リュカが、$2^{127}-1$はメルセンヌ素数であることを証明する。

2018年　これまでのところわかっている最大の素数は$2^{82,589,933}-1$である。

素数（自分自身か1でしか割り切れない数）は、古代ギリシアのピュタゴラス学派が最初に研究して以来、学者たちを魅了してきた。素数はすべての自然数（正の整数）の構成要素であると考えられるからだ。1536年まで、数学者たちは、方程式2^n-1のnに素数を用いると、別の素数になると信じていた。しかし、1536年に出版された『*Utriusque Arithmetices Epitome*（両算術の典型）』の中で、フダルリクス・レギウスという学者が、$2^{11}-1=2{,}047$であることを指摘した。$2{,}047=23\times89$なので、素数ではない。

メルセンヌの影響

レギウスの素数に関する研究はほかの人々に引き継がれ、2^n-1に関する新しい仮説が生まれた。最も重要な研究は、1644年、フランスの修道士マラン・メルセンヌによるものである。彼は小さい順に$n=2, 3, 5, 7, 13, 17, 19, 31, 67, 127, 257$のときに$2^n-1$が素数であると予想した。（実際は$n=67, 257$は素数ではなく、$n=61, 89, 107$が素数）メルセンヌの研究がこのテーマへの関心を再燃させ、2^n-1によって生成される素数は現在、メルセンヌ素数（M_n）として知られている。

現在はコンピュータでメルセンヌ素数を探すようになった。◆

> **数論の美しさは、整数の単純さと素数の複雑な構造との矛盾にあり。**
>
> **アンドレアス・クナウフ**
> ドイツの数学者

参照：ユークリッドの『原論』（p52〜57）■エラトステネスのふるい（p66〜67）■リーマン予想（p250〜51）■素数定理（p260〜61）

等角航路

ラム・ライン

関連事項

主要人物
ペドロ・ヌネシュ
（1502〜1578年）

分野
グラフ理論

それまで

150年 古代ギリシアからローマ時代への過渡期の数学者プトレマイオスが、経度と緯度の概念を確立する。

1200年ごろ 中国、ヨーロッパ、アラビア世界で、航海に磁気羅針盤が使われる。

1522年 ポルトガルの航海者フェルディナンド・マゼランの艦隊が、史上初の世界周航を達成する。

その後

1569年 フランドルの地理学者ゲラルドゥス・メルカトルが発表した地図投影法によって、航海者たちが地図上に航程線の針路を直線で記入できるようになる。

1617年 オランダの数学者ヴィレブロルト・スネルが、航程線（ラム・ライン）を斜行法の航路という意味で“ロクソドローム”と名づける。

1500年ごろから船が世界の海を横断するようになると、航海士たちは地球の曲面を考慮した航路を描くという問題に直面した。この問題は、ポルトガルの数学者ペドロ・ヌネシュが『球体論』（1537年）の中で、等角航路（ラム・ライン）を導入することによって解決された。

航程線の螺旋

等角航路はすべての子午線（経線）と同じ角度で交差する。子午線が極点に近づくにつれて、航程線は螺旋状に曲がっていく。このような螺旋は、1617年にオランダの数学者ヴィレブロルト・スネルによってロクソドロームと呼ばれ、空間の幾何学における重要な概念となった。

航海に必要な方位が簡単にわかるため、等角航路は航海士にとって役に立つ。1569年、経線が平行に引かれ、すべての等角航路が直線になるメルカトル図法が導入された。これにより、

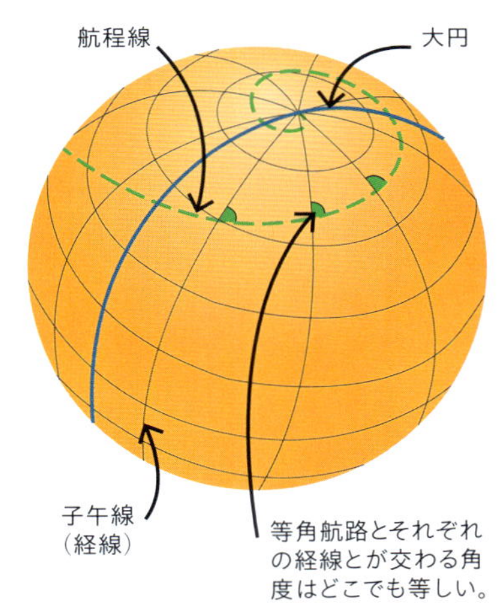

斜行法の航路は北極または南極を始点にして地球を旋回し、どの子午線とも等しい角度で交わる。その渦巻き線の全体あるいは一部を航程線という。

地図上に直線を引くだけで航路が描けるようになった。しかし、地球を横断する最短距離は、等角航路ではなく「大円」、つまり地球の中心を通る円の円周である。GPSが発明されて初めて、大円のコースをたどることが実用的になった。◆

参照：座標（p144〜51）■ホイヘンスの等時曲線（p167）■グラフ理論（p194〜95）■非ユークリッド幾何学（p228〜29）

等しい長さの2本の線

等号とその他の記号

関連事項

主要人物
ロバート・レコード
（1510年ごろ〜58年）

分野
数体系

それまで
250年　ギリシアの数学者ディオファントスが、著書『算術』で変数（未知数）を表す記号を使う。

1478年　『トレヴィーゾ算術書』が、加減乗除の計算法を平易な言葉で説明する。

その後
1665年　イングランドでアイザック・ニュートンが微分積分法を創出し、極限、関数、微分係数などといったアイデアを導入。そうした計算に、省略して表す記号が必要となる。

1801年　カール・フリードリヒ・ガウスが、合同（大きさと形が等しい）を表す記号を導入する。

ウェールズの医師であり数学者でもあったロバート・レコードが研究を始めた16世紀には、算術に使われる表記法についての広い合意はほとんどなかった。ゼロを含むインド＝アラビア数字はすでに確立されていたが、演算を表す記号はほとんどなかった。

1543年、レコードの『技芸の基礎』によって、イギリスの数学に足し算（＋）と引き算（－）の記号が導入された。これらの記号は、ドイツの数学者ヨハネス・ヴィトマンが著した『あらゆる商業上の敏捷で親切な計算法』（1489年）に初めて活字で登場したが、おそらくヴィトマンの本が出版される以前から、ドイツの商人たちの間ではすでに使われていたと思われる。これらの記号は、プラスを表す“p”とマイナスを表す“m”の文字に取って代わるようになり、最初はイタリアで、次にイギリスで学者たちによって取り上げられるようになった。

1557年、レコードは独自の新しい記号を推奨した。『知恵の砥石』の中で、等しい長さの2本の線（＝）を使って「等しい」を表し、「これ以上に等しい二つのものはない」と主張した。レコードは、記号を使えば数学者が言葉で計算を書き出さなくてもすむと提案した。等号は広く採用され、17世紀には掛け算（×）や割り算（÷）など、ほかに今日使われている記号の多くも誕生した。

練習問題書のひとつで、ロバート・レコードは自分の計算に等号（＝）を試用している。レコードの等号は、現代の形よりも著しく長い。

参照：位取りの数（p22～27）■負の数（p76～79）■代数学（p92～99）
■小数（p132～37）■対数（p138～41）■微積分学（p168～75）

数学記号の誕生

記号	意味	考案者	誕生年
−	引く	ヨハネス・ヴィトマン	1489年
+	足す	ヨハネス・ヴィトマン	1489年
=	等しい（イコール）	ロバート・レコード	1557年
×	掛ける	ウィリアム・オートレッド	1631年
<	より小さい	トマス・ハリオット	1631年
>	より大きい	トマス・ハリオット	1631年
÷	割る	ヨハン・ラーン	1659年

代数の記法

代数学の最古の技術は2000年以上前のバビロニアまで遡るが、16世紀以前のほとんどの計算は言葉で記録されていた。省略されることもあったが、統一された方法ではなかった。イギリスの数学者トマス・ハリオットとフランスの数学者フランソワ・ヴィエトは、それぞれ代数学の発展に重要な貢献をしたが、一貫した記号表記のために文字を使用した。彼らのシステムと今日の表記法との最も顕著な違いは、累乗を示すために繰り返される文字の使用である。例えば、a^3をaaa、x^4を$xxxx$などと表した。

近代的なシステム

フランスの数学者ニコラ・シュケーは1484年、指数（“べき乗”）を表すために上付き文字を使用したが、そのように記録はしなかった。例えば、$6x^2$は6.2と記した。上付き文字が一般的になるまでには150年以上かかった。ルネ・デカルトが1637年に、$3x+5x^3$と認識できる書き方の例を使ったものの、x^2をxxと書きつづけた。19世紀初頭に、影響力のあるドイツの数学者カール・ガウスがx^2を使うことを支持してやっと、上付き文字の表記が定着しはじめた。デカルトも方程式の未知数をx、y、zで表し、既知の数をa、b、cと表すことで貢献した。

代数的表記法が定着するまでには長い時間がかかったが、記号が意味をもち、数学者の問題解決に役立つようになると、それが標準となった。◆

何が何に等しいという、言葉による煩雑な繰り返しを避けるため、私が便宜上よく使う平行線で表すこととする。

ロバート・レコード

ロバート・レコード

1510年ごろ、ウェールズのテンビーに生まれ、長じて最初はオックスフォード大学で、その後ケンブリッジ大学で医学を学び、1545年に医師の資格を取得。両大学で数学を教授し、1543年に英語では初の代数学研究書を著した。1549年、一時ロンドンで医院を開業したのち、ブリストル造幣局の監査官となる。しかし、のちにペンブローク伯爵となるウィリアム・ハーバートの軍隊への資金提供をレコードが断ると、造幣局が閉鎖された。

1551年には、ドイツの銀鉱山込みでダブリン造幣局を担当させられることになった。レコードは利益をあげられず、銀鉱山も閉鎖されてしまう。のちにレコードがペンブローク伯を職権濫用で訴えようとしたところ、逆に名誉毀損で反訴を起こされ、1558年にロンドンの刑務所で死去した。

主な著作

1543年『技芸の基礎』
1551年『知識への道』
1557年『知恵の砥石』

マイナスのプラス掛けるマイナスのプラスは負の数になる

虚数と複素数

関連事項

主要人物
ラファエル・ボンベリ
（1526〜1572年）

分野
代数学

それまで
16世紀　イタリアでシピオーネ・デル・フェッロ、タルタリア、アントニオ・フィオール、ロドヴィコ・フェラーリが、3次方程式を解こうと公に競い合う。

1545年　ジローラモ・カルダーノの代数学研究書『アルス・マグナ（偉大なる技術）』で、複素数を含む計算が初めて出版物に登場。

その後
1777年　レオンハルト・オイラーが、$\sqrt{-1}$を表す虚数単位iの記号を導入する。

1806年　ジャン＝ロベール・アルガンが複素数の幾何学的解釈を発表、のちに複素平面がアルガン図として知られるようになる。

16世紀後半、イタリアの数学者ラファエル・ボンベリは、著書『代数学』の中で虚数と複素数の使用規則を定め、新境地を開いた。虚数は2乗すると負の数になり、どんな数（正数でも負数でも）でも2乗すると正の数になるという通常のルールを覆した。複素数は（数直線上の）実数と、虚数の和である。複素数は$a+bi$の形をとり、ここでaとbは実数、$i=\sqrt{-1}$である。

何世紀にもわたって、学者たちはさまざまな問題を解決するために数の概念を拡張していく必要に迫られてきた。虚数や複素数はそのための新しい道具

参照： 2次方程式（p28～31）■無理数（p44～45）■負の数（p76～79）■3次方程式（p102～05）■方程式の代数的解決（p200～01）■代数学の基本定理（p204～09）■複素数平面（p214～15）

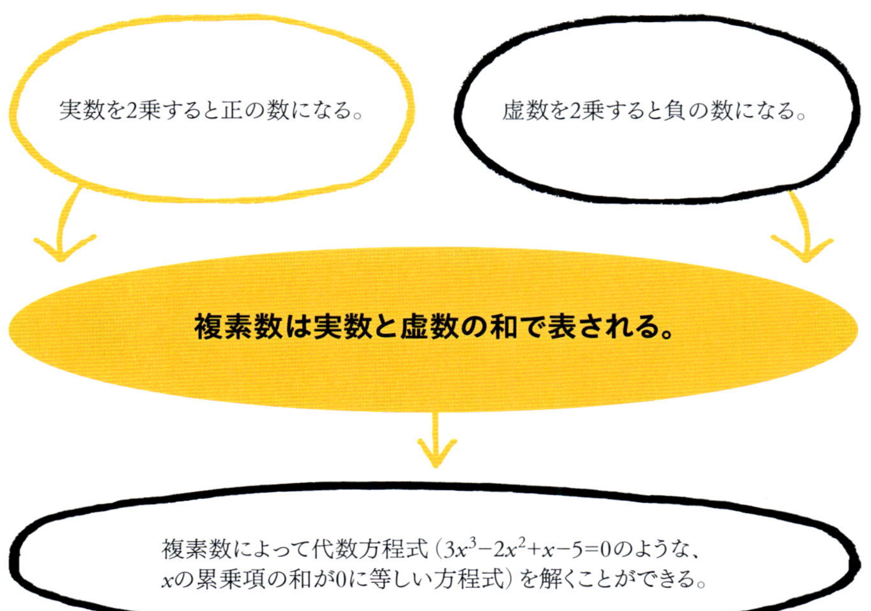

架空の友だち（イマジナリー・フレンド）を信じる人もいる。私は虚数（イマジナリー・ナンバー）を信じる。

R・M・アーシージェイガー
アメリカの作家

であり、ボンベリの代数学はこれらの数やほかの数がどのように働くかについての理解を深めた。$x+1=2$ のような最も単純な方程式を解くのに必要なのは自然数（正の整数）のみである。しかし、$x+2=1$ を解くには、x は負の整数でなければならず、$x^2+2=1$ を解くには負の数の平方根が必要である。これはボンベリが扱う数には存在しなかったので、虚数単位（$\sqrt{-1}$）という概念を発明しなければならなかった。1500年代には、負の数はまだ信用されていなかった。虚数と複素数は何十年もの間、広く受け入れられることはなかった。

激しいライバル関係

イタリアの数学者たちは、12世紀にペルシャの数学者ウマル・ハイヤームが考案した幾何学的手法に頼ることなく3次方程式の解をできるだけ効率的に求めようとした。その中で、ボンベリの人生の初期に現れたのが、複素数という概念だった。ほとんどの2次方程式は代数的な公式で解くことができたので、3次方程式に有効な同様の公式がないかと探された。ボローニャ大学の数学教授であったシピオーネ・デル・フェッロは、いくつかの3次方程式を解く代数的方法を発見し、大きな一歩を踏み出したが、包括的な公式の探求は続いた。

この時代のイタリアの数学者たちは、3次方程式やその他の問題を最短時間で解くことに、公然と挑戦し合っていた。このようなコンテストで名声を得ることは、一流大学の数学教授のポストを得ようとする学者にとって不可欠となった。その結果、多くの数学者は、共通の利益のためにその方法を共有するのではなく、秘密にした。デル・フェッロは $x^3+cx=d$ の形の方程式に取り組み、アントニオ・フィオールとアンニバレ・デッラ・ナーヴェの2人にだけその技法を伝え、秘密厳守を誓った。デル・フェッロはすぐにニッコロ・フォンタナ（タルタリア、「吃音者」として知られる）と競うことになった。数学の才能に恵まれた巡業教師のタル

［虚数単位、−1の平方根の］正のほうを「マイナスのプラス」と、負のほうを「マイナスのマイナス」と呼ぶことにしよう。

ラファエル・ボンベリ

ボンベリによる虚数の掛け算組み合わせの規則

ラファエル・ボンベリは複素数の演算規則をつくった。正の虚数単位を「マイナスのプラス」と、負の虚数単位を「マイナスのマイナス」という用語で表し、例えば、正の虚数単位掛ける負の虚数単位が正の整数になると示す。負の虚数単位掛ける負の虚数単位は負の整数になる。

マイナスのプラス	×	マイナスのプラス	=	負の数
マイナスのプラス	×	マイナスのマイナス	=	正の数
マイナスのマイナス	×	マイナスのマイナス	=	負の数
マイナスのマイナス	×	マイナスのプラス	=	正の数

タリアは、デル・フェッロとは別に3次方程式を解く一般的な方法を発見した。1526年にデル・フェッロが亡くなると、フィオールはデル・フェッロの公式を世に解き放つ時が来たと考えた。彼はタルタリアに3次方程式の決闘を申し込んだが、タルタリアのすぐれた方法に敗れた。これを聞いたジローラモ・カルダーノは、タルタリアにその方法を教えるよう説得した。デル・フェッロの時と同様、その方法は決して公表しないという条件だった。

正の数を超えて

このころ、方程式はすべて正の数を使って解かれていた。カルダーノは、タルタリアの方法を用いながら、負の数の平方根を使えば3次方程式が解けるかもしれないという考えに取り組んだ。カルダーノはその方法を試す用意があったようだが、納得はしていなかったようだ。彼はそのような負の解を「架空のもの」、「偽のもの」と呼び、それを見つけるための知的努力を「精神的拷問」と表現した。彼の『アルス・マグナ』には、負の平方根の使い方が書かれている。彼はこう書いている。「$5+\sqrt{-15}$ に $5-\sqrt{-15}$ を掛けると $25-(-15)$ となり、$-(-15)$ は $+15$ である。したがって、40 になる」。これは複素数を含む最初の計算だったが、この画期的な発見の重要性を、カルダーノ自身は理解できなかった。カルダーノは自分の研究に「微妙」で「役立たず」という烙印を押したのだ。

数の解釈

ラファエル・ボンベリも、さまざまな数学者たちとともに、3次方程式を解こうと奮闘していた。彼はカルダーノの『アルス・マグナ』を読み、大きな感銘を受けた。彼自身の著作である『代数学』は、より親しみやすく、徹底的で革新的な研究書であった。負の数の計算を研究し、それまでのものを大きく前進させる簡潔な表記法をとりいれたものだったのだ。

この著作には、正負の量を用いて計算するための基本的なルールが、「プラスにプラスを掛けるとプラスになる。マイナスにマイナスを掛けるとプラスになる」などと記されている。そして、虚数の足し算、引き算、掛け算の新しいルールを、現在の数学者が使う用語とは異なる用語で示した。例えば、

ラファエル・ボンベリ

1526年にイタリアのボローニャで生まれたラファエル・ボンベリは、6人きょうだいの長子だった。父は毛織物商。大学教育は受けていないが、技術者・建築家から教えられて自分も技術者になり、水力学を専門とした。数学にも関心をもつようになり、古代や同時代の数学研究書を読みあさる。排水設備工事の再開を待つあいだに、主著となる『代数学』の執筆にとりかかり、独学ながら徹底的に、複素数の算術を初めて明確に述べた。

ヴァチカンの図書室で見つけたディオファントスの『算術』に深い感銘を受けたボンベリは、同書のイタリア語への翻訳を手伝った——その仕事が『代数学』の改訂につながる。1572年、彼が死んだ年に3巻までが刊行され、残る2巻は未完のまま1929年に出版された。

主な著作

1572年『代数学』

**実数領域にある
2つの真実のあいだに、
複素数領域を通る
最短ルートがある。**

ジャック・アダマール
フランスの数学者

「マイナスのプラスにマイナスのプラスを掛けるとマイナスになる」、つまり、正の虚数に正の虚数を掛けると、負の数になる（$\sqrt{-n}\times\sqrt{-n}=-n$）と述べているのだ。ボンベリはまた、複素数の規則を、解が負の数の平方根を求める必要のある3次方程式に適用する方法の、実用的な例を示した。ボンベリの表記法は当時としては先進的だったものの、代数記号の使用はまだ黎明期だった。2世紀後、スイスの数学者レオンハルト・オイラーが、虚数単位を表す記号 i を導入することになる。

複素数の応用

虚数や複素数は、自然数、実数、有理数、無理数といった数の集合の仲間入りを果たし、方程式を解いたり、ますます高度になっていく数学的課題を実行するために使われるようになった。

数十年の間に、このような数の集合は、数式で使用できる独自の普遍的な記号を獲得した。例えば、自然数全体の集合を表す場合には太字の大文字の $\mathbf{N}$ が使われ、また $\{0, 1, 2, 3, 4 \cdots\cdots\}$ のように集合を表すこともある。集合を示すために波括弧で囲まれる。1939年には、アメリカの数学者ネイサン・ジェイコブソンが、a と b を実数、i を $\sqrt{-1}$ とする複素数の集合 $\{a+bi\}$ を表す太字の大文字 $\mathbf{C}$ を制定した。

複素数はすべての代数方程式を完全に解くことを可能にするが、数学のほかの多くの分野でも、数論（整数、特に正の数の研究）分野でも非常に有用であることが証明された。整数を複素数（実数と虚数の和）として扱うことで、

**人々には古来、
数字が不正をはたらくはずが
ないという本能的感覚がある。**

ダグラス・ホフスタッター
認知科学者

複素解析（複素数を使った関数の研究）という強力なテクニックを使って整数を研究できる。例えばリーマンゼータ関数は、素数に関する情報を提供する複素数の関数である。ほかにも実用的な分野では、物理学者が電磁気学、流体力学、量子力学の研究に、エンジニアが電子回路の設計やオーディオ信号の研究に、複素数を使っている。◆

カップの水に浮く角氷に青い食用染料を垂らす（左）と、右のように推移していく。氷が溶けると、水より重い染料が沈んでいく。複素数を使って、このような流体の速度（方向性をもった速さ）をシミュレーションできる。

10分の1を表す技術

小数

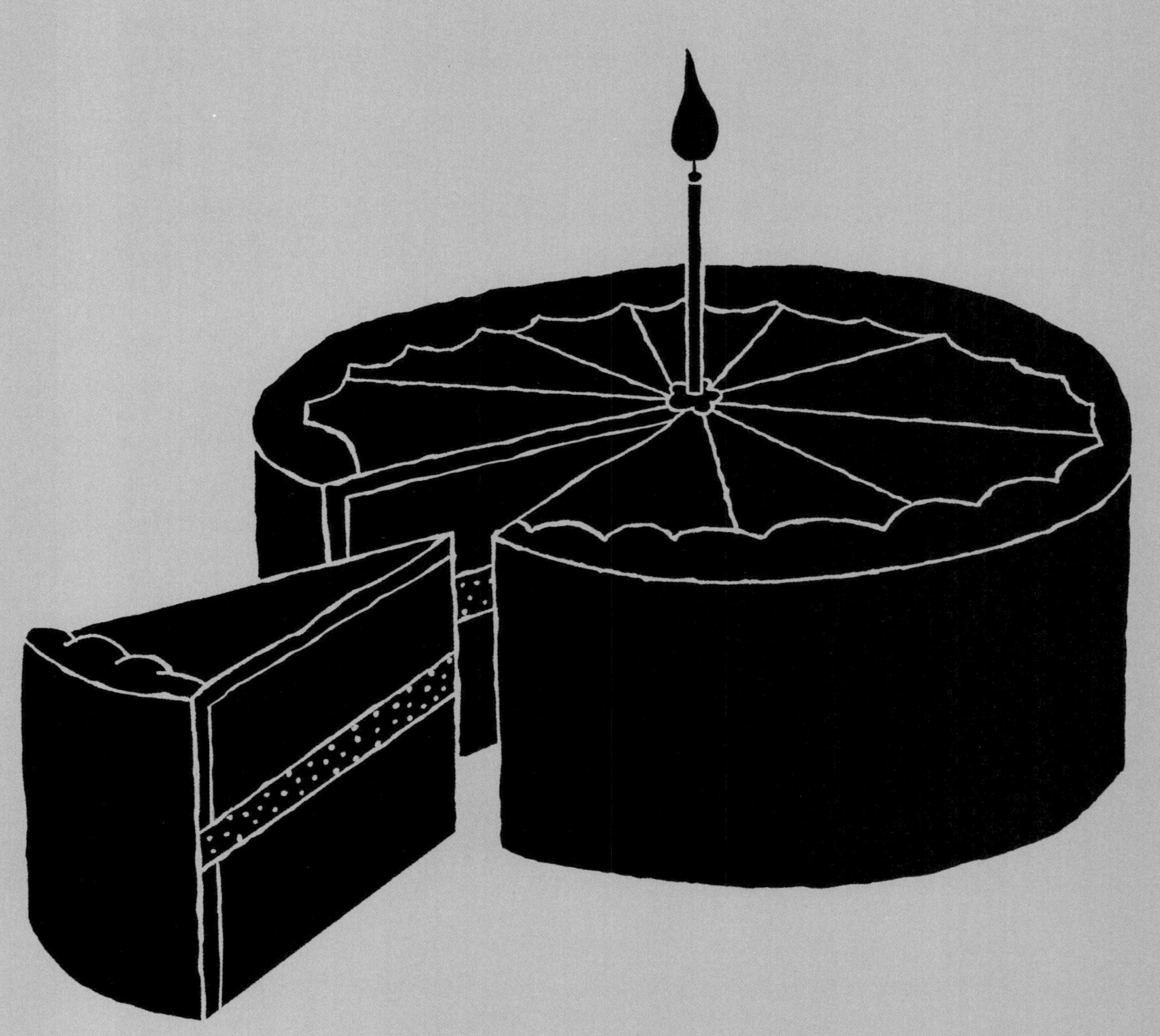

関連事項

主要人物
シモン・ステヴィン
（1548〜1620年）

分野
数体系

それまで
830年 アル＝キンディーの『インド数字の使用について』全4巻によって、ヒンドゥー語の数字に基づく桁値システムがアラビア世界中に広まる。

1202年 ピサのレオナルドの『算盤の書』が、ヨーロッパにアラビア数字を伝える。

その後
1799年 フランス革命中に、フランスの通貨と測定単位にメートル法が導入される。

1971年 英国が10進法制を導入し、ラテン語の数体系に由来するポンド、シリング、ペンスの使用をやめる。

分数（fraction）はラテン語で「分断」を意味する“fractio”にちなんで名づけられたが、エジプトでは紀元前1800年ごろから全体における一部を表すのに使われていた。最初は、分子（分数の上側の数）に1を持つ単位分数に限られていた。古代エジプト人は2/3や3/4を表す記号を持っていたが、その他の分数は、例えば1/3＋1/13＋1/17のように、単位分数の和として表された。このシステムは、金額を記録するのには適していたが、計算をするのには適していなかった。10進法が一般的になったのは、1585年にシモン・ステヴィンの『10進法』が出版されてからである。

10の重要性

16世紀後半から17世紀初頭のフランドル人技術者・数学者シモン・ステヴィンは、その仕事の中で多くの計算を行った。10の累乗を基本とする分数を使用することで、これらの計算を簡略化し、10進法がやがて普遍的なものになると正しく予言していた。

> **すぐれた表記法があらゆる不要な頭脳労働を取り除いてくれれば、解放された頭脳はより高度な問題に集中する。**
>
> **アルフレッド・ノース・ホワイトヘッド**
> イギリスの数学者

歴史を通じて、文化は全体における部分を表現するために多くの異なる基数を使用してきた。古代ローマでは、12を基数として分数を言葉で表記した。1/12が“uncia”、6/12が“semis”、1/24が“semiuncial”と表され、面倒なシステムのために計算は難しかった。バビロニアでは60進法を使って分数を表現したが、文字にすると、どの数字が整数を表し、どれが全体における一部なのかを区別するのが難しかった。

シモン・ステヴィン

1548年、フランドル（現ベルギー領）のブリュージュに生まれた。簿記係や出納係、事務員の職を経たのち、1583年にライデン大学に入学。そこで出会った、オラニエ公ウィレムの継承者マウリッツ（オランダ総督）と親しくなる。ステヴィンは彼に数学を個人指導し、軍事戦略について助言もした結果、スペインとの戦いに何度か大勝利をもたらした。1600年には、優秀な工学者でもあったステヴィンに、マウリッツがライデン大学工学部創設をもちかける。1604年からは陸軍主計総監として、ステヴィンが打ち出した軍事や工学分野の革新的なアイデアは、ヨーロッパ中で採用された。数学ばかりでなくさまざまな主題の、多くの著作がある。1620年に死去。

主な著作

1583年『幾何学的問題』
1585年『10進法』
1585年『釣り合いの原理』

参照：位取りの数（p22～27）■無理数（p44～45）■負の数（p76～79）■フィボナッチ数列（p106～11）■2進数（p176～77）

ヨーロッパでは何世紀ものあいだ、ローマ数字を使って数を記録し、計算を行ってきた。中世イタリアの数学者ピサのレオナルド（フィボナッチとしても知られる）は、アラブ諸国を旅行中にインドの「位取り数体系」に出会い、その整数による記録と計算の両方における有用性と効率性に気づいた。彼の『算盤の書』（1202年）は、アラブにおける多くの有用なアイデアを西洋にもたらし、今日使用されている表記法の基礎となる、分数の新しい表記法をヨーロッパに紹介した。フィボナッチは分子と分母（分数の下側の数）を分けるために横棒を用いたが、分数を整数の右ではなく左に書くというアラブの慣習を踏襲した。

小数の導入

従来の分数計算では時間がかかるうえに間違いが起こりやすいと考えたステヴィンは、10進法を使い始めた。

小数はアラビア数字の10進法によって発明された一種の算術である。

シモン・ステヴィン

分数を小数で表すには、分母（横線の下の数）が10の累乗である10進法分数に転換する。

↓

転換後の分数の分子（横線の上の数）を使って、その分数を小数で表す――例えば、25/100は0.25となる。

↓

分子の数を小数点などの右側に置いて、整数ではないことを示す。

↓

小数システムによって、整数でない量を足したり引いたりするのがらくになる。

分母に10の累乗をもつ「小数の分数」という考え方は、ステヴィンより5世紀も前に中東で使われていた。しかし、ヨーロッパで小数を記録にも計算にも使えるようにしたのはステヴィンである。彼は、整数に対するインドの位取り法の利点を再現した小数の表記法を提案した。

ステヴィンの新しい表記法では、以前は分数の和として表記されていた数、例えば32＋5/10＋6/100＋7/1,000が、1つの数として表記できるようになった。ステヴィンは各数の後に丸で囲った数字を付けたが、これは元の小数の分母を表す略記法であった。32は整数であるため、32全体の後には丸で囲った0が付くが、6/100は6のうしろに丸で囲った2が付く。この2は

ステヴィンの表記法では、10進法に転換した分数の分母10の指数を丸で囲んで示した。例えば、32.567は下図のように表された。

32⓪5①6②7③

分数よりも小数システムで表記したほうが、割り算や掛け算がらくになる。とくに10を掛けたり10で割ったりするのは簡単だ。32.567（32＋5/10＋6/100＋7/1,000）を例に挙げると、下図のように小数点をまたいで数が左右に1列ずれるだけだ。

	百の位 100	十の位 10	一の位 1	十分の一の位 $\frac{1}{10}$	百分の一の位 $\frac{1}{100}$	千分の一の位 $\frac{1}{1,000}$	一万分の一の位 $\frac{1}{10,000}$
×1		3	2 ●	5	6	7	
×10	3	2	5 ●	6	7		
÷10			3 ●	2	5	6	7

元の分母の累乗数で、100は10の2乗だから2というわけである。同様に、7/1,000は7と丸囲みの3となり、全体の和はこのパターンで書き出すことができる（135ページ右下参照）。整数の部分と分数の部分のあいだに置かれる記号は、小数の区切り記号と呼ばれた。ステヴィンの丸の中のゼロがのちにドット（点）に進化し、現在では小数点と呼ばれている。ドットは、ステヴィンの表記法では正中線上（中間の高さ）に位置していたが、掛け算に使われることのあるドット表記との混同を避けるため、現在はベースライン上に移動している。つまり、32＋5/10＋6/100＋7/1,000は、32.567と書けるのだ。

異なるシステム

この小数点は、普遍的に受け入れられたわけではなかった。小数の区切り記号にカンマを使う国も多い。位取りの区切り記号、つまり非常に大きな数や、時には非常に小さな数の整数部を3桁ごとに区切るしるしがなければ、一般的な表記が2通りあっても問題はなかっただろう。例えば英国では、2,500,000と表記される数字におけるカンマは位取りの区切り記号であり、数字を読みやすくし、その大きさを認識しやすくするために使用される。小数点の区切り記号にはドットを使い、区切り記号にはカンマを使うわけだ。だが、カンマが小数点の区切り記号として、ドットが位取りの区切り記号として使われる国々もある。例えばベトナムでは、20万ベトナム・ドンの数字を200.000と書くことが多い。

通常は文脈から正しく解釈することができるのだが、間違いも生じる。この問題を解決する試みとして、2003年に開催された第22回度量衡総会（国際度量衡局の60カ国の代表が集まる会議）では、小数点以下の区切り記号としてドットまたはカンマのいずれも使用することができるが、位取りの区切りには従来の記号のいずれでもなくスペー

スペイン、カタロニアの市場。価格表示でわかるように、小数の分離記号として点ではなくてカンマが使われる。手書きのスペイン語には、アポストロフィそっくりの上付きカンマもよくある。

パリのヴォージラール通りにある大理石の銘板は、1791年、フランス科学院が初めてメートルを定義したあと、16カ所に設置されたメートル指標のひとつだ。

スを使うことが決定された。だが、この表記法はまだ世界共通ではない。

小数の利点

小数の計算には整数の足し算、引き算、掛け算、割り算と同じプロセスが使えるので、特別ルールを学ぶ必要がある分数よりも基本的な計算がはるかにシンプルにできる。例えば分数の掛け算の場合、分子は分母とは別に掛けられ、1より小さい分数（真分数）を掛けられた場合、結果の分数は元の数より小さくなる。10進小数の場合、10の累乗による乗除算は非常に簡単になる。32.567の例（左ページ上参照）のように、小数の区切り記号を左右に動かすだけでいいのだ。

ステヴィンは、この10進法が貨幣や度量衡、尺度に導入されて普遍的なものになると信じていた。メートルとキログラムを使った長さと重さへの10進法の導入は、それから約200年後のフランス革命のときヨーロッパにもたらされた。メートル法を導入する際、フランスは時間にも10進法を導入しようとした。1日は10時間、1時間は100分、1分は100秒にしようとしたのである。だがこの試みは不評で、わずか1年で中止された。中国は3000年以上にわたってさまざまなかたちで時間に10進法を導入してきたが、結局1645年に放棄した。

アメリカでは、トマス・ジェファーソンが10進法による計測と貨幣鋳造を提唱した。彼は1784年の論文で、ドル、ダイム、セントを使用する貨幣の10進法を導入するよう議会を説得した。実際、「ダイム」という名称は、ステヴィンが著した『10進法』のフランス語タイトルである*Disme*に由来する。しかし、ジェファーソンの考え方は計量には通用せず、インチ、フィート、ヤードは今日でも使われている。ヨーロッパの多くの通貨は19世紀に10進法化されたが、イギリスで10進法通貨が導入されたのは1971年になってからだった。◆

有限小数と循環小数

分数を小数に転換するには、分子を分母で割る。分母が例えば10のように、2や5だけで割り切れてほかの素因数を含まない数なら、有限小数になる。例を挙げると、3/40は0.075と表すことができ、40の素因数は2と5だけなので、この小数の値は正確だ。

転換すると終わりのない循環小数になる分数もある。例えば2/11を小数に転換すると0.18181818…となり、$0.\dot{1}\dot{8}$と表して、1と8の数が循環することを示す。循環サイクルの長さ（$0.\dot{1}\dot{8}$の場合は2桁）は、分母マイナス1の数の約数になるので、予測できる（分数の分母が11なら、循環サイクルの桁数は10の因数）。無限だが、整数の比（ratio）のかたちで表せる有理数（rational number）は、循環パターンのない無限小数である無理数（irrational number）ではない。すなわち無理数は2つの整数の比で表すことができないのだ。

ひょっとしたら、科学史上最も重要なできごとは……小数システムの発明かもしれない……

アンリ・ルベーグ
フランスの数学者

掛け算を足し算に変換する

対数

関連事項

主要人物
ジョン・ネイピア
（1550〜1617年）

分野
数体系

それまで
14世紀　インド、ケーララ学派のマーダヴァが、三角法の正弦（sin）の正確な表を作成し、直角3角形の角度が計算しやすくなる。

1484年　フランスの数学者ニコラ・シュケーが、等比級数（幾何級数）を使う計算について論文を書く。

その後
1622年　イギリスの数学者・聖職者ウィリアム・オートレッドが、対数尺を使った計算尺を発明する。

1668年　ドイツの数学者ニコラス・メルカトルが著書『対数術』で、初めて“自然対数”という用語を用いる。

何千年ものあいだ、ほとんどの計算は計数盤や計算盤（アバカス）などの器具を使って手作業で行われていた。特に掛け算には時間がかかり、足し算よりもずっと難しかった。16世紀から17世紀にかけての科学革命では、信頼できる計算道具がなかったため、航海術や天文学のような、長時間の計算が必要で誤差の可能性が大きい分野での進歩が妨げられた。

級数による解法

15世紀、フランスの数学者ニコラ・シュケーは、等差数列と等比数列（幾何数列）の関係が計算にどのように役

参照： チェス盤の上の麦粒（p112〜13）■ 極大問題（p142〜43）■ オイラー数（p186〜91）■ 素数定理（p260〜61）

16世紀、大きい数を乗算する過程には長い時間と労力が必要だった。

ジョン・ネイピアは、対数表を作成することによって、その過程を単純化した。

対数表では、どの数にもそれに相当する「人工数」、つまり対数がある。

2つの数の対数どうしを足して、その結果を対数とする数を対数表で探すと、それがもとの2つの数を掛け算した結果になる。

対数を使えば、複雑な乗算を加算という単純な操作に置き換えることができる。

つかを研究した。等差数列では、各数値は 1, 2, 3, 4, 5, 6...（1 ずつ増加）または 3, 6, 9, 12...（3 ずつ増加）のように、一定量だけ前の数値と異なる。等比数列では、初項以降の各数は、前の数に「公比」と呼ばれる一定量を掛けることによって決定される。例えば、1, 2, 4, 8, 16... という数列の公比は 2 である。等比数列（1, 2, 4, 8... など）を下に置き、その上に等差数列（1、2、3、4... など）を置くと、上の数列の数字は、下の数列の数字にするために 2 を何回掛けるかという回数、つまり指数であることがわかる。スコットランドの地主ジョン・ネイピアが開発した対数表は、この方式をさらに洗練させたものであった。

対数の生成

ネイピアは数に魅了され、計算を簡単にする方法を見つけることに多くの時間を費やした。1614 年、初めて対数を定義し、対数表を発表する。ある数の対数とは、その数を求めるために

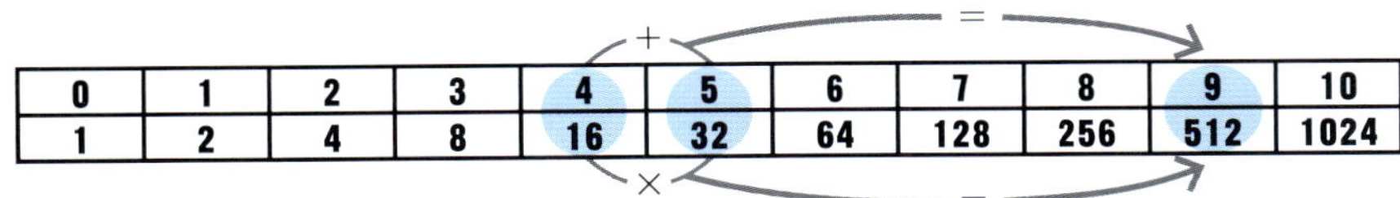

0	1	2	3	4	5	6	7	8	9	10
1	2	4	8	16	32	64	128	256	512	1024

表の下列は等比数列（前の数に2を掛ける）、上列は、下列の数に対する2の累乗指数を示す等差数列（どんな数も0乗すれば1となる）。下列の数、16と32の乗算の結果は、上列にあるそれぞれの指数の和（4＋5）から、2^9（＝512）と求められる。

ジョン・ネイピア

1550年、エディンバラ近郊のマーキストン城で裕福な家庭に生まれ、のちに8代目マーキストン領主となる。早くも13歳でセントアンドルーズ大学に入学し、神学に強い関心をもつようになった。しかし、当時の詳しいことは不明ながら、卒業を前に大学を去ってヨーロッパに学んだ。

1571年にエディンバラへ戻り、多くの時間を領地に費やして、新しい農法を考案しては土地や家畜を改良した。熱心なプロテスタントだった彼は、カトリックを非難する本を書いたことでも有名だ。天文学に大いに興味をもち、天文学に必要な計算がもっとらくにできる方法を見つけたい一心で、対数を考案するに至る。〈ネイピアの骨〉という、円筒部分に数字を並べた計算装置も発明した。ネイピアは1617年にマーキストン城で息をひきとった。

主な著作

1614年『すばらしい対数表の使い方』
1617年『ラブドロギアエ』

別の固定数（底）を累乗すべき指数のことである。対数表を使えば複雑な計算が容易になるので、三角法が発展した。ネイピアが認識していたように、計算の基本原理は十分に単純であった。乗算という退屈な作業を、加算という単純な操作に置き換えることができたのである。どの数にもそれに相当する数があり、彼はそれを「人工数」と呼んだ。（ネイピアはのちに、ギリシア語で比を意味するロゴス（logos）と数を意味するアリトモス（arithmos）を組み合わせた「対数（logarithms）」という呼び名を定着させた）。2つの対数を足し算し、その答えを対数とする数を表から探すと、対数の元の数を掛け算した結果になる（139ページ下の表）。割り算の場合は、一方の対数をもう一方の対数から引いて、その結果を元に戻す。

ネイピアは対数を生成するために、2つの粒子が2本の平行な線に沿って移動する様子を想像した。最初の線は無限の長さで、2番目の線は一定の長さである。それぞれの粒子は同じ出発地から同じ時刻に同じ速度で出発する。

> **すばらしい簡略化ルールを、やっと見つけた。**
> **ジョン・ネイピア**

無限の長さの線上にある粒子は一様な動きで進むので、等しい距離を等しい時間で移動する。一方、2番目の粒子の速度は、線の終点までの残りの距離に比例するとした。始点から終点までの半分の距離では、2番目の粒子の速度は始点における速度の半分であり、4分の3の距離では最初の速度の4分の1になる……という具合である。つまり、2番目の粒子は決して直線の終点に到達することがなく、同様に1番目の粒子も、直線の長さが無限なので、決してその旅の終点に到達することはない。どの瞬間においても、2つの粒子のあいだは一意対応（一方の要素に他方の要素がただひとつ対応する）である。第1粒子が進んだ距離は、第2粒子がまだ進んでいない距離の対数となるのだ。第1粒子の進行は等差的と見ることができ、第2粒子の進行は等比的である。

手法の改良

ネイピアが計算法を完成させ、最初の対数表を『すばらしい対数表の使い方』として出版するまでに、20年を要した。オックスフォード大学の数学教授ヘンリー・ブリッグスは、ネイピアの表の重要性を認識していたが、扱いにくいと考えていた。

ブリッグスは1616年にネイピアを訪ね、1617年にも再びネイピアを訪ねた。2人の話し合いの結果、1の対数を0、10の対数を1と定義し直すことで合意した。このアプローチにより、対数はより使いやすくなった。ブリッグスは対数の底を10にした場合の計算にも協力し、数年をかけて表を再計算した。その結果は1624年に発

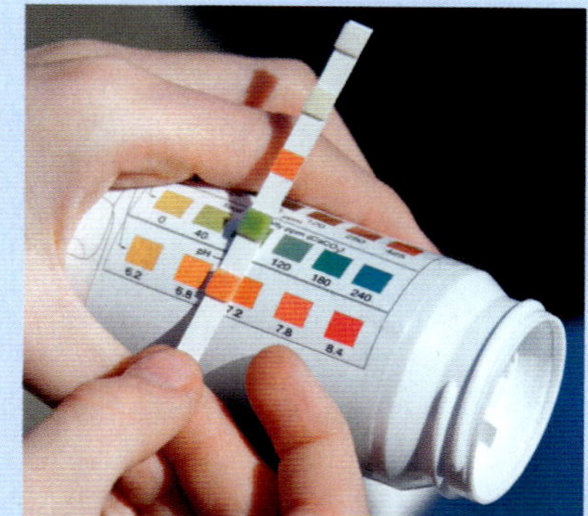

酸性・アルカリ性（塩基性）の測定単位pH（水素イオン濃度を示す指数）は対数スケールだ。pH2はpH3の10倍、pH4の100倍の酸性を示す。

対数スケール

音、流れ、圧力といった、段階的ではなく指数関数的に数値が変化する物理的変数の測定には、対数スケール（対数目盛り）がよく使われる。データが非常に広範囲にわたる実際の数値の代わりに、その数値の指数を測定単位とするのだ。対数スケールの単位は1段階ごとに倍増する。例えば$\log_{10}$スケールでは、測定の対象が何であれ、1つ上の単位は10倍の単位になる。

音響学では、音の強度をデシベル（dB）単位で測定する。最小可聴音を基準値0dBとして、比強度を対数スケールで表し、騒音レベルが10倍の音を10dB、100倍の音を20dB、1,000倍の音を30dB……と割り当てていく。音の強度が10倍になるごとに人間の耳には2倍大きく聞こえるので、音の聞こえ方測定には対数スケールを使うと都合がいい。

MIRIFICI

Logarithmorum
Canonis deſcriptio,

Ejuſque uſus, in utraque
Trigonometria; ut etiam in
omni Logiſtica Mathematica,
Amplißimi, Facillimi, &
expeditißimi explicatio.

Authore ac Inventore,
IOANNE NEPERO,
Barone Merchiſtonii,
&c. Scoto.

EDINBURGI,
Ex officinâ ANDREÆ HART
Bibliopolæ, CIↃ. DC. XIV.

ネイピアが対数について記した本。1614という刊行年が表紙にローマ数字で示されている。対数表の原理を説いた遺稿は、死の2年後、1619年に出版された。

表され、小数点以下14桁まで計算された対数が発表された。ブリッグスが計算した基数10の対数は、$\log_{10}$ または常用対数として知られている。先ほどの2のべき乗の表（139ページ参照）は、単純な基数2の表、つまり $\log_2$ の表と考えることができる。

対数の影響

対数は科学、特に天文学に大きな影響を与えた。ドイツの天文学者ヨハネス・ケプラーは、1605年に惑星の運動に関する最初の2つの法則を発表したが、対数表が発明されて初めて、第3の法則を発見する突破口を開くことができた。この法則は、惑星が太陽の軌道を1周するのにかかる時間が、その惑星の平均公転距離とどのように関係しているかを説明するものである。この発見を1620年に著書『エフェメリデス』で発表したとき、ケプラーはそれをネイピアに捧げた。

指数関数

17世紀後半、対数はさらに重要なことを明らかにした。イタリアの数学者ピエトロ・メンゴリは、数列の研究中に、交項級数 $1-1/2+1/3-1/4+1/5-\ldots$ の値が約0.693147であることを示し、これが2の自然対数であることを証明した。自然対数（ln）は、自然に発生し、ある成長レベルに達するのに必要な時間を明らかにすることからそう呼ばれるが、のちに e として知られる特別な底を持ち、おおよその値は2.71828である。この数は、自然界の成長と衰退との関連から、数学において非常に重要な意味をもつ。

指数関数の重要な概念が明らかになったのは、メンゴリのような研究によるものである。この関数は、指数関数的な成長（ある量の成長率は、ある特定の瞬間におけるその量の大きさに比例するため、大きければ大きいほど速く成長する）を表すのに使われ、金融や統計などの分野や科学のほとんどの分野に関連している。指数関数は $f(x)=b^x$ の形で与えられる。ここで b は0より大きく（ただし、1は除外）、x は任意の実数である。数学用語では、対数は指数（数の累乗）の逆であり、任意の底にすることができる。

> ［ネイピアが発見した対数は］
> 骨の折れる仕事を短縮し、
> 天文学者の寿命を
> 倍に延ばした。
>
> **ピエール=シモン・ラプラス**

オイラーの研究の基礎

正確な対数表を求める動きは、ニコラス・メルカトルのような数学者に、この分野でのさらなる研究を促した。1668年に出版された『対数術』の中で、彼は自然対数 $ln(1+x)=x-x^2/2+x^3/3-x^4/4+\ldots$ の級数式を示した。これはメンゴリの公式を拡張したもので、x の値は1であった。ネイピアが最初の対数表を作成してから130年以上たった1744年、スイスの数学者レオンハルト・オイラーが、e^x と自然対数との関係を完全に解明して発表した。◆

1941年、女性補助空軍（WAAF）で使われていた計算尺。対数目盛りの記された尺が、掛け算、割り算、その他の関数計算を容易にした。1632年に発明された計算尺は、電卓が登場するまで数学に不可欠なツールとして重宝された。

自然はできるかぎり何も消費しない

極大問題

関連事項

主要人物
ヨハネス・ケプラー
（1571〜1630年）

分野
幾何学

それまで
紀元前240年ごろ　アルキメデスが『機械定理の方法』で、無限小を使って曲線からなる形の面積や体積を推定する。

その後
1638年　ピエール・ド・フェルマーの『極大と極小を求める方法』が回覧される。

1671年　アイザック・ニュートンが『級数と流率の方法』で、関数の極大と極小のような問題を解く新しい解析法を導き出す。

1684年　ゴットフリート・ライプニッツが、微分積分法について彼が初めて著した『極大と極小の新しい方法』を出版する。

天文学者ヨハネス・ケプラーは、惑星の軌道が楕円形であることを発見し、惑星運動の３つの法則を提唱したことで有名だが、数学にも大きな貢献をした。1615年、彼は樽のような湾曲した形状の立体の最大体積を計算する方法を考案した。

ケプラーがこの分野に興味を持ち始めたのは、２番目の妻と結婚した1613年のことだった。結婚式の晩餐会でワイン商人が樽の上部の穴から棒を斜めに挿し、ワインがどれだけ上まであるかを調べるのを見て、興味を引かれたのだ。彼はこの方法がどのような形の樽でも同じように機能するのか疑問に思い、自分が騙されているのではないかと心配して、体積の問題を分析することにしたのだった。1615年、彼はその結果を『ワイン樽の新しい立体幾何学』として発表した。

彼が注目したのは、曲線形状の面積と体積を計算する方法だった。古来、数学者たちは「不可分要素」（分割できないほど小さな要素）を使うことを議論してきた。理論的には、この不可分要素はどんな形にもはめ込むことができ、足し合わせることができる。例えば円の面積は、細長いパイのひと切れとしての３角形を使って求めることができる。

ワイン商人にごまかされているような気がしたケプラーは、樽の中身を正確に測定したいと考えた。

アルキメデスから着想を得たケプラーは、無限小を使って、薄切りにした樽の層の体積を合計してワインの量を導き出した。

ケプラーが使ったこの方法が、微積分学の発展に大きな役割を果たした。

樽など３次元形状の体積を求めるた

参照：ユークリッドの『原論』（p52～57） ■ πを計算する（p60～65） ■ 三角法（p70～75） ■ 座標（p144～51） ■ 微積分学（p168～75） ■ ニュートンの運動の法則（p182～83）

商人は樽の真ん中から斜め下の隅へ、対角線の方向に棒を挿し込んで、ワインで濡れた長さから量を測定する。右図の2つの樽の測定結果は等しく、商人が請求するワインの代金も同じ。しかし、細長い形をした第2の樽は第1の樽より体積が小さく、同じ代金を払う中身のワインも少ない。

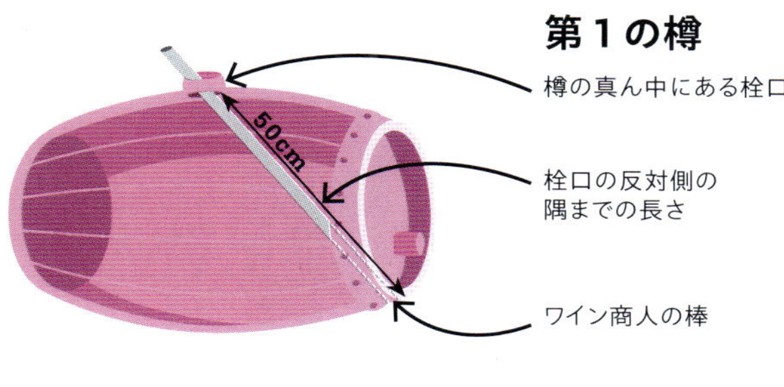

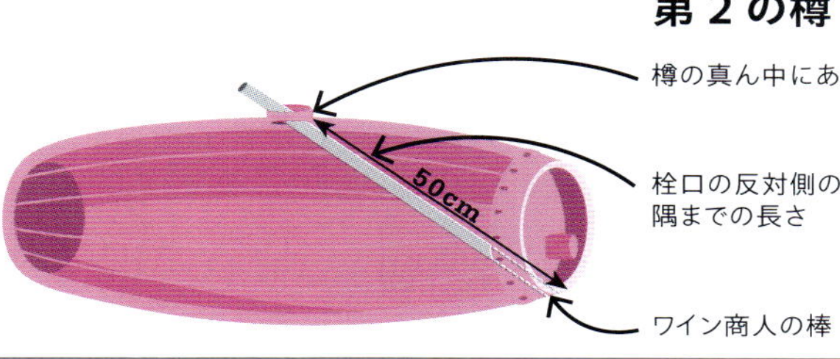

め、ケプラーはそれを薄い層の積み重ねに見立てた。総体積は各層の体積の合計で、例えば樽では、各層は無限小の高さの円柱となる。

無限小

円柱の問題は、厚みがあるとその側面が直線で樽のカーブに収まらないことであり、厚みのない円柱には体積がないことである。ケプラーの解決策は、「無限小」――究極の薄さのスライス――という概念を受け入れることであった。このアイデアは、アルキメデスなど古代ギリシア人によって、すでに提案されていたものだ。無限小は、連続的なものと離散的な単位に分割されたものとのギャップを埋めるものである。

ケプラーは次に、円柱の高さ、直径、上から下への対角線で定義される３角形を使って、体積が最大となる樽の形を求める円柱法を考え出した。商人の棒のように対角線が固定されている場合、樽の高さを変えると体積がどのように変わるかを調べた。その結果、直径の 1.5 倍弱の高さの、背の低い樽が、最大の容積を持つことがわかった。対照的に、ケプラーの故郷ライン川の背の高い樽は、ワインの量がかなり少なかった。

ケプラーはまた、形状が最大容積のものに近づくほど、体積の増加率が小さくなることにも気づいた。この観察は微積分の誕生に貢献し、極大と極小の探求を切り開いた。微積分は連続的な変化の数学であり、極大と極小はあらゆる変化の転換点、つまりグラフの山と谷の限界である。

ピエール・ド・フェルマーがケプラーに続いて行った極大と極小の分析は、17 世紀後半にアイザック・ニュートンとゴットフリート・ライプニッツが微積分を発展させる道を開いた。◆

ヨハネス・ケプラー

1571年、ドイツ、シュトゥットガルト生まれ。1577年の“大彗星”と月食を目撃し、生涯を通じて天文学への興味をもちつづける。

オーストリア、グラーツでプロテスタント系の学校の教師になるも、1600年に非カトリック教徒はグラーツから追放されたため、ケプラーは友人ティコ・ブラーエのいるプラハへ移った。妻と息子に先立たれたあと、オーストリアのリンツで数学官という要職に就いたところから、天体観測データの表作成にとりかかる。

ケプラーは、神が数学的設計図に沿って宇宙をつくったと信じていた。何よりも天文学の業績、特に惑星の運行法則と観測データの表で名を知られている。1630年に死去した1年後、彼が予測していたとおりに火星の太陽面通過が観測された。

主な著作

1609年『新天文学』
1615年『ワイン樽の新しい立体幾何学』
1619年『宇宙の調和』
1621年『概説コペルニクス天文学』

天井にとまったハエ

座標

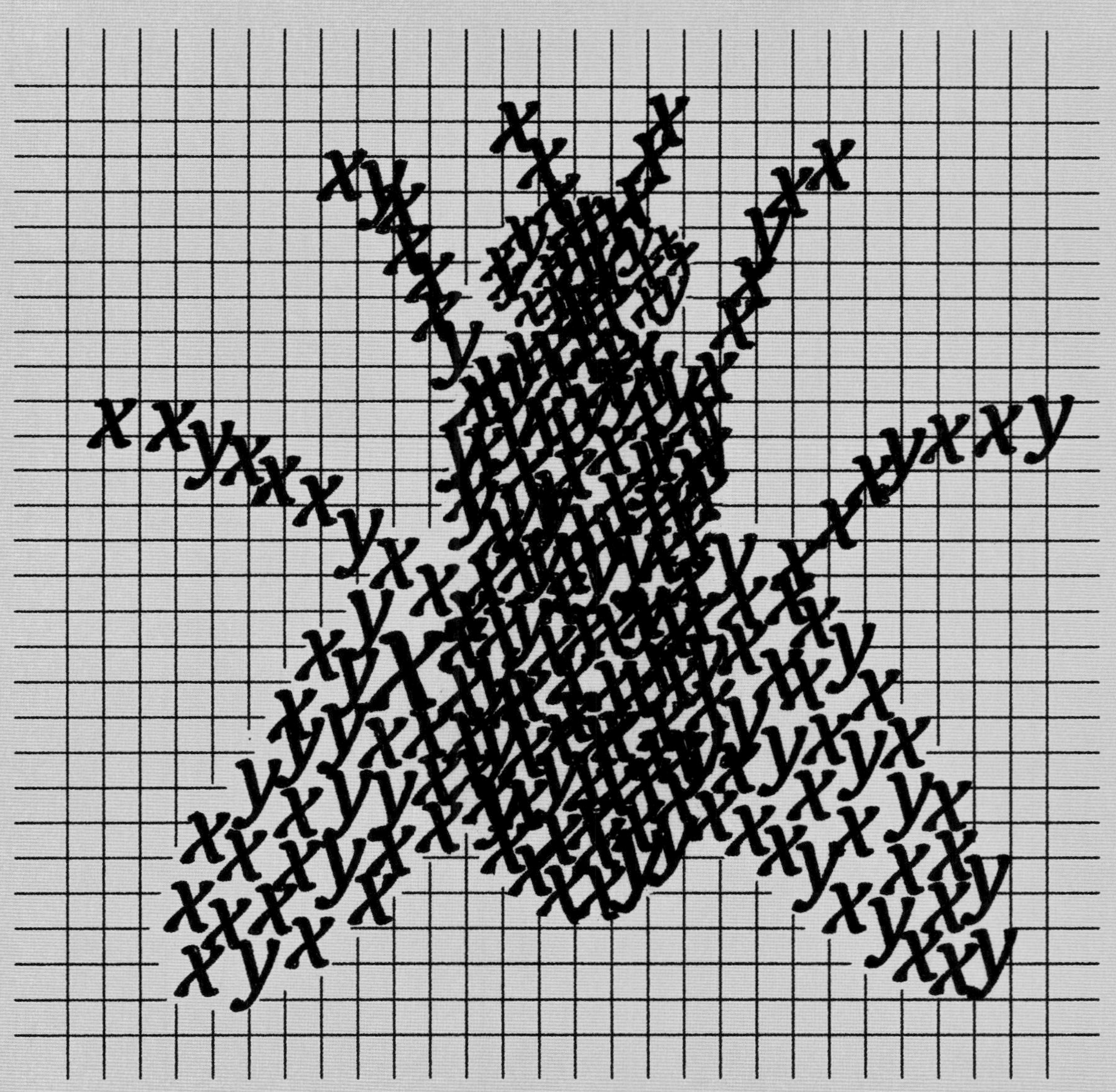

関連事項

主要人物
ルネ・デカルト
(1596〜1650年)

分野
幾何学

それまで
紀元前2世紀　ペルガのアポロニウスが、直線や曲線に含まれる点の位置を探究する。

1370年ごろ　フランスの哲学者ニコル・オレームが、座標で定義される直線で質や量を表す。

1591年　フランスの数学者フランソワ・ヴィエトが、代数の表記に変数を表す記号を導入する。

その後
1806年　ジャン＝ロベール・アルガンが、座標平面を使って複素数を表す。

1843年　アイルランドの数学者ウィリアム・ハミルトンが、新しい虚数単位を2つ追加し、4次元空間に座標で示される四元数を生み出す。

幾何学（図形と測定の研究）において、座標は数字を使って1つの点、つまり正確な位置を定義するために使われる。いくつかの異なる座標系が使用されているが、支配的なものはフランスの哲学者ルネ・デカルトの名にちなんで名付けられたデカルト座標である。デカルトは1637年の『幾何学』の中で座標幾何学を発表した。これは彼の哲学的著作『方法序説』の中の3つの科学論文の1つで、科学において真理に到達するための方法を提案している。ほかの2つの付録は光学と気象学に関するものだった。

構成要素

座標幾何学は、ユークリッドが約2000年前に古代ギリシアで『原論』を著して以来、ほとんど発展していなかった幾何学の研究を一変させた。また、方程式を直線に（そして直線を方程式に）変換することで、代数学にも革命をもたらした。デカルト座標を使うことで、学者たちは数学的関係を視覚化できるようになった。線、面、形も、定義された一連の点として解釈できるようになり、自然現象に対する人々の考え方を変えることになった。火山の噴火や干ばつなどの事象の場合、強度、期間、頻度などの要素をプロットすることで、傾向を特定することができるようになったのだ。

> 円と直線という手段だけで構築できる問題。
>
> **ルネ・デカルト**
> 幾何学について

新しい方法の発見

デカルトが座標系を開発するに至った経緯には2つの説がある。ひとつは、寝室の天井を飛ぶハエを見ていて思い

ルネ・デカルト

1596年、フランス、トゥーレーヌで、下位貴族の息子として生まれる。母親が産後ほどなく亡くなり、祖母のもとに預けられた。イエズス会の学院に学び、ポワティエ大学に進学して法学を修めた。1618年、オランダへ赴き、傭兵としてオランダ共和国軍に加わる。

デカルトはこのころから哲学思想や数学定理を組み立てはじめる。1623年にフランスへ戻って、一生分の収入を確保するために財産を処分すると、その後またオランダへ引き返して学問に打ち込んだ。1649年、スウェーデン女王クリスティーナに招かれて、女王に進講し、新しい学院を開設することになる。だが、体の弱いデカルトは厳冬に耐えられなかった。1650年2月、肺炎をこじらせて死去。

主な著作

1630〜33年『世界論（宇宙論）』
1630〜33年『人間論』
1637年『方法序説』
1637年『幾何学』
1644年『哲学原理』

参照：ピュタゴラス（p36～43）■円錐曲線（p68～69）■三角法（p70～75）■ラム・ライン（p125）■ヴィヴィアーニの3角定理（p166）■複素数平面（p214～15）■四元数（p234～35）

長方形の天井には縦と横の広がりがある。

2次元の座標は、水平方向の測定値（x）と垂直方向の測定値（y）を使って1点の位置を正確に示す。

したがって、天井にとまったハエの位置も数学的に表すことができる。

ついたというもの。デカルトは、隣接する２つの壁との位置関係を数字で表すことで、ハエの位置をプロットできることに気づいた。別の記述によると、このアイデアは1619年、彼が南ドイツで傭兵として働いていたときに夢の中で思いついたという。彼が座標系の基礎となる幾何学と代数学の関係を解明したと考えられているのもこのとき

私は気づいた……
ゆるぎない、持続しそうなものを
確立したいなら、
土台からすっかり
やり直さなければならないと。

ルネ・デカルト

である。最も単純なデカルト座標系は一次元で、直線に沿った位置を示す。直線の端点のひとつをゼロ点として設定し、そこから直線上の他のすべての点を等しい長さ、あるいは長さの端数で数える。ゼロ点から１単位の長さまでの距離を定規で測るときのように、線上の正確な点を表すには、座標番号を１つ指定すればよい。より一般的には、座標は、縦と横の広がりを持つ２次元平面上の点、あるいは奥行きを持つ３次元空間内の点を記述するために使われる。そのためには、同じゼロ点（原点）を始点とする複数の数直線が必要となる。平面（２次元の平らな面）上の点には、２本の数直線が必要である。x 軸と呼ばれる水平線と垂直の y 軸は、常に互いに垂直である。原点は両者が交わる唯一の場所である。x 軸を横軸、y 軸を縦軸と呼び、それぞれの軸から１つずつ、２つの数値が正確な位置を特定するために「座標」をとる。

グラフの読み取りでは、この２つの数値は括弧の中に記載された厳密に順序付けられたタプル（組み）として表示される。横軸（x の値）は常に縦軸（y の値）に先行し、(x, y) というタプルを作る。座標は負の数が完全に受け入れられる前に考案されたが、現在では負の値と正の値の両方を含むことが多い。負の値は原点より下と左に、正の値は原点より上と右にある。原点（0,0）を中心として、２次元の外側に広がる座標平面と呼ばれる点の領域が、この２つの軸によってつくられる。この平面上の任意の点は、無限に広がる

GEOMETRIA,
à
RENATO DES CARTES
Anno 1637 Gallicè edita; postea autem
Vnà cum NOTIS
FLORIMONDI DE BEAVNE,
In Curia Blesensi Consiliarii Regii, Gallicè conscriptis in Latinam linguam versa, & Commentariis illustrata,
Operâ atque studio
FRANCISCI à SCHOOTEN,
in Acad. Lugd. Batava Matheseos Professoris.
Nunc demum ab eodem diligenter recognita, locupletioribus Commentariis instructa, multisque egregiis accessionibus, tam ad ulteriorem explicationem, quàm ad ampliandam hujus Geometriæ excellentiam facientibus, exornata,
Quorum omnium Catalogum pagina versa exhibet.

AMSTELODAMI,
Ex Typographia BLAVIANA, MDCLXXXIII.
Sumptibus Societatis.

1639年に出版されたラテン語版『幾何学』。学者たちの言語はラテン語だったからだ。デカルトはもともとフランス語で出版したため、原書は高等教育を受けていない人々にも読まれた。

可能性を持ち、2つの数を用いて正確に記述することができる。

3次元空間のプロット

3次元空間の場合、座標には (x, y, z) という組で並べられた3番目の数値が必要である。z は第三の軸を意味し、x 軸と y 軸が形成する平面に垂直である（151ページ参照）。各軸のペアはそれぞれ独自の座標平面をつくる。これらは互いに直角に交わるので、空間をオクタント（八分体）と呼ばれる8つのゾーンに分割する。座標の3つの数字は、正負すべての実数値をとることができる。

曲線

『幾何学』は、のちに座標系の基礎となるものを示していた。しかしデカルトが第一に関心を寄せていたのは、代数を使って線を、特に曲線を、よりよく理解するために座標を役立たせることだった。そのために彼は、解析幾何学と呼ばれる数学の新しい分野を創造した。そこでは、図形は座標と一対の変数 x と y の関係で記述される。これは、定規とコンパスを用いて図形を構成する方法によって定義されるユークリッドの「合成幾何学」とは大きく異なっていた。古代の方法は制限的であったが、デカルトの新しい方法はあらゆる新しい可能性を開いたのである。

『幾何学』には曲線に関する考察が多く含まれており、古代ギリシアの数学者の論考が新たに翻訳されたせいもあるが、天文学や力学などの科学的探究の分野で曲線が大きく取り上げられたこともあって、17世紀には曲線が再び注目されるようになった。

座標は、曲線や図形を代数方程式に変換し、視覚的に示すことを可能にする。両軸から等距離にある、原点から斜めに走る直線は、代数を使って $y=x$ と記述することができ、座標は (0,0); (1,1); (2,2) などとなる。直線 $y=2x$ は、例えば座標 (0,0); (1,2); (2,4) を含む線に沿って急な経路をたどる。$y=2x$ に平行な線は、原点以外

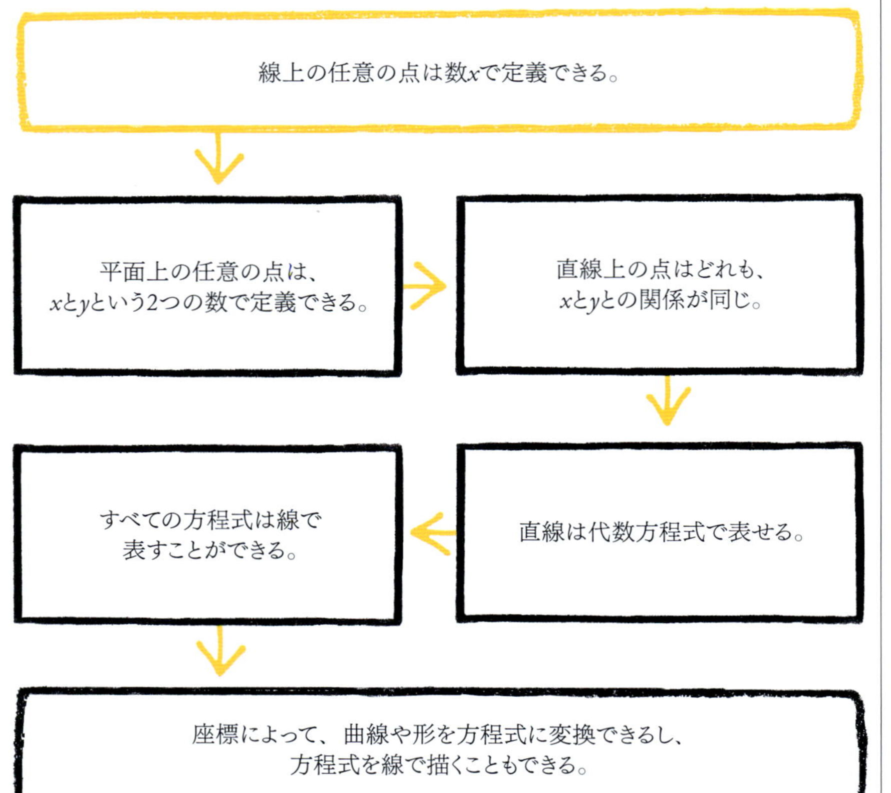

> **解いた問題ひとつひとつが、あとからほかの問題を解くのに役立つルールとなった。**
>
> **ルネ・デカルト**

> **私の手にかかれば、何もかもが数学になる。**
>
> **ルネ・デカルト**

ジェットコースター軌道曲線など幾何学的な形をグラフに描いて、xとyの関係で記述することもできる。下図のような曲線の、直線区画は方程式$y=x$で表される。

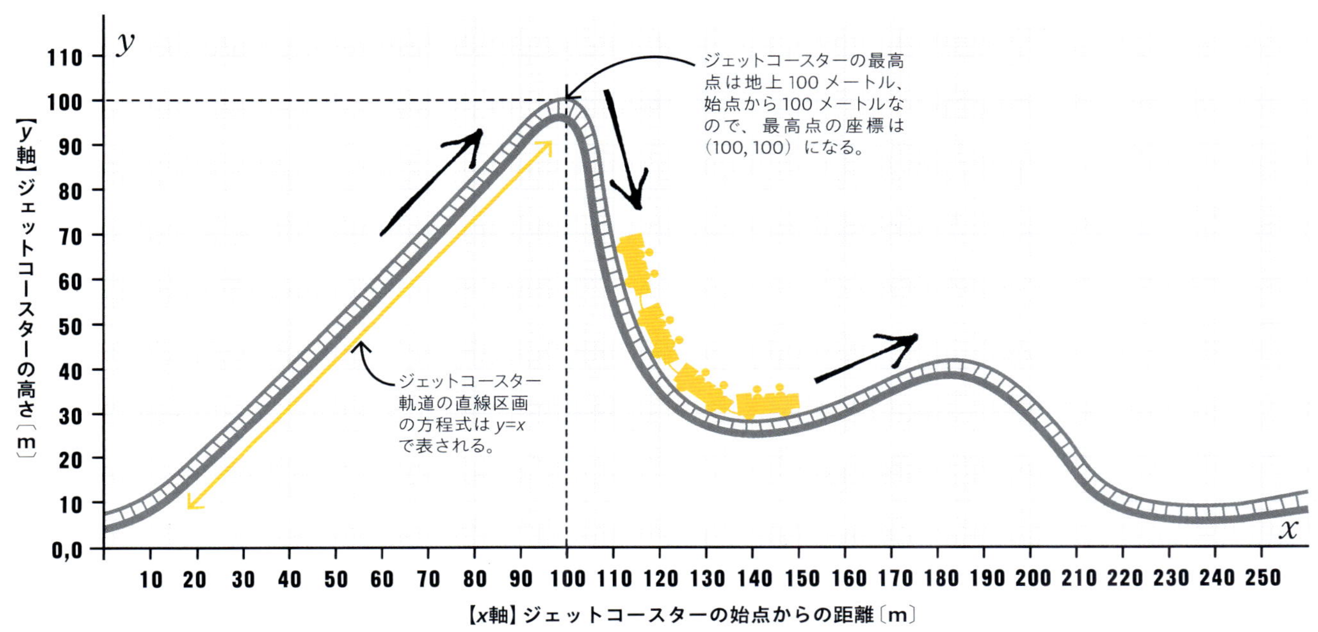

の点、例えば（0,2）でy軸を通る。この特定の直線の公式は$y=2x+2$であり、（0,2）;（1,4）;（2,6）の点を含む。

デカルト座標は、代数が関係性を一般化する力を持っていることを明らかにする。

上述した直線はすべて同じ一般式$y=mx+c$で表される。ここで係数mは直線の傾きであり、xに比べてyがどれだけ大きいか（あるいは小さいか）を示す。一方、定数cは、xがゼロに等しいとき、線がy軸とどこで交わるかを示している。

円の方程式

解析幾何学では、原点を中心とするすべての円は$r=\sqrt{(x^2+y^2)}$と定義でき、円方程式として知られている。これは円が、中心点から等しい距離にあるすべての点（その距離は円の半径である）だと考えることができるからだ。その中心点をx, yグラフ上の（0,0）とすると、ピュタゴラスの定理を利用して円方程式が浮かび上がる。円の半径は、短辺xとyを持つ直角3角形の斜辺として考えることができるので、$r^2=x^2+y^2$となり、$r=\sqrt{(x^2+y^2)}$と書き換えることができる。例えば、rが2の場合、円はx軸を（2,0）と（−2,0）で横切り、y軸を（0,2）と（0,−2）で横切る。円上の他の点はすべて、円の中を動き回る直角3角形の1つの角として見ることができる。角が円の周りを移動するとき、3角形の短辺の長さは変化するが、斜辺の長さは常に円の半径なので変化しない。このように定義された方法で動く点によって形成される線を軌跡と呼ぶ。この考え方は、デカル

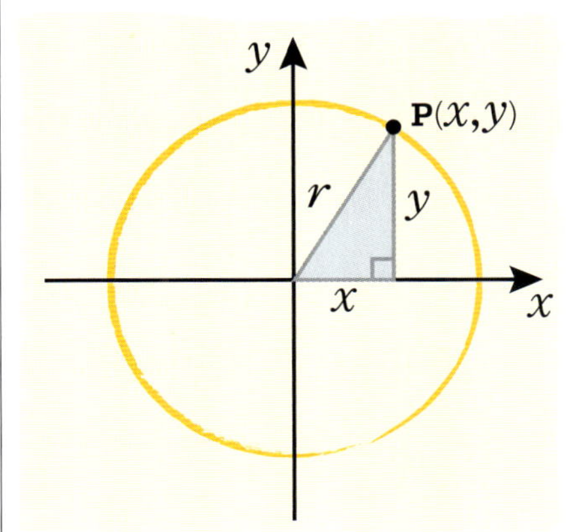

円周上の任意の点Pを円の中心（0, 0）と直線（円の半径）で結ぶと、隣接辺と対辺の長さがxとyの直角3角形の斜辺になる。この円は$r^2=x^2+y^2$という方程式で表される。

極座標

平面上の点の位置を2つの数を使って定義する極座標は、数学上でデカルト座標系に最も近い仲間だ。極座標系では、中心の点（原点もしくは極点という）からの距離 r（動径座標）と、1本だけある0°の極軸との角度 θ（角度座標）とで、点の位置が与えられる。デカルト座標系と比べてみると、極軸が x 軸に相当するので、極座標（1, 0°）はデカルト座標（1, 0）に、デカルト座標（0, 1）は極座標（1, 90°）に置き換えられる。

平面上に座標で示された複素数の操作、特に掛け算に、極座標が役立つ。極座標として扱うと複素数の掛け算が、放射座標を掛けて角度座標を足すというプロセスに簡略化される。

点Aの座標は（r, θ）

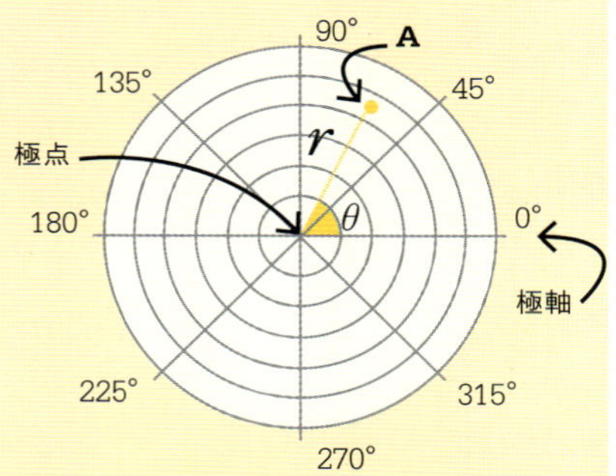

極座標系は、中心点のまわりを回る、あるいは中心点と関係する、物体の運動を計算するのによく使われる。

航空機の行き先を角度と距離で示す修正型の極座標は、GPSに代わる手段となる。

トが生まれる約1,800年前、ギリシアの幾何学者であるペルガのアポロニウスによって発展させられた。

アイデアの交換

古代ギリシア人が定式化した定理を利用するだけでなく、デカルトはフランスの数学者たち、中でもピエール・ド・フェルマーと頻繁に文通していた。デカルトとフェルマーはともに、16世紀末にフランソワ・ヴィエトが導入した代数的表記法、x と y のシステムを利用した。フェルマーも独自に座標系を開発していたが、それを発表することはなかった。デカルトはフェルマーの考えを知っており、自分の考えを改良するために使ったことは間違いない。フェルマーはまた、オランダの数学者フランス・ファン・スコーテンがデカルトの考えを理解する手助けをした。ファン・スコーテンは『幾何学』をラテン語に翻訳し、数学の技法として座標の使用を普及させた。

新しい次元

ファン・スコーテンもフェルマーも、デカルト座標を3次元に拡張することを提案していた。今日、数学者や物理学者は座標を使って、それよりもはるかに進んだ、任意の次元数を持つ空間を想像することができる。そのような空間を視覚化することはほとんど不可能だが、数学者はこれらのツールを使って、4次元、5次元、あるいは望むだけの空間次元を移動する直線を記述することができる。

座標はまた、2つの量の関係を調べるのにも使える。この考え方は、1370年代にニコル・オレームというフランスの修道士が思いついたもので、例えば速度と時間といった要素の関係や、熱の強さと熱による膨張の度合いとの関連性を理解するために、長方形の座標とその結果によって作られた幾何学的な形を使ったのだった。

> **数学界にデカルトのアイデアを広めるのに……ライデン大学のフランス・ファン・スコーテン教授が果たした役割は大きい。**
> **ダーク・ストルイク**
> オランダの数学者

いくつかの量はベクトルとして知られる座標を使って表すことができ、純粋に数学的な「ベクトル空間」に存在する。ベクトルは2つの値を持つ量で、大きさ（直線の長さ）と方向としてプロットすることができる。速度は、まさにこれらの値（速さの量と運動の方向）を持つのでベクトルである。一方、オレームの熱や膨張のような他のベクトルは、異なる値のセットを足したり引いたり、別の方法で操作するのを容易にするために、このように視覚化され

> **数学は、人間の力で伝えられてきたほかのどんなものよりも強力な学問の道具である。**
> **ルネ・デカルト**

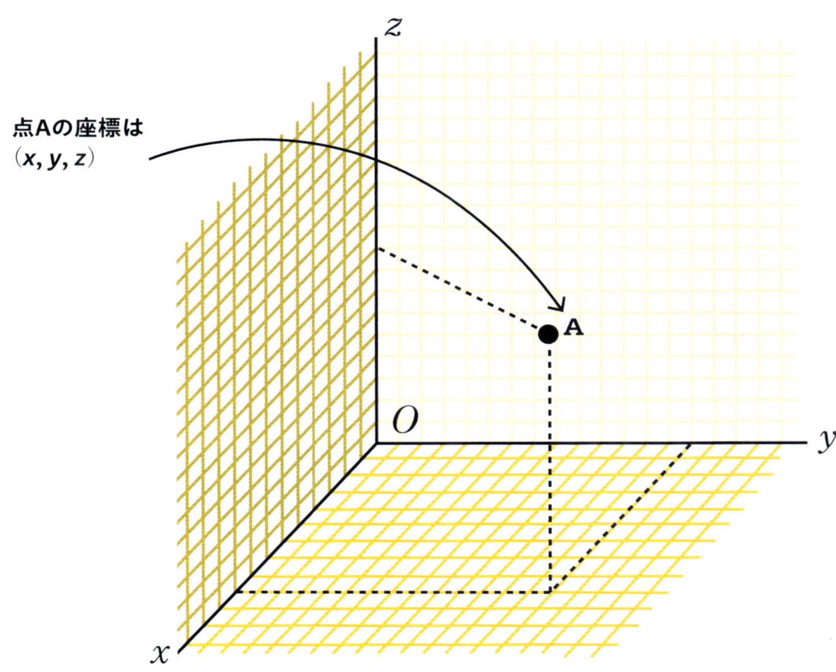

3次元デカルト座標を使って、例えば幅、奥行き、高さのある物体を表せる。互いに直角なx, y, zの3本の軸が、原点（O）で交わる。

ている。

19世紀の数学者たちもまた、デカルト座標の新しい用途を見出した。彼らは、複素数（$\sqrt{-1}$のような虚数と実数の和）や四元数（複素数を拡張した系）を、2次元、3次元、あるいはそれ以上の次元にプロットしたベクトルとして表現するのに使った。

重要な座標

デカルト座標系は、決して唯一のものではない。地理座標は、地球上の点をあらかじめ設定された大きな円（赤道とグリニッジ子午線）からの角度としてプロットする。天球座標を使った同様のシステムでは、地球を中心とし、無限に広がる宇宙空間にある想像上の球体状の星の位置を記述する。地球の中心からの距離と角度で決まる極座標も、ある種の計算には便利である。

しかし、デカルト座標は単純な測量データから原子の動きまで、あらゆるものをプロットできる普遍的なツールであり続けている。直交座標がなければ、微積分（量を限りなく微小に分割する）や、時空と非ユークリッド幾何学の進歩といった画期的な進歩は起こり得なかっただろう。デカルト座標は、数学はもちろん、経済学からロボット工学やコンピュータ・アニメーションに至るまで、科学や芸術の多くの分野に多大な影響を与えてきたのである。◆

対称性は一見してわかる

パスカルの３角形

関連事項

主要人物
ブレーズ・パスカル
（1623～1662年）

分野
確率論、数論

それまで
975年 インドの数学者ハラユーダが、パスカルの3角形を構成する数について記述する。現存する最古の記録。

1050年ごろ 中国の賈憲が、棒数字で3角形を描く。のちに楊輝の3角形と呼ばれる。

1120年ごろ ウマル・ハイヤームが、初期バージョンのパスカルの3角形をつくりあげる。

その後
1713年 ヤコブ・ベルヌーイの『推測法』が、パスカルの3角形を発展させる。

1915年 ヴァツワフ・シェルピンスキーが3角形のフラクタル模様を描く。のちにシェルピンスキーの3角形と呼ばれる。

心には2つのタイプがある……数学的なものと、そして……直感的なものだ。前者はゆっくりと自分の見解にたどり着くが、それは……融通がきかない。一方、後者は非常に柔軟性に富んでいる。

ブレーズ・パスカル

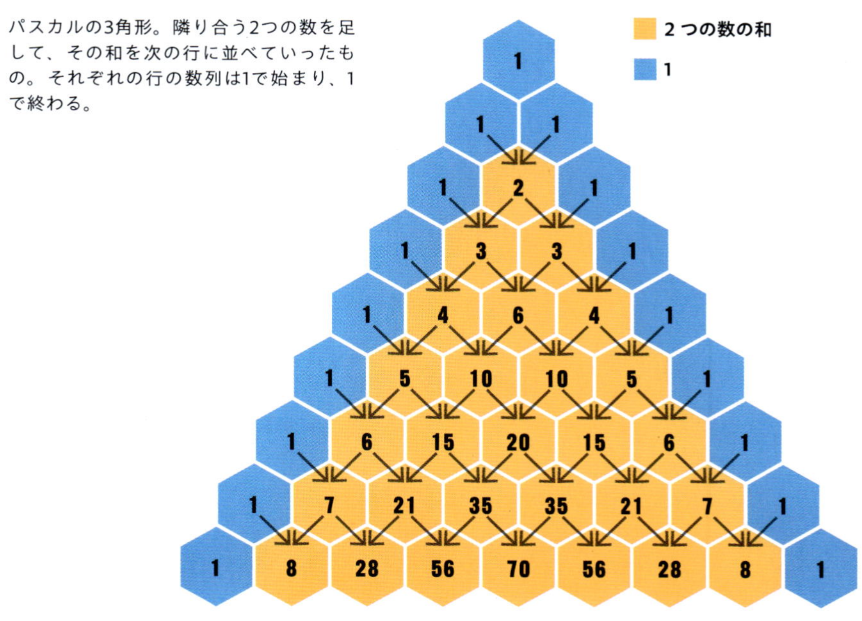

パスカルの3角形。隣り合う2つの数を足して、その和を次の行に並べていったもの。それぞれの行の数列は1で始まり、1で終わる。

数学はしばしば数のパターンを識別することを目的とするが、中でも最も注目すべき数のパターンのひとつが、パスカルの3角形だ。パスカルの3角形は正3角形であり、非常に単純な数字の並び方である。それぞれの数字は、上の列の隣接する2つの数字の和となる。パスカルの3角形は、いくらでも下に広げて大きくすることができる。

このような単純な数の並べ方からは、単純なパターンしか生まれないと思うかもしれないが、パスカルの3角形は、代数学、整数論、確率論、組み合わせ論（数えたり並べたりする数学）など、高等数学のいくつかの分野にとって肥沃な大地と言える。この3角形には多くの重要な数列が見つかっており、数学者たちは、これが私たちのまだ理解していない数どうしの関係について真理を反映しているのではないかと考えている。フランスの哲学者であり数学者でもあったブレーズ・パスカルが1653年に発表した『数三角形論』で詳しく研究したことから、パスカルの3角形という名が一般的に使われている。しかしイタリアでは、15世紀にこの3角形について記述した数学者ニッコロ・タルタリアにちなんで、タルタリアの3角形として知られている。実際、この3角形の起源は紀元前450年の古代インドにまで遡るのだ（160ページの囲み記事参照）。

確率論

3角形の性質を探求するための明確な枠組みを示したパスカルの貢献は、注目に値する。特に、同じフランスの数学者ピエール・ド・フェルマーとの文通の中で、彼は確率論の基礎を築くために3角形を利用した。パスカル以前にも、ルカ・パチョーリ、ジローラモ・カルダーノ、タルタリアといった数学者たちが、サイコロが特定の数字参照：2次方程式（p28～31）■二項定理（p100～01）■3次方程式（p102～05）■フィボナッチ数列（p106～11）■メルセンヌ素数（p124）■確率（p162～65）■フラクタル（p306～11）

を出す確率や、トランプが特定の結果を出す確率を計算する方法について発表していた。そして、パスカルの3角形の研究によって、これらの理解がひとつにまとまったのである。

賭け金の分割

パスカルは1654年、悪名高いフランスのギャンブラーから確率の研究を依頼された。シュヴァリエ・ド・メレことアントワーヌ・ゴンボーは、運だけで勝ち負けが決まるゲームが（警察に踏み込まれたりして）突然打ち切りになった場合、掛け金を公平に分ける方法を知りたがっていた。例えば、2人のプレーヤーがいて、3勝したプレーヤーの総取りの場合、3プレー目の段階で、1人が1勝、もう1人が2勝していて、警察が踏み込んできたら、掛け金はどう配分すればいいだろう。パスカルは、プレーされたラウンドごとに段階的に計算していった。その結果、3角形はどんどん広がっていった。パスカルが示したように、3角形の中の数字は、さまざまな事象が組み合わさってある結果を生み出す、可能性の数を数えている。

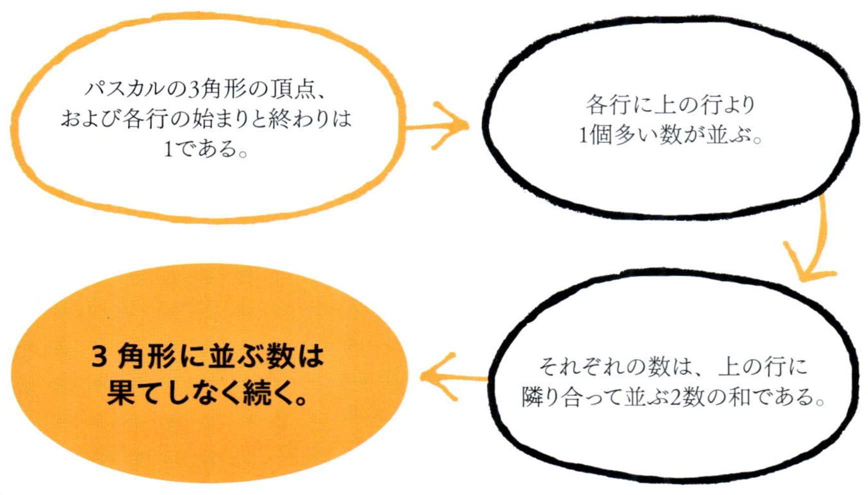

ある事象の確率は、その事象が起こる割合として定義される。サイコロには6つの面があるので、サイコロを振ったときに特定の面が出る確率は1/6である。言い換えれば、その事象が何通り起こりうるかを記し、それを可能性の総数で割るということだ。サイコロ1個の場合は簡単だが、複数のサイコロや52枚のトランプでは計算が複雑になる。しかしパスカルは、3角形を使えば、特定の数の選択肢からいくつかを選んだときに可能な組み合わせの数を求めることができることを発見した。

ブレーズ・パスカル

1623年、フランスのクレルモン＝フェラン生まれ。早熟の天才だった10代のブレーズを、父がパリのマラン・メルセンヌの数学サロンへ連れていった。21歳のころ発明した、足し算と引き算をする計算機械は、市場に出た初めての計算ツールとなった。パスカルは数学に貢献したばかりでなく、流体や真空の性質の研究など、17世紀のさまざまな学術的発展に重要な役割を果たした。その功績が後世、気圧というアイデアの解明につながり、圧力、応力のSI組み立て単位パスカル（Pa）は彼の名にちなむ。1661年には、5人乗り馬車に乗客が乗り合わせるという、世界初の公共交通システムをパリで創業したが、翌1662年に39歳の若さで死去する。死因は不明。

主な著作

1653年『数三角形論』
1654年『指数の合計』

アメリカのアーティスト、グウェン・フィッシャーによるジャングルジム・プロジェクト、バット・カントリー。ソフトボールのバットとボールでシェルピンスキー4面体を構成したもの。この4面体はシェルピンスキーの3角形からなる立体構造だ。

二項計算

パスカルが気付いたように、答えは二項式、つまり$x+y$といった二項形式にあった。パスカルの3角形の各行は、特定のべき乗の二項係数を示している。0行目（3角形の一番上）は0乗に使われる。つまり$(x+y)^0=1$だ。1乗の場合は$(x+y)^1=1x+1y$なので、係数（1と1）は3角形の最初の行に対応する（0番目の行は行として数えられない）。二項式$(x+y)^2=1x^2+2xy+1y^2$は、パスカルの3角形の2行目のように、係数1、2、1を持つ。二項展開がしだいに長い式になっても、係数は3角形の対応する行と一致し続ける。例えば、二項式$(x+y)^3=1x^3+3x^2y+3xy^2+1y^3$では、係数は3角形の3行目と一致する。確率は、可能性の数を対象の総数を反映する行のすべての係数の合計で割ることによって計算される。例えば子供が3人（対象の総数）の家族では、女の子が1人、男の子が2人になる確率は3/8である（3角形の3行目の係数の合計は8であり、子供が3人の家族で女の子が1人になる場合は3通りある）。

パスカルの3角形は、確率を求めることを簡単にした。この3角形は永遠に続けることができるので、どんな累乗でも機能する。二項係数とパスカルの3角形の数の関係は、数と確率に関する基本的な真理を明らかにしたのだった。

視覚的パターン

パスカルの単純な数列パターンは、フェルマーの研究によって確率の数学

ミャンマーのシンビューメ・パゴダは、精神世界の中心である神聖なメルー山を表象する建築物だ。メルー山の階段というのは、パスカルの3角形の別名ともいわれる。

古代の「パスカル」の3角形

今パスカルの3角形として知られている3角形は、古くから数学者たちに知られていた。イランではウマル・ハイヤームにちなんでハイヤームの3角形と呼ばれるが、その彼にしても、イスラム世界で7世紀から13世紀にかけて、学問の最盛期にその3角形を研究してきた多くの数学者のひとりにすぎない。中国でも、1050年ごろ賈憲（かけん）が同じように3角形を描いて係数を示した。その3角形を1200年代に楊輝（ようき）がとりあげて広めたので、中国では楊輝の3角形と呼ばれる。1303年、朱世傑（しゅせいけつ）の著書『四元玉鑑』にも図解された。

しかし、最も古くパスカルの3角形への言及があったのは、インドだ。紀元前450年のインドの文献に、詩の韻律（歩格）への手引きとして“メルー山の階段”という名で掲載されている。古代インドの数学者たちもやはり、3角形の斜めに並ぶ数の合計が、今で言うフィボナッチ数だということを知っていたのだ（右ページの図参照）。

の出発点となったが、その関連性はそれだけにとどまらない。まず、非常に時間のかかる大きなべき乗数による二項式の計算を、素早く行うことができるという利点があり、数学者たちは新たな驚きを見出し続けている。また、パスカルの3角形のいくつかのパターンは非常に単純である。外側の辺はすべて数字の1でできており、次に斜めに並んでいる最初の数字の集合は、1、2、3、4、5…という単純な数列なのだ。

パスカルの3角形の特に魅力的な性質には、足し算に使える「ホッケースティック」パターンというものがある。外側の1から斜めに降りていき、どこかで止まれば、その斜線上にあるすべての数の総和を、反対方向に一歩進むことで求めることができる。例えば、左端の4番目の1から右斜め下に進み、10という数字で止まれば、左斜め下に一歩進むことで、これまで通過した数字の合計（1+4+10）、つまり15を求めることができるのだ。

研究している最中は、自分で評価がくだせない。画家が絵を描くときのように、後ろへ下がって、離れたところから眺めてみなければならないのだが、あまり離れすぎてもいけない。

ブレーズ・パスカル

特定の数で割り切れる数すべてに色をつけるとフラクタル模様ができ、偶数すべてに色をつけると、1915年にポーランドの数学者ヴァツワフ・シェルピンスキーによって特定された3角形の模様ができる。このパターンは、正3角形を3角形の3辺の中点を結んでより小さな3角形に分割することで、パスカルの3角形なしでつくることができる。

数論

3角形の中には、もっと複雑なパターンもたくさん隠されている。パスカルの3角形に見られるパターンのひとつは、浅い斜線上にあるフィボナッチ数列である（下図参照）。数論とのもうひとつのつながりは、ある行より上の行にあるすべての数の和が、その行にある数の和より常にひとつ小さいという発見である。ある行の上にあるすべての数の和が素数であるとき、それはメルセンヌ素数、つまり2のべき乗より1小さい素数であり、例えば3（2^2-1）、7（2^3-1）、31（2^5-1）などがある。これらの素数の最初のリストは、パスカルの同時代人であるマラン・メルセンヌによってつくられた。今日、知られている最大のメルセンヌ素数は$2^{82,589,933}-1$である。パスカルの3角形を十分に大きく描けば、この数はそこに見つかるだろう。◆

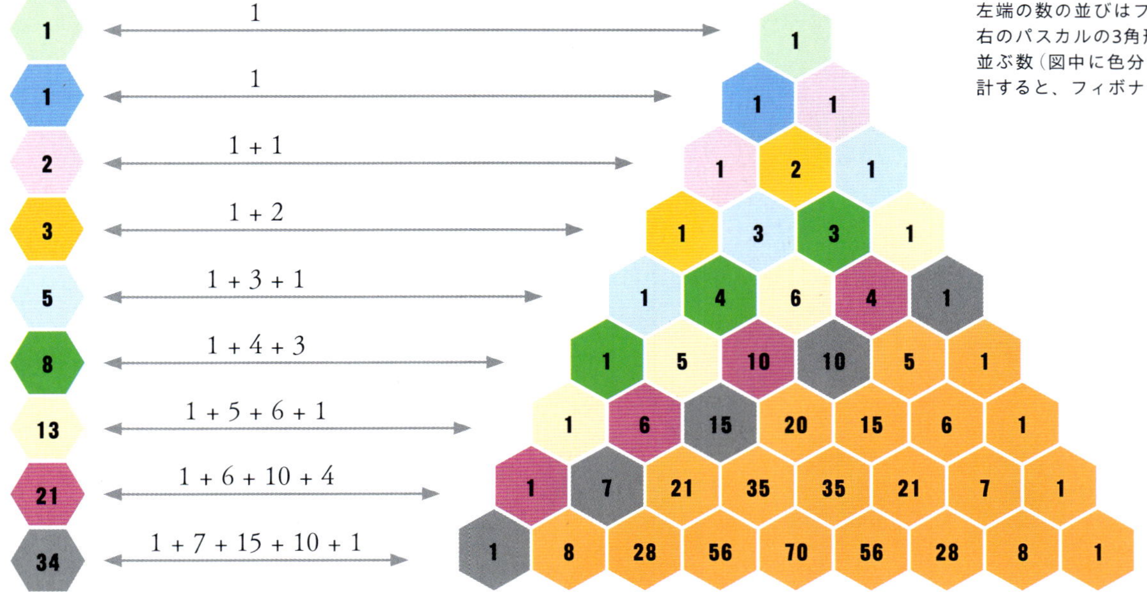

左端の数の並びはフィボナッチ数列。右のパスカルの3角形の、浅く斜めに並ぶ数（図中に色分けして示す）を合計すると、フィボナッチ数になる。

偶然は法則に縛られ、法則に支配される

確率

関連事項

主要人物
ブレーズ・パスカル
（1623〜1662年）
ピエール・ド・フェルマー
（1601〜1665年）

分野
確率論

それまで
1620年　ガリレオ・ガリレイが『サイコロの目の出方について』で、サイコロを振って出た目の合計が特定の数になる可能性を計算する。

その後
1657年　クリスティアーン・ホイヘンスが、確率論と、偶然が結果を左右するゲームへの応用について論文を書く。

1718年　アブラム・ド・モアヴルが『偶然の理論』（初版）を出版する。

1812年　ピエール＝シモン・ラプラスが『確率の解析的理論』で、確率論を科学の問題に応用する。

16世紀以前は、将来の出来事の結果を正確に予測することは不可能だと考えられていた。しかし、ルネサンス期のイタリアでは、ジローラモ・カルダーノがサイコロの結果を詳細に分析した。17世紀になると、この問題にフランスの数学者ブレーズ・パスカルとピエール・ド・フェルマーが注目する。パスカルの3角形（156-61ページ参照）やフェルマーの最終定理（320-23ページ参照）などの発見で有名になった2人は、確率の数学を新たなレベルに引き上げ、確率論の基礎を築いた。偶然のゲームの結果を予想することは、確率にアプ

参照：大数の法則（p184〜85）■ベイズ理論（p198〜99）
■ビュフォンの針の実験（p202〜03）■現代統計学の誕生（p268〜71）

確率論は、常識を計算化したものにすぎない。

ピエール=シモン・ラプラス

ローチする有用な方法であることが証明された。例えば、サイコロで6が出る確率は、サイコロを所定の回数投げ、6が出た回数を総投げ回数で割ることで推定できる。相対頻度と呼ばれるこの結果は、6が出る確率を示し、分数、小数、百分率で表すことができる。ただこれは、実際の実験に基づく観察結果である。理論上の確率は、望ましい結果の数を可能な結果の総数で割ることによって計算される。6面のサイコロを1回振ったとき、6が出る確率は1/6であり、それ以外の数字が出る確率は5/6である。

確率の推定

17世紀のフランスで流行したゲームに、1個のサイコロを4回振った場合に、少なくとも1回「エース」（1または6の目だったらしい）が出るかどうか、という賭けがあった（その確率は $1-(5/6)^4$ で、だいたい0.5177となって50%より大きいから、長期的には「出る」に賭けた方が有利だが、当時はこの計算は知られていなかった）。プレイヤーは同じ賭け金を出し合い、あるラウンド数で最初に勝ったプレイヤーが賭け金をすべて手にする、総取り方式である。作家でアマチュア数学者だったアントワーヌ・ゴンボーは、シュヴァリエ・ド・メレと

不可能	ありそうにない	五分五分	ありそう	確実
0		0.5		1

ピンク色のキャンディだけが入っているびんから、青色のキャンディを取り出す。

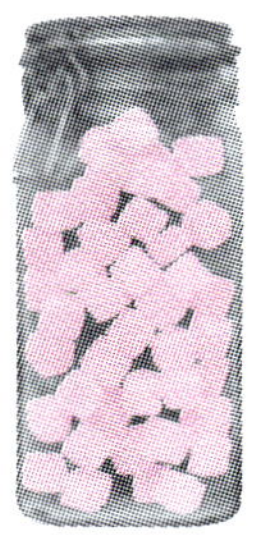

青色とピンク色のキャンディが均等に入っているびんから、青色のキャンディを取り出す。

青色のキャンディだけが入っているびんから、青色のキャンディを取り出す。

上に示すような場合、確率は測定しやすい。問題の要素（青いキャンディ）が不在ならば確率はゼロ、キャンディの半分が青色ならば確率は0.5（1/2、50パーセント）である。事象が確実に起きる場合の確率は1（100パーセント）になる。

ピエール・ド・フェルマー

1601年、フランスのボーモン=ド=ロマーニュに生まれる。1623年にオルレアンへ移り、法学を学ぶが、ほどなくして興味をもった数学を探究しはじめた。当時の学者はみな古典に学んだが、彼も古代世界の幾何学問題を研究し、代数学の方法を応用して解こうとした。1631年、フェルマーはトゥールーズで弁護士として働くことになる。

数学研究は趣味として続け、ブレーズ・パスカルら仲間たちと手紙でアイデアをやりとりした。1653年、疫病に倒れたが、生き延びて代表的な業績を残した。確率論に貢献したほか、フェルマーは微分法の先駆者でもあるが、何よりも数論への貢献者として、またフェルマーの最終定理によってその名をとどめている。1665年、カストルで死去。

主な著作

1629年『曲線の接線について』
1638年『極大と極小を求める方法』

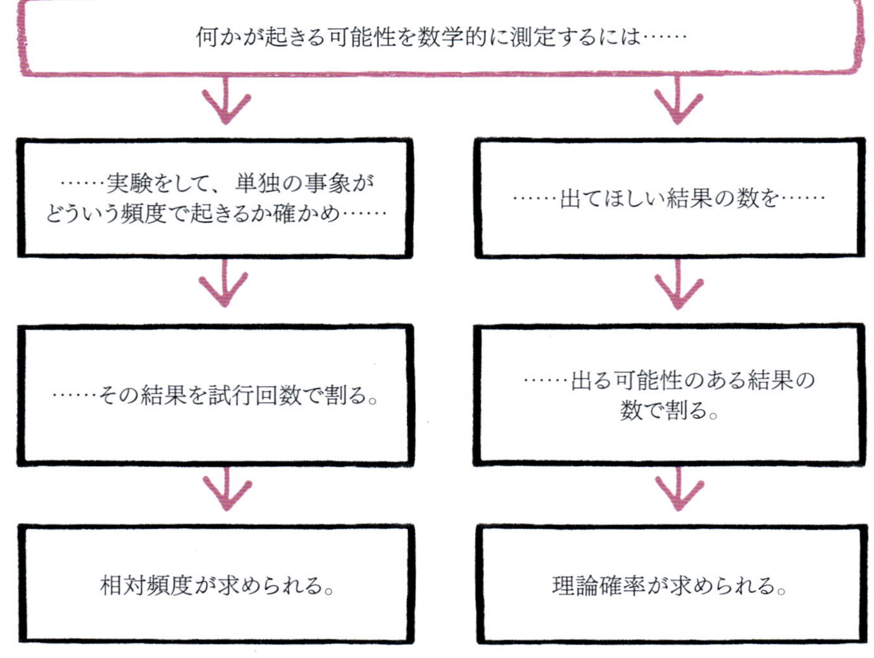

名乗り、サイコロを1回投げてエースが出る確率が1/6であることを理解し、2つのサイコロを同時に振ってダブルエースが出る確率を計算して、新たな賭けをしてやろうと考えた。

ド・メレは、次のように考えた。「サイコロを1回振ってエースが出る確率は1/6で、2回続けてエースが出る確率はそのさらに1/6（それは正しい）。つまり、2個のサイコロを「6回」振れば、サイコロを1回振ってエースが出る確率と同じになる。ゆえに、1個のサイコロを「4回」振って、少なくともエースが1回出る確率と同じにするためには、2個のサイコロを6×4＝24回振ればいい」。しかし、この新たな賭けで、ド・メレは負け続けた（なぜなら、「出る」確率は、後にパスカルが正しく計算したところ、$1-(35/36)^{24}$で、だいたい0.4914となって50%を切ってしまうから）。

1654年、ド・メレは友人のパスカルにこの問題を相談した。さらに、ゲームが途中で中断された場合、プレイヤー間でどのように賭け金を分けるべきか話した。これは「ポイント問題」として知られ、長い歴史を持っていた。1494年、イタリアの数学者ルカ・パチョーリは、各プレイヤーがすでに獲得したラウンド数に比例して賭け金を分けるべきだと提案していた。

16世紀半ばには、同じく著名な数学者であったニッコロ・タルタリアが、このような分け方は、たとえば1ラウンドだけでゲームが中断された場合に不公平になると指摘していた。彼の解決策は、リードの大きさとゲームの長さの比率に基づいて賭け金を分割することであったが、これはまた、ラウンド数の多いゲームの場合に不満足となった。タルタリアは、この問題が公平であることをすべてのプレイヤーに納得させるような方法で解決可能かどうか、確信が持てないままだった。

パスカルとフェルマーの手紙

17世紀、数学者たちはアカデミー（科学協会）に集うのが一般的だった。フランスでは、イエズス会の司祭であり数学者でもあったマラン・メルセン

標準的なルーレット盤の場合、1度回転させたときに玉が特定の数のスロットに入る勝率は1/37である。盤を回転させる回数が増えるにつれ、その率は1に近づいていく。

偶然とは確率であり、確率ならば数学者が研究できる。

ハンナ・フライ
イギリスの数学者

ヌ修道院長が、パリの自宅で毎週開いていたアカデミーが代表的であった。パスカルはこの会合に出席していたが、フェルマーとは面識がなかった。しかし、メルセンヌの問題を熟考したパスカルは、フェルマーに手紙を書き、これらの問題や関連する問題についての自分の考えを伝え、フェルマー自身の見解を求めた。これが、パスカルとフェルマーの間で交わされた最初の書簡であり、その中で確率の数学的理論が展開された。

プレイヤー対バンカー

パスカルとフェルマーの書簡は、共通の友人であったピエール・ド・カルカヴィを介して送られた。1654年に交わされた7通の手紙には、2人がさまざまなシナリオで検討したポイント問題についての考えが記されている。彼らは、8回投げて少なくとも1回エースを出そうとするプレイヤーと、プレイヤーが失敗した場合に賭け金を取る「バンカー」とのゲームについて議論している。パスカルは、エースを出す前にゲームが中断された場合、プレイヤーの勝利への期待に応じて賭け金を配分することを提案しているようだ。ゲーム開始時、サイコロを8回振っても成功しない確率は、$(5/6)^8 \fallingdotseq 0.233$であり、少なくとも1つのエースが出る確率は、$(1-0.233)$、つまり0.7677である。このゲームは明らかに、「バンカー」よりも、サイコロを投げる方に有利である。

理論の構築

ほかの手紙の中で、パスカルとフェルマーは、ゲームが中断されるほかのケース、例えば片方が成功するまで2人のプレイヤーが交互にプレイする場合について、論じている。フェルマーは、重要なのはゲームが止まったときの、残りのプレー回数だと指摘する。彼は、エースを先に10回出したほうが勝つゲームで7-5とリードしているプレイヤーが最終的に勝つ確率は、20のエースを目指すゲームで17-15とリードしているプレイヤーと同じであると指摘した。

パスカルは、2人の対戦相手がそれぞれ同じ勝率のゲームを連続してプレイし、先に3ゲーム勝った方が賭け金を獲得する例を挙げている。各プレイヤーは32ピストール〔スペインの金貨〕を賭けているので、賭け金は64ピストールとなる。3ゲーム中、先手が2回勝ち、後手が1回勝つ。もし4回目のゲームを行い、先手が勝った場合、64ピストールを先手が取る。後手が勝てば、それぞれ2勝したことになり、最後のゲームに勝つ可能性は同じである。この時点でやめた場合、各自が自分の賭け金32ピストールを取り返すべきだという。

大数の法則（LLN）の初期バージョンは、同じ行為（サイコロを投げるなど）を何回も行った場合の結果を調べる定理で、スイスの数学者ヤコブ・ベルヌーイの『推測法』（1713年）の一部であった。18世紀後半から19世紀初頭にかけては、ピエール＝シモン・ラプラスが確率論を実用的・科学的な問題に応用し、1812年に『確率の解析的理論』でその方法を示した。◆

確率論

古代や中世の法体系は司法証拠を確率で格付け評価していたが、そのよりどころとなる理論はなかった。ルネサンス期になっても相変わらずで、例えば船舶に保険をかける場合も、直感的なリスク評価に基づいて保険料を計算していた。確率といえば賭け事の勝算だったが、ジローラモ・カルダーノが初めて、確率の研究に数学を応用した。運に左右される偶然のゲームは、パスカルとフェルマーの両人亡きあともそういう研究の対象になったが、その問題について2人がやりとりした手紙がその後の確率論に大いに貢献している。

1700年代末にはピエール＝シモン・ラプラスが、確率論の範囲を科学全般にまで広げ、その数学的ツールを導入して、自然現象などさまざまな偶発事が起きる確率を予測した。彼はまた、確率論が統計学に応用できることにも気づいていた。その他、哲学、経済学、工学、スポーツなどの分野に確率論が応用されている。

距離の和が高さに等しい

ヴィヴィアーニの3角定理

関連事項

主要人物
ヴィンツェンツォ・ヴィヴィアーニ
(1622〜1703年)

分野
幾何学

それまで
紀元前300年ごろ ユークリッドが『原論』で、3角形を定義し、3角形に関するさまざまな定理を証明する。

50年ごろ アレクサンドリアのヘロンが、辺の長さから3角形の面積を求める公式を立てる。

その後
1822年 ドイツの幾何学者カール・ヴィルヘルム・フォイエルバッハが、3角形において特定の9つの点を通る九点円について記す。

1826年 スイスの幾何学者ヤコブ・シュタイナーが、3つの頂点からの距離の和が最小になる、3角形の中心点について記述する。

イタリアの数学者ヴィンツェンツォ・ヴィヴィアーニは、フィレンツェでガリレオに師事した。1642年のガリレオの死後、彼は師の著作を集め、1655年から56年にかけて最初の全集を編集した。

ヴィヴィアーニの研究には音速に関するものも含まれ、音速を真の値から毎秒25メートル(82フィート)の誤差で測定した。しかし、彼は3角定理でいちばん名を知られている。この定理は、正3角形内の任意の点とその3角形の辺との距離の和が3角形の高さ(高度)に等しいというものである。

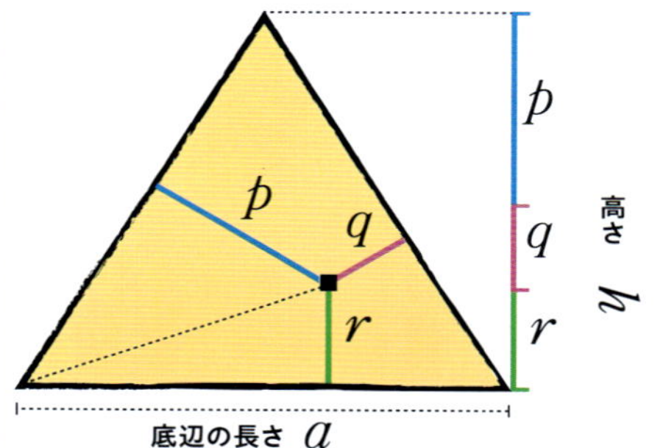

上図のような正3角形の高さはつねに、3角形内の任意の1点と3辺それぞれを結ぶ垂線の、長さの和に等しい。

定理の証明

底辺a、高さhの正3角形(右上参照)から始めて、3角形の内側に点をつくる。その点から3つの辺に90°で交わるよう垂線(p、q、r)を引く。点から3角形の各角に線を引いて、3角形を3つの小さな3角形に分ける。

3角形の面積は1/2×底辺×高さなので、垂線の長さをp, q, rとすると、3角形の面積は$1/2\times(p+q+r)\times a$になる。これは$1/2\times h\times a$の大3角形の面積でもあり、したがって$h=p+q+r$である。もし長さhの棒を3つに折るとすれば、3角形には必ず、その破片が垂線p、q、rを形成する点が存在することになる。◆

参照: ピュタゴラス (p36〜43) ■ユークリッドの『原論』(p52〜57)
■三角法 (p70〜75) ■射影幾何学 (p154〜55) ■非ユークリッド幾何学 (p228〜29)

振り子の揺れ

ホイヘンスの等時曲線

関連事項

主要人物
クリスティアーン・ホイヘンス
（1629〜1695年）

分野
幾何学

それまで
1503年　フランスの数学者シャルル・ド・ボヴェルが、初めてサイクロイドについて記述する。

1602年　ガリレオ・ガリレイが、振り子の振動にかかる時間（周期）が振幅によらず一定であることを発見。

その後
1690年　スイスの数学者ヤコブ・ベルヌーイが、ホイヘンスの不完全な等時曲線問題解法を基に落下曲線問題を解き、最速降下曲線を見いだす。

1700年代初頭　イギリスの時計職人ジョン・ハリソンらが、振り子ではなくぜんまい式機構を用いることによって、経度問題を解決する。

1656年、オランダの物理学者であり数学者でもあったクリスティアーン・ホイヘンスは、振り子時計を考案した。彼は、船の経度を決定するという航海上の問題を解決したいと考えていたが、正確な時間計算のためには、振り子の振れ幅に大きなばらつきをもたらす波の揺れに対応できる正確な時計が必要だった。

正しい曲線を求める

重要なのは、振り子が最低点に戻るのにかかる時間が、振り子の最高点にかかわらず一定であるような、振り子がたどる曲線（等時曲線として知られている）を見つけることであった。ホイヘンスは、サイクロイド曲線という、上部が急で下部が浅い曲線を特定した。どのような振り子でも、その曲線の軌道はサイクロイドを描くように調整されなければならない。ホイヘンスのアイデアは、サイクロイドの形をした「ガイド」をつけて、振り子を拘束することだった。理論的には、振り子の運動時間は、どの出発点からでも同じになる。しかし、摩擦はホイヘンスが解決しようとした誤差よりも大きな誤差をもたらした。1750年代にようやく、イタリアのジョゼフ＝ルイ・ラグランジュが曲線の高さが振り子の進む円弧の長さの2乗に比例する必要があるという、解決策にたどり着いたのである。◆

> **私は……幾何学にいう、サイクロイドを描いて滑空する物体はすべて……どの点からでもぴったり同時に降下するという、驚くべき事実に感銘を受けた。**
>
> **ハーマン・メルヴィル**
> 『白鯨』（1851年）より

参照：サイクロイド下の面積（p152〜53）■パスカルの3角形（p156〜61）■大数の法則（p184〜85）

微積分で未来を予測できる

微積分学

関連事項

主要人物
アイザック・ニュートン
（1642〜1727年）
ゴットフリート・ライプニッツ
（1646〜1716年）

分野
微積分学

それまで
紀元前287〜212年　アルキメデスが取り尽くし法によって面積や体積を計算し、無限小という概念を導入する。

1630年ごろ　ピエール・ド・フェルマーが、曲線の接線を求める新しい手法によって、極大と極小の点をつきとめる。

その後
1740年　レオンハルト・オイラーが微積分というアイデアを応用して、微積分法、複素数、三角法を総合する。

1823年　フランスの数学者オーギュスタン＝ルイ・コーシーが、微積分の基本的な定理を形式化する。

数学の一分野である微積分は、物事がどのように変化するかを扱うもので、数学の歴史において最も重要な進歩のひとつであった。微積分は、動いている車の位置が時間とともにどのように変化するか、光源の明るさが遠ざかるにつれてどのように暗くなるか、あるいは人の目の位置が動く物体を追うにつれてどのように変化するかなどを、示すことができる。変化する現象がどこで最大値に達するか、あるいは最小値に達するか、そしてそのあいだをどのような速度で移動するかを把握することができる。

変化率と並んで微積分のもうひとつの重要な側面は、面積を計算する必要性から発展した和算（足し合わせるプロセス）である。最終的に、面積と体積の研究は積分として知られるようになり、変化率の計算は微分と呼ばれるようになった。

微積分は、現象の振る舞いをよりよく理解することで、その将来の状態を予測し、影響を与えるために使用することができる。代数学や算術が数値や一般化された量を扱うための道具であるのと同じように、微積分学にも独自の規則や記法、応用があり、17世紀から19世紀にかけての発展は工学や物理学などの分野で急速な進歩をもたらした。

> **極大や極小という意味をもたない世界では、何も起こらない。**
> **レオンハルト・オイラー**

アルキメデスは円を、無限大の数の辺をもつ形だと考えた。

→

円に内接する、辺の長さが無限小の多角形を置くことによって、円の面積の近似値を求めた。

無限の部分に分割するという考え方は積分法（面積や体積の研究）の本質である。

古代ギリシアの考え方が、現代の微積分学の基礎になっている。

古代の起源

古代バビロニア人とエジプト人は、特に計測に関心を持っていた。作物を栽培し灌漑するための畑の寸法を計算したり、穀物を貯蔵するための建物の容積を計算したりすることが、彼らにとって重要だったのだ。面積や体積に関する初期の概念は、非常に具体的な例題の形で示されることが多かったが、例えば、リンド・パピルスには、直径9ケト（ケトは古代エジプトの長さの単位）の円形の畑の面積を求める問題がある。リンド・パピルスに記されたルールは、最終的に3000年以上あとに積分学として知られるようになるものにつながった。

無限大や極限の概念は微積分学の中心である。古代ギリシアでは、紀元前

参照：リンドのパピルス写本（p32～33）■ゼノンのパラドックス（p46～47）■πを計算する（p60～65）■小数（p132～37）■極大問題（p142～43）■サイクロイド下の面積（p152～53）■オイラー数（p186～91）■オイラーの恒等式（p197）

文明の発展にともない、測定技術が必要になった。古代エジプトの墓に描かれた壁画には、小麦畑の面積計算に使う巻き綱を手にした測量士たちが描かれている。

5世紀にエレアの哲学者ゼノンが考案した哲学的問題群「ゼノンの運動のパラドックス」があり、任意の距離には無限の中間点が存在するため、運動は不可能であるとした。紀元前370年頃、ギリシアの数学者クニドスのエウドクソスは、面積が既知の同一の多角形で図形を埋め、その多角形を無限に小さくすることで面積を計算する方法を提案した。それらの面積を合わせると、最終的に図形の真の面積に収束すると考えられたのである。

このいわゆる「消尽法」は、紀元前225年ごろにアルキメデスによって取り上げられた。彼は、円の面積を、辺の数が増える多角形で囲むことによって近似的に求めた。辺の数が増えれば増えるほど、（面積がわかっている）多角形はより円に近くなる。アルキメデスはこの考えを極限まで高め、辺の長さが無限に小さくなる多角形を想像した。無限小の認識は、微積分の発展において極めて重要な瞬間であった。ゼノンの運動のパラドックスのような、以前は解けなかったパズルが解けるようになったのである。

> **極限速度（ヴェロシティ）とは、動きが止まる最後の場所に物体が行き着く前でもあとでもなく、まさに行き着く瞬間の、物体が動く速度のことだ。**
>
> **アイザック・ニュートン**

新鮮なアイデア

中世の中国やインドの数学者たちは、無限和を扱う上で、さらなる進歩を遂げた。イスラム世界でも、代数学の発展により、あり得るすべての変化について何百万回も計算をするのではなく、一般化された記号を使って、あるケースが無限大までのすべての数について正しいことを証明できるようになった。

ヨーロッパでは数学が長いあいだ停滞していたが、14世紀にルネサンスが定着すると、数学への関心が再び高まり、運動や距離と速度を支配する法則に関する新鮮なアイデアが生まれた。フランスの数学者であり哲学者でもあったニコル・オレームは、時間とともに加速する物体の速度を研究し、この関係を描いたグラフの下の面積が物体の移動距離と等しいことに気づいた。この考え方は、17世紀後半にイギリスのアイザック・ニュートンやアイザック・バロー、ドイツのゴットフリート・ライプニッツ、スコットランドの数学者ジェームズ・グレゴリーらによって公式化された。オレームの研究は、14世紀にオックスフォードのマートン・カレッジを拠点とした学者グループ「オックスフォードの計算者たち」に触発されたもので、彼らはのちにオレームが証明した平均速度の定理を発展させた。平均速度の定理とは、ある物体が一様に加速された運動をしており、第2の物体が第1の物体の平均速度と等しい一様な速度で運動しており、両者が同じ時間運動している場合、両者は同じ距離を移動するというものである。マートンの学者たちは、物理学的、哲学的な問題を計算と論理を用いて解決することに専念し、熱、色、光、速度などの現象の定量的分析に関心を寄せていた。彼らはアラブの天文学者アル＝バッターニ（858～929年）の三角法やアリストテレスの論理学と物理学にも、影響を受けた。

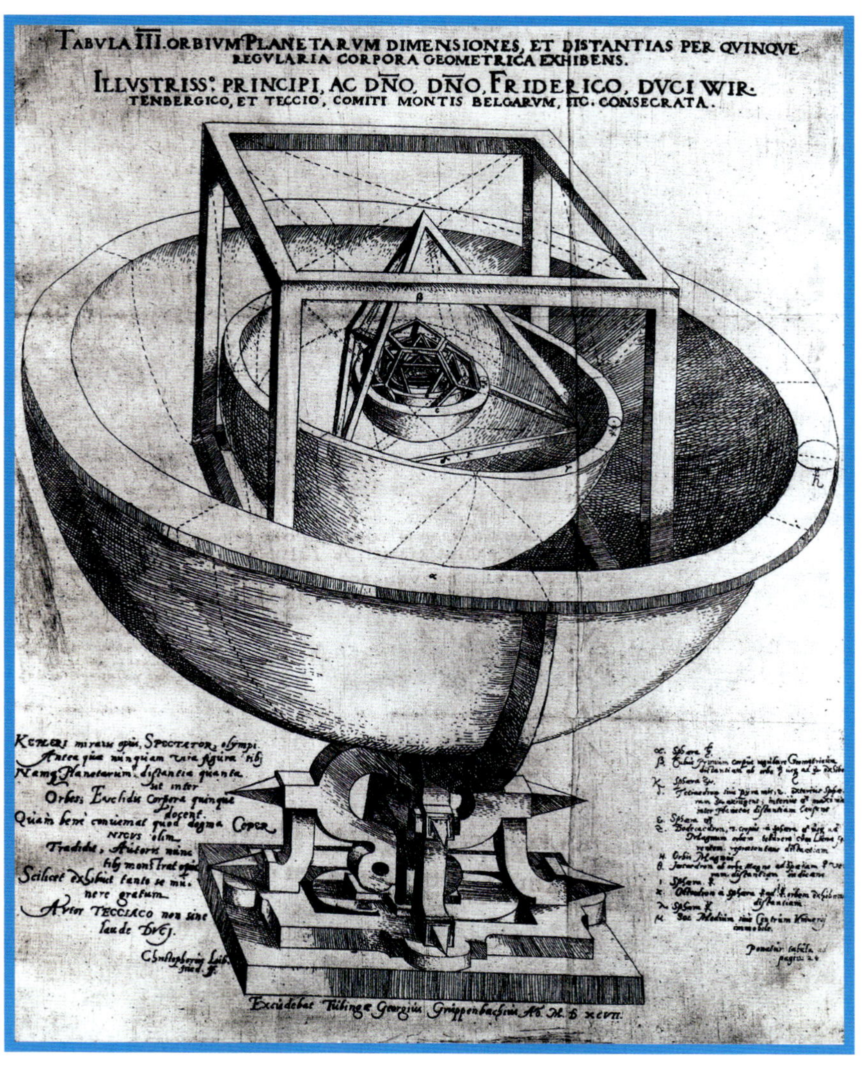

新たな発展

微積分の発展への段階的な歩みは、16世紀末にかけて加速していった。1600年頃、フランドルの数学者シモン・ステヴィンは、アルキメデスの多角形の面積が円の面積に収束するように、量の和が限界値に収束する数学的極限の概念を提唱した。

同じ頃、ドイツの数学者であり天文学者でもあったヨハネス・ケプラーは、惑星の運動について研究していた。ケプラーは古代ギリシアの方法を用い、楕円を無限小の幅に分割することで面積を求めた。

ケプラーの方法は、1635年、イタリアの数学者ボナヴェントゥーラ・カヴァリエリによって、『連続体の不可分性によって新しい方法で進歩した幾何学』の中でさらに発展させられた。カヴァリエリは、図形の大きさを決めるより厳密な方法である「不可分の方法」を考案した。17世紀には、イギリスの神学者であり数学者でもあったアイザック・バローとイタリアの物理学者エヴァンジェリスタ・トリチェッリの研究があり、さらにピエール・ド・フェルマーとルネ・デカルトの研究が続いた。フェルマーはまた、曲線の最大値と最小値である極大値と極小値を求めた。

流率モデル

1665～66年、イギリスの数学者ア

ケプラーが1596年の著書に掲載した、プラトンの立体を入れ子構造にした太陽系モデルの挿画。ケプラーは無限小に細分化することによって惑星の公転軌道の距離を測定したが、その方法は積分法の先駆けだった。

微分と積分のあいだには逆の関係がある。

微分とは、
派生物（デリヴァティヴ、
微分係数）を求め、
曲線の勾配を表すこと。
微分係数は任意の点に
おける変化率である。

積分とは、
総体（インテグラル）を求めること。
曲線で囲まれた面の
面積を表す。

デリヴァティヴによって、
任意の時点における物体の
落下速度を計算できる。

インテグラルによって、
2次元の形の面積や3次元の形
（立体）の体積を求めることが
できる。

イザック・ニュートンは、時間と共に変化する変数を計算する方法である「流率（フラクション）法」を開発した。ケプラーやガリレオと同様、ニュートンは動く物体の研究に興味を持ち、特に天体の運動と地球上の運動を支配する法則を統一することに熱心だった。

ニュートンの流率モデルでは、曲線に沿って移動する点を2つの垂直成分（xとy）に分割して考え、それらの成分の速度を考察した。この研究は、微分学（または微分法）として知られるようになるジャンルの基礎を築き、関連する積分学分野とともに、微積分学の基本定理につながった（右の囲みを参照）。微分の考え方は、ある点で変数が変化する速度は、その点での接線の勾配に等しいというものである。これは接線（1点でのみ曲線に接する直線）を引くことでイメージできる。この直線の勾配が、その点での曲線の変化率となる。ニュートンは、極大点と極小点では曲線の勾配がゼロであることを認識した。ある変数が変化する速度がわかっている場合、その変数自体の形状を計算することは可能だろうか？　この「微分の逆演算」（不定積分）は、曲線下の面

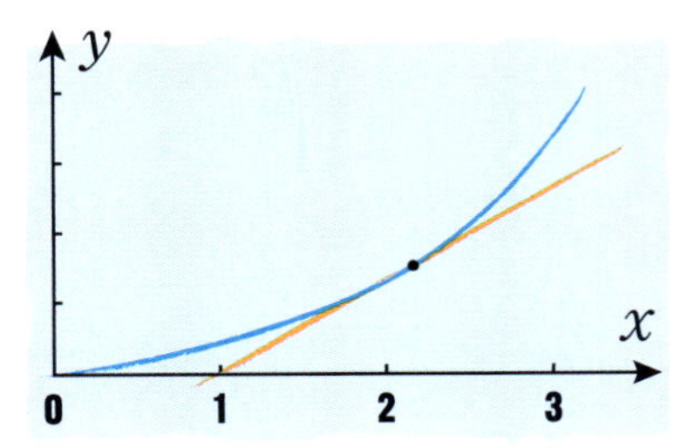

微分によって、任意の時点における変化率を求めることができる。上のグラフでは、青色の曲線が全体的な変化率を示し、オレンジ色の接線が任意の時点における変化率を示す。

微積分法の基本定理

微積分学の研究は、ともに無限小という概念に頼る微分と積分の関係を明記した、微積分法の基本定理という支柱に支えられている。最初にそれを明確にしたのは、ジェームズ・グレゴリーの1668年の著書『万能の幾何学』だった。その後1670年にアイザック・バローが法則化、1823年にオーギュスタン＝ルイ・コーシーが定式化した。

微積分学の第1基本定理には、微分と積分が逆演算となっていることが述べられる――関数が連続ならば、不定積分（つまり“インテグラル”）が存在し、その微分係数（デリヴァティヴ）（変化率の尺度）はもとの関数となる。第2基本定理は、不定積分$F(x)$に数値を代入した結果、つまり関数$f(x)$の定積分から、関数$f(x)$の曲線下の面積が求められるというものだ。

微積分法の基本定理を最初に組み立てたジェームズ・グレゴリー（1638～1675年）。

積を計算することを必要とした。

ニュートン対ライプニッツ

ニュートンが微積分を研究発展させていたころ、ドイツの数学者ゴットフリート・ライプニッツは、曲線上の点を定義する2つの座標の微小な変化を考察することに基づいて、彼独自の微積分の研究に取り組んでいた。ライプニッツはニュートンのものとはまったく異なる表記法を用い、1684年、のちに微分学として知られることになる論文を発表した。その2年後、ライプニッツは積分に関する論文を発表した。1675年10月29日付の未発表原稿では、今日普遍的に使用され認識されている「積分」記号∫を初めて使用した。

ニュートンとライプニッツのどちらが先に現代の微積分を発見したかについては、多くの議論がある。この論争は、ライバルである2人のあいだだけでなく、数学界の多くの人々のあいだでも長引く、険悪な論争となった。ニュートンは1665年から66年にかけて流率の理論を考案したが、それを発表したのは1704年、著作『光学』の付録としてであった。ライプニッツは1673年ごろから微積分を考案し始め、1684年に出版した。その後のニュートンの『プリンキピア』は、ライプニッツの著作に影響を受けたとも言われている。

どんなときにも その瞬間の速度が わかるとして、では、 その情報をもとに 移動してきた距離は わかるだろうか? 微積分すればわかる。

ジェニファー・オーレット
アメリカのサイエンス・ライター

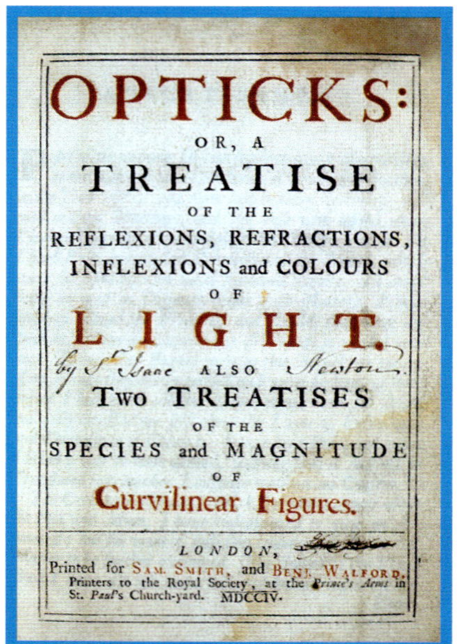
OPTICKS: OR, A TREATISE OF THE REFLEXIONS, REFRACTIONS, INFLEXIONS and COLOURS OF LIGHT.

ALSO Two TREATISES OF THE SPECIES and MAGNITUDE OF Curvilinear Figures.

LONDON, Printed for SAM. SMITH, and BENJ. WALFORD, Printers to the Royal Society, at the Prince's Arms in St. Paul's Church-yard. MDCCIV.

アイザック・ニュートンの著書『光学』。1704年に出版された、光の反射と屈折に関するこの論文に、微積分学分野の研究が初めて詳述された。

1712年になると、ライプニッツとニュートンは公然と互いを盗作であると非難していた。現代では、ライプニッツとニュートンはそれぞれ独立に微積分のアイデアを発展させたというのが通説である。スイスでは、1690年に「積分」という言葉をつくったヤコブ・ベルヌーイとヨハン・ベルヌーイの兄弟も微積分に大きな貢献をしている。スコットランドの数学者コリン・マクローリンは1742年に『流率論』を出版し、ニュートンの方法を促進し、さらに厳密なものにしようとした。この著作でマクローリンは微積分を代数項の無限級数の研究に応用している。

一方、スイスの数学者レオンハルト・オイラーは、ヨハン・ベルヌーイの息子たちの親友であり、このテーマに関する彼らの考えに影響を受けた。特に彼は、指数関数として知られているものに無限小の考え方を適用した。これは最終的に「オイラーの恒等式」、$e^{i\pi}+1=0$につながった。この方程式は、最も基本的な5つの数学量(e、i、π、0、1)を非常に単純な方法で結びつけるものである。18世紀に入ると、微積分は物理世界を記述し理解するためのツールとして有用であることが証明された。1750年代、オイラーはフランスの数学者ジョゼフ=ルイ・ラグランジュと共同で、微積分を用いて流体(気体、液体)と固体の力学を理解するための方程式(オイラー=ラグランジュ方程式)を提唱した。19世紀初頭、フランスの物理学者であり数学者でもあっ

同じ変数に対して連続して 変換される値がある 一定値に限りなく近づくとき、 その一定値を極限値という。

オーギュスタン=ルイ・コーシー

現代微積分学の表記法	
$\dot{f}$	ニュートンが考案した微分の記号
$\int$	ライプニッツが考案した積分の記号
dy/dx	ライプニッツが考案した微分の記号
f'	ラグランジュが考案した微分の記号

たピエール＝シモン・ラプラスは、微積分を用いて電磁気学の理論を発展させた。

理論の公式化

1823年、オーギュスタン＝ルイ・コーシーが微積分の基本定理を正式に発表し、微積分におけるさまざまな発展が定式化された。その内容は、微分（曲線で表される変数の変化率を求めること）は積分（曲線の下の面積を求めること）の逆であるというものである。コーシーの定式化によって、微積分は統一された全体として見なされるようになり、普遍的に合意された表記法を用いて、一貫した方法で無限小を扱うことができるようになった。

微積分の分野は、19世紀後半にさらに発展した。1854年、ドイツの数学者ベルンハルト・リーマンは、関数の有限な上限と下限の定義に基づいて、どのような関数が可積分なのかという基準を定式化した。

広範囲な応用

物理学や工学における多くの進歩は、微積分に依存してきた。アルベルト・アインシュタインは20世紀初頭に特殊相対性理論と一般相対性理論で微積分を使用し、量子力学（素粒子の運動を扱う）でも広範囲に応用されている。シュレーディンガーの波動方程式は、オーストリアの物理学者エルヴィン・シュレーディンガーが1925年に発表した微分方程式で、粒子を波としてモデル化し、その状態は確率によってのみ決定できる。これは、それまで確実性に支配されていた科学の世界では画期的なことだった。

今日、微積分はさまざまな分野で応用されている。例えば検索エンジン、建設プロジェクト、医学の進歩、経済モデル、天気予報などだ。このあらゆる分野に浸透している微積分のない世界を想像するのは、難しい。微積分は過去400年間で最も重要な数学的発見であると、多くの人が主張するだろう。◆

ゴットフリート・ライプニッツ

1646年、ドイツ、ライプツィヒに生まれ、父はライプツィヒ大学の哲学教授、母は法学教授の娘というアカデミックな家庭で育った。1667年に大学を修了したのち、法律と政治の顧問としてマインツ選帝侯に仕え、職務でヨーロッパ各地へ赴いてほかの学者たちに会うこともできた。1673年の雇用主の死後は、ハノーファーのブラウンシュヴァイク公領で図書館長の任につく。

哲学者として、また数学者としても名高いライプニッツは、一度も結婚せず、1716年にひっそりと生涯を閉じる。微積分をめぐるニュートンとの先取権論争が影を落としたりっぱな業績は、死後数年してやっと認められた。

主な著作

1666年『結合法論』
1684年『極大・極小を求める新方法』
1703年『2進法算術の説明』

数の科学の極致

2進数

関連事項

主要人物
ゴットフリート・ライプニッツ
(1646〜1716年)

分野
数体系、論理学

それまで
紀元前2000年ごろ 古代エジプトで、倍や2等分の掛け算、割り算に2進法が使われる。

1600年ごろ イギリスの数学者・占星術師トマス・ハリオットが、2進法ほかの数体系を試す。

その後
1854年 ジョージ・ブールが、2進法演算によるブール代数を定式化する。

1937年 クロード・シャノンが、電気回路や2進数コードを使ってブール代数が実装できることを示す。

1990年 コンピュータ画面の画素が16ビットの2進数コードで符号化され、6万5000色以上を表示できるようになる。

日常生活において、私たちは0から9までの10個の数字を使った10進法の数え方に慣れている。9より先を数えるとき、「十」の位に「1」を、「一」の位には「0」を入れ、百、千と、それ以上の位を加えていく。2進法は基数が2の数え方であり、0と1の2つの記号を使うだけである。10の倍数で増えるのではなく、各列は2の累乗を表す。つまり、2進数1011は1,011ではなく11(右から1の位が1つ、2の位が1つ、4

10進数	2進数					2進視覚表現				
	16の位	8の位	4の位	2の位	1の位	16の位	8の位	4の位	2の位	1の位
1	0	0	0	0	1	□	□	□	□	■
2	0	0	0	1	0	□	□	□	■	□
3	0	0	0	1	1	□	□	□	■	■
4	0	0	1	0	0	□	□	■	□	□
5	0	0	1	0	1	□	□	■	□	■
6	0	0	1	1	0	□	□	■	■	□
7	0	0	1	1	1	□	□	■	■	■
8	0	1	0	0	0	□	■	□	□	□
9	0	1	0	0	1	□	■	□	□	■
10	0	1	0	1	0	□	■	□	■	□

2進数は基数2のシステムによって1と0で表記される。上の表に、基数10システム表記の1から10までの数が、2進数と2進視覚表現でどう表されるかを示す。コンピュータは1を電流の“オン”、0を“オフ”として処理する。

参照：位取りの数（p22〜27）■リンドのパピルス写本（p32〜33）■小数（p132〜37）■対数（p138〜41）■機械式計算機（p222〜25）■ブール代数（p242〜47）■チューリング・マシン（p284〜89）■暗号技術（p314〜17）

2つの数字、つまり0と1で数えるというのは……学問するために最も基本的な、新発見につながる考え方であり……数を実際に演算するにも有用である。

ゴットフリート・ライプニッツ

ベーコンの暗号

イギリスの哲学者・廷臣フランシス・ベーコン（1561〜1626年）は、趣味の暗号解読好きが高じて、みずからも“2異体文字（バイリテラル）”と称する暗号を編み出した。a＝aaaaa、b＝aaaab、c＝aaaba、d＝aaabb ……というふうに、aとbの2文字を使って全アルファベットを生成するというものだ。aを0に、bを1に置き換えると、その文字列は2進数列になる。解読は簡単だが、ベーコンはaとbが必ずしも文字である必要はない、差を表せる2種類のものなら何でもいいと気づいていた。「……鐘でもトランペットでも、ライトと松明でも……性質の似たものなら何でもいい」と。示したのは、巧みに改変が可能な暗号だった。ひとまとまりの物体や数、あるいは音符に、秘密のメッセージを隠すこともできる。19世紀の通信に大進歩をもたらした、サミュエル・モールス考案の点と線を組み合わせた電信用符号（モールス信号）も、現代のコンピュータのオン／オフによる符号化も、ベーコンの暗号の同類である。

の位はなし、8の位が1つ）である。2進数の選択肢は白か黒かであり、どの列にも1か0しかない。この単純な「オンかオフか」の概念は、例えば、あらゆる数を一連のスイッチのようなオン／オフの動作で表すことができるコンピュータ計算において、極めて重要であることが証明されている。

2進法の威力

1617年、スコットランドの数学者ジョン・ネイピアは、チェス盤を基にした2進法の計算機を発表した。各マスには値があり、駒を置くか置かないかでそのマスの値が「オン」または「オフ」になる仕組みだ。この計算機は、掛け算、割り算、平方根を求めることさえできたが、単なる珍品とみなされた。

同じ頃、トマス・ハリオットは2進法を含む数体系を試していた。彼は10進数を2進数に変換し、また2進数を使って計算することができた。しかし、ハリオットのアイデアは1621年に彼が亡くなってから長い間、未発表のままだった。

2進数の可能性は、ドイツの数学者であり哲学者でもあったゴットフリート・ライプニッツによって最終的に実現された。彼は1679年、開閉ゲートでビー玉が落ちたり落ちなかったりする、2進数に基づいた機械式計算機を考案したのだ。現代のコンピュータは、ゲートやビー玉ではなく、スイッチや電気を使うという点で、似たような仕組みになっている。

ライプニッツは1703年に『2進法算術の説明』で2進法に関する自分の考えを概説し、0と1がどのように数を表すかや、最も複雑な演算も基本的な2進法に単純化できることを示した。彼は中国の宣教師との手紙のやり取りから影響を受け、中国古代の占い書である易経を紹介されたのだった。この本では、現実を陰と陽の相反する2つの極に分け、一方を破線、もう一方を切れ目のない線として表している。これらの線は六芒星をなす6本の線として表示され、合計64の異なるパターンに組み合わされた。ライプニッツは、この2進法による占いのアプローチと、2進法による数の研究とのあいだに関連性を見出していた。◆

古代中国の哲学者（儒家の始祖）孔子（紀元前551〜479年）の教えや、易経、その注釈書が、ライプニッツら17〜18世紀の学者たちの研究に影響を及ぼした。

啓蒙思想期

1680年〜1800年

1683年

ヤコブ・ベルヌーイが借金の複利を求めようとして、無理数 e（自然対数の底）の近似値を発見する。

1687年

アイザック・ニュートンが『プリンキピア（自然哲学の数学的諸原理）』で、3つの運動法則を概説する。

1713年

死後に出版された『推測法』*Ars Conjectandi* で、ヤコブ・ベルヌーイが大数の法則を説明する。

1727年

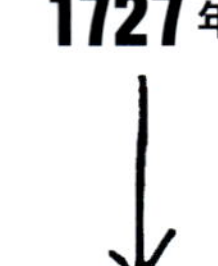

数学における最も重要な定数のひとつ、自然対数の底を、レオンハルト・オイラーが e と表記する。

1733年

ビュフォンの針の実験で、確率と円周率 π とのつながりが実証される。

1736年

古くからあるケーニヒスベルクの橋の問題を解こうとしたオイラーが、グラフ理論と位相幾何学（トポロジー）発展の端緒を開く。

1738年

アブラム・ド・モアヴルが、確率の正規分布について詳述した論文を発表する。

17世紀後半になると、ヨーロッパが世界の文化・科学の中心地としての地位を確立していた。科学革命は順調に進行し、科学ばかりか文化や社会のあらゆる側面に新しい合理的なアプローチを促す。啓蒙の時代と呼ばれるようになったこの時期は社会政治的にも大きな変化をもたらし、18世紀には知識と教育の普及が飛躍的に高まった。また、数学が大きく進歩した時代でもあった。

スイスの巨人たち

ニュートンとライプニッツの考え方が物理学や工学の分野で実用化されたのを受けて、ヤコブとヨハンのベルヌーイ兄弟が、17世紀に発見された「変分の微積分」やその他の数学的概念で微積分学の理論をさらに発展させた。兄のヤコブは整数論の研究で知られているが、大数の法則を導入して確率論の発展にも貢献した。

数学的才能に恵まれた子供たちとともに、ベルヌーイ家は18世紀初頭を代表する数学者一族となり、彼らの故郷であるスイスのバーゼルは数学研究の中心地となった。次の、そして間違いなく最も偉大な啓蒙主義数学者であるレオンハルト・オイラーが生まれ、教育を受けたのもこの地である。ヨハンの息子ダニエルとニコラス・ベルヌーイと同世代の友人であったオイラーは、若くしてヤコブやヨハンの後継者にふさわしい人物であることを証明した。わずか20歳で、ヤコブ・ベルヌーイが近似値を計算した無理数 e の表記法を提案したのだ。

オイラーは多くの著書や論文を出版し、数学のあらゆる分野で活躍した。代数学、幾何学、整数論といった一見別々の概念間につながりを認識することも多く、それらは数学のさらなる研究分野の基礎となった。例えば、ケーニヒスベルクの街に架かる7つの橋をそれぞれ一度だけ渡るルートを見つけるという、一見単純な問題に対する彼のアプローチが、位相幾何学の概念を掘り下げるきっかけとなって、新たな研究分野を生んだ。オイラーは数学の全分野にわたって、とりわけ微積分学、グラフ理論、整数論にはかりしれない貢献をしたうえ、数学的表記法の標準化にも影響を与えた。オイラーの恒等

1742年

クリスティアン・ゴールドバッハが、2より大きい偶数は2個の素数の和で表されるという有名な予想（ゴールドバッハの予想）を記述する。

1747年

オイラーが自身にちなんで名づけられた定数を使って、“オイラーの恒等式”という、数学において最も有名な等式のひとつを組み立てる。

1763年

既知の情報に基づいて将来の事象の発生確率を予測する、ベイズの定理が確立される。

1766年

ジョゼフ＝ルイ・ラグランジュが、オイラーの後任としてプロイセン科学アカデミー数学部長に就任する。

1771年

ラグランジュが、多項式の根を求める代数的解法を公式化する。

1798年

トマス・マルサスが、人口の指数関数的増加が破綻を引き起こすと予測する。

1799年

21歳のカール・フリードリヒ・ガウスが、学位論文で代数学の基本定理を証明する。

式として知られるエレガントな方程式は、eやπといった基本的な数学定数間の結びつきを強調するものである。

その他の数学者たち

ベルヌーイ家とオイラーの存在に業績が霞んでしまいがちだが、18世紀に活躍した数学者はほかにも大勢いる。オイラーと同時代のドイツ人、クリスティアン・ゴールドバッハもそのひとりである。ゴールドバッハは、ライプニッツやベルヌーイ家など影響力のある数学者たちと親交を深め、彼らの理論について定期的に手紙のやり取りをしていた。オイラーに宛てた手紙の中でゴールドバッハは、2以上の偶数はすべて2つの素数の和で表せるという、有名な予想を提示した。

確率論の発展に貢献した人々もいる。例えば、ビュフォン伯ジョルジュ＝ルイ・ルクレールは、微積分の原理を確率に応用し、円周率と確率の関連を示した。また、フランスのアブラム・ド・モアヴルは正規分布の概念を説明し、イギリスのトマス・ベイズは過去の知識に基づく事象の確率の定理を提案した。18世紀後半、フランスはヨーロッパにおける数学的探究の中心地となり、特にジョゼフ＝ルイ・ラグランジュが重要な人物として頭角を現した。ラグランジュはオイラーとの共同研究でその名を知られるようになったが、のちに多項式と整数論に重要な貢献をした。

新たなフロンティア

世紀が終わろうとするころ、フランスの王政を転覆させ、アメリカ合衆国を誕生させた政治革命に、ヨーロッパは揺れていた。ドイツでは若きカール・フリードリヒ・ガウスが代数学の基本定理を発表し、数学史における華々しいキャリアと新しい時代の幕を開けた。◆

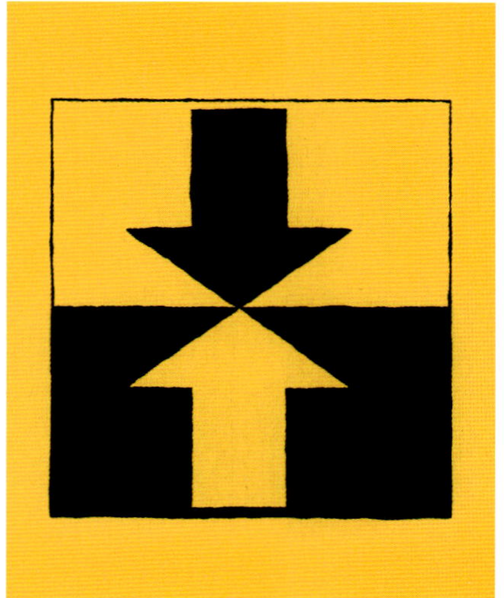

すべての運動には大きさが等しく逆向きの作用と反作用がある

ニュートンの運動の法則

関連事項

主要人物
アイザック・ニュートン
(1642〜1727年)

分野
応用数学

それまで
紀元前330年ごろ　アリストテレスが、運動が続くには力がはたらいていると考える。

1630年ごろ　ガリレオ・ガリレイが運動について実験、摩擦は運動を妨げる力であることを発見する。

1674年　ロバート・フックが『地球の運動を証明する試み』を著し、のちにニュートンの運動法則の第1法則となる仮説を示す。

その後
1915年　アルベルト・アインシュタインが、重力に対するニュートンの考え方をゆるがす一般相対性理論を提示する。

1977年　宇宙探査機ボイジャー1号が打ち上げられる。摩擦力も抗力もない宇宙空間で宇宙船はニュートンの第1法則どおり進みつづけ、2012年に太陽系外へ出た。

アイザック・ニュートンは、数学を使って惑星や地球上の物体の動きを説明することで、私たちが宇宙を見る方法を根本的に変えた。彼は1687年、3巻からなる『自然哲学の数学的諸原理』(原題を略して『プリンキピア』と呼ばれる)を出版した。

惑星の動き

1667年にはもう運動の3法則の初期バージョンを生み出していたニュートンは、物体が円軌道を動くのに必要な力について解明していた。その知識と、ドイツの天文学者ヨハネス・ケプラーによる惑星運動の法則をもとに、彼は楕円軌道が引力の法則とどのように関係しているかを推論した。1686年、イギリスの天文学者エドモンド・ハレーがニュートンに、新しい物理学とその惑星運動への応用について著すよう促す。

『プリンキピア』でニュートンは、重力の作用が実験の観測結果と矛盾しないことを示すために数学を用いた。彼

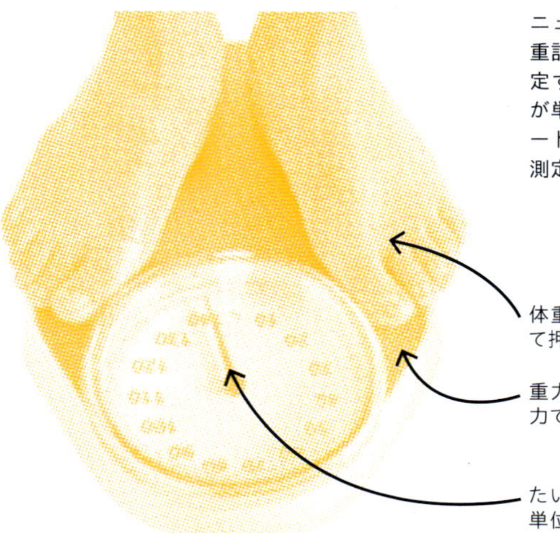

ニュートンの第2、第3の法則によって、体重計の作動のしかたを説明できる。体重を測定する場合、重量(物体の質量掛ける重力)が単位ニュートンで表される力である。ニュートンの数値はキログラムなど、重力質量の測定単位に換算できる。

参照：三段論法的推論（p50～51） ■極大問題（p142～43） ■微積分学（p168～75） ■エミー・ネーターと抽象代数学（p280～81）

ニュートンの運動法則

第1法則：力が加わらなければ、物体は静止しているか、直線上を等速で動きつづけるかのいずれかである。（慣性の法則）

第2法則：運動の変化（加速度）は物体に作用する力に比例し、運動は力が作用する直線方向へ変化する。（運動方程式）

第3法則：あらゆる運動には、大きさが等しく逆向きの作用と反作用がある。（作用・反作用の法則）

は力の作用下での物体の運動を分析し、潮汐、投射物、振り子の運動、惑星や彗星の軌道を説明するために引力を仮定した。

運動の法則

ニュートンは『プリンキピア』冒頭で、運動の3つの法則を述べた。第1は、運動を起こすには力が必要という法則だ。その力は2つの物体間の引力であったり、加えられた力（スヌーカーのキューがボールを打つときなど）であったりする。第2法則は、物体が運動しているときに何が起こっているかを説明するもの。ニュートンは、物体の運動量（質量×速度）の変化率は、物体に作用する力に等しいと述べる。時間に対する速度をグラフに表すと、どの点における勾配も加速度（速度の変化）になる。そしてニュートンの第3法則によると、2つの物体が接触する場合、2つの物体間の作用・反作用力は相殺され、それぞれが反対方向に等しい力で他方を押す。テーブル上に静止している物体がテーブルを押し下げると、テーブルも同じ力で押し返す。そうでなければ物体は動いてしまう。アインシュタインが相対性理論を発表するまで、力学はニュートンの運動の3法則に基づいていた。◆

アイザック・ニュートン

1642年のクリスマスの日に、イングランド、リンカンシャーで生まれ、幼少期は祖母に育てられた。ケンブリッジ大学トリニティ・カレッジに学び、科学と哲学に傾倒する。1665～1666年、ペスト大流行で大学が閉鎖されたあいだに、ニュートンは流率（ある時間における変化の割合）というアイデアを公式化した。

引力、運動、光学の分野でも重要な発見をしたニュートンは、イギリスの著名な科学者ロバート・フックと張り合うようになっていく。いくつか政府の要職にも就き、王立造幣局長官だった時期には、銀貨から金貨への通貨切り換えを監督した。王立協会の会長も務めた。1727年に死去。

主な著作

1687年『プリンキピア（自然哲学の数学的諸原理）』

経験則と期待される結果は同じ

大数の法則

関連事項

主要人物
ヤコブ・ベルヌーイ
(1655〜1705年)

分野
確率論

それまで
1564年ごろ ジローラモ・カルダーノが、『偶然のゲームについて』*Liber de ludo aleae*を著す。確率を扱った初めての研究書。

1654年 ピエール・ド・フェルマーとブレーズ・パスカルが、確率論を展開する。

その後
1733年 アブラム・ド・モアヴルが、標本数(母集団の規模)が大きくなれば、確率は正規分布、つまり鐘形曲線(ベル・カーブ)に近づいていくという、中心極限定理となる理論を提唱する。

1763年 トマス・ベイズが、結果に関わる初期条件を考慮に入れることによって、その結果が起きる可能性を予測する方法を詳述する。

大数の法則は、確率論と統計学の基礎のひとつである。この法則によって、長期的に将来の出来事の結果を妥当な精度で予測できることが保証される。例えば、金融会社は保険や年金商品の価格を設定する際、保険金を支払わなければならない可能性を確実に知ることができるし、カジノはギャンブル客から必ず利益を得られる。

この法則によれば、ある事象の発生について観測を重ねれば重ねるほど、その結果の測定された確率(または可能性)は、観測を始める前に計算された理論上の確率に近づいていく。言い換えれば、多くの試行から得られた結果の平均は、確率論で計算された期待値に近いものになり、試行回数を増やすと、その平均値はさらに期待値に近づく。

1835年にフランスの数学者シメオン・ドニ・ポアソンによって命名され

ランダムな事象が起こる理論上の可能性は、
確率論をもとに計算することができる。

試行して観測した結果は、
すぐには期待値に近づかない。

試行回数が増えると、
平均観測値が期待値に
近づいていく。

試行回数を十分大きくすると、
平均観測値と期待値がほぼ等しくなる。

参照：確率（p162～65）■正規分布（p192～93）■ベイズ理論（p198～99）■ポアソン分布（p220）■現代統計学の誕生（p268～71）

推測法を定義するなら……最善と見なしたことに基づいて判断したり行動したりできるよう、事象の生起する確率を……数値として求める方法である。

ヤコブ・ベルヌーイ

た法則だが、定式化したのはスイスの数学者ヤコブ・ベルヌーイとされている。彼が「黄金定理」と呼んだ大発見を、死後1713年に甥が出版した『推測法』という著書で発表した。データの収集と結果の予測の関係を最初に認識したわけではないものの、勝つか負けるかの2つの可能性のあるゲームを考えることによって、その関係を初めて証明した人物はベルヌーイである。ゲームに勝つ理論上の確率を W とすると、ゲームの回数が増えるにつれて勝つ割合 f が W に収束するのではないかと考え、ゲームが繰り返されるにつれて f が指定された量だけ W より大きいか小さい確率が0（不可能を意味する）に近づくと示した。

誤った確率

コイントス（コイン投げ）も大数の法則に従う一例である。表か裏の結果が等確率で出るとすれば、何度も投げれば、投げた回数の半分（あるいはそれに近い確率で）は表、もう半分は裏が出る。しかし、初期の段階では表と裏のバランスが崩れやすい。例えば、最初の10回のトスは、7回が表（ヘッド）で3回が裏（テール）かもしれない。そうなると、次のトスでテールが出る可能性が高そうだ。しかし、これは「ギャンブラーの誤謬」であり、各ゲーム（トス）の結果がつながっているという思い込みである。表と裏の出る回数が等しくなるはずだから、11回目のトスで裏が出る可能性が高いとギャンブラーは推測するかもしれないが、表が出る確率と裏が出る確率はどの回でも同じであり、1回のトスの結果は他のトスとは無関係に起こる。これがすべての確率論の出発点である。1,000回も投げれば、最初の10回で明らかになる不均衡は無視できるようになる。◆

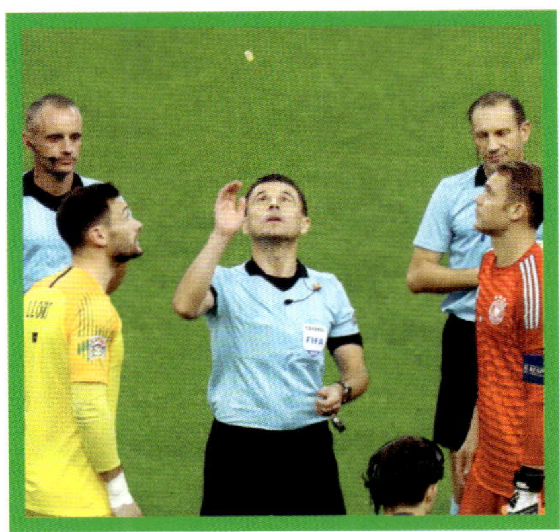

チームのキャプテンがコインの裏か表かを選び、審判がコイントスをする。大数の法則によると、どちらかの有利にはならない。

ヤコブ・ベルヌーイ

1655年、スイス、バーゼルに生まれる。神学を学ぶも、数学への興味を募らせ、1687年にバーゼル大学の数学教授職に就くと、終身その地位にとどまった。

確率論の業績のほか、ベルヌーイは、一定の複利を受け取れる資金の、運用額をどこまで増やせるかという計算の最中に定数 e を発見したことでも知られる。彼はまた、微積分の発展にも関与し、数学に新分野を開いた先取権をめぐってアイザック・ニュートンと対立した、ゴットフリート・ライプニッツの支持に回った。微積分研究には弟ヨハンと協力して取り組んだが、ヨハンが兄の業績を妬むようになって、1705年にヤコブが死ぬ数年前には絶縁状態だった。

主な著作

1713年『推測法』
1744年『作品』（著作集）

自分自身を生み出す
不思議な数

オイラー数

関連事項

主要人物
レオンハルト・オイラー
（1707～1783年）

分野
数論

それまで

1618年 対数について記述したジョン・ネイピアの著作の補遺に、定数*e*として知られるようになった数から計算した対数表が掲載される。

1683年 ヤコブ・ベルヌーイが、複利計算の研究に定数*e*を使う。

1733年 アブラム・ド・モアヴルが、データの数値がほとんど中心点に集まって、両極端へ向かって減っていくという、"正規分布"を発見。その分布を表す方程式に*e*が関係している。

その後

1815年 ジョゼフ・フーリエの、*e*が無理数であることの証明が発表される。

1873年 フランス人数学者シャルル・エルミートが、*e*は超越数（代数的でない無理数）であることを証明する。

数学において定数とは、明確に定義された重要な数である。
定数の値は決して変化しない。

定数*e*（2.718...）には特別な性質がある。

無理数である。
単純な分数で2つの整数の比として表すことができない。

超越数である。
どんな指数で累乗しても、やはり無理数になる。

*e*と表記され、オイラー数として知られるようになった数学定数――無限小数 2.718...――は、複雑な計算を簡単にするために対数が発明された 17 世紀初頭に初めて登場した。スコットランドの数学者ジョン・ネイピアが編纂した、2.718... を底とする対数の表は、指数関数的成長を伴う計算には特に有効であった。自然界の多くの過程を数学的に記述できることから、後に「自然対数」と呼ばれるようになったが、代数的表記法が未熟であったため、ネイピアは対数を移動する点の移動距離の比を含む計算の補助としか考えていなかった。

17 世紀後半、スイスの数学者ヤコブ・ベルヌーイが複利計算に 2.718... を使ったが、この数を初めて *e* と呼んだのは、ヤコブの弟ヨハンの弟子であるレオンハルト・オイラーであった。オイラーは *e* を小数点以下 18 桁まで計算し、1727 年に *e* に関する最初の

レオンハルト・オイラー

1707年、スイス、バーゼルで生まれ、リーエン近郊で育つ。当初は、プロテスタントの牧師で、数学の素養があってベルヌーイ家とのつきあいもあった父から教えを受けた。オイラーは数学に情熱を傾けるようになっていく。牧師になるため大学へ進んだものの、ヨハン・ベルヌーイの力添えもあって、数学専攻に転じた。スイスとロシアで研究を続け、あとにも先にも類を見ない多産な数学者となって史上最多の論文を執筆、微積分学、幾何学、三角法をはじめとするさまざまな分野に大きく貢献した。1738年から徐々に視力を失い、1771年には完全に失明しても、研究に衰えは見られなかった。1783年、サンクトペテルブルクで最後の日まで研究を続けてから、生きることと計算することをやめた。

主な著作

1748年『無限解析入門』
1862年『最近行われた大砲の発射実験に関する考察』

参照： 位取りの数（p22〜27） ■ 無理数（p44〜45） ■ πを計算する（p60〜65） ■ 小数（p132〜37） ■ 対数（p138〜41） ■ 確率（p162〜65） ■ 大数の法則（p184〜85） ■ オイラーの恒等式（p197）

著作『瞑想』を書いた。しかし、それが出版されたのは1862年のことである。オイラーは1748年の『無限解析入門』で e をさらに探究した。

複利

e は最初、複利計算に登場した。例えば、普通預金口座の利息は、投資家ではなく口座に支払われ、貯蓄額を増やす。利息が年単位で計算される場合、100ポンドを年利3%で投資すると、1年後には $100\times1.03=103$ ポンドになる。2年後には $100\times1.03\times1.03=106.09$ ポンド、10年後には $100\times1.03^{10}=134.39$ ポンドとなる。この式は、$A=P(1+r)^t$ で、A は最終金額、P は当初の投資額（元本）、r は金利（小数）、t は年数だ。

利息の計算が年1回より多い場合は、計算方法が変わる。例えば、利息が毎月計算される場合、月利率は年利率の1/12である。$3\div12=0.25$ だから、1年後の投資額は $100\times1.0025^{12}=103.04$ ポンドとなる。利息を日割りで計算すると、利率は $3\div365=0.008...$ となり、1年後の金額は $100\times1.00008...^{365}=103.05$ ポンドとなる。この計算式は、$A=P(1+r/n)^{nt}$ であり、n は各年における利息の計算回数である。利息が計算される時間間隔が小さくなるにつれて、1年の終わりに得られる利息の額は $A=Pe^r$ に近づく。ベルヌーイはこの計算で n を無限大に近づけ（$n\rightarrow\infty$）、e が $(1+1/n)^n$ の極限になることを突き止めた。$(1+1/n)^n$ の式は、n が大きくなるにつれて e の近似値になっていく。例えば、$n=1$ なら e の値が2、$n=10$ なら e は2.5937...、$n=100$ では e の値が2.7048...となる。

複利が生む元本合計額は大きくなっていく。元金10ポンドを年利100パーセントで投資した場合と、もっと短い期間の複利にした場合を下図に例示する。

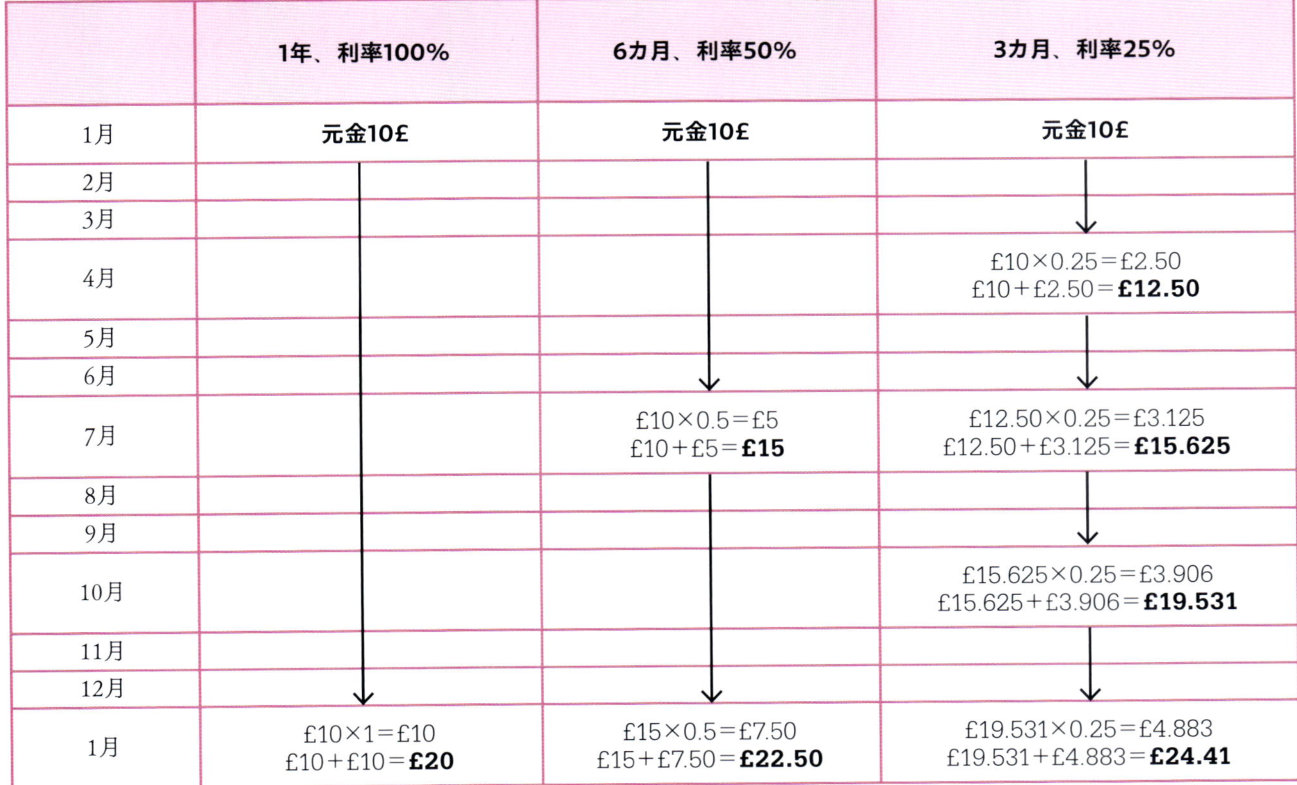

	1年、利率100%	6カ月、利率50%	3カ月、利率25%
1月	元金10£	元金10£	元金10£
2月	↓	↓	↓
3月			
4月			£10×0.25＝£2.50 £10＋£2.50＝**£12.50**
5月			↓
6月			
7月		£10×0.5＝£5 £10＋£5＝**£15**	£12.50×0.25＝£3.125 £12.50＋£3.125＝**£15.625**
8月		↓	↓
9月			
10月			£15.625×0.25＝£3.906 £15.625＋£3.906＝**£19.531**
11月			↓
12月			
1月	£10×1＝£10 £10＋£10＝**£20**	£15×0.5＝£7.50 £15＋£7.50＝**£22.50**	£19.531×0.25＝£4.883 £19.531＋£4.883＝**£24.41**

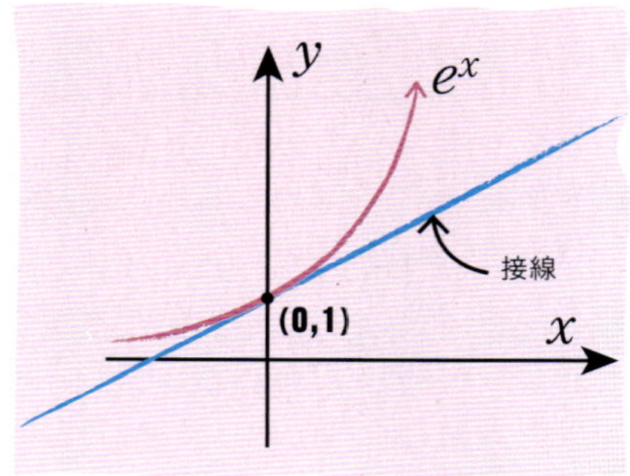

指数関数は複利計算にも使われる。指数関数の曲線$y=e^x$は、座標（0, 1）でy軸を横切り、急上昇していく。上のグラフには曲線の接線も示す。

オイラーが小数点以下18桁まで正しいeの値を計算したとき、彼はおそらく$e=1+1+1/2+1/6+1/24+1/120+1/720$と20項まで続く数列を使ったと思われる。彼は、各整数の階乗を使用してこれらの分母に到達した。ある整数の階乗は、その整数とそれ以下のすべての整数の積である。2!（2×1）、3!（3×2×1）、4!（4×3×2×1）、5!（5×4×3×2×1）......と、積の項を1つずつ増やしていく。階乗表記にすると、$e=1+1+1/2!+1/3!+1/4!$だ。オイラーは、eの値の小数点以下が無限に続くことにも気づいた。つまり、eは無理数ということだ。1873年にはフランスの数学者シャルル・エルミートが、eも非代数的であることを証明した。つまり、eは、「超越数」という、整数係数の代数方程式の解にはならない（特別な）実数だ。

成長曲線

複利は指数関数的成長の一例である。このような成長はグラフにすると曲線になる。17世紀、イギリスの聖職者トマス・マルサスが、戦争や飢饉、食糧不足など、人口増加を抑制するものがなければ、人口も指数関数的に増加すると提唱した。つまり、人口が同じ割合で増え続けるなら、総人口は増えていく一方だというのだ。一定の人口増加は、$P=P_0e^{rt}$という式で計算できる。ここで、P_0はもとの人口、rは成長率、tは時間である。

グラフにプロットすると、eがもうひとつの特別な性質を示す。$y=e^x$（指数関数、左図参照）のグラフは、座標（0, 1）での接線（曲線に接するが、曲線と交差しない直線）の勾配（急勾配）が正確に1の曲線だ。これは、e^xの導関数（変化率）が実際にはe^xであり、その導関数を使って接線を求めるからである。接線は、曲線上の特定の点での変化率を計算するのに使われる。導関数はe^xなので、接線の傾き（方向と急勾配の尺度）は常にy値と同じになる。

> 簡潔にするため、
> この2.718281828...
> という数をつねにeという文字で
> 表すことにしよう。
>
> **レオンハルト・オイラー**

アメリカ、ミズーリ州セントルイスのシンボル、ゲートウェイ・アーチ。1947年、フィンランド系アメリカ人の建築家エーロ・サーリネンが設計した。

懸垂線（カテナリー）

両端だけを固定して垂らしたチェーンの形状と説明されることもある懸垂線は、$y=1/2\times(e^x+e^{-x})$という式で表される曲線である。カテナリー曲線は自然界や科学技術にしばしば見いだされる。例えば、風圧を受ける正方形の帆がカテナリー曲線の形になる。建築物や構造物のアーチ形にも、強度を最大限に引き出せる逆カテナリー曲線がよくとりいれられる。

長いあいだ、カテナリー曲線は放物線と同一だと考えられていた。オランダの数学者クリスティアーン・ホイヘンスが、1690年にラテン語のcatena（“チェーン”）からカテナリー（catenary）と名づけ、放物線とは違って代数方程式の解曲線にならないことを示す。ホイヘンスとゴットフリート・ライプニッツ、ヨハン・ベルヌーイの3人の数学者がそれぞれカテナリー曲線の公式を計算して、同じ結論にたどり着き、1691年にその結果を共同で発表したのだった。

撹乱順列

集合に含まれる項を1列に並べるとき、その並べ方を順列と呼ぶ。例えば、1, 2, 3という数の集合なら、1, 2, 3または1, 3, 2または2, 1, 3または2, 3, 1または3, 1, 2または3, 2, 1という6通りの順に並べることができる。ある集合の順列の数は、対象となる項（集合の元）の個数の階乗（この場合は3!つまり3×2×1）に等しいので、もとの並べ方を含めて合計6ということになる。

オイラー数は、完全順列と呼ばれるタイプの順列においても重要である。完全順列では、どの項ももとの位置にとどまることはできない。4つの項がある場合、可能な順列の数は24であるが、1、2、3、4の完全順列を見つけるためには、まず1から始まるほかのすべての配置を排除しなければならない。2から始まる完全順列には、2, 1, 4, 3、2, 3, 4, 1、2, 4, 1, 3の3つがある。さらに、3から始まる3つの順列があり、4から始まる3つの順列があり、合計9個となる。項が5個の場合、順列の総数は120、6個の場合は720となり、すべての完全順列を見つけるのは大変な作業だ。オイラー数を使えば、任意の集合にある完全順列の数を計算することができる。この数は、順列の数をeで割った数に等しく、小数点以下は四捨五入される。例えば、順列が6通りある1、2、3の集合の場合、$6 \div e = 2.207...$だが、最も近い整数までなので2である。オイラーは、プロイセンのフリードリヒ大王が借金を返済するために宝くじをつくることを望んだので、10個の数字の完全順列を分析した。10個の数字について、完全順列が生じる確率は小数点以下6桁の精度で$1/e$であることを発見したのである。

> ［フリードリヒ大王は］
> 常時交戦中だった。
> 夏はオーストリアと、
> 冬は数学者たちと。
>
> **ジャン・ル・ロン・ダランベール**
> フランスの数学者

太古の人骨標本を分析する研究者。有機物の放射性炭素年代測定では、オイラー数を使って、放射性崩壊率から経年を計算する。

その他の用途

オイラー数は、ほかの多くの計算にも関連している。例えば、ある数を分割（パーティション）して、どの数が最大の積をもつかを発見する場合などである。10の場合、3と7で21、6と4で24、5と5で25となり、これが10を分割した2つの数を使った最大積となる。3つの数では、3, 3, 4の積は36であるが、分数を考えると、$(10/3) \times (10/3) \times (10/3) = 1000/27 = 37.037...$となり、3つの数ではこれが最大となる。4分割では、$(10/4) \times (10/4) \times (10/4) \times (10/4) = 39.0625$だが、5分割では、$2 \times 2 \times 2 \times 2 \times 2 = 32$となる。つまり、$(10/2)^2 = 25$、$(10/3)^3 = 37.037...$、$(10/4)^4 = 39.0625$、$(10/5)^5 = 32$となる。5分割の場合に小さくなるというこの結果は、10の最適分割数が3から4の間であることを示唆している。オイラー数は、最大積$e^{(10/e)} = 39.598...$と分割数$10/e = 3.678...$の両方を見つけるのに役立つのである。◆

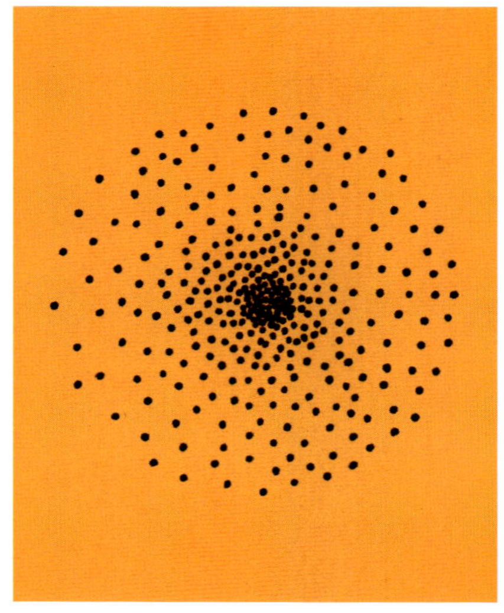

ランダムな変動がパターンをつくる

正規分布

関連事項

主要人物
アブラム・ド・モアヴル
(1667〜1754年)、
カール・フリードリヒ・ガウス
(1777〜1855年)

分野
統計学、確率論

それまで
1710年 イギリスの医師ジョン・アーバスノットが、男女の人口に関する神の摂理に統計的根拠を示す。

その後
1920年 イギリスの統計学者カール・ピアソンが、ガウス曲線を"正規曲線(normal curve)"というのは、ほかの確率分布はみな"異常(abnormal)"だというようで遺憾だと表明する。

1922年 アメリカのニューヨーク証券取引所が、正規分布を導入して投資リスクをモデル化する。

18世紀、フランスの数学者アブラム・ド・モアヴルが、統計学において重要な一歩を踏み出した。ヤコブ・ベルヌーイが発見した二項分布をもとに、ド・モアヴルは事象が平均(下のグラフのb)のまわりに集まることを示したのだ。この現象は正規分布として知られている。

二項分布(2つの可能性のうちの1つに基づいて結果を記述するために使用される)は、1713年に出版されたベルヌーイの『推測法』で初めて示された。コイン投げには、「成功」(表)と「失敗」(裏)という2つの可能性がある。このような2つの可能性が等しいテストを「ベルヌーイ試行」という。二項確率は、このようなベルヌーイ試行を一定数(n)、それぞれ同じ成功確率(p)で実施し、成功の総数を数えたときに生じる。結果として生じる分布は、$b(n, p)$と書かれる。二項分布$b(n, p)$は、npの平均を中心として、0からnまでの値をとることができる。

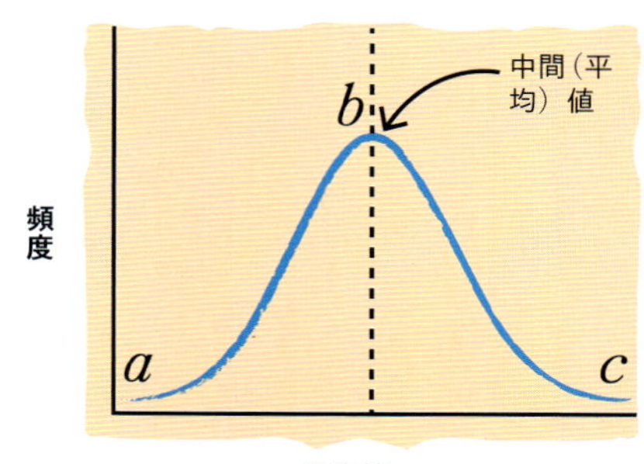

正規分布をグラフに描くと、鐘形曲線(ベル・カーブ)になる。曲線の頂点(b)はデータが集まる数値域の中間にある。中間点から遠くなるほどデータ出現頻度が減り、a、cの点で最小となる。

平均を求める

1721年、スコットランドの男爵アレクサンダー・カミングは、偶然のゲームにおける期待賞金に関する問題をド・モアヴルに与えた。ド・モアヴルは、それは二項分布の平均偏差(全体の平均と数値の集合の各値の平均差)を求めることに帰着すると結論づけた。彼はその結果を『解析論集』に著した。

ド・モアヴルは、二項分布の結果がその平均値の周辺に集まること、つまりグラフ上では、データを集めるほど鐘(ベル)(正規分布)の形に近づく、不均一

参照： 確率（p162〜65） ■大数の法則（p184〜85） ■代数学の基本定理（p204〜09） ■ラプラスの悪魔（p218〜19） ■ポアソン分布（p220） ■現代統計学の登場（p268〜71）

な曲線を描くことに気づいていた。1733年に正規分布を使って二項確率を近似する簡単な方法を発見し、グラフ上に二項分布の鐘形曲線を描くことに成功した。彼はこの発見を短い論文にまとめ、1738年版の『偶然の理論』に掲載した。

事象は中間に密集する。

一定範囲内で任意の値をとる連続データに対しては、正規分布があてはまる。グラフに描くと鐘形曲線（ベル・カーブ）になる。

それぞれに値が異なる離散データに対しては、二項分布があてはまる。

ド・モアヴルによると、標本の規模が十分に大きければ、二項分布の推測にも正規分布の鐘形曲線（ベル・カーブ）が使える。

正規分布の使用

18世紀半ばから、鐘形曲線はあらゆるデータのモデルとして登場した。1809年、カール・フリードリヒ・ガウスは、有用な統計ツールとして正規分布を開拓した。フランスの数学者ピエール＝シモン・ラプラスは、正規分布曲線の最初の応用例のひとつとして、測定誤差のようなランダムな誤差の曲線をモデル化するために使用した。

19世紀になると、多くの統計学者が実験結果のばらつきを研究した。イギリスの統計学者フランシス・ゴルトンは、ゴルトン・ボード（クインカンクス）と呼ばれる装置を用いて、ランダムなばらつきを研究した。3角形に並んだ釘で構成されており、ビーズが落下して、一連の垂直の筒に集まる。269ページの図でわかるように、サイコロの5の目（クインカンクス）状に並んだ釘に玉が当たって経路を変えながら落ちていく、パチンコ台のような設計だ。ゴルトンはそれぞれの筒に何個のビーズが入っているかを測定し、その分布を「正規分布」と表現した。彼の研究は、カール・ピアソンの研究とともに、「ガウス」曲線としても知られるものを表す「正規分布」という用語の使用を広めた。◆

アブラム・ド・モアヴル

1667年生まれ。カトリックの国フランスでプロテスタントとして育つ。1685年、ユグノー（フランスのカルヴァン派）にも信教の自由を認めるナントの勅令をルイ14世が廃止。ド・モアヴルは一時投獄され、釈放されるなりイギリスへ渡った。ロンドンで数学の個人指導をするようになる。大学で教えるポストを望んでも、イギリスではまだフランス人への差別待遇があった。とはいえ、アイザック・ニュートンをはじめ当代きってのすぐれた科学者たちの力添えがあって、1697年に王立協会フェローに選出される。確率分布の業績があるほか、複素数と三角関数に関するド・モアヴルの定理で名を残した。1754年、ロンドンで死去。

主な著作

1711年『偶然の測定』*De Mensura Sortis*
1721〜1730年『解析論集』*Miscellanea Analytica*
1738『偶然の理論』（第2版）
1756年『偶然の理論』（第3版）

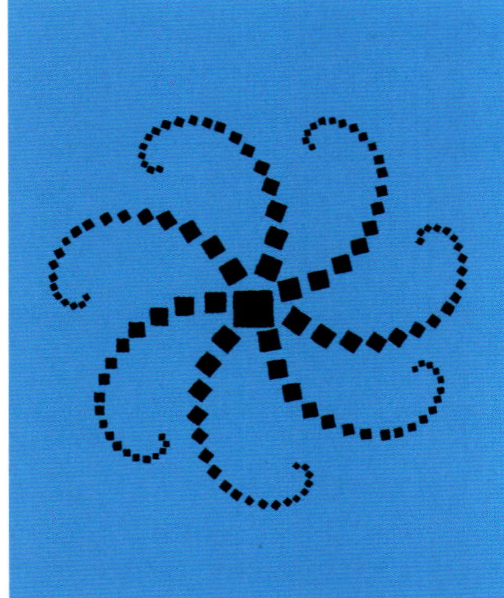

ケーニヒスベルクの7つの橋

グラフ理論

関連事項

主要人物
レオンハルト・オイラー
(1707～1783年)

分野
数論、位相幾何学(トポロジー)

それまで
1727年 オイラーが定数*e*の表記を導入、指数関数的な増加や減衰を記述する。

その後
1858年 アウグスト・メビウスがグラフ理論におけるオイラーの公式を面に拡張し、つなげると片面しかなくなる曲面を得る。

1895年 アンリ・ポアンカレが『位置解析』*Analysis situs*という論文を発表、グラフ理論を一般化して数学にトポロジー(連続変形に影響されない幾何学図形の性質を研究する学問)という新分野を生み出す。

オイラーのグラフ理論は、点と点のつながり方に注目する。

グラフは、アーク(弧または辺)で結ばれた不連続な点(ノードまたは頂点)の集合からなる。

どのアークも1度しか通らずにすべての点へ移動していける経路があれば、それをオイラー路という。

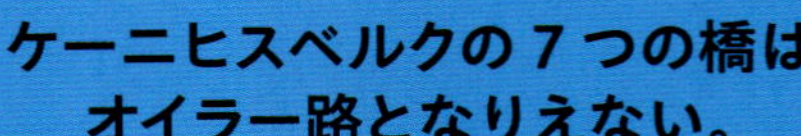

グラフ理論と位相幾何学は、レオンハルト・オイラーがケーニヒスベルク(現ロシアのカリーニングラード)の7つの橋を、どの橋も2度は渡らずに1周することが可能かどうかという、数学的パズルの解を見つけようとしたことから始まった。川はひとつの島を囲むように流れ、分かれていく。オイラーは、この問題が位置の幾何学に関係していることに気づき、新しいタイプの幾何学を開発して、そのようなルートを考案することは不可能であることを示した。橋と橋の距離は関係ない。重要なのは橋と橋、点の間のつながりだけである。

オイラーはこの問題を、川によって分かれる4つの陸地それぞれをノード(頂点)とし、それぞれの点を結ぶアーク(弧または辺)を橋とすることで、モデル化した。これにより、陸地と橋の

参照：座標（p144〜51） ▪オイラー数（p186〜91） ▪複素数平面（p214〜15） ▪メビウスの帯（p248〜49）
▪トポロジー（p256〜59） ▪バタフライ効果（p294〜99） ▪四色定理（p312〜13）

**オイラーを読め。
とにかくオイラーを読め。
彼はすべてにおいて
われわれの師だ。**

ピエール=シモン・ラプラス

関係を表す「グラフ」が得られたのである。

最初のグラフ定理

オイラーは、それぞれの橋は1度しか渡れず、陸地に入るたびに陸地から出る必要があるという前提から出発した。どの橋も2度渡るのを避けるには、2つの橋が必要となる。つまり、各陸地は偶数個の橋に接続する必要がある。ただし、スタート地点とゴール地点は例外となる（その2つが異なる場所にある場合）。しかし、ケーニヒスベルクを表すグラフ（右図）では、Aは5つの橋の終端であり、B、C、Dはそれぞれ3つの橋の終端である。条件に見合うルートは、陸地（ノードまたは頂点）に偶数の橋（アーク）で出入りする必要がある。また、スタート地点とゴール地点だけが奇数個の橋をもつことができる。2つ以上のノードが奇数のアークをもつ場合、それぞれの橋を1度だけ使うルートはありえない。これを示すことによって、オイラーはグラフ理論における最初の定理を提供した。

「グラフ」という言葉は、x軸とy軸を使って点をプロットした直交座標系を表すのに、よく使われる。より一般的には、グラフはアーク（弧または辺）で結ばれたノード（または頂点）の離散的な集合で構成される。あるノードで出会うアークの数を、次数という。ケーニヒスベルク・グラフの場合、Aは次数5、B、C、Dはそれぞれ次数3である。各アークを1度だけ通る経路をオイラー路（始点と終点が異なるノードの場合は半オイラー路）と呼ぶ。

ケーニヒスベルクの橋の問題は、次のように表現できる。「ケーニヒスベルクのグラフにオイラー路または半オイラー路は存在するか？」オイラーの答えは、そのようなグラフは奇数次のノードが最大でも2つでなければならないというものだが、ケーニヒスベルクのグラフには奇数次のノードが4つあるのだった。

ネットワーク理論

グラフ上のアークは、例えば地図上の道路の長さの違いを表すように、数値を割り当てることによって「重み付け」（重要度を与えること）をされることがある。重み付けされたグラフはネットワークとも呼ばれる。ネットワークは、多くの分野（コンピュータ・サイエンス、素粒子物理学、経済学、暗号学、社会学、生物学、気候学など）で、通常、2点間の最短距離のような特定の特性を最適化する目的で、オブジェクト間の関係のモデル化に使用される。

ネットワークの応用のひとつに、いわゆる「巡回セールスマン問題」への取り組みがある。計算機の進歩にもかかわらず、常に最良の解を見つけることを保証する方法は存在しない。なぜなら、訪れる都市の数が増えるにつれて、巡回にかかる時間は指数関数的に増大するからである。◆

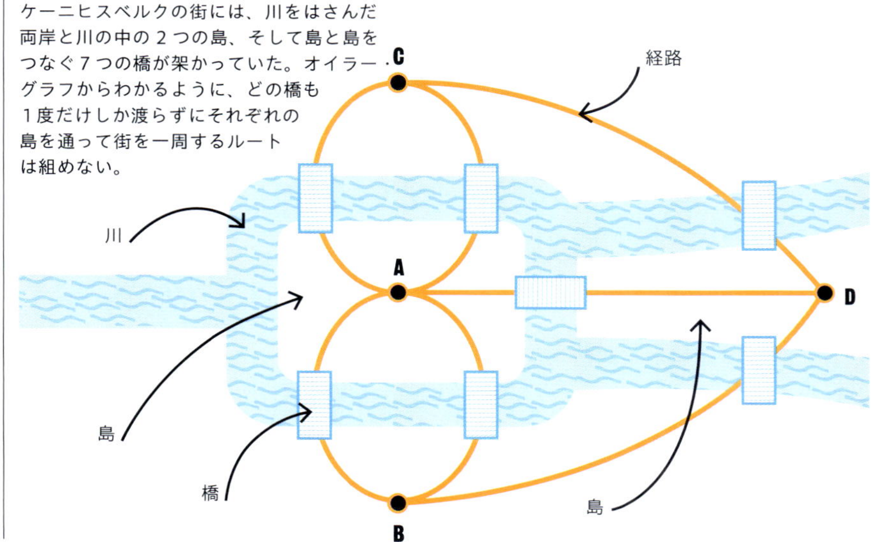

ケーニヒスベルクの街には、川をはさんだ両岸と川の中の2つの島、そして島と島をつなぐ7つの橋が架かっていた。オイラー・グラフからわかるように、どの橋も1度だけしか渡らずにそれぞれの島を通って街を一周するルートは組めない。

すべての偶数は2つの素数の和である

ゴールドバッハ予想

関連事項

主要人物
クリスティアン・ゴールドバッハ
(1690〜1764年)

分野
数論

それまで
200年ごろ アレクサンドリアのディオファントスが著書『算術』に、数に関する重要な問題を展開する。

1202年 フィボナッチが、のちにフィボナッチ数列といわれるようになる数を発見する。

1643年 ピエール・ド・フェルマーが数論という分野を開拓する。

その後
1742年 レオンハルト・オイラーが、ゴールドバッハ予想の精度を上げる。

1937年 ソヴィエト連邦の数学者イヴァン・ヴィノグラードフが、3素数和バージョンのゴールドバッハ予想を証明する。

1742年、ロシアの数学者クリスティアン・ゴールドバッハが、当時有数の数学者であったレオンハルト・オイラーに手紙を書いた。ゴールドバッハは、2より大きい偶数が6(3+3)や8(3+5)のような2つの素数に分割できるという驚くべきことを発見したと考えていた。オイラーはゴールドバッハが正しいと確信したが、それを証明することはできなかった。ゴールドバッハはまた、5より大きな奇数はすべて3つの素数の和であるという考えを提案し、2以上の整数はすべて素数を足し合わせることによってつくることができると結論づけた。これらの追加提案は、最初の「強い」予想が真であれば自然に導かれることから、もとの予想の「弱い」バージョンと呼ばれている。

手作業や電子的な方法では、もとの強い予想に合致しない偶数はまだ見つかっていない。2013年、コンピュータにより4×10^{18}までのすべての偶数をテストできたが、合致しない偶数は1つも見つけることができなかった。数字が大きくなればなるほど素数の組の数が増えるので、この予想が有効で例外が見つからない可能性は高いと思われる。しかし、数学者は決定的な確固とした証明を必要とするのだ。◆

オーストラリア出身の数学者、カリフォルニア大学ロサンゼルス校教授テレンス・タオ。2006年にフィールズ賞、2015年には数学ブレイクスルー賞受賞。2012年、弱いバージョンのゴールドバッハ予想に肉薄する定理の証明を発表した。

参照：メルセンヌ素数（p124） ■ 大数の法則（p184〜85） ■ リーマン予想（p250〜51） ■ 素数定理（p260〜61）

最も美しい方程式

オイラーの恒等式

関連事項

主要人物
レオンハルト・オイラー
（1707～1783年）

分野
数論

それまで
1714年　アイザック・ニュートンの『プリンキピア』を校正したイギリスの数学者ロジャー・コーツが、オイラーの恒等式に似ているが、虚数と複素対数（底が複素数の対数）を使った公式を立てる。

その後
1749年　アブラム・ド・モアヴルが、オイラーの公式を使って、複素数と三角関数を関連づけるド・モアヴルの定理を証明する。

1934年　ソヴィエト連邦の数学者アレクサンダー・ゲルフォンドが、e^{π}が超越数であることを証明した。

1747年にレオンハルト・オイラーによって発表されたオイラーの恒等式$e^{i\pi}+1=0$は、数学で最も重要な５つの数を内包している。足し算と引き算の中立元である０（ゼロ）、掛け算と割り算の中立元である１、指数関数的な成長と減衰の中心にある数のe(2.718...)、基本的な虚数であるi ($\sqrt{-1}$)、そして円の円周と直径の比で数学と物理学の多くの方程式に登場するπ(3.1415...)。うち２つの数、eとiは、オイラー自身が導入したものだ。オイラーの天才は、べき乗（例えば5^4）と掛け算、足し算という３つの単純な演算で、５つの画期的な数をすべて組み合わせたことにあった。

複雑な累乗

オイラーら数学者たちは、ある数を複素数乗にすることに意味はあるのかと自問していた。複素数とは、実数と虚数を組み合わせた、例えば$a+bi$（aとbは任意の実数）のような数である。

> **シンプルなのに……信じられないほど深遠だ。数学の最も重要な５つの定数からなる式だとは。**
>
> **デイヴィッド・パーシー**
> イギリスの数学者

オイラーは虚数iとπを掛けたものを定数eのべき乗にすると-1になることを発見した。方程式の両辺に１を足すと、オイラーの恒等式、$e^{i\pi}+1=0$となる。非常にシンプルであることから、数学者はこの方程式を「エレガント」だと表現する。深遠な意味をもちながら非常に簡潔な証明にのみ、許される表現である。◆

参照：πを計算する（p60～65）■三角法（p70～75）■虚数と複素数（p128～31）■対数（p138～41）■オイラー数（p186～91）

どんな理論も完璧ではない

ベイズ理論

関連事項

主要人物
トマス・ベイズ
（1702〜1761年）

分野
確率論

それまで
1713年 著者の死後出版されたヤコブ・ベルヌーイの『推測法』に、新しい数学的確率論が示される。

1718年 アブラム・ド・モアヴルが著書『偶然の理論』（第1版）で、事象の統計的独立を定義する。

その後
1774年 ピエール＝シモン・ラプラスが『事象の原因の確率に関する研究』に、逆確率の法則を導入する。

1992年 ベイズ分析の開発と応用を促進する、国際ベイズ分析協会（ISBA）が設立される。

ベイズの法則を使って、事前の情報に基づいて事象の確率を計算する。

事象に関係する条件をもとに、その事象が起きる確率をより正確に算定できる。

ベイズの法則を使うと、事象の事後確率をより正確に予測できる。

1763年、ウェールズの牧師・数学者リチャード・プライスが、「偶然論の問題解決に向けた試論」という論文を発表した。著者はその2年前に亡くなったトマス・ベイズ牧師。遺言によりプライスに託されていたこの論文は、確率のモデル化において画期的なものであり、今日でも行方不明になった航空機の位置確認や病気の検査など、さまざまな分野で利用されている。

ヤコブ・ベルヌーイの著書『推測法』（1713年）は、同一分布でランダムに生成される変数の数が増えるにつれて、それらの観測平均が理論平均に近づくことを示した。例えば、コインを長い間投げつづけていると、表が出る回数はだんだん投げている回数の半分に近づいていく。つまり確率が0.5になる。

1718年ころから、アブラム・ド・モアヴルは確率を支える数学に取り組んだ。その中で彼は、標本数が十分に大きければ、連続的な確率変数（例え

参照：確率（p162〜65）■大数の法則（p184〜85）■正規分布（p192〜93）■ラプラスの悪魔（p218〜19）■ポアソン分布（p220）■現代統計学の誕生（p268〜71）■チューリング・マシン（p284〜89）■暗号技術（p314〜17）

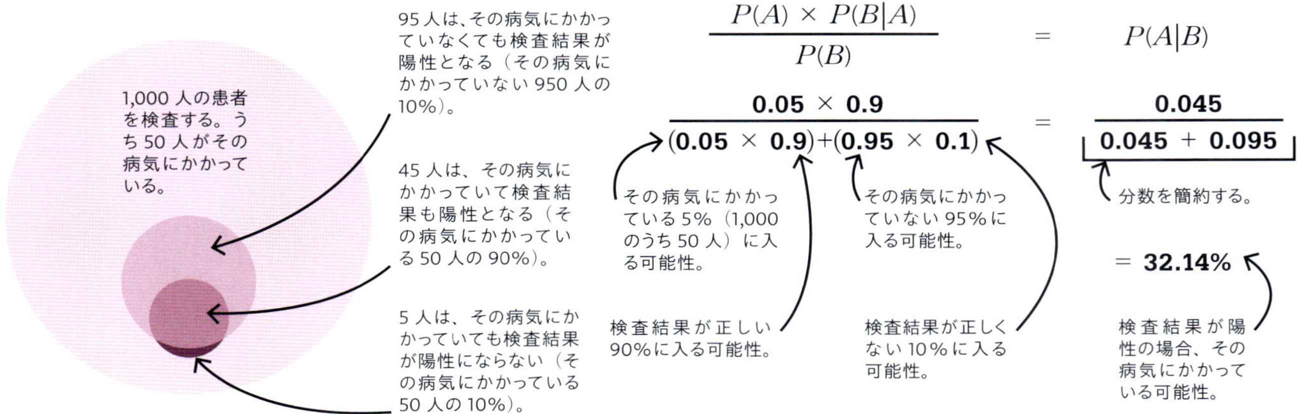

人口の5%がある病気にかかり（事象A）、正確さが90%の検査で診断される（事象B）ならば、検査結果が陽性の場合にその病気にかかっている確率（P）は、$P(A|B)$——条件付き確率90%である。しかし、ベイズの定理では、検査で誤った結果が出る10%の不正確さも$P(B)$の要因に入れる。

ば、人々の身長）の分布は、のちにドイツの数学者カール・ガウスによって「正規分布」と命名される、鐘の形の曲線に平均化されることを実証した。

確率を計算する

しかし、現実世界のほとんどの出来事は、コインを投げるよりも複雑である。確率が有用であるためには、数学者は、ある出来事の結果をどのように使えば、その出来事に至った確率についての結論を導き出せるかを見極める必要があった。観察された事象の原因に基づくこの推論は、コイントスの50%の確率のような直接的な確率を使うのではなく、逆確率として知られるようになった。原因の確率を扱う問題は逆確率問題と呼ばれ、例えば、曲がったコインが20回中13回表が出るのを観察し、そのコインの表が出る確率が0.4と0.6の間のどこかにあるかどうかを判断しようとする。逆確率の計算方法を示すために、ベイズは「事象A」と「事象B」という2つの相互依存的な事象を考えた。それぞれに発生確率$P(A)$と$P(B)$があり、それぞれのPは0から1の間の数である。事象Aが起これば、事象Bが起こる確率が変わり、逆もまたしかりである。これを表すために、ベイズは「条件付き確率」を導入した。これらは、$P(A|B)$、Bが与えられたときのAの確率、$P(B|A)$、Aが与えられたときのBの確率として与えられる。ベイズは、4つの確率が互いにどのように関係しているかという問題を$P(A|B) = P(A) \times P(B|A) / P(B)$という方程式で解決した。◆

トマス・ベイズ

1702年、非国教派牧師の息子としてロンドンに生まれ育つ。エディンバラ大学で論理学と神学を学び、父のあとを継ぐかたちで、ケント州タンブリッジウェルズの長老派教会牧師として生涯のほとんどを送った。

ベイズの数学者としての人生については詳細が不明だが、1736年に匿名で発表した著作で、アイザック・ニュートンの流率法（微積分学の基礎）を、厳密な数学ではないとしてしりぞけた哲学者ジョージ・バークリー司教の批判から擁護している。1742年、王立協会フェローに選出され、1761年に病死した。

主な著作

1736年『流率理論の紹介、および「アナリスト」著者による異議からの数学者擁護』

単に代数の問題

方程式の代数的解決

関連事項

主要人物
ジョゼフ=ルイ・ラグランジュ
(1736〜1813年)

分野
代数学

それまで
628年 ブラーマグプタが、さまざまな2次方程式の解の公式を示す。

1545年 ジローラモ・カルダーノが、3次方程式、4次方程式の解の公式を導き出す。

1749年 レオンハルト・オイラーが、n次の代数方程式にはちょうどn個の複素数根(解)がある(n=2, 3, 4, 5, 6の場合)ことを証明する。

その後
1799年 カール・フリードリヒ・ガウスが、初めてとなる代数学の基本定理の証明を発表。

1824年 ノルウェーのニールス・ヘンリク・アーベルが、アーベルの導いた結論をもとに、5次方程式に一般的な解の公式がないという、1799年のパオロ・ルフィニの証明を完成させる。

数と1つの未知数(x、およびx^2やx^3のようなxのべき乗)を含む、例えば$x^2+x+41=0$などといった代数方程式は、実社会の問題を解くための強力なツールである。このような方程式は、数値計算を繰り返すことで近似的に解くことができるが、正確に(代数的に)解くことは18世紀まで達成されなかった。その探究により、負の数や複素数といった新しいタイプの数、近代的な代数表記法や群論など、多くの数学的革新がもたらされたのだった。

解の探究

バビロニア人や古代ギリシア人は、現在では2次方程式で表されるような問題を解くために、幾何学的手法を用いた。中世には、より抽象的なアルゴリズムによるアプローチが確立され、

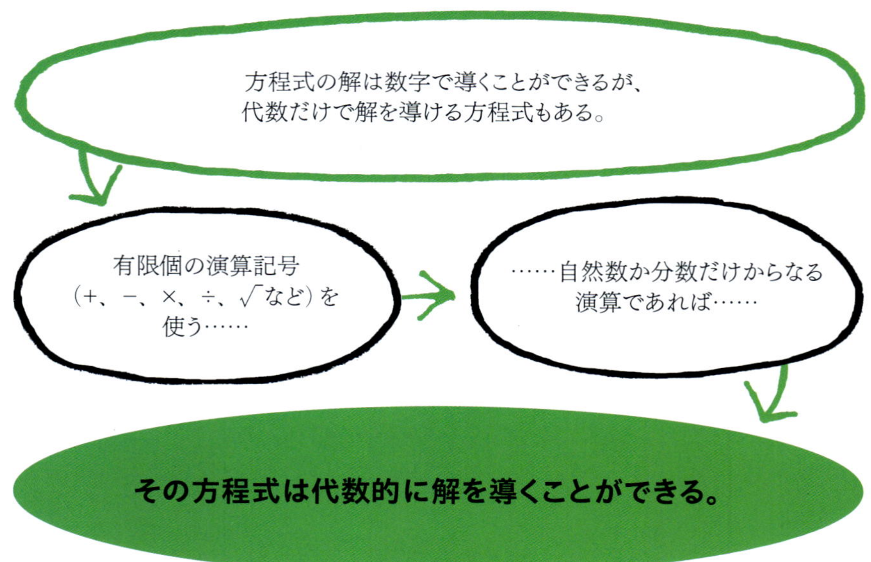

参照：2次方程式（p28～31）■代数学（p92～99）■二項定理（p100～01）■3次方程式（p102～05）■ホイヘンスの等時曲線（p167）■代数学の基本定理（p204～09）■群論（p230～33）

16世紀になると、数学者は代数方程式の係数とその根のあいだにある関係を知り、3次方程式（最高乗数3）と4次方程式（最高乗数4）を解く公式を考案した。17世紀には、現在では代数学の基本定理と呼ばれる代数方程式の一般理論がかたちづくられた。次数nの方程式（xの最大べき乗はx^n）は、実数または複素数であるn個の根または解をもつというものである。

$$mx^3 + nx^2 + px + q = 0$$

根と順列

フランス系イタリア人の数学者ジョゼフ＝ルイ・ラグランジュは、『方程式の代数学的解法について』（1771年）の中で、代数方程式を解くための一般的なアプローチを紹介した。彼の研究は理論的なもので、代数方程式の構造を調査し、それを解くための公式がどのような状況で見つかるかを探った。そして、係数がもとの方程式の係数と関連している、関連する低次の多項式を使用する技法と、革新的な技法を組み合わせ、根の可能な順列（並べ替え）を考えた。これらの順列から生じる対称性についてのラグランジュの洞察は、3次方程式と4次方程式が公式によって解ける根拠を示し、（対称性と根の順列が異なるため）5次方程式の公式が異なるアプローチを必要とする理由を示した。ラグランジュの研究から20年も経たないうちに、イタリアの数学者パオロ・ルフィニが5次方程式の一般式が存在しないという証明に着手。ラグランジュの順列（と対称性）についての研究は、フランスの数学者エヴァリスト・ガロアが発展させた、より抽象的で一般的な群論の基礎となった。ガロアはこれを用いて、5次以上の方程式を代数的に解くことがなぜ不可能なのか、つまりそのような方程式を解くための一般式がなぜ存在しないのかを証明した。◆

ジョゼフ＝ルイ・ラグランジュ

1736年にトリノで、ジュゼッペ・ルイージ・ラグランジャというイタリア語名で生まれる。フランス系の出自を重んじて、フランス語のラグランジュを名乗った。独学で数学者となった若いころに等時曲線問題を研究して、その種の問題を解く関数を見いだす新形式の方法を導き出した。19歳のときレオンハルト・オイラーに手紙を書いて、才能を認められる。みずから発見し、オイラーが変分法と名づけた方法を応用して、ラグランジュは弦の振動など広範囲にわたって物理現象を研究した。1766年、オイラーの推薦によってベルリン科学アカデミーの数学部長に就任。1787年にはパリのフランス科学アカデミーに移籍した。学者で、しかも他国の出身だったにもかかわらず、フランス革命と恐怖時代を生き延びて、1813年、パリで生涯を閉じた。

主な著作

1771年『方程式の代数学的解法について』
1788年『解析力学』
1797年『解析関数論』

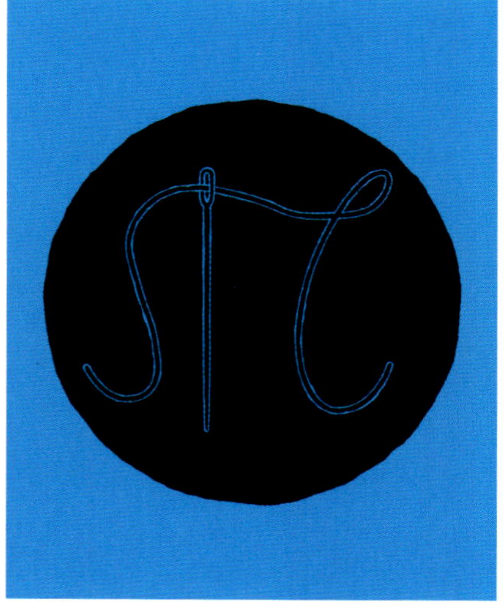

事実を集めよう

ビュフォンの針の実験

関連事項

主要人物
ジョルジュ=ルイ・ルクレール・ド・ビュフォン
(1707〜1788年)

分野
確率論

それまで
1663年　ジローラモ・カルダーノ著『偶然のゲームについて』が出版される。

1718年　アブラム・ド・モアヴルが『偶然の理論』を出版する。確率論についての初めての教科書。

その後
1942〜1946年　アメリカの核兵器開発主体、マンハッタン計画が、大々的にモンテカルロ法(乱数による無作為抽出によってリスクをモデリングするコンピュータ処理)を利用する。

1900年代末　極微系における素粒子の相互作用探究に、量子モンテカルロ法が利用される。

1733年、数学者であり博物学者でもあったビュフォン伯ジョルジュ=ルイ・ルクレールは、興味深い問題を提起し、みずからそれに答えを出した。同じ幅の平行線の上に針を落とした場合、針がその線の1本を横切る可能性はどのくらいだろうか？　現在ではビュフォンの針の実験として知られるこの実験は、最も初期の確率計算のひとつである。

エレガントな図解

ビュフォンはもともとπ、つまり円の円周と直径の比を推定するために針の実験を行った。彼は針の長さをl、平行線の幅をdとして、dがlよりも大きい($d>l$)一連の平行線の上に、針を何度も落とした。次に、針が線を横切った回数を試行回数全体の割合(p)として数え、πが針の長さlの2倍を$d \times p$で割ったものにほぼ等しいという公式を導き出した($\pi \fallingdotseq 2l \div dp$)。針が線を横切る確率は、式の各辺に$p$を掛け、次に各辺を$\pi$で割って、$p \fallingdotseq 2l \div \pi d$とすることで計算できる。$\pi$との関係は、多くの確率問題で使うことができる。例えば、正方形に内接する4分の1円があり、正方形の左上から右下に向かって弧を描いている場合(下図参照)。正方形の底辺をx軸、左の垂直の辺をy軸とし、左下の頂点を0、弧の両端の頂点を1とする。このxy座標で0と1の間の2つの数をランダムに選んだとき、その点が4分の1円の内側にあるか(成功)、外側にあるか(失敗)は、$\sqrt{a^2+b^2}$(aはx座標、bはy座標)を調べることによって推測できる。結果は、曲線の外側にある点は＞1、曲線の内側にある点は＜1となる。点はランダムに選ばれるので、

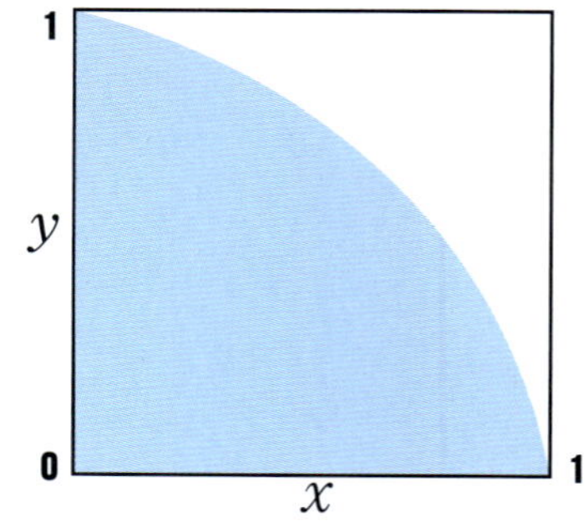

無作為抽出した点が円の4分の1の範囲内に落ちる確率は、約78パーセントと算出される。

参照： π を計算する（p60～65）■ 確率（p162～65）■ 大数の法則（p184～85）
■ ベイズ理論（p198～99）■ 現代統計学の誕生（p268～71）

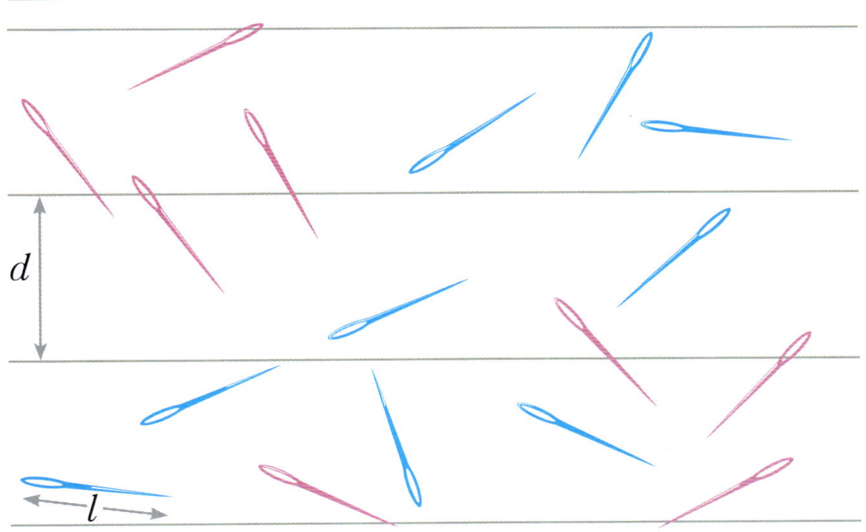

d=直線と直線の間隔
l=針の長さ

ビュフォンの針の実験は、確率と円周率 π の関係を実証する。ビュフォンは、落ちた針が直線と交われば"成功"（ピンク色の針）、交わらなければ"失敗"（青色の針）と分類し、"成功"の確率を計算した。

正方形のどこにあってもよい。また、4分の1円の線上の点は成功と数えることができる。「成功」の確率は πr^2（円の面積）÷4である。半径が1の場合、r^2=1なので、面積はπだけである。4分の1円の場合、πを4で割ると約0.78になる。全体の面積は正方形の面積で、1×1＝1なので、色のついた部分に着地する確率は約0.78÷1＝0.78となる。

モンテカルロ法

モンテカルロ法とは、ポーランドのアメリカ人科学者スタニスワフ・ウラムとその同僚が、第二次世界大戦中の核兵器に関する極秘研究で使用したランダム・サンプリングのコードネームである。モンテカルロ法は、特にコンピュータによって確率実験を何度も繰り返すのにかかる時間が大幅に短縮されるようになると、さまざまに応用されるようになった。◆

風力発電基地の耐用期間中の予測発電量を算出し、さまざまなレベルの不確実性を示して、モンテカルロ法確率処理によって風力エネルギー収率を解析する。

ビュフォン伯ジョルジュ＝ルイ・ルクレール（ジョルジュ＝ルイ・ルクレール・ド・ビュフォン）

1707年、フランス、モンバールに領主の息子として生まれる。両親からは法律家の道を勧められながらも、アンジェー大学ではもっと興味があった植物学、医学、数学を学んだ。20歳で二項定理を探究する。

自由になる財産があったビュフォンは、思うさま執筆や勉学に没頭し、同時代の錚々たる科学者たちとも広く交流した。彼の関心は多方面に及び、造船から自然誌や天文学といった分野までに残した業績ははかりしれない。また、数々の学術書を翻訳している。

1739年に王の庭園だったパリ植物園の管理者に任じられたビュフォンは、世界中から植物を集めて園を充実させ、規模も大きくした。その地位のまま、1788年にパリで世を去った。

主な著作

1749～1786年『博物誌』
1778年『自然の諸時期』

代数学はしばしば求められる以上のものを与える

代数学の基本定理

関連事項

主要人物
カール・フリードリヒ・ガウス
(1777～1855年)

分野
代数学

それまで
1629年 アルベール・ジラールが、n次の代数方程式にはn個の解があると述べる。

1746年 ジャン・ダランベールが、初めて代数学の基本定理(the fundamental theorem of algebra: FTA)の証明を試みる。

その後
1806年 ジャン＝ロベール・アルガンが、初めての論理的に厳密なFTAの証明を発表。複素数を係数にもつ代数方程式を可能にする。

1920年 アレクサンドル・オストロフスキーが、ガウスによるFTA証明に残る推定を証明する。

1940年 ヘルムート・クネーザーが、初めてアルガンによるFTA証明に対する建設的改訂版を示し、解を求めることを可能にする。

方程式は、ある量が別の量に等しいことを主張し、未知の数を決定する手段を提供する。バビロニアの時代から、学者たちは方程式の解を求め、解けないように見える例題に遭遇してきた。紀元前5世紀、ヒッパソスは$x^2=2$を解こうとして、$\sqrt{2}$が無理数(整数でも分数でもない数)であることに気づき、ピュタゴラス派の信条を裏切ったとして死に至ったと言われている。それから約800年後、ディオファントスは負の数についての知識がなかったため、xが負の数となる方程式、例えば$4=4x+20$(xは-4)を受け入れられなかった。

ジローラモ・カルダーノは、16世紀に3次方程式を研究中、負の平方根に行き当たった。彼がそれを妥当な解と受け入れたことが、代数学の重要な一歩になった。

代数方程式と根

18世紀に数学で最も研究された分野のひとつに、代数方程式がある。代数方程式は力学、物理学、天文学、工学の問題を解くのによく使われ、x^2のような未知の値のべき乗を含む。代数方程式の「根」とは、未知の値を置き換えて代数方程式を0にする特定の数値のことである。1629年、フランスの数学者アルベール・ジラールは、次数nの代数方程式はn個の根をも

> **無知を正直に認めて問題を解くこの方法こそ、代数学というものだ。**
> **メアリ・エヴェレスト・ブール**
> イギリスの数学者

代数方程式は、変数(xやyなど)と係数(4など)のほか、演算記号(+や−など)からなる方程式(例えば$x^2+4x-12=y$)のかたちで表される。

解は、変数に代入すると(例えば$x=-6$)その方程式がゼロに等しくなる数である。

すべての代数方程式は実数または複素数、どちらかの解をもつ。

これを、代数学の基本定理(the fundamental theorem of algebra: FTA)という。

参照： 2次方程式（p28〜31）■負の数（p76〜79）■代数学（p92〜99）■3次方程式（p102〜05）■虚数と複素数（p128〜31）■方程式の代数的解決（p200〜01）■複素数平面（p214〜15）

方程式の解を求める

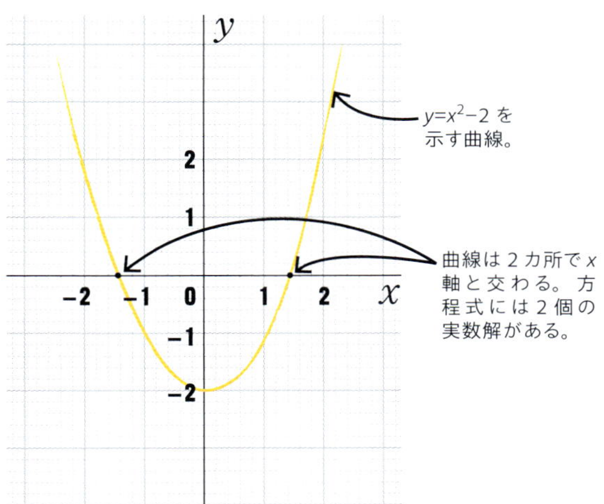

$x^2-2=0$ のような2次方程式は、つねに2個の実数または虚数の解をもつ。

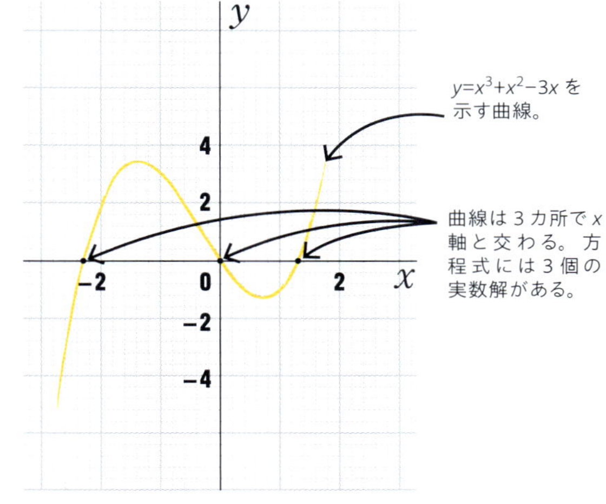

$x^3+x^2-3x=0$ のような3次方程式は、つねに3個の実数または虚数の解をもつ。

つことを示した。例えば2次方程式 $x^2+4x-12=0$ は、$x=2$ と $x=-6$ の2つの根をもち、どちらも答えは0になる。これは x^2 項のために2つの根をもつ。2はこの方程式における最高乗数である。2次方程式をグラフに描くと（上の図のように）、これらの根が簡単に見つかる。曲線が x 軸に接するところだ。ジラールの定理は有用であったが、その研究は、彼が複素数の概念をもたなかったという事実によって妨げられた。複素数は、すべての可能な代数方程式を解くための、代数学の基本定理（FTA）を生み出す鍵となる。

複素数

すべての正数と負数、有理数と無理数の集合が、実数を構成する。しかし、代数方程式の中には実数の根をもたないものもある。これは、16世紀にイタリアの数学者ジローラモ・カルダーノとその仲間たちが直面した問題であった。3次方程式の研究をしていた彼らは、解の一部に負の数の平方根が含まれていることに気づいた。これは不可能に思えた。ある負の数に同じ負の数を掛けると正の数になるからだ。

この問題は、1572年にもうひとりのイタリア人、ラファエル・ボンベリが、実数の他に $\sqrt{-1}$ のような数を含む拡張数における規則を定めたときに解決された。1751年、レオンハルト・オイラーは代数方程式の虚数根を研究し、$\sqrt{-1}$ を「虚数単位」または i と呼んだ。すべての虚数は i を掛けたものとなる。$a+bi$（a と b は任意の実数、$i=\sqrt{-1}$）のように実数と虚数を組み合わせると、複素数と呼ばれるものができる。数学者たちが、ある方程式を解くのに負の数や複素数が必要であることを受け入れると、より高次の代数方程式の根を求めるにはさらに新しい種類の数を導入する必要があるのではないかという、疑問が残った。オイラーをはじめとする数学者たち、特にドイツのカール・フリードリヒ・ガウスは、この問題に取り組み、最終的に、あらゆる代数方程式の根は実数か複素数の

> **虚数は、崇高な精神の快適で不思議な隠れ家。**
> **ゴットフリート・ライプニッツ**

カール・フリードリヒ・ガウス

1777年、ドイツ、ブラウンシュヴァイクに生まれ、幼くして高い知性を発揮する。ほんの3歳で父親の給料計算の間違いを正し、5歳になるころには経理の仕事を引き受けていた。1795年、ゲッティンゲン大学に入学、定規とコンパスという昔ながらの道具だけで正17角形を作図し、ユークリッド幾何学約2000年来の、正多面体作図に最大の進歩をもたらした。21歳で著し、1801年に出版された『算術研究』は、数論を定義する重要な研究書になる。また、天文学（小惑星〔今では準惑星とみなされている〕ケレスの再発見など）、地図学、電磁気学、光学機器設計の進歩にも貢献した。ただし、胸中に秘めていたアイデアも多く、1855年に息をひきとったあと、それが未発表の論文中に多数発見された。

主な著作

1801年『算術研究』

どちらかであり、それ以上の数の種類は必要ないという結論に達した。

初期の研究

FTAはさまざまな方法で述べることができるが、最も一般的な定式化は、複素係数を持つすべての代数方程式は少なくとも1つの複素根を持つというものである。また、複素係数を含む次数 n の多項式はすべて n 個の複素根を持つとも言える。

FTAを証明する最初の重要な試みは、1746年にフランスの数学者ジャン・ル・ロン・ダランベールが「積分に関する研究」の中で行った。ダランベールの証明は、実数係数をもつ多項式 $P(x)$ が複素根 $x=a+bi$ をもつ場合、それは複素根 $x=a-bi$ ももつというものである。この定理を証明するために、彼は現在「ダランベールのレンマ」として知られる複雑な考えを用いた。数学においてレンマ（補題、補助定理）とは、より大きな定理を解くための中間的な命題である。しかし、ダランベールは自分の補題を満足に証明しなかった。彼の証明は正しいが、穴が多すぎて、仲間の数学者を満足させることはできなかったのだ。後にFTAを証明しようとしたのは、レオンハルト・オイラーとジョゼフ＝ルイ・ラグランジュであった。これは後世の数学者たちにとって有益であったが、満足のいくものではなかった。1795年になると、ピエール＝シモン・ラプラスが、代数方程式の「判別式」（係数から決まるパラメータで、実根か虚根かなど根の性質を示す）を使ってFTAの証明を試みた。ラプラスの証明には、ダランベールが避けた「代数方程式は必ず根を持つ」という未証明の仮定が含まれていた。

> **疑いようのない**
> **知識が2つだけある。**
> **自分自身が存在することと、**
> **数学上の真実と。**
>
> **ジャン・ダランベール**

初めて代数学の基本定理（the fundamental theorem of algebra: FTA）の証明を試みた、ジャン・ダランベール。ダランベールがガウスに影響を及ぼしたところから、フランスではFTAをダランベール＝ガウスの定理と呼ぶ。

ガウスの証明

1799年、21歳のカール・フリードリヒ・ガウスは、ダランベールの証明の要約と批判で始まる博士論文を発表した。それまでのさまざまな証明は、彼らが証明しようとしていたものの一部を仮定するものでしかないと指摘したのだ。一方彼の第1証明は、代数曲線に関する仮定に基づいていた。この仮定はもっともらしいが、ガウスの論文の中で厳密には証明されていなかった。ガウスの仮定がすべて正当化できるとわかったのは、1920年にウクライナの数学者アレクサンドル・オストロフスキーが論文を発表したときだった。おそらく、ガウスの最初の論文における幾何学的な証明は、時期尚早だったのだろう。

アルガンによる進展

ガウスは1816年にFTAの証明の改訂版を発表し、1849年の彼の博士号取得50周年講演で、それをさらに洗練させた。最初の幾何学的アプローチとは異なり、彼の第2、第3の証明は、より代数的、技術的な性質を持っていた。ただガウスは、FTAの4つの証明を発表したが、完全には問題を解決しなかった。次のステップへの対処に失敗したのだ。彼はすべての実数方程式が複素数の解を持つことを立証していたが、$x^2=i$ のような複素数から構築された方程式を考慮していなかったのだった。

1806年、スイスの数学者ジャン＝ロベール・アルガンが、この問題に関するエレガントな解を発見した。a を z の実数部、bi を虚数部として、複素数 z は $a+bi$ のかたちで書けるということを示したのだ。アルガンの研究は、複素数を幾何学的に表現することを可能にした。実数を x 軸に沿って、虚数を y 軸に沿って描くと、その間の平面全体が複素数の領域となる。アルガンは、複素数から成り立つ方程式の解はすべて、この図に描かれた複素数の中から見つけることができ、したがって数体系を拡張する必要がないことを証明したのだった。アルガンの証明は、FTAの真に厳密な証明であった。

定理の遺産

ガウスとアルガンによる証明は、複素数が多項式の根として有効であることを立証した。FTAは、実数から成り立つ方程式を解くことに直面した誰もが、複素数の領域内で解を見つけることができることを示している。これらの画期的なアイデアが、複素解析学の基礎を形成したのだった。

アルガン以降の数学者たちは、さらに新しい方法を用いてFTAの証明に取り組み続けた。例えば1891年、ドイツのカール・ワイエルシュトラスは、代数方程式のすべての根を同時に求める方法を考案した。これは1960年代の数学者によって再発見されたため、現在はデュラン＝カーナー法として知られている。◆

> **私はいくつかの結果を長いあいだ温めているが、その結果にどうやってたどり着いたらいいのかわからない。**
>
> **カール・フリードリヒ・ガウス**

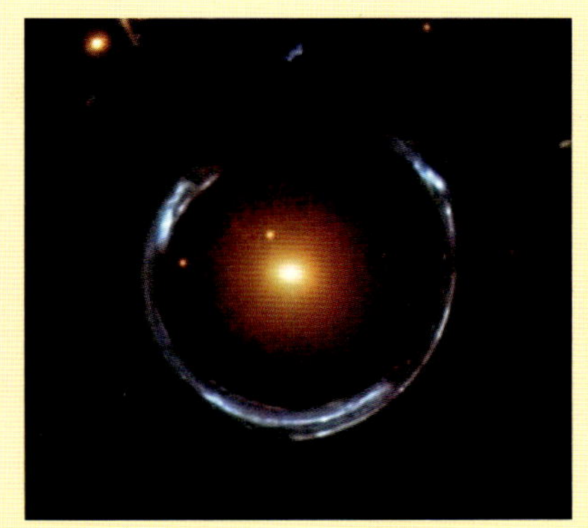

1998年に初観測されたアインシュタインリング。光源からの光が重力レンズ効果によってゆがむ現象だ。

FTAの応用

代数学の基本定理についての研究は、ほかの分野での飛躍的進歩にもつながった。1990年代にイギリスの数学者テレンス・シャイル＝スモールとアラン・ウィルムズハーストが、FTAを調和多項式へ拡張した。無限個の解をもつかもしれないが、解が有限個の場合もある多項式だ。2006年には、アメリカの数学者ドミトリー・カヴィンソンとジェネブラ・ノイマンが、あるクラスの調和多項式の解の個数には上限があることを証明。その結果を発表すると、韓国系アメリカ人の天体物理学者スン・ホン・リーによる予測がその証明で決定的になったと判明。彼女の予測は、遠方の天体を光源とする画像に関するものだった。重力レンズ効果という現象で、遠方の光源からの光線が質量のある物体を通って曲がり、望遠鏡を通して複数の画像が見える。リーは見える画像の最大数まで断定していたが、それがカヴィンソンとノイマンの発見した上限にぴったり一致したのだった。

19世紀

1800年～1900年

アマチュア数学者ジャン＝ロベール・アルガンが、複素数を座標に表すというアイデアを探究する。

1806年

チャールズ・バベッジが階差機関（ディファレンス・エンジン）を提案、計算機やのちのコンピュータが発展する基礎を築く。

1822年

ユークリッドの平行線公準の成立しない双曲幾何学の妥当性を、ボーヤイ・ヤーノシュとニコライ・イヴァノヴィッチ・ロバチェフスキーが証明し、2000年越しの問題を解決する。

1829～1832年

ポアソン分布が確立される。ある事象が一定期間内に起こる回数のモデリングに、現在でも使われている。

1837年

1814年

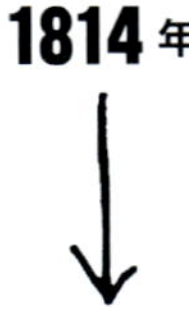

あらゆる粒子の情報を完全に把握すれば宇宙の状態をも予測できるという、決定論的世界観がピエール＝シモン・ラプラスによって提唱され、それができる存在をラプラスの悪魔と呼ぶようになる。

1829年

カール・グスタフ・ヤコブ・ヤコビが楕円関数の研究で、数学と物理学の両分野に重要な進歩をもたらす。

1832年

代数方程式の研究のために群論を導入していたエヴァリスト・ガロアが、20歳で落命する。

数学の進歩は19世紀にかけて加速し、科学も数学もりっぱな学問となった。産業革命が広がって、1848年の「革命の年」には旧帝国間でナショナリズムが高揚したため、宗教や哲学ではなく、科学的な観点から宇宙の仕組みを理解しようとする動きが再燃した。例えば、ピエール＝シモン・ラプラスは、微積分の理論を天体力学に応用した。彼は科学的決定論の一形態を提唱し、運動する粒子に関する知識があれば、宇宙のあらゆるもののふるまいを予測できると述べた。

19世紀の数学のもうひとつの特徴は、理論的な傾向が強まったことである。この傾向は、この分野の多くの人々から最も偉大な数学者とみなされていたカール・フリードリヒ・ガウスの影響力のある研究によって促進された。ガウス関数、ガウス曲率、ガウス誤差曲線、ガウス分布などの概念に名を冠される彼は代数学、幾何学、整数論など多くの分野に貢献し、19世紀の数学研究を牽引した。

新しい分野

ガウスは非ユークリッド幾何学の先駆者でもあり、19世紀数学の革命的な精神を象徴していた。このテーマはニコライ・ロバチェフスキーとボーヤイ・ヤーノシュによってとりあげられ、彼らは各自で双曲幾何学と曲線空間の理論を発展させて、ユークリッドの平行線公準の問題を解決した。これによって幾何学へのまったく新しいアプローチが開かれ、位相幾何学（トポロジー）という新生分野への道が開かれた。

トポロジーのパイオニアとして最もよく知られているのは、メビウスの帯を考案したアウグスト・メビウスであろう。非ユークリッド幾何学は、多次元におけるさまざまなタイプの幾何学を特定し定義した、ベルンハルト・リーマンによってさらに発展する。ただし、リーマンの研究は幾何学だけにとどまらなかった。微積分の研究と同様に、彼はガウスの足跡をたどりながら整数論にも重要な貢献をした。ゼータ関数から導かれたリーマンの複素数に関する仮説（リーマン予想）は、いまだ解決されていない。この時期の数学史上、注目すべき出来事としては、ゲオルク・カントールによる集合論の創造

1843 年

ウィリアム・ハミルトンが、次の世紀のテクノロジー発展に欠かせないアイデアとなる、四元数を導入する。

1844 年

ウジェーヌ・カタランが、自然数の指数に関する予想を提示する――150 年以上たってやっと証明される。

1847 年

ジョージ・ブールが、論理を代数的に表現する革新的な数理論理学を導入。

1850 年

ジェイムズ・ジョセフ・シルヴェスターが、“行列（マトリックス）”という用語を考案する。

1858 年

アウグスト・メビウスとヨハン・リスティングが、メビウスの帯の数学的性質を研究する。

1859 年

今もって証明されていない、リーマン予想が提示される。

1874 年

ゲオルク・カントールが数学者として初めて、無限という概念を数学的に厳密に定義する。

と「無限の無限」の記述、自然数の累乗に関するウジェーヌ・カタランの予想、カール・グスタフ・ヤコブ・ヤコビによる楕円関数の整数論への応用などが挙げられる。

ヤコビはリーマンのように多領域にわたって有能で、しばしば数学における異なる分野どうしを新しい方法で結びつけた。ただ、彼の主な関心は、19 世紀に抽象化が進んでいた数学のもうひとつの分野、代数学であった。抽象代数学という急速に発展する分野の基礎を築いたのは、エヴァリスト・ガロアである。彼は若くして亡くなったが、代数方程式を解くための一般的な代数的方法を見いだす一方で、群論も発展させた。

新しい技術

この時代の数学が純粋に理論的なものばかりだったわけではなく、抽象的な概念であってもすぐ実用面に応用されることもあった。例えば、シメオン・ドニ・ポアソンは、純粋数学の知識を利用して、確率論の分野で重要な概念であるポアソン分布などのアイデアを導入した。また、チャールズ・バベッジは、正確で迅速な計算手段を求める実用的な需要に応え、機械式計算装置階差機関（ディファアレンス・エンジン）を開発することによって、コンピュータ発明の基礎を築いた。バベッジの研究にインスピレーションを得たエイダ・ラヴレスは、コンピュータ・アルゴリズムの先駆けとなるものを考案した。

一方、のちに進歩するテクノロジーに多大な影響を与える数学の発展もあった。代数を出発点として、ジョージ・ブールは 2 進法に基づく演算子 AND、OR、NOT を用いた論理を考案した。これらは現代の数理論理学の基礎となったが、それと同様に重要なのは、ほぼ 1 世紀後のコンピュータ言語への道を開いたことである。◆

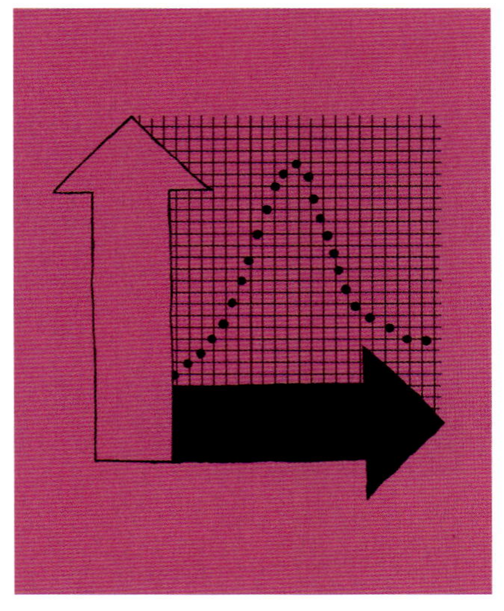

複素数は平面上の座標

複素数平面

関連事項

主要人物
ジャン=ロベール・アルガン
（1768～1822年）

分野
数論

それまで
1545年　イタリアの数学者ジローラモ・カルダーノが、著書『アルス・マグナ（偉大なる技術）』で負の平方根を使う。

1637年　フランスの哲学者・数学者ルネ・デカルトが、方眼（グリッド）上の座標として幾何学図形を表す方法を生み出す。

その後
1843年　アイルランドの数学者ウィリアム・ハミルトンが、虚数単位をもう2つ加えて四元数とすることによって複素平面を拡張――4次元空間での座標表現。

1859年　リーマンが素数の分布に関する仮説を発表。この仮説に登場するリーマンのゼータ関数は、「複素平面」上で定義される関数である。またこの仮説は、リーマンのゼータ関数の零点の分布に関する予想である。

虚数を使わなければ解けない方程式もある。

↓

複素数は実数と虚数、2つの単位からなる。

↓

実数（−1、0、1など）は、従来、水平の数直線上に表される。

→

虚数を垂直の数直線上に表すことができる。水平と垂直、2本の数直線でx軸とy軸ができる。

↓

実数をx軸、虚数をy軸にプロットする複素数平面になる。

何世紀にもわたって疑問視されてきた負の概念を、1700年代にようやく数学者たちが受け入れるようになった。代数学で虚数を使うことによって、である。1806年、スイス生まれの数学者ジャン＝ロベール・アルガンの業績が大きく貢献した。複素数（実数と虚数の単位からなる）を、実数を表すxと虚数を表すyの2軸からなる平面上の座標としてプロットしたのだ。この複素数平面によって、複素数の特徴的な性質が

参照： 2次方程式（p28〜31） ■ 3次方程式（p102〜05） ■ 虚数と複素数（p128〜31） ■ 座標（p144〜51） ■ 代数学の基本定理（p204〜09）

複素数に頼らずして科学や技術が……できることはほとんどない。

キース・デブリン
イギリスの数学者

初めて幾何学的に解釈された。

代数的根

虚数が出現したのは16世紀、ジローラモ・カルダーノやニッコロ・フォンタナ・タルタリアといったイタリアの数学者たちが、3次方程式を解くには負の数の平方根が必要であることを発見したときだ。実数の2乗が負になることはありえない——どんな実数にそれ自身を掛けても正になる——ので、彼らは$\sqrt{-1}$を実数とは別に働く新しい単位として扱うことにした。レオンハルト・オイラーは、代数学の基本定理（FTA）を証明する試みの中で初めて、虚数単位（$\sqrt{-1}$）を示すiという記号を使った。この定理は、次数nの代数方程式はすべてn個の根をもつというものである。これは、x^2が1つの変数（xなど）と実数係数（変数に乗じる数）からなる代数方程式の最高指数の累乗である場合、その式は2次の代数方程式であり、2つの根をもつことを意味する。しかし、x^2+1のような一見単純な多項式の多くが、xが実数である場合、ゼロにはならない。x^2+1をx軸とy軸のグラフにプロットすると、原点、つまり（0, 0）点を通らないきれいな曲線ができる。x^2+1に対してFTAが機能するように、ガウスらは実数と虚数を組み合わせた複素数をつくった。すべての数は本質的に複素数である。例えば、実数1は複素数$1+0i$であり、iという数は$0+i$である。多項式x^2+1は、xがiまたは$-i$であるとき、ゼロに等しくなる。

アルガンの発見

アルガンは複素数をプロットしはじめたとき、虚数iが累乗しても大きくならないことを発見した。大きい数にはならず、（$i^0=1$）$i^1=i$、$i^2=-1$、$i^3=-i$、という4段階のパターンが無限に繰り返される。これは複素平面上で視覚化できる。実数に虚数を掛けると、複素平面上で90°回転するのだ。

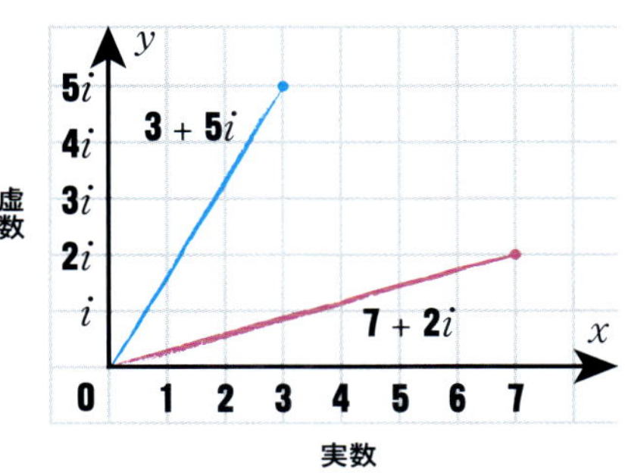

x軸に実数、y軸に虚数を表して複素数をプロットするアルガン図。上図では、$3+5i$および$7+2i$という2つの数を示す。

つまり、$1\times i=i$となり、これは実数のx軸上には変化がまったく現れず、虚数のy軸上にだけ現れる。iの乗算を続けると、さらに90°回転することになる。そのため、4回乗算するごとにスタート地点に戻る。

複素数のプロット（アルガン図）は、複雑な代数方程式を解きやすくする。複素平面は、今や数論にとどまらない各分野で強力なツールとなっている。◆

ジャン＝ロベール・アルガン

前半生については詳細不明。1768年にジュネーヴで生まれたが、正規の数学教育を受けてはいないようだ。1806年、パリに移って書店を経営していたときに、複素数の幾何学的解釈に関する研究書を自費出版し、注目される（ノルウェーの地図製作者カスパー・ヴェッセルも、1799年に同様の解釈をしていたという）。アルガンの小論は1813年に数学専門誌に再掲され、その翌年、彼は複素平面をもとに、初めての論理的に厳密な代数学の基本定理証明を導き出す。その後さらに8つの論文を発表し、1822年、パリで原因不明の死を遂げた。

主な著作

1806年『虚数の幾何学的表現法に関する小論』

自然は数学的発見の最も豊饒な源泉である

フーリエ解析

関連事項

主要人物
ジョゼフ・フーリエ
（1768〜1830年）

分野
応用数学

それまで
1701年　フランスのジョゼフ・ソヴールが、振動する弦は同時にさまざまな波長で振動すると提唱する。

1753年　スイスの数学者ダニエル・ベルヌーイが、振動弦は無数の調和振動（単振動）からなることを示す。

その後
1965年　アメリカのジェイムズ・クーリーとジョン・テューキーが、フーリエ解析をスピードアップさせる、高速フーリエ変換（FFT）アルゴリズムを開発する。

2000年代　フーリエ解析をもとに、コンピュータやスマートフォン用のさまざまな言語認識プログラムが生み出される。

弦の振動が生み出す音は、2500年以上にわたって研究されてきた。紀元前550年ごろにはピュタゴラスが、同じ材質で同じ張力の弦を2本用意し、一方を他方の2倍の長さにすると、短い方の弦は長い方の弦の2倍の周波数で振動し、結果として生じる音の高さは1オクターブ離れることを発見した。

その2世紀後、アリストテレスは音が空気中を波状に伝わることを示唆したが、彼は、高い音のほうが低い音よりも速く伝わるという誤った考えをもっていた。17世紀、ガリレオは、音は振動によって生み出され、振動数が高ければ高いほど、私たちが感じる音の高さも高くなることを認識した。

熱とハーモニー

17世紀末までにジョゼフ・ソヴールをはじめとする物理学者たちが、弦の波動と、弦が発する音の高さや周波数（振動数）との関係を研究し、飛躍的な進歩を遂げた。その研究の過程で、数学者たちはどんな弦でも基本波（弦の最低固有振動数）から始まり、倍音（基本

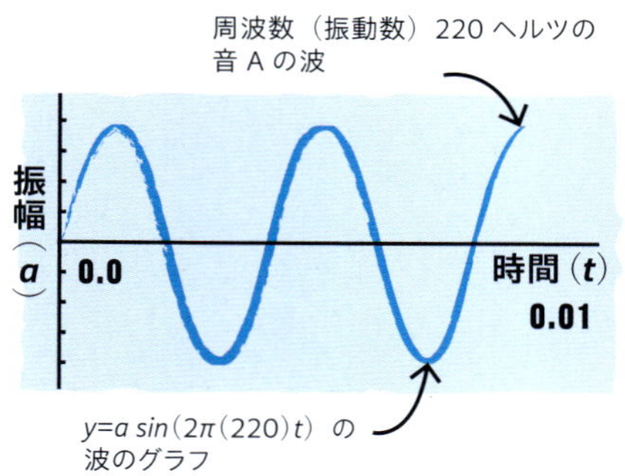

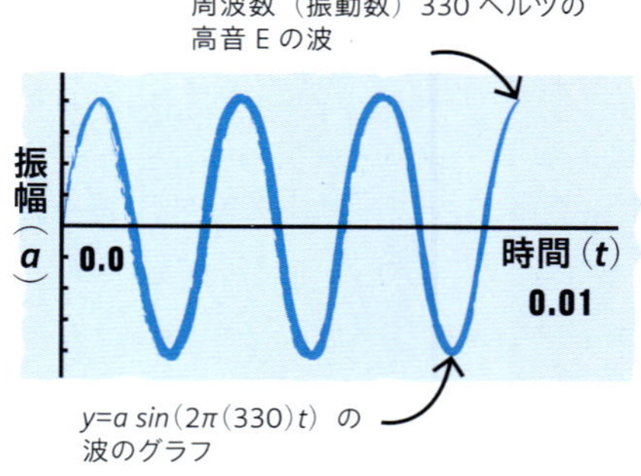

音声にはさまざまな波形の音が複雑に重なり合っている。フーリエ解析によって純音に分けて、それぞれの波形をグラフ上で正弦波として表すことができる。音の周波数（＝振動数）からピッチ（音高）が決まり、振幅から音量が決まる。

参照：ピュタゴラス（p36～43） ■ 三角法（p70～75） ■ ベッセル関数（p221） ■ 楕円関数（p226～27） ■ トポロジー（p256～59） ■ ラングランズ・プログラム（p302～03）

ジョゼフ・フーリエ

ジャン・バティスト・ジョゼフ・フーリエは、1768年、フランスのオセールに仕立て職人の息子として生まれた。入学した陸軍士官学校で数学に強く興味をひかれ、やがて数学の教職に就くことができた。

フーリエの経歴は2度の逮捕で中断させられる――1度はフランス革命批判によって、もう1度は革命支持によって。だが、1798年には、ナポレオン軍のエジプト遠征に文化使節として随行。のちにナポレオンによって男爵、次いで伯爵に叙せられる。1815年にナポレオンが没落すると、パリでセーヌ県統計局長の職に就き、フーリエ級数（音声を特徴づける正弦波の級数）など数理物理学の研究を続けた。1822年、フランス科学アカデミー終身幹事となり、1830年に息をひきとるまでその地位にあった。フーリエはエッフェル塔に名を刻む72人の科学者のひとりである。

主な著作

1822年『熱の解析理論』

波の整数倍）を含む無限の振動を支える可能性があることを示した。単一音程の純粋な音色は、正弦波と呼ばれる滑らかな反復振動によって生み出される（左ページのグラフ参照）。楽器の音質は、主に音に含まれる倍音の数と相対的な強さ、つまり倍音含有率に起因する。その結果、さまざまな波が互いに干渉し合う。

ジョゼフ・フーリエは、熱が固体の物体中をどのように拡散するかという問題を解決しようとしていた。そして、熱源が物体の一端に加えられた後、その物体内の任意の位置の温度をいつでも計算できるようなアプローチを開発した。

フーリエによる熱分布の研究からは、どんなに複雑な波形であっても、それを構成する正弦波に分解できることが示された。輻射というかたちの熱は波であるため、熱分布に関するフーリエの発見は音の研究にも応用された。音波は、それを構成する正弦波の振幅で理解することができる。これは、高調波スペクトルと呼ばれることもある数値の集合である。

今日、フーリエ解析は、デジタルファイルの圧縮、MRIスキャン解析、音声認識ソフトウェア、音楽ピッチ補正ソフトウェア、惑星大気の組成測定など、多くの応用面で重要な役割を果たしている。◆

2017年、メキシコシティで地震によって崩壊した建物。このような崩壊を避けるため、工学者が材料の振動特性をフーリエ解析して、地震の揺れに特有の周波数を避けて共振する建物を設計する。

宇宙のあらゆる粒子の位置を知る小鬼

ラプラスの悪魔

関連事項

主要人物
ピエール=シモン・ラプラス
（1749～1827年）

分野
数理哲学

それまで
1665年 アイザック・ニュートンが、物体の落下その他の複雑な数理体系を解析、表記する微積分法を導き出す。

その後
1872年 ルートヴィッヒ・ボルツマンが、系における熱力学はつねにエントロピー増大の結果となることを示す過程で、統計力学の端緒を開く。

1963年 エドワード・ローレンツが、初期のパラメータ値にごく小さな変化があるたびにカオス的な解を生むというモデル、ローレンツ・アトラクターを示す。

2008年 アメリカの数学者デイヴィッド・ウォルパートが、宇宙にどのような"知性"が存在したとしても、「答えることができない問い」があることを示し、ラプラスの悪魔を反証した。

1814年、数学と科学を哲学と政治と結びつけたフランスの数学者ピエール＝シモン・ラプラスは、現在「ラプラスの悪魔」として知られる思考実験を発表した。ラプラス自身は悪魔という言葉を使わなかったが、後に数学によって神格化され、超自然的な存在を想起させる言葉である。

ラプラスは宇宙のすべての原子の動きを分析し、その将来の進路を正確に予測できる知性を想像した。決定論を探究する思考実験だ。決定論とは、未来の出来事はすべて過去の原因により決定されるという哲学的概念である。

太陽系内の天体の動きを見せてくれる"時計仕掛けの宇宙"、太陽系儀（オーラリ）。ニュートンによる万有引力の定理が発表されてから人気が出た装置である。

力学的分析

ラプラスは、アイザック・ニュートンの運動法則に基づいて物体の運動を記述する数学の一分野、古典力学に触発された。ニュートンの宇宙では、原子は（そして光の粒子でさえも）運動の法則に従い、軌跡を描いて跳ね回る。ラプラスの"知性"は、それらの動きをすべて把握し、分析することができるだろう。現在の動きを使って過去の動きを確認し、未来の動きを予測する単一の公式をつくりだせるのだ。

ラプラスの理論には、驚くべき哲学的帰結があった。それは、宇宙が予測可能な力学的経路をたどっている場合にのみ有効であり、銀河のスピンから思考を司る神経細胞の小さな原子に至るまで、すべてを未来にマッピングできるというものだ。そうなると、人生のあらゆる局面は、すでに決定されて

参照：確率（p162〜65）■微積分学（p168〜75）■ニュートンの運動の法則（p182〜83）■バタフライ効果（p294〜99）

宇宙に存在するあらゆる粒子のふるまいを古典数学（力が作用する物体の運動）でモデリングすることは可能だろうか？

可能、つまり、宇宙は決定論的なものである。

未来はすでに決定されている。私たちの行動ではどうにもできない。

ラプラスの悪魔は未来を正確に予測できる。

不可能、つまり、宇宙は偶然に特定の原因が特定の結果を引き起こす確率論的なものである。

未来はまだ白紙のままである。私たちには未来を左右する力がある。

ラプラスの悪魔は存在しえない。

いることになる。自由意志はなく、自分の考えや行動に対する主体性もない。

偶然と統計

数学からこのような現実の壊滅的ビジョンが生まれたが、同時に数学はそれを否定するのにも役立った。1850年代には、熱とエネルギーの研究である熱力学によって、原子の世界という新たなモデルが到来し、物質内部の原子や分子の運動を記述する必要が生じた。古典力学ではこの課題に対応できない。その代わりに物理学者たちが用いたのが、1738年にスイスの数学者ダニエル・ベルヌーイが発明した、確率論を使って空間内の微視的な状態をモデル化する手法だ。オーストリアの物理学者ルートヴィッヒ・ボルツマンによって改良されたこの手法は、統計力学として知られるようになった。それは原子世界をランダムな偶然という観点から説明し、ラプラスの悪魔の機械的決定論とは相容れない。1920年代になると、確率的な宇宙という考えは、不確定性を中心概念とする量子物理学の発展によって確固たるものとなった。◆

ピエール＝シモン・ラプラス

1749年、侯爵家に生まれたラプラスは、友人たちの多くが殺されたフランス革命と恐怖時代を生き抜いた。1799年、ナポレオン・ボナパルトの政権下で内務大臣を務めるも、あまりに分析的で無能だとしてたった6週間で免職されてしまう。のちにブルボン家（フランスの王家）支持に回り、王朝が復活したときに報奨として侯爵の称号を返還された。

数学や物理学、天文学（ブラックホールに初めて言及）に秀でた発見をしたラプラスにとって、「ラプラスの悪魔」というものは、傍流の発見にしかすぎない。数学の分野では、古典数学、確率論、代数的変換に数々の貢献をした。パリで1827年に死去。

主な著作

1799〜1828年『天体力学概論』
1812年『確率の解析的理論』
1814年『確率の哲学的試論』

確率とは何か？

ポアソン分布

関連事項

主要人物
シメオン・ドニ・ポアソン
（1781〜1840年）

分野
確率論

それまで
1662年 イギリスの商人ジョン・グラントが『死亡表に関する自然的および政治的観察』を発表、統計学の端緒を開く。

1711年 アブラム・ド・モアヴルが『偶然の測定』に、のちにポアソン分布と呼ばれる分布について記述する。

その後
1898年 ロシアの統計学者ラディスラウス・ボルトキーヴィッチが、ポアソン分布をもとに、馬に蹴られて死んだロシア兵の数を研究する。

1946年 イギリスの統計学者R・D・クラークが、ポアソン分布に基づくV-1飛行機爆弾およびV-2ロケットのロンドン命中分布を研究した『ポアソン分布の応用』を出版。

統計学では、ある時間や空間をあけてランダムに発生する事象を扱うために、ポアソン分布を使用する。アブラム・ド・モアヴルの研究に基づいて、1837年にフランスの数学者シメオン・ドニ・ポアソンによって導入されたポアソン分布はさまざまな可能性を予測できる。

カフェでシェフが、ベイクドポテトの注文数を予測する必要があるとしよう。彼女は毎日、下ごしらえするポテトの数nを決める。彼女は1日の平均注文数を知っており、下ごしらえが実際の需要と一致する確率を少なくとも90%にしたい。

ポアソン分布をもとにnを算出するには、条件が満たされなければならない――注文はランダムに、単一に、一様に発生しなければならない。平均して、毎日一定数のポテトが注文される。これらの条件が当てはまれば、シェフはnの値、つまり何個のポテトを下ごしらえすればよいかを求めることができる。空間または時間の単位あたりの平均事象数（λ（ラムダ））が鍵となる。1日に注文されるジャガイモの平均数を$\lambda = 4$、ある日のジャガイモの注文数をBとする。Bが6以下である確率は89%、7以下である確率は95%。シェフは、少なくとも90%の確率で客の注文に応じたいので、nは7となる。◆

ポアソン分布の発見者とされるシメオン・ドニ・ポアソン。ただしこれも、科学的発見には第一発見者以外の名を冠するものが多いという、スティグラーの法則の一例のようだ。

参照：確率（p162〜65）■オイラー数（p186〜91）■正規分布（p192〜93）■現代統計学の誕生（p268〜71）

応用数学に不可欠なツール

ベッセル関数

関連事項

主要人物
フリードリヒ・ヴィルヘルム・ベッセル
（1784～1846年）

分野
応用幾何学

それまで
1609年　ヨハネス・ケプラーが、惑星の軌道は楕円であることを示す。

1732年　ダニエル・ベルヌーイが、のちにベッセル関数といわれるようになる関数をもとに、垂らした鎖の振動について研究する。

1764年　レオンハルト・オイラーが、のちにベッセル関数といわれるようになる関数をもとに、膜の振動を解析する。

その後
1922年　イギリスの数学者ジョージ・ワトソンが、『ベッセル関数の理論に関する論文』というきわめて重要な研究書を著す。

19世紀初頭、ドイツの数学者であり天文学者でもあったフリードリヒ・ヴィルヘルム・ベッセルが、ある微分方程式、いわゆるベッセル方程式に解を与えた。1824年には、これらの関数（解）を体系的に研究。現在、科学者やエンジニアが重宝しているベッセル関数は、電線を伝わる電磁波のような波の解析に中心的役割を果たし、光の回折、固体円筒内の電気や熱の流れ、流体の運動などを記述するのにも活用されている。

惑星の運動

ベッセル関数の起源は、17世紀初頭ドイツの数学者・天文学者ヨハネス・ケプラーによる惑星の運動に関する先駆的研究にある。ケプラーは観測結果を綿密に分析した結果、太陽の周りの惑星の軌道が円ではなく楕円であることに気づき、惑星の運動に関する3つの重要な法則を記述した。その後、数学者たちがベッセル関数を用いて、さまざまな分野に飛躍的な進歩をもたらした。ダニエル・ベルヌーイは振り子の振動の方程式を発見し、レオンハルト・オイラーは膜の振動の方程式を導入した。オイラーらはまた、惑星や月のような天体に、ほかの2つの天体の重力場が作用する場合の運動について、いわゆる「三体問題」の解を、ベッセル関数を使って求めた。◆

> **ベッセル関数は実用的でありながら、なんとも美しい。**
>
> **E・W・ホブソン**
> イギリスの数学者

参照：極大問題（p142～43）■微積分学（p168～75）■大数の法則（p184～85）■オイラー数（p186～91）■フーリエ解析（p216～17）

科学の未来の道案内に立つ

機械式計算機

関連事項

主要人物
チャールズ・バベッジ
(1791〜1871年)
エイダ・ラヴレス
(1815〜1852年)

分野
コンピュータ・サイエンス

それまで
1617年　スコットランドの数学者ジョン・ネイピアが、手動式計算装置を発明する。

1642〜1644年　フランスのブレーズ・パスカルが、ダイヤル式の計算機を製作する。

1801年　フランスの織工ジョゼフ＝マリー・ジャカールが、パンチカードで制御するジャカード織機を博覧会に出展。世界初のプログラム可能なマシン。

その後
1944年　イギリスの暗号解読者マックス・ニューマンが、世界初のプログラム可能なデジタル電子計算機(コンピュータ) Colossus(コロッサス)を運用する。

イギリスの数学者であり発明家でもあったチャールズ・バベッジは、機械式計算機と「考える」機械に関する2つのアイデアで、コンピュータの時代を1世紀以上も先取りしていた。ひとつは、真鍮の歯車と円柱状の部品を組み合わせて自動的に作動する計算機で、「階差機関(ディファレンス・エンジン)」と呼ばれた。バベッジは機械の一部しかつくることができなかったが、それでも複雑な計算を瞬時に正確に処理できた。

もうひとつのもっと野心的なアイデアは、解析機関(アナリティカル・エンジン)だった。その機械がつくられることはなかったが、新しい問題に対応し、人間の介入なしに問

参照：2進数（p176〜77）■行列（p238〜41）■無限の猿定理（p278〜79）■チューリング・マシン（p284〜89）■情報理論（p291）■四色定理（p312〜13）

チャールズ・バベッジが計算機械の研究に乗り出したのは、薄給のあてにならない計算労働者たちが出す数値のせいで、間違いのなくならない対数表に業を煮やしたためだった。

題を解決できる機械として構想された。若い優秀な数学者エイダ・ラヴレスから重要な意見を得たプロジェクトだ。ラヴレスは、コンピュータ・プログラミングの重要な数学的側面の多くを予測し、あらゆる種類の記号を分析するためにマシンがどのように使われるかを予見していた。

自動計算

17 世紀から 18 世紀にかけて、ゴットフリート・ライプニッツやブレーズ・パスカルといった数学者たちが機械的な計算補助装置をつくったが、その能力には限界があり、また、すべてのステップで人間の入力が必要であったため、エラーを起こしがちだった。バベッジのアイデアは、人為的ミスをなくし、自動的に作動する計算機をつくることだった。複雑な掛け算や割り算を、数十個の歯車の連動で処理できる足し算や引き算、つまり「差」に還元できることから、彼は自分の機械を「階差機関」と呼んだ。計算結果を印刷することもできた。

それまでの計算機では、4 桁以上の数を扱えなかったが、階差機関は、2 万 5,000 以上の可動部品によって、50 桁の数も扱えるよう設計されていた。

機械で計算を始めるには、0 から 9 までの数字が記されている歯車の列でそれぞれの数を表す。円柱状に重なる歯車を桁ごとに回して数を示すと、機械が自動的に計算してくれる。

バベッジは数字列が 7 つだけの小型実用モデルをいくつかつくったが、その計算能力は驚くべきものだった。1823 年、バベッジは表作成の仕事が格段に早く、安く、正確になると請け負って英国政府を説得し、このプロジェクトへの資金協力をとりつけた。しかし、本格的な機械の開発には莫大な費用がかかり、当時の技術力の限界が

> **知識が増えるたび、そして新たにツールが考案されるたびに、人間の労力は軽減される。**
>
> **チャールズ・バベッジ**

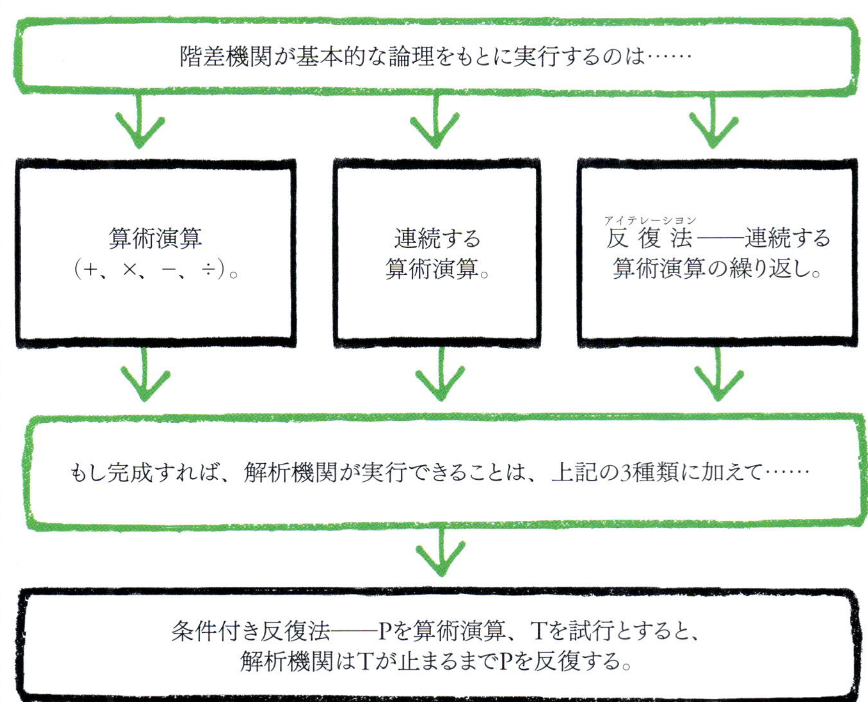

バベッジが1832年につくった、実演用階差機関1号機のレプリカ。それぞれに数を記したはめ歯歯車が円柱状に重なって3列並ぶ。2列を計算に使い、あとの1列に計算結果を表す。

試されることにもなった。20年にわたって取り組んだ末、政府は1842年にプロジェクトを打ち切った。

一方、製図や計算のかたわら、バベッジは解析機関(アナリティカル・エンジン)というアイデアにも取り組んでいた。彼の論文によれば、もしこの機械がつくられれば、今のコンピュータに近いものになったかもしれない。彼の設計は、中央演算処理装置（CPU）、記憶装置（メモリ）、統合プログラムなど、現代のコンピュータの主要な構成要素をほぼすべて先取りしていた。

バベッジが直面した問題のひとつは、数字の列を足し合わせる際に、次の列に繰り越された数字をどうするかということだった。当初、彼は桁上げごとに別々の機構を使っていたが、それでは複雑すぎることが判明した。そこで彼はマシンを「ミル」と「ストア」の2つに分割し、加算と繰り越しの処理を分離できるようにした。ミルは算術演算を行う場所、ストアは処理前の数値を保持し、処理後にミルから数値を受け取る場所だった。ミルはバベッジ版コンピュータのCPUであり、ストアはその記憶装置として機能した。

機械に何をすべきかを指示する、つまりプログラミングというアイデアは、フランスの織物職人、ジョゼフ＝マリー・ジャカールから生まれた。彼は、穴のあいたカードで模様を指示するという方法で、絹糸で複雑な模様を織るジャカード織機を開発した。1836年、バベッジは自分もパンチカードを使って機械を制御し、計算結果や計算順序を記録できることに気づいた。

天才を支えた人物

バベッジの研究に対する最大の支持者のひとりは、仲間の数学者エイダ・ラヴレスだった。彼女は解析機関について、「ジャカード織機が花や葉の模様を織り出すように、それは代数的なパターンを織り出すだろう」と書いている。1832年にはまだ10代だったラ

解析機関プログラミング用パンチカードの種類

数値カード
ストア（格納領域）に入力する
数値を指定したり、ストアから
外部記憶領域へ戻す数を
受け取ったりする。

可変カード
“軸”と記憶領域のどちらにある
データをミルに送り込むか、
戻ってきたデータをどこへ
記憶させるかを指定する。

演算カード
ミル（演算機構）に実行させる
算術演算を決定する。

制御カード
所定の演算が完了したあと、
可変カードや演算カードの
巻き戻しや先送りを制御する。

> **解析機関は二重構造になっている。第一の装置で数の操作を完了させる。第二の装置で代数記号の操作を完了させる。**
>
> **チャールズ・バベッジ**

ヴレスは、作動中の階差機関の模型を一目見るなり魅了された。1843年、ラヴレスはイタリア人技師ルイジ・メナブレアが書いた解析機関パンフレットの翻訳出版を手配し、それに膨大な注釈を加えた。

彼女の注釈には、現代のコンピューティングの一部となるシステムが網羅されている。「注 G」にラヴレスは、「最初に人間の頭や手を介さずとも、機関によって陰関数が計算できることを示す」と、おそらく初めてのコンピュータ・アルゴリズムについて述べている。彼女はまた、エンジンが一連の命令を繰り返すことで問題を解決できると理論づけた。これは、今日「ループ」と呼ばれているものだ。ラヴレスは、プログラム・カード、あるいはカードのセットが、繰り返しもとの位置に戻って、次のデータ・カードやセットに取り組むことを想定していた。このようにして、マシンは連立一次方程式を解いたり、素数の広範な表を生成したりすることができるとラヴレスは主張した。彼女の注釈の中で最大の洞察は、幅広い用途をもつ機械的頭脳としてのマシンというビジョンではないだろうか。「解析機関は、数量の値を文字その他の一般的な記号であるかのように正確に並べ、組み合わせることができる」と、数字だけでなく、あらゆる種類の記号が機械によって操作・処理される可能性があると、彼女は気づいていた。これが計算と演算の違いであり、現代のコンピュータの基礎となっている。

遅れた遺産

バベッジの研究を発展させるというラヴレスの計画は、彼女の早すぎる死によってくじかれた。そのころ、バベッジ自身は疲れ果てて健康を損ない、階差機関に対するサポートの欠如に幻滅していた。機械の製作に必要な高精度の力学は、当時の技術者の手に余るものだった。1953年に再出版されるまでほとんど忘れ去られていたが、ラヴレスの注釈は、彼女とバベッジが、現在どの家庭やオフィスにもあるコンピュータの機能の多くを予見していたことを裏付けている。◆

> **［解析機関を］研究すればするほど、知識欲がどんどん膨らんでいく。**
>
> **エイダ・ラヴレス**

エイダ・ラヴレス

1815年、詩人バイロン卿のただひとりの嫡子としてロンドンに生まれ、オーガスタ・エイダと名づけられる。生後まもなくイングランドの地を離れた父とは、二度と会うことがなかった。バイロンに“平行四辺形の姫君”と呼ばれた母アナベラには数学の才能があり、娘にも数学を強く勧めた。

エイダは数学と語学に才能を発揮するようになる。17歳でチャールズ・バベッジと出会い、彼の研究に興味をもった。その2年後にはウィリアム・キング（3年後に初代ラヴレス伯爵となる）と結婚、3人の子をもうけるが、数学の研究を続け、バベッジの研究にも随伴する。バベッジはラヴレスを“数の魔女”と呼んだ。

ラヴレスは、バベッジの解析機関を詳しく解説した。のちのコンピュータ技術につながるようなアイデアも数々発表し、史上初のコンピュータ・プログラマーとも呼ばれる。1852年、子宮癌のため死去。生前の願いどおり、父の隣に葬られた。

新しい種類の関数

楕円関数

関連事項

主要人物
カール・グスタフ・ヤコブ・ヤコビ
（1804〜1851年）

分野
数論、幾何学

それまで
1655年 ジョン・ウォリスが、微積分法を応用して楕円の弧の長さを求める。導かれた楕円積分は項の数が無限の級数によって定義される。

1799年 カール・フリードリヒ・ガウスが、楕円関数の重要な性質をつきとめるが、その著作の出版は1841年になる。

1827〜1828年 ニールス・ヘンリク・アーベルが、ガウスと同じ結論を導き出し、発表する。

その後
1862年 ドイツの数学者カール・ワイエルシュトラスが、楕円関数の一般定理を導き出し、代数学と幾何学両分野の問題に応用可能であることを示す。

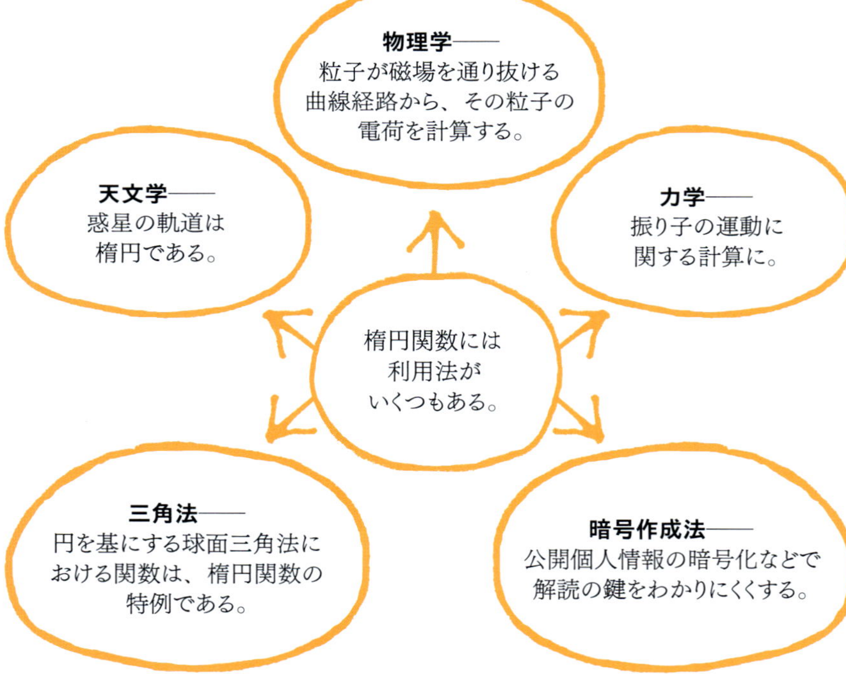

楕円という「つぶれた円」は、数学で最もよく知られた曲線のひとつだ。数学における楕円研究の歴史は長く、古代ギリシアでは円錐切断面のひとつとして研究されていた。円錐を水平に切断すると円になり、斜めに切断すると楕円になる（さらに放物線や双曲線と呼ばれる開曲線にもなる）。楕円は、2つの固定点（それぞれ焦点と呼ばれる）からの距離の和が常に等しい、平面上のすべての点の集合として定義される閉曲線である（円は、中心点が2つではなく1つしかない特殊な楕円）。1609年、ドイツの天文学

参照：ホイヘンスの等時曲線（p167） ■微積分学（p168～75） ■ニュートンの運動の法則（p182～83） ■暗号技術（p314～17） ■フェルマーの最終定理を証明する（p320～23）

驚きでもあり、喜びでもある。若手の幾何学者が2人して……それぞれ独自の研究で楕円関数論を著しく進歩させてくれたとは。

アドリアン=マリー・ルジャンドル

者であり数学者でもあるヨハネス・ケプラーは、惑星の軌道が楕円であり、太陽が焦点の1つに位置していることを証明した。

新しいツール

円の数学が、単純な音波の上下運動のようなリズミカルに（あるいは周期的に）変化し、繰り返される自然現象をモデル化し、予測するのに使われたように、楕円の数学は、電磁場や惑星の公転運動のような、より複雑な周期的パターンに従う現象に対して使うことができる。このようなツールである楕円関数の起源は、17世紀のイギリスの数学者ジョン・ウォリスとアイザック・ニュートンの研究にある。彼らはそれぞれ独自に、あらゆる楕円の弧の長さ、つまり円錐切断面の弧の長さを計算する方法を導入した。その業績がのちに楕円関数へと発展し、単純な楕円を超える多くの種類の複雑な曲線や振動系を解析する方法となった。

実用的な応用

1828年、ノルウェーのニールス・アーベルとドイツのカール・ヤコビがやはりそれぞれ独自に研究し、数学と物理学の両分野で楕円関数の幅広い応用を示した。例えば、これらの関数は1995年のフェルマーの最終定理の証明や、最新の公開鍵暗号システムにも登場する。アーベルは大発見のわずか数カ月後、26歳の若さで亡くなり、これらの応用の多くはヤコービによるものだ。ヤコービの楕円関数は複雑だが、より単純な形である℘（ペー）関数が、1862年にドイツの数学者カール・ワイエルシュトラスによって紹介された。℘関数は古典力学や量子力学で使われている。◆

小惑星帯に位置する準惑星ケレスと小惑星ベスタに接近する探査機ドーン。このような宇宙探査機の軌道を定めるにも、楕円関数が利用される。

カール・グスタフ・ヤコブ・ヤコビ

1804年、プロイセン王国ポツダムに生まれる。当初はおじの個人指導を受け、12歳のころには学校で教えてくれる程度のことはすっかり習得。受講を許される16歳まで待ってベルリン大学で学び、在学中に数学を教える側にも回った。そうするうちに、大学の課程があまりにも初歩的に思えてきた。1年足らずで卒業し、1832年にはケーニヒスベルク大学教授となる。1843年、過労で倒れたヤコビはベルリンへ戻り、プロイセン国王から年金を受けて過ごした。1848年、国民議会議員に自由党から立候補して落選、国王の不興を買って、年金を一時打ち切られた。1851年、天然痘にかかって、46年の人生を終える。

主な著作

1829年『楕円関数論の新たなる基礎』

無から別世界を生み出した

非ユークリッド幾何学

関連事項

主要人物
ボーヤイ・ヤーノシュ
(1802〜1860年)

分野
幾何学

それまで
1733年 イタリアの数学者ジョヴァンニ・サッケーリが、ユークリッドの平行線公準をほかの4つの公準から証明しようとして果たせず。

1827年 カール・フリードリヒ・ガウスが『曲面の研究』を出版し、ある空間の範囲内で導き出すことのできる、その空間の"内在的曲率"を定義する。

その後
1854年 ベルンハルト・リーマンが、双曲幾何学に属する種類の面を記述する。

1915年 アルベルト・アインシュタインが一般相対性理論で、重力を湾曲した時空として記述する。

平行線公準(parallel postulate: PP)は、ユークリッドが『原論』で幾何学の定理を導いた5つのうち5番目の公準である。平行線公準は、ユークリッドのほかの公準のように自明ではなく、それを検証する明白な方法もなかったため、古代ギリシア人の間で論争となった。しかし、PPがなければ、幾何学の多くの初等定理を証明することはできなかった。その後2000年にわたって、数学者たちはこの問題を解決する試みに名声を懸けることになる。

イスラム黄金時代(8〜14世紀)の

ユークリッド幾何学と非ユークリッド幾何学

ユークリッド幾何学(右)において、面とはゆがみのない平面を想定する。非ユークリッド幾何学(下)の体系においては違う。双曲幾何学における面は馬の鞍のように2方向へ湾曲し、楕円幾何学における面は球状に湾曲する。

平行線公準(PP)は、スコットランドの数学者ジョン・プレイフェアによる公理で、次のように表せる。直線Aと、その直線上にない点Pを含む平面上に、点Pを通ってAと交わらない直線Bがただ1本だけ存在する。

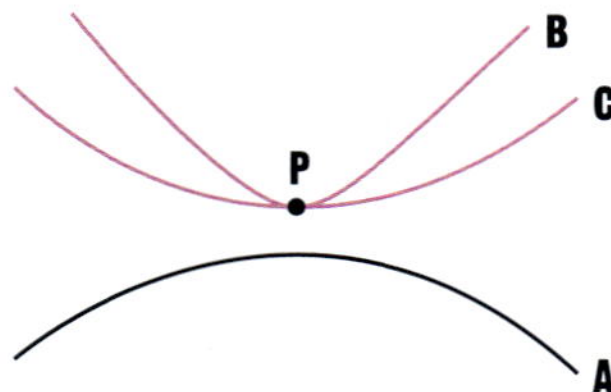

双曲幾何学では、直線Aと交わらない直線(例えば直線B、C)は無数に存在する。双曲幾何学の面は、例えば鐘状になったトランペットの口のように、"負の曲率"をもつ。

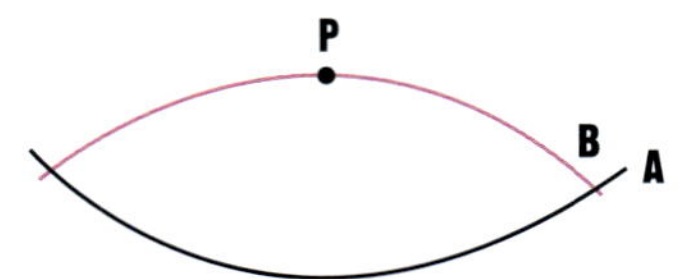

楕円幾何学では、面とは球面のことであり、PPが成立しない。点Pを通る直線(例えば直線B)はすべて直線Aと交わる。例えば、地球の経線は、南北両極で交わる平行な直線である。

参照：ユークリッド原論（p52～57）■射影幾何学（p154～55）■トポロジー（p256～59）■20世紀の23の問題（p266～67）■ミンコフスキー空間（p274～75）

平行線公準はほうっておけ。この私も……幾何学の不備を取り去ってやろうと意気込んだ［が］、誰もこの深い闇の底まではたどり着けないと思い知って、引き返したのだ。

ボーヤイ・ファルカシュ
ボーヤイ・ヤーノシュの父

数学者たちも、PPの証明を試みた。ペルシャの数学者ナスィールッディーン・トゥースィーは、PPは3角形の内角の和が180°になるのと等価であることを示した。17世紀、『原論』の新訳がヨーロッパに届き、ジョヴァンニ・サッケーリは、もしPPが真でなければ、3角形の内角の和は常に180°より小さいか大きいかのどちらかになることを示した。

19世紀初頭には、ハンガリーのボーヤイ・ヤーノシュとロシアのニコライ・ロバチェフスキーがそれぞれ、PPは成り立たないがユークリッドのその他4つの公準は成り立つ「双曲幾何学的」な非ユークリッド幾何学（左ページ参照）の妥当性を証明した。ガウスはその妥当性を認めたが、自分が最初の発見者だと主張。面や空間の「内在的曲率」というガウスのアイデアは、この新しい世界を確立するうえで重要なツールだったが、彼は非ユークリッド幾何学をつくりだしたという証拠をわずかしか残していない。ただ、宇宙が非ユークリッド的であるかもしれないとは考えていた。その後、ベルンハルト・リーマン、エウジェニオ・ベルトラミ、フェリックス・クライン、ダフィット・ヒルベルトらによって発展した非ユークリッド幾何学は、今日、もはや奇抜な考えとは見なされなくなり、宇宙が本当に平面（ユークリッド的）なのか、それとも曲面なのか、物理学者たちは真剣に考えるようになった。

芸術的探究

双曲幾何学は芸術にも登場する。アンリ・ポアンカレによって考案されたモデルは、M・C・エッシャーのグラフィック作品の多くにインスピレーションを与え、ダイナ・タイミシャをはじめ、美術や工芸の技法を用いて「新しい世界」を直感的に把握できるようにする数学者もいる。◆

ダイナ・タイミシャによる、かぎ針編みで双曲面をモデル化したオブジェ。紙の模型よりも触感がいい。タイミシャによると、編むプロセスが幾何学的直観を養ってもくれるという。

ダイナ・タイミシャ

1954年、ラトヴィア生まれ。コンピュータ・サイエンス分野を経て、数学史を研究する。ラトヴィア大学で20年間教鞭をとったのち、1996年にアメリカ、コーネル大学へ移籍、新たな分野に関心を向けることになった。参加した幾何学ワークショップで、主催者デイヴィッド・W・ヘンダーソンが紙の双曲面模型のつくり方を実演してみせたのだ。ヘンダーソン自身は、アメリカの先駆的位相幾何学者ウィリアム・サーストンからつくり方を教わったという。

タイミシャは、自分の授業用にかぎ針編みで双曲面をモデル化しようと思い立つ。触覚にも訴えるこの方法は大いに役立ち、数学がアートやクラフトとは無関係だという通念もくつがえした。以来、数学アーティストとしても活躍している。

主な著作

2004年『幾何学を体験する』デイヴィッド・W・ヘンダーソンとの共著

代数構造には対称性がある

群論

関連事項

主要人物
エヴァリスト・ガロア
（1811〜1832年）

分野
代数学、数論

それまで
1799年　イタリアの数学者パオロ・ルフィニが、根の順列集合を概念構造（＝群）とみなす。

1815年　フランスの数学者オーギュスタン＝ルイ・コーシーが、順列群の理論を導き出す。

その後
1846年　ガロアの遺稿が、仲間のフランス人ジョゼフ・リウヴィルによって出版される。

1854年　イギリスの数学者アーサー・ケイリーが、ガロアの研究を拡張して、群概念の理論を完成させる。

1872年　ドイツの数学者フェリックス・クラインが、群論の用語で幾何学を定義する。

群論は、現代数学全体に広がる代数学の一部門である。その発端は、フランスの数学者エヴァリスト・ガロアによるところが大きい。ガロアは、一部の代数方程式だけが解ける理由を理解するために、この理論を発展させた。それによって、彼は古代バビロンで始まった歴史的探究に決定的な答えを与えただけでなく、抽象代数学の基礎を築いた。

ガロアのアプローチは、数学の別の分野の問題と関連づけることであった。ほかの分野の理解が進んでいる場合には強力な戦略となる。しかしこの場合、難しい問題（方程式の可解性）に取り組

参照：方程式の代数的解決（p200～01）■エミー・ネーターと抽象代数学（p280～81）■有限単純群（p318～19）

群とは、数や図形などといった要素（元）の集合であり……

……その集合に成り立つ演算（加法や回転など）でもある。

次の条件を満たす集合を、群という。

任意の元に対して演算しても変化しない、単位元が存在する。

元に対してどの順で演算しても変わらないという、結合法則が成り立つ。

任意の元に対して演算すると単位元になる、逆元が存在する。

群が集合として閉じている。演算の結果、集合に含まれない元が群に加わることはない。

むために、ガロアはまず「より単純な」分野の理論（群の理論）を導入しなければならなかった。2つの分野を結びつけた研究が、現在ではガロア理論と呼ばれている。

対称性の算術

群とは、抽象的なオブジェクトであり、いくつかの公理に従う要素（元）の集合と、それらを結合する演算からなる。要素として、図形が含まれる場合、群は対称性を表していると考えられる。正多角形のような単純な対称性は、直感的に把握できる。例えば、A、B、Cを頂点とする正3角形（次ページ参照）は、その中心周りに3通り（120°、240°、360°）の回転と、異なる3本の直線への鏡映ができる。これら6つの変

エヴァリスト・ガロア

1811年に生まれ、短くもはなばなしい人生を駆け抜けた。10代で早くもラグランジュ、ガウス、コーシーらの文献に親しんだが、エコール・ポリテクニーク（理工科学校）入学試験には不合格だった（2回も）——彼が数学にも政治にも性急すぎたせいかもしれないが、父親の自殺が影響したのは間違いない。

1829年、エコール・プレパラトール（予備学校）に入学したのもつかのま、1830年には政治活動を口実に退学させられる。頑強な共和主義者ガロアは、1831年、逮捕されて8カ月獄中で過ごした。1832年に釈放されてまもなく、決闘をふっかけられる——恋愛関係からか政敵の策略だったのか、はっきりしていない。重傷を負ったガロアは、群の概念や有限体の理論、今ではガロアの理論と呼ばれている証明を記したほんのひと握りの数学論文をあとに遺して、翌日息をひきとった。

主な著作

1830年『数論について』
1831年『第一の考察』

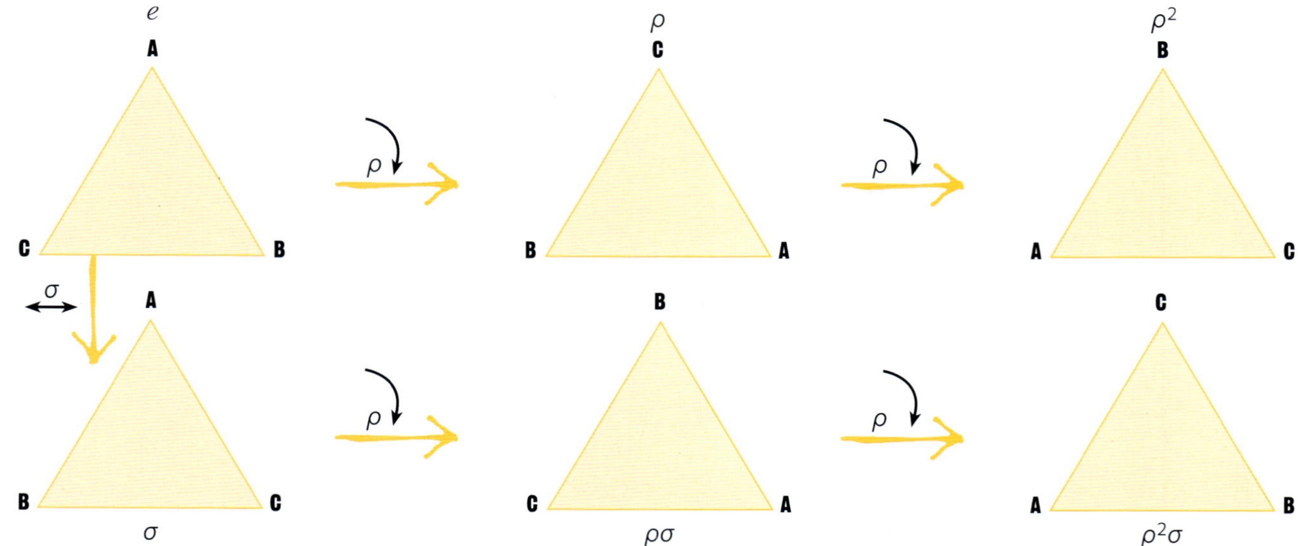

正3角形には6通りの対称変換がある。120°、240°、360° の回転（ρ）、および垂線A、B、Cのいずれかに関する鏡映（σ）だ。上図に、単位元 e（0°の回転）にそれぞれの対称変換を適用した結果と、その変換の表し方を示す。例えば、$\rho^2\sigma$（図中右下の正3角形）は、鏡映のあと120°の回転を2回という意味。

換はどれも、もとの3角形とぴったり同じで、頂点が並べ替えられる（再配置される）ことを除けば、見た目はまったく変わらない。時計回りに120°回転すると頂点Aがもとのあった位置に、BはCに、CはAの位置に移動し、Aを通る垂線へ鏡映すると頂点BとCが入れ替わる。3つの回転と鏡映は、3角形ABCの可能な対称性をすべて与える。

3角形の対称性を見つけるには、頂点の可能なすべての順列を考えるという方法もある。回転や鏡映によって頂点Aは、Aも含めて3つの点のうち1つの位置に移動する（3つの可能性がある）。それぞれの可能性ごとに、頂点Bの移動先は2つ考えられる。3角形は曲がらないので、A、Bの位置によって3番目の点Cの位置はおのずと決まる（可能性は1）。つまり、3×2×1＝6の可能性がある。多角形の対称群は、要素の集合の順列と考えることができる。正3角形の対称群はD_3という小さな群に属する。

群論の公理

群論には4つの公理がある。第1は、単位元公理——群のどの元と組み合わせても変化しない単位元が存在する。3角形ABCの場合、単位元は0°の回転である。第2は、逆元公理である。どの元にもひとつだけ逆元が存在し、その2つを組み合わせると単位元になる。

第3は結合公理で、元に対する演算の結果が、その演算の適用順序に依存しないという、結合法則が成り立つ。例えば、3つの元からなる任意の集合を乗算演算子で結合する場合、どのような順序で演算してもいい。つまり、1、2、3という元の群であれば、(1×2)×3＝2×3＝6、1×(2×3)＝1×6＝6と、乗算の結果はすべて同じになる。

第4は閉集合公理。演算の結果が、群に含まれない元になることはない。4つの公理すべてに従う群の一例としては、加算の演算に対する整数の集合

ルービックキューブに可能な回転を数学の群でいうと、43,252,003,274,489,856,000元になるが、任意の並び方からパズルを解くには90°の回転が26回しか必要ない。

CERN（欧州合同原子核研究機構）のLHC加速器とATLAS検出器。群論による予測など、素粒子の研究のために設計された。

物理学における群論

私たちが物理学を通して理解する宇宙は、さまざまな対称性に満ちている。そんな宇宙を理解するにも予測するにも、群論は強力なツールになる。物理学者がよく使うのが、19世紀ノルウェーの数学者ソフス・リーの名を冠したリー群だ。離散群ではない、連続群である――例えば、多角形の変換などのような有限数ではなく、円などに関する回転対称のような無限数をうまく扱える。1915年、ドイツの代数学者エミー・ネーターが、リー群と各種保存則とのあいだに関係性があることを明らかにした。1960年代になると、物理学者たちが群論をもとに素粒子を分類しはじめた。ところが、数学的群には、既知の素粒子のどれにもない対称性の組み合わせが含まれている。科学者たちがその組み合わせをもつ素粒子を見つけ出そうとした結果、オメガ・マイナス粒子が発見された。その後、ヒッグス粒子が見つかり、対称性と現実の差がまたひとつ埋まった。

{…、−3、−2、−1、0、1、2、3、…}がある。唯一の単位元は0、任意の整数 n の逆元は $-n$ であり、$n+(-n)=0=-n+n$ である。整数の加算は結合的であり、整数のどれかを足すと別の整数が得られるので、集合も閉じている。

群には可換性という属性もある。もしある群が可換ならば、それはアーベル群と呼ばれる。元を入れ替えても演算結果が変わらないことを意味する。整数をどの順番で足しても同じ結果になる（6+7=13、7+6=13）ので、加算の演算に対する整数の集合はアーベル群である。

ガロア群と体（たい）

群とは、抽象的な代数構造の一種に過ぎない。よく似た構造には環や体があり、これらもやはり演算と公理をもつ集合で定義される。体は2つの演算を含み、そのひとつ、複素数（加算と乗算の演算を含む）の体は、代数方程式の解が見つかる領域である。

ガロア理論は、（根が体の要素である）代数方程式の可解性を、具体的には根の可能な並べ替えを表す並べ替え群に関連づける。ガロアは、現在ガロア群と呼ばれるこの群が、方程式が代数的に解ける場合はある種の構造をもち、解けない場合は別の構造をもたなければならないことを示した。現代の代数学は、群、環、体、その他の代数的構造に関する抽象的な研究である。

群論は独自の発展を続け、例えば化学や物理学における対称性の研究に利用されるほか、今日のデジタル通信の多くを保護する公開鍵暗号など、多方面に応用されている。◆

> **群が現れたり、群が使えたりすると、やや混沌とした状況が、単純さへと結晶化する。**
>
> **エリック・テンプル・ベル**
> スコットランドの数学者

> **演算が不明なら演算する相手も不明という超越数学……ガロアの理論のような超越数学が必要だ。**
>
> **アーサー・エディントン**
> イギリスの天体物理学者

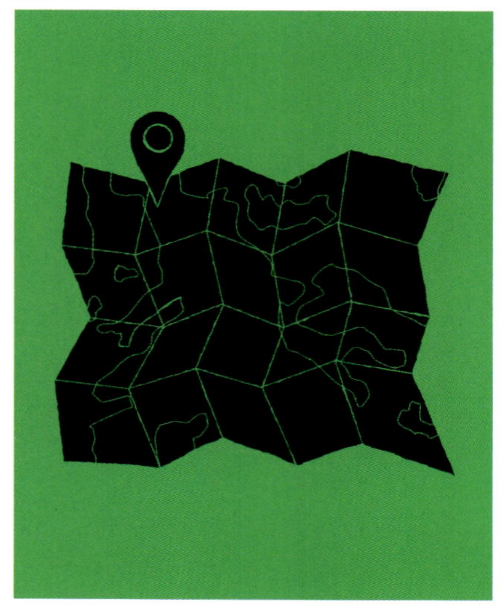

折りたたみ地図のように

四元数

関連事項

主要人物
ウィリアム・ローワン・ハミルトン
（1805～1865年）

分野
数論

それまで
1572年 イタリアのラファエル・ボンベリが、単位1の実数と単位iの虚数を組み合わせて、複素数をつくりだす。

1806年 ジャン＝ロベール・アルガンが、複素数を座標に表すことによって幾何学的に解釈し、複素平面を生み出す。

その後
1888年 チャールズ・ヒントンが、立方体を4次元に拡張したテッセラクト（正8胞体）を提唱する。各頂点に立方体4個、正方形6枚、辺4本が集まる4次元超立方体。

複素数の拡張である四元数は、3次元の動きをモデル化し、制御し、記述するために使用される。例えばビデオゲームのグラフィック作成、宇宙探査機の軌道計画、スマートフォンの方向計算などに不可欠である。四元数を発案したのは、3次元空間における動きを数学的にモデル化する方法に興味をもっていた、アイルランドの数学者ウィリアム・ローワン・ハミルトン。1843年、彼はふとしたひらめきから、「3次元の問題」

複素数（実数と虚数の組み合わせで表す）には単位次元が2つあり、2次元の運動を表す。

3次元の運動を表すには、複素数の拡張版が必要になる。

単位次元が3つの数では、3次元の運動がうまく表せない。

3次元空間での運動を満足に表すには、単位次元が4つの四元数が必要になる。

参照：虚数と複素数（p128～31） ■ 座標（p144～51）
■ ニュートンの運動の法則（p182～83） ■ 複素数平面（p214～15）

四元数で物体の運動をモデリングし、制御できるようになって以来、四元数は特に仮想現実（ヴァーチャル・リアリティ）ゲームで重宝されている。

は3次元の数では解決できず、4次元の数（四元数）が必要であることに気づいた。

移動と回転

複素数は2次元であり、例えば$1+2i$のように実部と虚部から構成される。そのため、2つの部分を座標として複素数を曲面や平面にプロットすることができる。2次元の複素数平面は、実数と虚数単位を組み合わせることによって1次元の数直線を拡張したものだ。複素数をプロットすることで、2次元の運動と回転の計算が可能になる。A点からB点への直線運動は、2つの複素数の足し算で表すことができる。さらに数を足すと、平面を横切る一連の動きが表せる。回転を表現するには、複素数を掛け合わせる。虚数単位であるiの掛け算はすべて90°の回転になり、それ以外の角度の回転は実部と虚部の係数に起因する。複素数が理解されると、3次元空間で同じようなはたらきをする数をつくることが数学者たちの次の課題になった。論理的な答えは、実数直線と虚数直線の両方に対して90°になる第3の数直線jを加えることだが、加算、乗算などの方法については誰にも解明できなかった。

4次元

ハミルトンの解決策は、第4の非実数単位kを追加することだった。すると、$a+bi+cj+dk$という基本構造をもつ四元数（a, b, c, dは実数）ができる。追加された2つの四元数単位jとkは、iと同様の性質をもつ虚数である。四元数はベクトル、つまり3次元空間の直線を定義し、そのベクトルの周りの角度と回転方向を記述することができる。複素数平面と同様、単純な四元数の数学を基本的な三角法と組み合わせることで、3次元空間内のあらゆる種類の動きが記述できる。◆

脳裏でうごめいていた考えが
ついに結実した。
まるで回路が閉じて、
火花が走ったかのごとく、
長年の予感が
現実となった。

ウィリアム・ローワン・ハミルトン

ウィリアム・ローワン・ハミルトン

1805年ダブリン生まれ。8歳のころ、巡回興行中だったアメリカの神童ゼラ・コルバーンと暗算対決してから、数学に興味をもちはじめた。まだトリニティ・カレッジ在学中の22歳で、ダブリン大学とアイルランド王立天文台の天文学教授に推挙されている。

ニュートン力学に精通していたハミルトンには、天体の軌道計算などお手のものだった。のちには、ニュートン力学をさらに電磁気学や量子力学へ進められるような体系に再定式化した。1856年、ハミルトンは自分のスキルを利用しようと、同じ点を2度は通らずに12面体の頂点を結ぶ回路をさがす、イコシアン・ゲームを売り出し、ゲームの権利を25ポンドで売った。耐えがたい痛風に苦しんだ末に、1865年死去。

主な著作

1853年『四元数講義』
1866年『四元数の基礎』

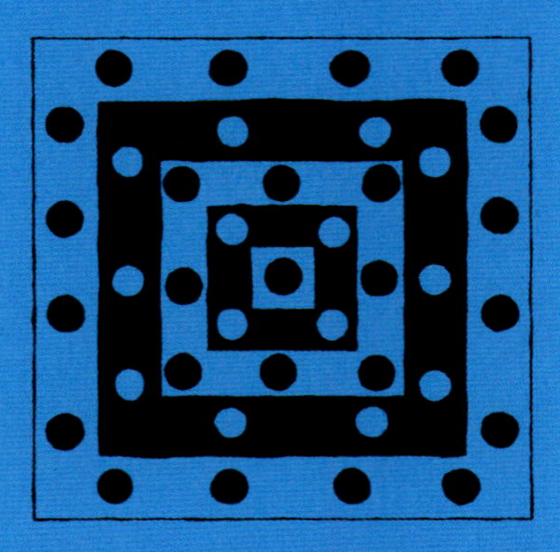

自然数の累乗はほとんど連続しない

カタラン予想

関連事項

主要人物
ウジェーヌ・カタラン
(1814～1894年)

分野
数論

それまで
1320年ごろ フランスの哲学者・数学者レヴィ・ベン・ゲルション(ゲルソニデス)が、指数2と3で表せる2数の差が1になるのは、$8=2^3$と$9=3^2$だけであることを示す。

1738年 レオンハルト・オイラーが、連続する平方数または立方数は8と9だけであることを証明する。

その後
1976年 オランダの数論解析学者ロベルト・タイデマンが、もし連続する累乗数が存在するとしても、有限個しかないことを証明する。

2002年 プレダ・ミハイレスクが、1844年に提示されてから158年後にカタラン予想を証明する。

数論における問題には、提起するのは簡単だが証明するのがきわめて難しいものが多い。例えば、フェルマーの最終定理は357年間も証明されない予想のままだった。カタラン予想もフェルマーの予想と同様、正の整数の累乗に関する、見た目には単純な主張である。

1844年、ウジェーヌ・カタランは、方程式$x^m-y^n=1$(x、y、m、nは自然数〔正の整数〕、mとnは1より大きい)の解は1つしかないと主張した。$3^2-2^3=1$なので、解は$x=3$、$m=2$、$y=2$、$n=3$である。つまり、2乗、3乗、自然数の累乗が連続することはほとんどないということだ。500年ほど前にゲルソニデスが、この主張の特殊なケースを証明していた。2と3の累乗だけの、$3^n-2^m=1$と$2^m-3^n=1$という方程式を解いたのだ。1738年、レオンハルト・オイラーも同様に、方程式$x^2-y^3=1$を解くことによって、2乗と3乗に限った場合を証明した。カタラン予想に近かったが、より大きな指数の累乗数が連続する可能性を排除できていない。

自然数(正の整数)のうち、2つの累乗数の最小差は1である。

カタランはこれを、$x^m-y^n=1$、ただしmおよびnは1より大きい、という方程式で表した。

方程式の自然数解の組み合わせは、$x=3$、$y=2$、$m=2$、$n=3$($3^2-2^3=1$)だけである。

参照：ピュタゴラス（p36〜43） ■ディオファントス方程式（p80〜81） ■ゴールドバッハ予想（p196） ■タクシー数（p276〜77） ■フェルマーの最終定理を証明する（p320〜23）

平方数と立方数をその値の順に並べると、各数のあいだの差がわかりやすい。立方数2^3と平方数3^2のあいだの差は1で、カタラン予想によると、平方数、立方数その他の累乗数のペアはこれだけである。

定理になる

カタラン自身は、自分の予想を完全に証明することはできなかったという。ほかの数学者もこの問題に取り組んだが、ルーマニアの数学者プレダ・ミハイレスクが未解決問題の証明を成し遂げて予想を定理に変えたのは、2002年のことだった。簡単な計算でほぼ連続する累乗数の例がすぐに見つかるので、カタラン予想は間違いに違いないと思われるかもしれない。例えば、$3^3-5^2=2$、$2^7-5^3=3$である。一方、このようなほぼ連続する解はまれでもある。予想の証明に多くの計算が必要になりそうなアプローチもあった。1976年、ロベルト・タイデマンがx、y、m、nの上限（最大サイズ）を見つけ、連続する累乗数は有限個しかないことを証明した。カタラン予想の真偽は、累乗をそれぞれチェックすれば検証できるようになった。残念ながら、タイデマンの上限は天文学的な大きさであり、現代のコンピュータをもってしても事実上検証は不可能である。

カタラン予想のミハイレスクの証明は、そのような計算を必要としない。ミハイレスクは、$x^m-y^n=1$の解を求めるにはmとnが奇数の素数でなければならないことを証明した、柯召(Ke Zhao)、J・W・S・カッセルらによる20世紀の進歩を基礎としている。アンドリュー・ワイルズによるフェルマーの最終定理の証明ほど手ごわくはないが、それでも高度に技巧的な証明である。◆

ウジェーヌ・カタラン

1814年、ベルギーのブルージュに生まれ、パリのエコール・ポリテクニーク（理工科学校）でジョゼフ・リウヴィルに学ぶ。早くから共和主義者だったカタランは、1848年の革命（フランス二月革命）に参加。その後、政治的信条から研究者としての職を次々追われていくことになった。

カタランが特に関心を寄せていたのは幾何学と組み合わせ論（計数、列挙と配置の研究）で、カタラン数に名を残した。カタラン数（1, 2, 5, 14, 42...）の数列は、多角形の3角形分割における分け方の場合の数などに現れる。

カタラン自身はフランス人のつもりだったが、ベルギーで高く評価され、1865年にリエージュ大学解析学教授に就任。そのままベルギーに住んで、1894年に亡くなった。

主な著作

1860年『行列の初歩』
1890年『オイラーの楕円積分』

マトリックス（行列）は どこにでもある

行列

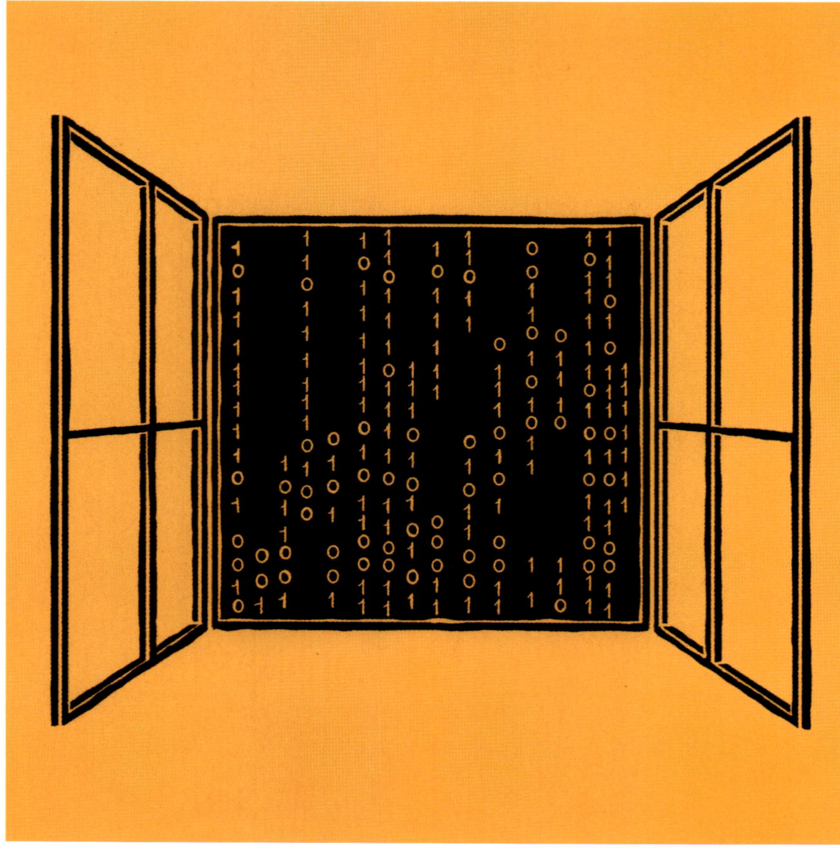

関連事項

主要人物
ジェイムズ・ジョセフ・シルヴェスター
（1814〜1897年）

分野
代数学、数論

それまで
紀元前200年　古代中国の書物『九章算術』に、行列を使った方程式の解法が示される。

1545年　ジローラモ・カルダーノが、行列式を使う方法を紹介する。

1801年　カール・フリードリヒ・ガウスが、6つの連立方程式の行列を使って、小惑星パラスの軌道を計算する。

その後
1858年　アーサー・ケイリーが行列代数学の形式を定義し、2次（2×2）行列と3次（3×3）行列の計算結果を証明する。

行列とは、成分（数値や代数式、要素ともいう）を行と列に並べて角括弧で囲んだ、矩形の配列（グリッド）である。行と列は無限に拡張できるため、行列には膨大な量のデータをエレガントかつコンパクトに格納できる。行列は、多数の成分を含みながらも１単位として扱われる。コンピュータ・グラフィックスや流体の運動の記述など、数学、物理学、コンピュータ・サイエンスの分野で応用されている。

行列らしい配列の最古の例が、紀元前300年ごろの中央アメリカ、古代マヤ文明にあるという。マヤの人々が

参照：代数学（p92～99） ■ 座標（p144～51） ■ 確率（p162～65）
■ グラフ理論（p194～95） ■ 群論（p230～33） ■ 暗号技術（p314～17）

2つの行列で加法、減法などの演算をするには、同じ次元の行列でなければならない。下記のような2×2の行列を、行と列の数が同じ2である正方行列という。図に示すように、行列の加法では対応する位置にある成分どうしを足す。

$$\begin{bmatrix} a & b \\ c & d \end{bmatrix} + \begin{bmatrix} e & f \\ g & h \end{bmatrix} = \begin{bmatrix} a+e & b+f \\ c+g & d+h \end{bmatrix}$$

計算結果もやはり2×2の行列になる。

行と列で数字を操作して方程式を解いていたと考え、その根拠としてモニュメントや司祭の衣に施された格子状の装飾を挙げる歴史家もいる。ただし、その模様が実際に行列を表しているのか疑わしいという意見もある。

行列の利用が確認された最古の例は、古代中国にある。紀元前2世紀の数学書『九章算術』に、計数盤を設置して、未知数を複数含む連立1次方程式を行列のように解く方法が記されている。19世紀にドイツの数学者カール・ガウスが導入した消去法に似た方法で、現在でも連立方程式を解くのに使われる。

歴史学者のあいだに、マヤ文明の遺跡で見つかった配置から、マヤ族は行列を使って1次方程式を解いていたのではないかという説もある。しかし、カメの甲羅のような自然界のパターンをまねただけだとも考えられる。

行列演算

1850年、イギリスの数学者ジェイムズ・ジョセフ・シルヴェスターが、数字の配列を表すのに初めて「行列」という言葉を使った。シルヴェスターがこの用語を導入した直後、彼の友人で同僚のアーサー・ケイリーが、行列の演算規則を公式化する。ケイリーは、行列代数の規則が標準的な代数学の規則とは異なることを示した。同じ大きさの（行と列の成分数が同じ）2つの行列は、対応する成分を単純に足し合わせることで加算される。次元の異なる行列の加算はできない。しかし、行列の乗算は数の乗算とはまったく異なる。すべての行列が掛け算できるわけではなく、行列の乗算 AB が計算できるのは B の行数が A の列数と同じ場合だけだ（次ページの上図参照）。また、積に

ジェイムズ・ジョセフ・シルヴェスター

1814年生まれ。ロンドン大学で学びはじめたが、ある学生にナイフを振り回していると非難されて退学し、ケンブリッジ大学へ。試験で次席をとったにもかかわらず、ユダヤ人としてイギリス国教会への忠誠を誓おうとしなかったため、学位を授けられなかった。

シルヴェスターは一時アメリカで教職に就いたが、そこでもやはりいやな目にあう。ロンドンへ戻った彼は法学を学んで、1850年、弁護士業をはじめた。また、仲間のイギリス人数学者アーサー・ケイリーとともに、行列の研究にも着手。1876年、メリーランド州ジョンズ・ホプキンス大学の数学教授として再びアメリカへ渡り、《アメリカ数学ジャーナル》を創刊した。晩年はイギリスに戻り、1897年にロンドンで生涯を閉じる。

主な著作

1850年『2次関数間の消去法における新しいクラスの定理について』
1852年『形式の微積分の法則について』
1876年『楕円関数論』

2つの行列の乗算では、第1行列の数を、第2行列の水平対応する数、交差対応する数とそれぞれ掛け合わせ（中央の式で黒点は乗算を表す）、その結果を足す。行列代数学においては、2つの行列の順序が入れ替わると、下図の正方行列*A*、*B*の例のように、*A*×*B*と*B*×*A*では乗算の答えが違うものになる（積に関して交換法則が成り立たない）。

$$\overset{A}{\begin{bmatrix} 4 & 8 \\ 1 & 3 \end{bmatrix}} \times \overset{B}{\begin{bmatrix} 2 & 9 \\ 7 & 0 \end{bmatrix}} = \begin{bmatrix} 4 \cdot 2 + 8 \cdot 7 & 4 \cdot 9 + 8 \cdot 0 \\ 1 \cdot 2 + 3 \cdot 7 & 1 \cdot 9 + 3 \cdot 0 \end{bmatrix} = \begin{bmatrix} 64 & 36 \\ 23 & 9 \end{bmatrix}$$

$$\overset{B}{\begin{bmatrix} 2 & 9 \\ 7 & 0 \end{bmatrix}} \times \overset{A}{\begin{bmatrix} 4 & 8 \\ 1 & 3 \end{bmatrix}} = \begin{bmatrix} 2 \cdot 4 + 9 \cdot 1 & 2 \cdot 8 + 9 \cdot 3 \\ 7 \cdot 4 + 0 \cdot 1 & 7 \cdot 8 + 0 \cdot 3 \end{bmatrix} = \begin{bmatrix} 17 & 43 \\ 28 & 56 \end{bmatrix}$$

関して交換法則が成り立たず、*A* と *B* の両方が正方行列であっても *AB* は *BA* に等しいとは限らない。

正方行列

対称性をもつ正方行列には独特な性質がある。例えば、正方行列はそれ自身を繰り返し掛けることができる。サイズ $n \times n$ の正方行列で、左上から対角線上に値 1 をもち、それ以外はすべて値 0 である行列は、単位行列（I_n）と呼ばれる。

すべての正方行列に、行列式という指標がある。成分を一定の規則で展開することによって、行列の特性の多くを符号化するものだ。成分が複素数で行列式がゼロでない正方行列は、群という代数構造を形成する。したがって、群の定理が正方行列に対しても成り立ち、群の理論を行列にも応用できる。群もまた行列として表現できるため、群論における難問を行列代数で表現して解きやすくすることができる。そのような研究分野を表現論といって、整数論や解析学、物理学にも応用される。

行列式

行列式は行列が表す方程式系（連立方程式）の可解性を判定する指標になるところから、ガウスが determinant（決定するもの）と名づけたものだ。行列式がゼロでない限り、方程式には 1 つだけ解がある。行列式がゼロなら、方程式は解をもたないか、または多数の解をもつ可能性がある。

17 世紀、日本の数学者（和算家）関孝和が、5×5（5 次）までの正方行列の行列式を計算する方法を示した。その後 1 世紀以上にわたって、数学者たちはそれよりも高次の行列式を求める規則を解明してきた。1750 年、スイスの数学者ガブリエル・クラメルは、正方行列の行列式に関する一般的な規則（現在ではクラメルの規則と呼ばれている）を述べた。

1812 年、フランスの数学者オーギ

2次元写像の1次変換（線形変換）。原点を通る直線を別のやはり原点を通る直線に、平行線は平行線に変換する。回転、鏡映、拡大、伸長、剪断（1本の固定直線に平行な直線を、固定直線からの距離に比例してスライドさせる）などがある。任意の点（x, y）の像は、変換行列に（x, y）を表す列ベクトルを掛けて求める。下図に、頂点が（0, 0）、（2, 0）、（2, 2）、（0, 2）の正方形原像をピンク色で、変換した4辺形を緑色で示す。

係数 1 の水平剪断

$$\begin{bmatrix} 1 & 1 \\ 0 & 1 \end{bmatrix} \times \begin{bmatrix} x \\ y \end{bmatrix}$$

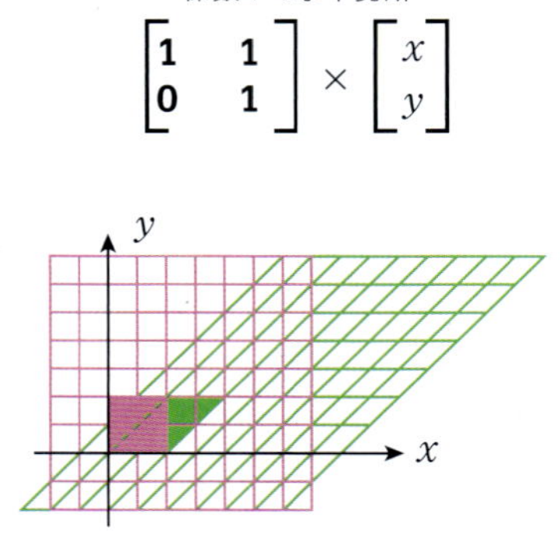

縦軸に関する鏡映

$$\begin{bmatrix} -1 & 0 \\ 0 & 1 \end{bmatrix} \times \begin{bmatrix} x \\ y \end{bmatrix}$$

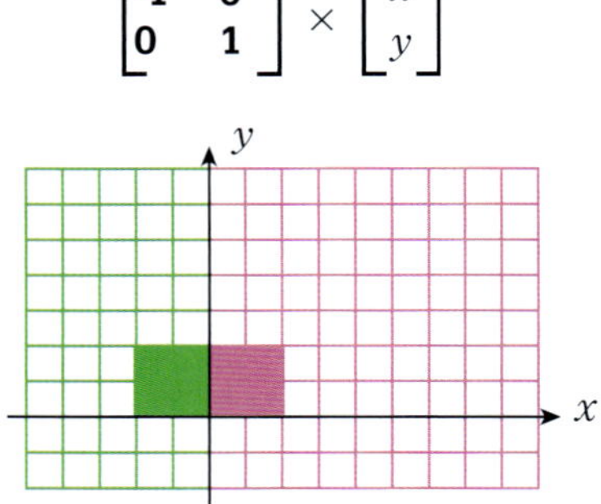

係数 1.5 の拡大

$$\begin{bmatrix} 1.5 & 0 \\ 0 & 1.5 \end{bmatrix} \times \begin{bmatrix} x \\ y \end{bmatrix}$$

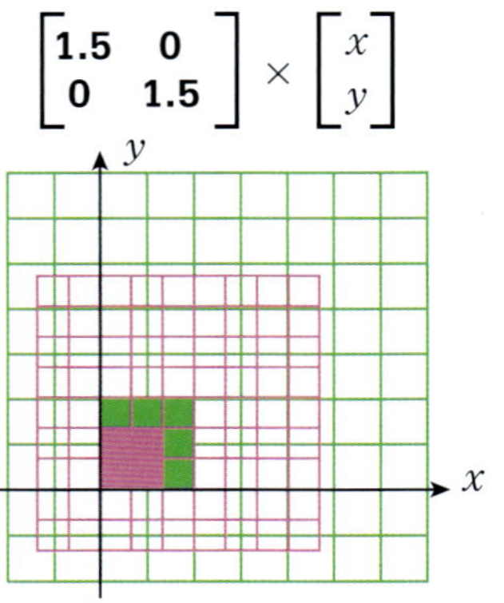

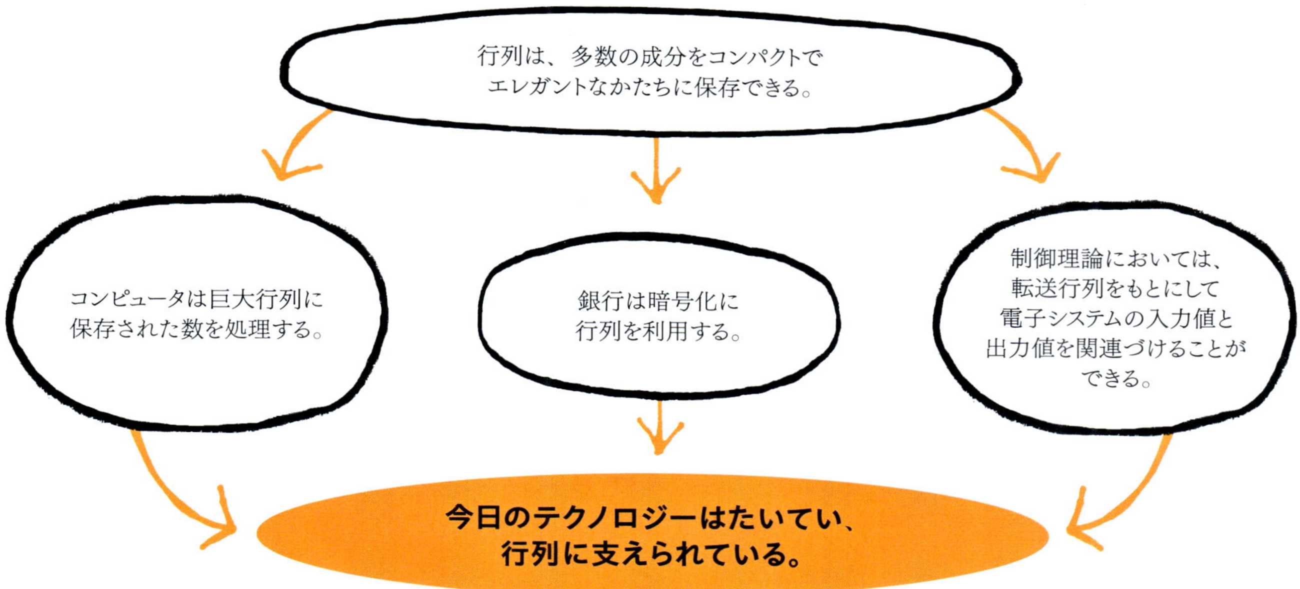

ュスタン＝ルイ・コーシーとジャック・ビネは、同じ大きさの2つの正方行列が掛け合わされるとき、この積の行列式 *detAB* がそれぞれの行列式の積に等しいこと—— *detAB*＝(*detA*)×(*detB*) ——を証明した。この法則によって、非常に大きい行列の行列式を求めるプロセスが、2つの小さい行列の行列式に分解することで簡略化される。

変換行列

行列によって、鏡映、回転、平行移動、拡大縮小などの線形変換（前ページ参照）を表現できる。2次元の変換は2×2行列で、3次元の変換は3×3行列で表現される。変換行列の行列式には、変換された図形の面積や体積に関する情報が含まれる。今日、コンピュータ支援設計（CAD）ソフトウェアは、この目的のために行列を多用している。

最新の応用

膨大な量のデータをコンパクトに格納することができる行列は、数学、物理学、コンピューティングなどあらゆる分野で不可欠なものとなった。グラフ理論では、行列によって頂点（点）の集合がどのように辺（線）で結ばれているかを符号化する。行列力学という量子物理学の一形式においては、行列代数を多用する。素粒子物理学者や宇宙物理学者は、変換行列や群論を用いて宇宙の対称性を研究している。

電圧や電流に関する問題を解くためにも、電気回路の表現に行列が使われる。行列は、コンピュータ・サイエンスや暗号技術においても重要な役割を果たす。検索エンジンのアルゴリズムでウェブページのランク付けには、成分が確率を表す確率行列が使われる。プログラマーはメッセージを暗号化する際、行列を鍵として使用する。文字に個々の数値を割り当て、行列の数値を掛け合わせるのだ。行列が大きければ大きいほど、暗号化の安全性が高くなる。◆

任意の大きさの行列という一般の場合にまで定理をきちんと証明する、などという苦労をするつもりはない。

アーサー・ケイリー

思考の法則を探る

ブール代数

関連事項

主要人物
ジョージ・ブール
(1815〜1864年)

分野
論理学

それまで
紀元前350年 アリストテレス哲学が、三段論法という推論法の基礎を築く。

1697年 ゴットフリート・ライプニッツが、代数学をもとに論理学を形式化しようとして果たせず。

その後
1881年 ジョン・ベンが、ブール代数の説明にベン図を導入する。

1893年 チャールズ・サンダース・パースが、真理値表を使ってブール代数の結果を示す。

1937年 クロード・シャノンが修士論文『継電器および開閉回路の記号的解析』で、コンピュータ回路設計の基礎としてブール代数を適用する。

彼にとって数学への興味が何かのついでだったことなどない。論理学が好きだったのも、［数学への］道をつくる手段としてだった。

メアリ・エヴェレスト・ブール
イギリスの数学者
ジョージ・ブールの妻

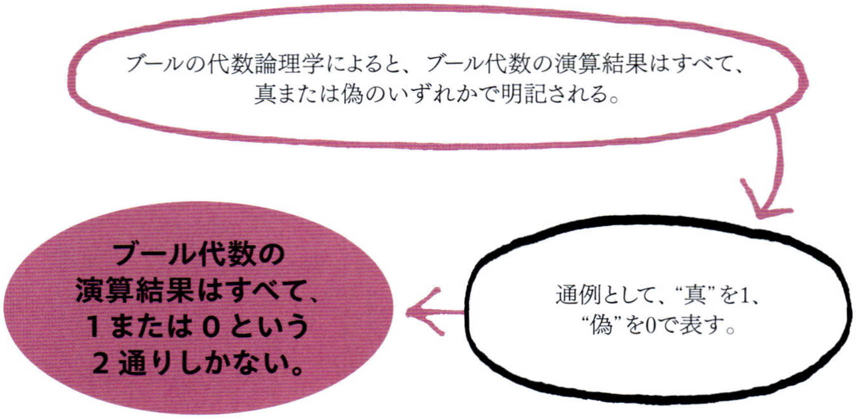

ブールの代数論理学によると、ブール代数の演算結果はすべて、真または偽のいずれかで明記される。

通例として、"真"を1、"偽"を0で表す。

ブール代数の演算結果はすべて、1または0という2通りしかない。

論理学は数学の基礎である。論理学は推論のルールを提供し、論証や命題の妥当性を判断する根拠を与えてくれる。数学的論証においては、基本命題が真であれば、その命題から構成されるすべての言明（ステートメント）も真であることを、論理学のルールによって保証する。

論理学の原理を示そうという最も古い試みは、紀元前350年ごろのギリシアの哲学者アリストテレスによるものだ。アリストテレスがさまざまな論証形式を分析研究したことで、論理学が独自の研究対象として確立された。アリストテレスは特に、3つの命題からなる三段論法という演繹的推論形式に注目した。最初の2つの命題を「前提」として、3つ目の命題である「結論」を論理的必然として引き出す。論理学に関するアリストテレスの考え方は、2000年以上ものあいだ、西洋思想において他の追随を許さず、揺るぎないものであった。

アリストテレスは哲学の一分野として論理学に取り組んだが、1800年代に入ると学者たちは数学の一分野として論理学を研究しはじめた。つまり、言葉で表現される論証から、抽象的な記号によって論証を表現する記号論理学へ移行したのだった。数理論理学への転換の先駆者のひとりがイギリスの数学者ジョージ・ブールで、彼は記号代数学という新しい分野の手法を論理学に適用しようとした。

代数論理学

ブールの論理学研究は、型破りな始まり方をした。1847年、友人のイギリス人論理学者オーガスタス・ド・モルガンが、あるアイデアの功績を誰に譲るべきかについて哲学者との論争に巻き込まれた。ブールは直接関与していなかったが、この出来事に駆り立てられ、1847年の小論『論理の数学的分析』の中で、論理学を数学でどのように形式化できるかについて考えを述べる。

ブールは、論理を数学的に操作して論証できるような枠組みを発見したかったのだ。そのために、一種の言語的代数学を生み出し、足し算や掛け算といった代数学でおなじみの演算を論理学で使われる接続詞に置き換えた。代

参照：三段論法的推論（p50〜51） ■ 2進数（p176〜77） ■ 方程式の代数的解決（p200〜01） ■ ベン図（p254）
■ チューリング・マシン（p284〜89） ■ 情報理論（p291） ■ ファジィ論理（p300〜01）

数学と同様、ブールは記号と接続詞を用いることで、論理式の簡略化を可能にした。

ブール代数は、AND（論理積）、OR（論理和）、NOT（論理否定）という3つを基本に論理演算をする。集合の比較をはじめ基本的な数学関数の実行に必要な演算は、その3つだけだとブールは考えた。例えば論理学では、「この動物は毛で覆われている」AND（かつ）「この動物は仔に乳を与える」や、「この動物は泳ぐことができる」OR（または）「この動物には羽毛がある」のように、2つのステートメントをANDやORで結びつける。「A かつ B」というステートメントは A と B が両方とも真である場合に、「A または B」というステートメントは A と B の一方または両方が真である場合に真となる。ブール演算の用語では、例えば $(A \text{ OR } B) = (B \text{ OR } A)$、$\text{NOT}(\text{NOT } A) = A$、$\text{NOT}(A \text{ OR } B) = (\text{NOT } A) \text{ AND} (\text{NOT } B)$ などと表される。

ブールの2値化

1854年、ブールは最も重要な著作『思考の法則に関する研究』を出版した。ブールが数の代数的性質を研究して気づいたのは、足し算や掛け算などの演算とともに集合 $\{0, 1\}$ によって一貫した代数的言語を形成できるということだ。ブールは、論理的命題は真か偽か2つの値しかもたず、どっちつかずはありえないと提唱した。

ブールの論理代数で真偽は2値化された——真は1、偽は0である。真か偽のどちらかである最初のステートメントから始めて、ブールはさらなるステートメントを構成し、AND、OR、NOT演算によってその真偽を判定した。

> **ブール代数のおかげで、論理的言明を代数的に計算して証明できる。**
>
> **イアン・スチュアート**
> イギリスの数学者

1足す1は1

似ているとはいえ、1と0で表されるブールの真偽2値は2進数と同じではない。ブール数は実数の数学とはまったく異なる。ブールの代数の“法則”は、他形式の代数ではありえない記述を可能にする。ブール代数学ではどのような数量に対しても可能な値は1か0の2つだけで、引き算も存在しない。例えば、「私の犬は毛深い」というステートメント A が真であれば、その値は1、「私の犬は茶色い」というステートメント B が真であれば、その値も1である。A と B を組み合わせた「私の犬は毛深い OR 私の犬

ジョージ・ブール

1815年、イングランド、リンカンに、靴職人の息子として生まれ、学問、特に数学好きな父親から教育を受けた。父の仕事が立ちゆかなくなって、16歳のジョージが私立学校のアシスタント教師の職に就き、家計を支える。真剣に数学に取り組むようになった彼は、まず微積分学の本を読んだ。その後、《ケンブリッジ数学ジャーナル》に論文を発表したものの、なかなか学位がとれない。

1849年、オーガスタス・ド・モルガンとの文通の結果、アイルランド、コークのクイーンズ・カレッジ数学教授に任じられ、1864年に49歳で早すぎる死を迎えるまでその地位にあった。

主な著作

1847年『論理の数学的分析』
1854年『思考の法則に関する研究』
1859年『微分方程式論』
1860年『差分法』

［論理学と代数学のあいだに］
人工的な相似性を
築こうとするなど、
私にはとうてい思いつきそうに
ないことだ。

ゴットロープ・フレーゲ
ドイツの哲学者・数学者

は茶色い」というステートメントも真になって、値は1である。ブール代数では、ORは＋のように（1＋1＝1となるのはさておき）、ANDは×のようにふるまう（247ページの表参照）。

結果の視覚化

イギリスの論理学者ジョン・ベンが考案した図の形式で、ブール代数を視覚化することもできる。ベンはその著作『記号論理学』（1881年）の中で、いわゆるベン図を用いてブールの理論を発展させた。それぞれ異なる集合を表す円が交差するベン図に描くと、集合間の包含（AND）や排他（NOT）の関係がわかりやすい。円2つのベン図は「*A*ならばすべて*B*である」などといった命題を表し、3つの円からなる図は3つの集合（例えば下図の*X*、*Y*、*Z*）を含む命題を表す。

ブール代数のステートメントの結果は、可能な入力すべての組み合わせを試して書き出した真理値表（次ページ参照）で評価することもできる。ブールの死後30年近くたった1893年に、アメリカの論理学者チャールズ・サンダース・パースが初めて真理値表を使った。例えば、*A* AND *B*というステートメントは、*A*と*B*の両方とも真である場合にのみ真とみなされる。*A*と*B*の一方または両方が偽であれば、*A* AND *B*は偽である。したがって、*A*と*B*の真偽4通りの組み合わせのうち、*A* AND *B*が真となるのは1通りだけ。一方、*A* OR *B*については、*A*と*B*の両方とも偽である場合にのみ偽となるため、そのステートメントが真となる組み合わせは3通りある。より複雑なステートメントでも、真理値表によって評価できる。例えば、*A* AND（*B* OR NOT *C*）は、*A*と*B*の両方とも真で*C*が偽のときに真となり、*A*が偽で*B*と*C*の両方とも真のときに偽となる。真と偽の8通りの組み合わせのうち、このステートメントが真となるのは3通り、偽となるのは5通りである。

限界

ブール代数体系の欠点のひとつは、数量化の方法が含まれていないことだった。例えば、「すべての*X*について」というようなステートメントを表現す

ブール代数の関数を表すベン図。最も基本的な関数は、AND、OR、NOTの3つ。右下、3つの円からなるベン図は、2つの関数AND、ORの組み合わせを表す。

関数の出力値が含まれる範囲

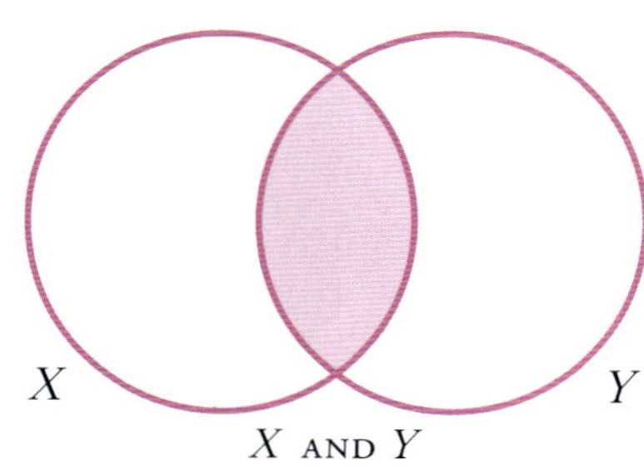

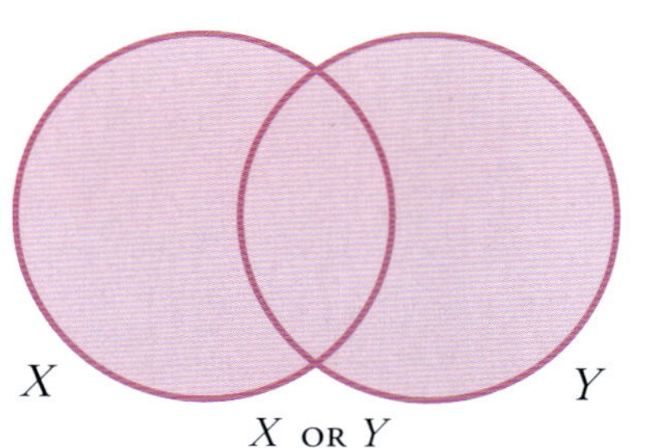

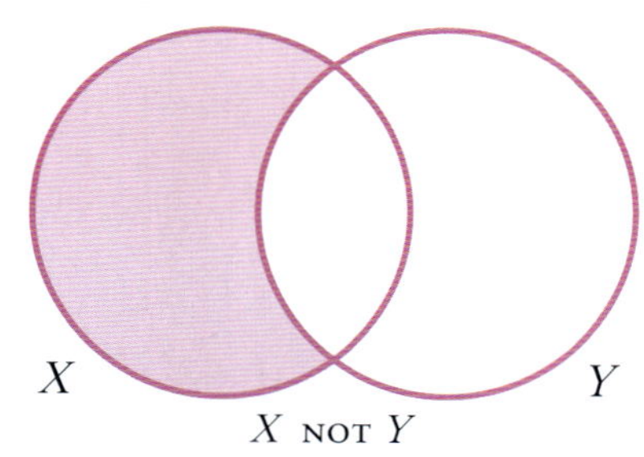

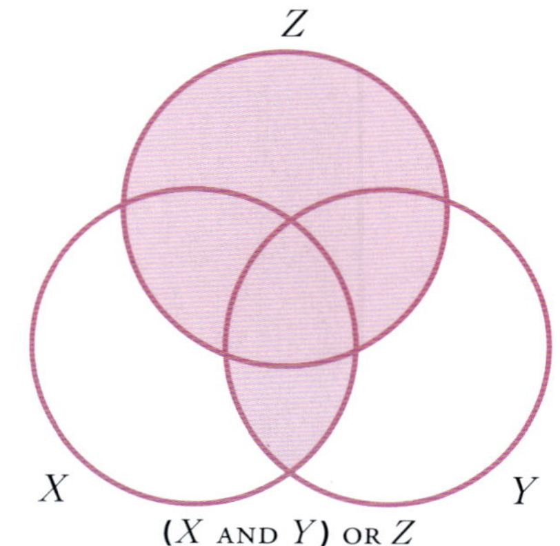

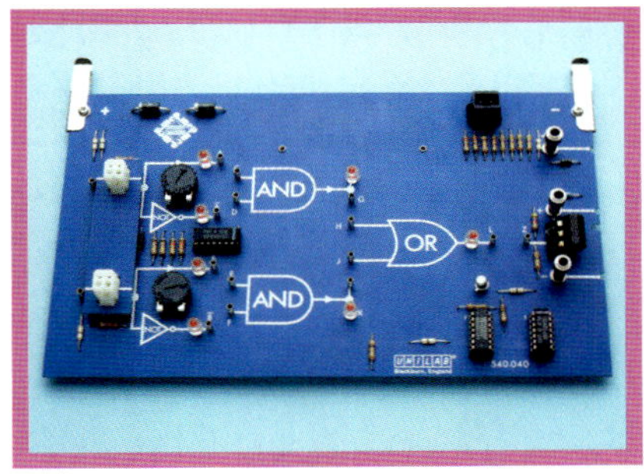

電子回路で論理ゲートがどう機能するかを教える、論理モジュール教材。ゲートがライトやブザーにつながって、出力値に応じてオンとオフを示す。

<table>
<tr><th>ゲート</th><th>記号</th><th>真理値表</th></tr>
<tr><td>NOT
入力値と反対の値を出力する。</td><td>A X</td><td><table><tr><th>入力値</th><th>出力値</th></tr><tr><td>1</td><td>0</td></tr><tr><td>0</td><td>1</td></tr></table></td></tr>
<tr><td>AND
入力値が両方とも1の場合に限り、1を出力する。</td><td>A B X</td><td><table><tr><th colspan="2">入力値</th><th>出力値</th></tr><tr><td>A</td><td>B</td><td>A AND B</td></tr><tr><td>0</td><td>0</td><td>0</td></tr><tr><td>0</td><td>1</td><td>0</td></tr><tr><td>1</td><td>0</td><td>0</td></tr><tr><td>1</td><td>1</td><td>1</td></tr></table></td></tr>
<tr><td>OR
入力値が両方とも0の場合に限り、0を出力する。</td><td>A B X</td><td><table><tr><th colspan="2">入力値</th><th>出力値</th></tr><tr><td>A</td><td>B</td><td>A AND B</td></tr><tr><td>0</td><td>0</td><td>0</td></tr><tr><td>0</td><td>1</td><td>1</td></tr><tr><td>1</td><td>0</td><td>1</td></tr><tr><td>1</td><td>1</td><td>1</td></tr></table></td></tr>
<tr><td>NAND
AND ゲートに続いて NOT ゲート。</td><td>A B X</td><td><table><tr><th colspan="2">入力値</th><th>出力値</th></tr><tr><td>A</td><td>B</td><td>A AND B</td></tr><tr><td>0</td><td>0</td><td>1</td></tr><tr><td>0</td><td>1</td><td>1</td></tr><tr><td>1</td><td>0</td><td>1</td></tr><tr><td>1</td><td>1</td><td>0</td></tr></table></td></tr>
<tr><td>NOR
OR ゲートに続いて NOT ゲート。</td><td>A B X</td><td><table><tr><th colspan="2">入力値</th><th>出力値</th></tr><tr><td>A</td><td>B</td><td>A AND B</td></tr><tr><td>0</td><td>0</td><td>1</td></tr><tr><td>0</td><td>1</td><td>0</td></tr><tr><td>1</td><td>0</td><td>0</td></tr><tr><td>1</td><td>1</td><td>0</td></tr></table></td></tr>
</table>

ブール関数を物理的に実行する電子装置、論理ゲートは、コンピュータ回路を構成する重要な要素である。上の表に、それぞれの論理ゲートを表す記号と、入出力値の真理値表を示す。

る、簡単な方法がない。数量化を伴う最初の記号論理学は、1879 年、論理学を代数学に変えようとするブールの試みに異議を唱えたドイツの論理学者ゴットロープ・フレーゲによって生み出された。

ブールの遺産

ブールのアイデアに潜む可能性が完全に理解されたのは、ブールの死後 70 年ほど経ってからだ。アメリカの電気工学者クロード・シャノンが、ブールの『論理の数学的分析』をもとに現代のデジタル・コンピュータ回路の基礎を確立した。シャノンは、世界初となるコンピュータの電気回路設計に取り組んでいたとき、ブールの 2 値論理が回路内の論理ゲート（ブール関数に基づいて動く物理的装置）の基礎になると気づいた。1937 年、わずか 21 歳のシャノンは、修士論文『継電器および開閉回路の記号的解析』の中で、将来のコンピュータ設計の基礎となるアイデアを発表した。

現在、コンピュータ・ソフトウェアのプログラミングに使われているコードの構成要素は、ブールが定式化した論理に基づいている。インターネットの黎明期には、AND、OR、NOT コマンドは、検索結果をフィルタリングして特定のものを見つけるためによく使われていた。しかし技術の進歩により、より自然な言葉を使って検索できるようになった。ブール式の検索はもはや使われなくなった。例えば、“George Boole” を検索すると、2 つの単語の間に暗黙の AND が設定され、両方の名前を含むウェブページのみが検索結果に表示される。◆

素数の音楽

リーマン予想

関連事項

主要人物
ベルンハルト・リーマン
（1826〜1866年）

分野
数論

それまで
1748年 レオンハルト・オイラーが、素数数列の関数（のちにゼータ関数と呼ばれる）について、オイラー積で定義する。

1848年 ロシアの数学者パフヌティ・チェビシェフが、素数計数関数 $\pi(n)$ について初めて重要な研究成果をあげる。

その後
1901年 スウェーデンの数学者ヘルゲ・フォン・コッホが、可能な限り最も強力な素数計数関数はリーマン予想によるものだと証明する。

2004年 分散コンピューティングによって、虚部が小さいほうから10兆個までの"非自明な零点"は臨界線上にあることが証明される。

2つの数のあいだに素数が何個あるか、推測するのは非常に難しい。

リーマン予想が正しければ、2つの数値間にある素数の個数を最も正確に推測する方法はゼータ関数（数論で研究される関数）である。

リーマン予想はまだ証明されていない。

1900年、ダフィット・ヒルベルトが23の未解決の数学的問題を挙げた。そのうちのひとつであるリーマン予想は、現在でも数学における最も重要な未解決問題のひとつとされている。素数（自分自身か1でしか割り切れない数）に関するリーマンの仮説が証明されれば、ほかの多くの定理を解決することになる。

素数について最も顕著なのは、大きい数になるほど素数の分布がまばらになるということだ。1から100までの数のうち25個が素数（4個に1個）、1から100,000までの数のうち9,592個が素数（約10個に1個）である。これらの値は素数計数関数 $\pi(n)$ で表されるが、ここでの π は数学の定数 π とは関係ない。π に n を入力すると、1から n までの素数の数が得られる。例えば、100までの素数の数は $\pi(100)=25$ となる。

パターンの発見

何世紀もの間、数学者たちは素数に

参照：メルセンヌ素数（p124） ■ 虚数と複素数（p128〜31） ■ 複素数平面（p214〜15） ■ 素数定理（p260〜61）

リーマン予想がはずれたら、素数分布は大混乱するだろう。

エンリコ・ボンビエリ
イタリアの数学者

魅了され、この関数の値を予測する公式を求めてきた。カール・ガウスはわずか14歳で大まかな答えを見つけ、すぐに1から1,000,000までの素数の数を78,628と予測できる、誤差0.2パーセント以内という精度の改良版素数計数関数を見いだした。

新しい公式

1859年、ベルンハルト・リーマンが$\pi(n)$の新しい公式を構築する。この公式に必要な入力のひとつは、現在リーマンゼータ関数$\zeta(s)$と呼ばれているものによって定義される一連の複素数である。

$\pi(n)$に関するリーマンの公式を確認するために必要な数は、$\zeta(s)=0$となる複素数(s)である。このうちのいくつか、つまり“自明な零点”を見つけるのは簡単だ。それらはすべて負の偶数（−2、−4、−6など）である。それ以外の“非自明な零点”（$\zeta(s)=0$となる、その他のすべての値）を見つけるのは難しい。リーマンは3つしか計算しなかった。彼は、非自明な零点には、複素平面上にプロットするとすべて「臨界線」上にあり、実数部が0.5になるという共通点があると考えた。これをリーマン予想という。

解決

リーマン予想が証明されれば、「ゼータ関数が素数分布を最もうまく予測する」ことが確実になるが、それでも素数を完璧に予測することはかなわない。

素数はある程度無秩序に分布している。しかし、リーマンの仮説は素数の予測可能性とランダム性の混合を突き止めた。量子論によれば、重原子の原子核のエネルギー準位が示すものとまったく同じである。この深いつながりは、リーマン予想が数学者ではなく物理学者によって証明される日が来るかもしれないことを意味している。◆

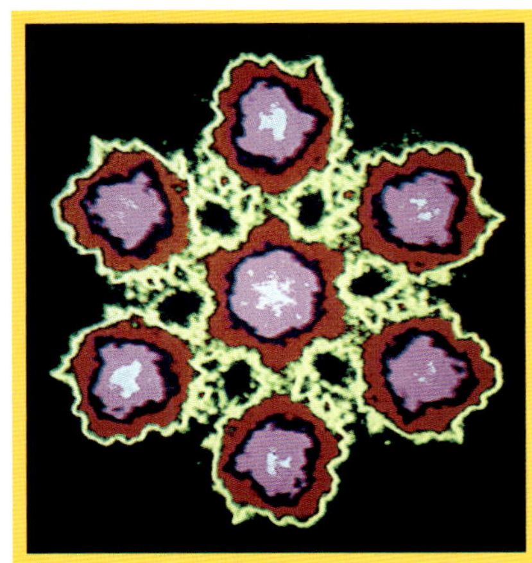
重原子のひとつであるウラン原子の核は、素数と同じ統計上のふるまいに従うため、予測がとほうもなく難しい。

ベルンハルト・リーマン

1826年、ドイツで牧師の息子として生まれた。当初は神学に打ち込んでいたが、カール・ガウスから専攻を変えるよう説得されて、ゲッティンゲン大学で数学を学ぶ。その結果、今日まで影響力が衰えないほどの独創的アイデアが続々生まれることになった。

素数を研究したほかにも、リーマンは複素関数（複素数の関数）に微積分を応用する規則を定式化した。アインシュタインが相対性理論を導き出すにあたっても、リーマンの画期的な空間概念が必要だった。大きな業績をあげたにもかかわらず、経済的には苦しく、ゲッティンゲン大学の正教授に任命された1862年に、リーマンはやっと結婚する余裕ができた。そのほんのひと月後に結核にかかると、病状が悪化して1866年に亡くなった。

主な著作

1868年『幾何学の基礎をなす仮説について』

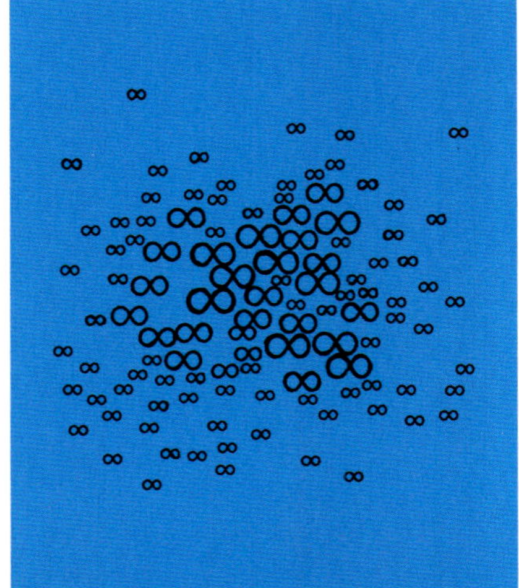

無限にも大小がある

超限数

関連事項

主要人物
ゲオルク・カントール
(1845〜1918年)

分野
集合論

それまで
紀元前450年　エレアのゼノンが、一連のパラドックスをもとに、無限の性質を追究する。

1844年　フランスの数学者ジョゼフ・リウヴィルが、循環パターンをもたない無限個の桁値が並び、有理整数係数の代数方程式の根とはなりえない無理数――超越数の存在を証明する。

その後
1901年　バートランド・ラッセルの床屋のパラドックスが、素朴な集合論において矛盾を生じさせる。

1913年　無限の猿定理によって、無限の時間があれば、無作為の入力によっていずれは起こりうるすべての結果が出そろうと説明される。

無限という概念に、数学者たちは長いあいだ本能的に不信感を抱いてきた。それを数学的に厳密に説明できるようになったのは、19世紀後半である。カントールは、無限が一つではなく、無数に種類があり、ある無限は他の無限より大きいことを発見した。そういう違いを説明するために、彼は「超限数」(超限基数、超限序数）を導入した。

カントールは集合論を研究する一方で、無限に至るまですべての数を定義することを目指していた。πやeのような超越数の発見から、そういう必要

自然数（正の整数）の無限集合は秩序正しいので、理論上は順番にリスト化できるはずだ。

したがって、自然数の集合は可算（数えられる）無限である。

πなど超越数の無限集合は、秩序立ったリスト化ができない。

したがって、超越数の集合は非可算（数えられない）無限である。

非可算無限は可算無限よりも大きい。

無限にも大小がある。

参照：無理数（p44〜45）■ゼノンのパラドックス（p46〜47）■負の数（p76〜79）■虚数と複素数（p128〜31）
■微積分学（p168〜75）■数学の論理（p272〜73）■無限の猿定理（p278〜79）

性が生じたのだ。超越数とは、代数的でない無理数、循環しない無限小数で、整数係数の代数方程式の根にはなりえない。整数、分数、ある種の無理数（$\sqrt{2}$など）を含むすべての代数的数と数のあいだに、無限個の超越数が存在する。

無限を数える

数の位置を特定するために、カントールは2種類の数を区別した。1、2、3…のように集合の大きさを表す基数と、1番目、2番目、3番目のように順序を表す順序数である。カントールは、無限の要素を含む集合を表すために、ヘブライ語のアルファベットの最初の文字であるアレフ（ℵ）という新しい超限基数をつくった。自然数、負の整数、ゼロを含む整数の集合は、理論的には数えられる数であるが、実際には完全に数えることは不可能であるため、最小の超限基数 $\aleph_0$（アレフ・ヌル）が与えられた。超限基数が $\aleph_0$ の集合は、最初の項目から始まって超限順序数ω（オメガ）の項目で終わる。ωはすべての通常の整数の次に来る、最初の無限の整数だ。

その集合に追加すると、ω+1の新しい集合ができる。ω+1、ω+2、ω+3…という具合にすべての可算順序数の集合を考えると、それは、ω_1 個の項目を含む。この集合は自然数で番号付けられないので、可算無限より大きい無限大になり、$\aleph_1$（アレフ・ワン）と呼ぶ。

すべての $\aleph_1$ の集合は ω_2 個の項目を含む。このように、カントールの集合論は、無限のレベルが入れ子のように拡大していく。◆

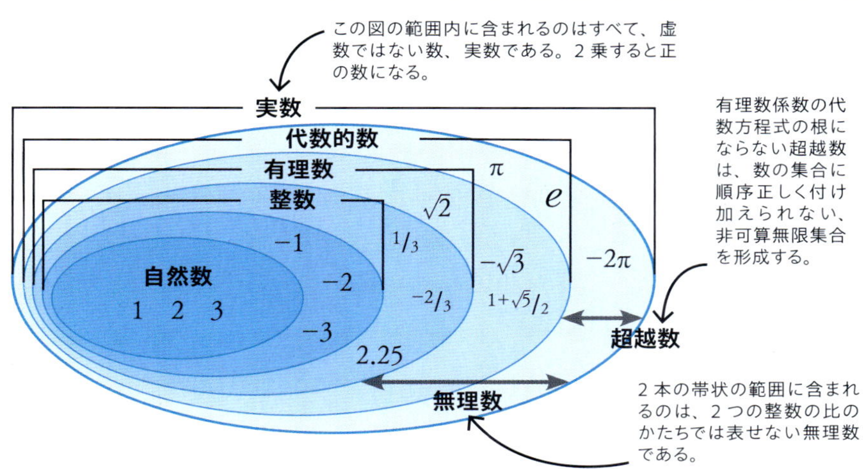

同心の輪の中に種類ごとに示す数は、それぞれに種類の違う無限集合を形成する。例えば、自然数の集合は有理数の集合の部分集合であり、有理数の集合は無理数の集合と結合して実数の全体集合を形成する。

ゲオルク・カントール

1845年、ロシアのサンクトペテルブルクに生まれる。1856年、一家でドイツに移り住み、飛び抜けて優秀な学生として（ヴァイオリニストとしてもすぐれていた）ベルリン大学とゲッティンゲン大学で学んだ。のちにハレ大学の数学教授になる。

今日の数学者たちからは大いに尊敬されているカントールだが、同時代人の中ではある種疎んじられていた。彼が研究した集合論と超限数は既存の数学的概念を崩壊させるもので、当代一流の数学者たちの批判が成功を阻んだのだ。聖職者からも批判されたが、信心深いカントール自身は、神を称える研究をしているつもりだった。

晩年は鬱状態に陥り、療養所暮らしが長びく中、1918年に心臓発作で亡くなった。カントールは20世紀初頭になって熱烈な賞賛を浴びるようになったが、清貧の人生を生き抜いたといえる。

主な著作

1915年『超限数理論創設への貢献』

推論の図式化

ベン図

関連事項

主要人物
ジョン・ベン
(1834〜1923年)

分野
論理学

それまで
1290年ごろ　カタルーニャの神秘家ラモン・ルル(リュイ)が、木、梯子、車輪などの図を使った分類システムを考案する。

1690年ごろ　ゴットフリート・ライプニッツが、分類のために円を作図する。

1762年　レオンハルト・オイラーが、論理の記述に、今では"オイラー円"と呼ばれている図を用いる。

その後
1963年　アメリカの数学者デイヴィッド・W・ヘンダーソンが、左右対称のベン図と素数の関係を概説する。

2003年　アメリカのジェロルド・グリッグズ、チャールズ・キリアン、カーラ・サヴェージが、すべての素数に対して対称図が存在することを示す。

1880年、イギリスの数学者ジョン・ベンが論文「命題と推論の図式的・機械的表現について」の中で、"ベン図"という考え方を紹介した。重なり合う円(またはその他の曲線的な形)で物事をグループ化し、それらの関係を示す方法である。

重なり合う円

ベン図は、「すべての生き物」や「太陽系のすべての惑星」といった、共通点をもつ2つまたは3つの異なる集合やグループを考える。それぞれの集合に円が与えられ、その円が重なり合う。そして、それぞれの集合に属するものを円の中に並べ、複数の集合に属するものは円が重なるところに配置する。

2つの円によるベン図は、「すべての*A*は*B*である」、「*A*でないものは*B*である」、「*A*のうちのあるものは*B*である」、「*A*のうちのあるものは*B*ではない」といったカテゴリー命題を表すことができる。3つの円によるベン図は、2つのカテゴリー的な前提条件と1つのカテゴリー的な結論がある三段論法を表すこともできる。例えば「すべてのフランス人はヨーロッパ人である。フランス人の中にはチーズを食べる者もいる。したがって、ヨーロッパ人の中にはチーズを食べる者もいる」というように。◆

偉大なアイデアというのは、ベン図の"よいアイデア"集合と"よくなさそうなアイデア"集合の交わりの部分にあるものだ。

サム・アルトマン
アメリカの起業家

参照：三段論法的推論(p50〜51) ■確率(p162〜65) ■微積分学(p168〜75) ■オイラー数(p186〜91) ■数学の論理(p272〜73)

塔は倒れ、世界は終わる

ハノイの塔

関連事項

主要人物
エドゥアール・リュカ
(1842～1891年)

分野
数論

それまで
1876年 エドゥアール・リュカが、$2^{127}-1$はメルセンヌの素数であることを証明する。コンピュータを使わずに発見されたものとしては、今でもこれが最大の素数。

その後
1894年 レクリエーション数学についてのリュカの研究が、4巻の著作集として死後出版される。

1959年 イギリスのSF作家エリック・フランク・ラッセルが、短編小説「さあ息を吸って」を発表する。異星人に捕らえられた地球人が、ハノイの塔らしきゲームが終わるまでは処刑を猶予されるという内容。

1966年 BBCのSFドラマシリーズ『ドクター・フー』に、ドクターが敵対する"セレスティアル・トイメーカー"に、ハノイの塔に似た10ピースのパズルゲームを強要されるエピソードが登場する。

フランスの数学者エドゥアール・リュカは、1883年に「ハノイの塔」ゲームを考案したと言われている。パズルの目的は単純だ。挑戦者には3本の棒が用意され、そのうちの1本には、棒に刺す穴が中央に開いた3枚の円盤が、大きさ順にセットされている。3枚の円盤を1枚ずつ移動させ、できるだけ少ない移動回数で別の棒にスタート時と同じ配置を再現しなければならない。ただし、円盤はそれより大きな円盤上に置くか、空(から)の棒に刺すことしかできない。

パズルを解く

円盤が3枚の場合、ハノイの塔パズルはわずか7回の移動で解くことができる。円盤の枚数が何枚でも、2^n-1の式で最小の移動回数が求められる（nは円盤の枚数に等しい）。その解決策の一つが2進数（0と1）を用いることである。それぞれの円盤は2進数の数字（ビット）で表される。0は円盤がスタート時の棒にあることを示し、1は最後の棒にあることを示す。ビットの並びは移動のたびに変わる。

ハノイの塔は幼児用おもちゃとしても人気がある。8ピースのものが子供の発達スキル検査に使われることも多い。

伝説では、インドかベトナムのある寺院にいる僧侶が（説話のバージョンによって異なるが）、64枚の円盤をある棒から別の棒へルール通りに移動させることに成功すれば、世界は終わるという。しかし、最高の手法で1秒に1枚の円盤を動かしても、ゲームの完成に5850億年はかかるだろう。◆

参照： チェス盤の上の麦粒（p112～13）■メルセンヌ素数（p124）■2進数（p176～77）

大きさや形は関係ない。あるのは関係性だけ

トポロジー

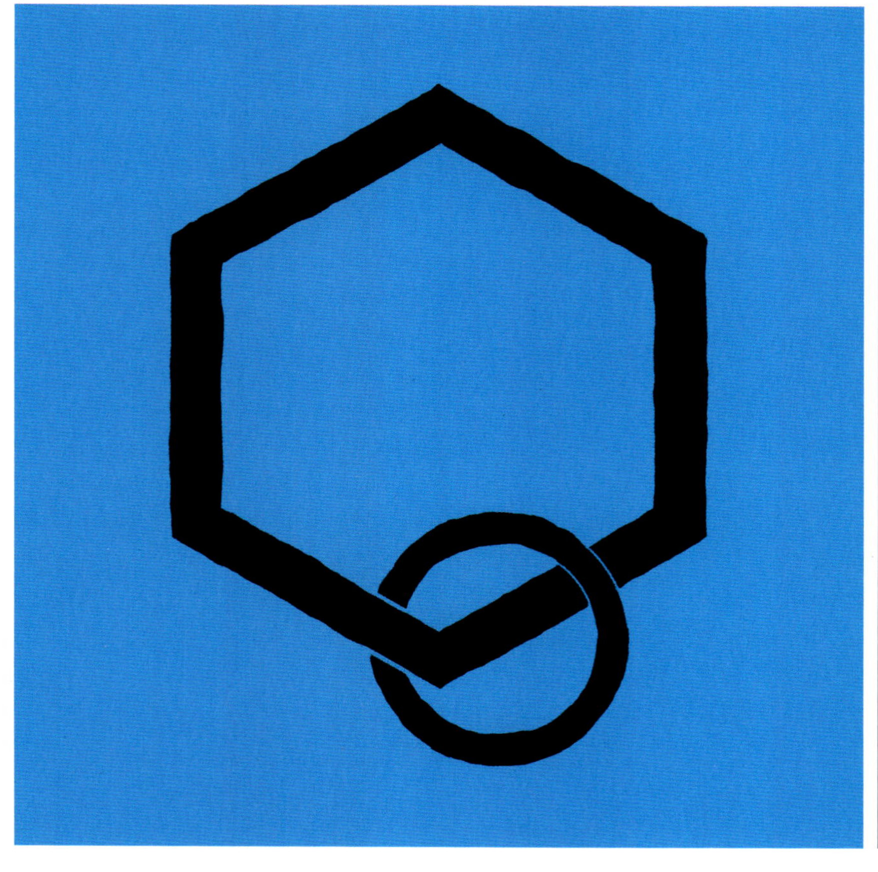

関連事項

主要人物
アンリ・ポアンカレ
（1854〜1912年）

分野
幾何学

それまで
1736年　レオンハルト・オイラーが、“ケーニヒスベルクの7つの橋”という歴史的な位相幾何学の問題を解く。

1847年　ヨハン・リスティングが、数学分野としての“トポロジー”という用語をつくりだす。

その後
1925年　ロシアの数学者パーヴェル・アレクサンドロフが、位相空間の本質を研究する基礎を確立する。

2006年　ポアンカレ予想に対するグリゴリー・ペレルマンの証明が承認される。

トポロジー（位相幾何学）とは、簡単に言えば、寸法を抜きにした形状の研究である。古典的な幾何学では、2つの図形の対応する長さと角度が等しく、一方の図形をスライドさせたり反射や回転させたりして他方の図形に重ねることができれば、それらは数学的に同一であり、「合同」であると言った。しかし位相幾何学においては、もし一方を伸ばしたりねじったり、曲げたりすることで——ただし切断したり突き刺したりくっつけたりすることなく——もう一方にはめ込むことができれば、その図形は同一（位相幾何学の用語では「不変量」）である

参照：ユークリッドの「原論」(p52〜57) ■座標 (p144〜51) ■メビウスの帯 (p248〜49) ■ミンコフスキー空間 (p274〜75) ■ポアンカレ予想の証明 (p324〜25)

トポロジー（位相幾何学）では大きさを考えに入れず、抽象的な形を研究する。

位相的性質が同一な形とは、伸ばしたりねじったり、曲げたりといった連続変形で保存される性質が同じものをいう。

トポロジーは形や大きさではなく、つながり方（=穴の数）に着目する。

と言う。そのため、位相幾何学は「ゴムシート幾何学」と呼ばれることもある。

紀元前300年ごろのユークリッドの時代から2000年以上ものあいだ、幾何学は図形をその長さと角度で分類することを続けてきた。それが18世紀から19世紀初頭にかけて、一部の数学者たちが幾何学的な対象を別の角度から見て、直線や角度の枠にとらわれない図形の大域的な性質を考えるようになった。そこからトポロジーという数学分野が発展し、20世紀初頭には「形」という概念から大きく離れて、抽象的な代数的構造を受け入れるようになった。その最も野心的で影響力のある代表者、フランスの数学者アンリ・ポアンカレは、複素位相幾何学を用いて宇宙そのものの「形」に新たな光を当てたのだった。

新しい幾何学の誕生

1750年、スイスの数学者レオンハルト・オイラーが、多面体（立方体や角錐など、4つ以上の平面をもつ立体図形）の公式を、直線や角度ではなく、頂点、辺、面に関係づけて研究していること

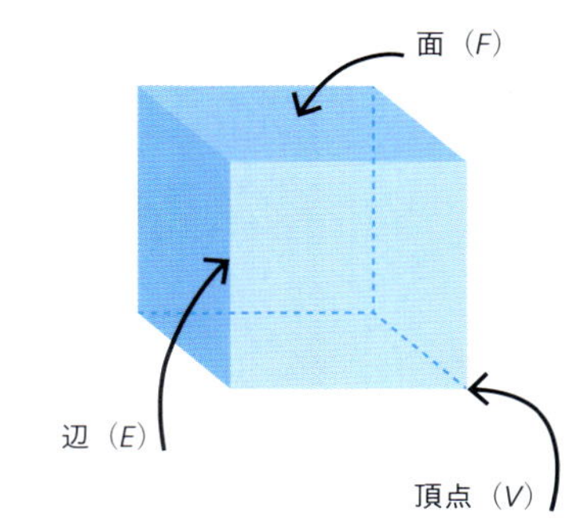

上図のような立方体など、多面体のほとんどに、オイラーの公式$V+F-E=2$が成り立つ。$V=8$、$F=6$、$E=12$という数値を公式にあてはめると、$8+6-12$となり、計算結果は2に等しい。

アンリ・ポアンカレ

1854年、フランスのナンシーに生まれる。早くから将来を嘱望され、ある教師からは“数学のモンスター”と呼ばれた。パリのエコール・ポリテクニーク（理工科学校）を卒業して、パリ大学で数学の博士号を取得。1886年、パリ大学ソルボンヌ校（現在のソルボンヌ大学）数理物理学・確率論担当教授に就任、終生そこで研究を続けた。

1887年には、天体軌道の三体問題に関する変数の研究が、スウェーデン王オスカー2世の出題を部分的に解決したとして、懸賞金を贈られる。みずから気づいた軌道計算の間違いが、かえって“カオス理論”研究への道を開くことにもなった。1912年に死去。

主な著作

1892〜1899年『天体力学の新方法』
1895年『位置解析（トポロジー）』
1903年『科学と仮説』

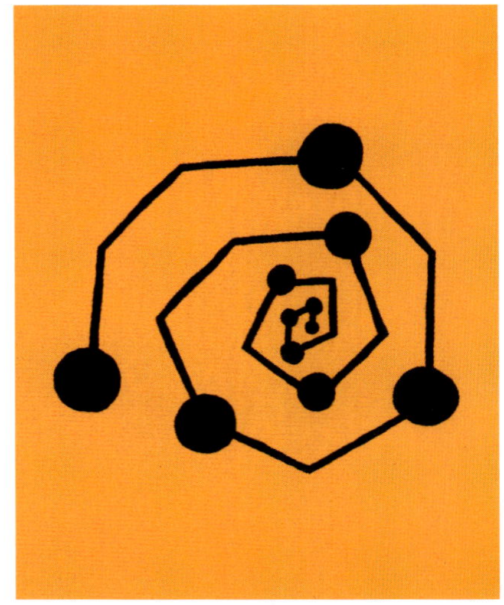

「静かでリズミカルな空間で途方に暮れている」

素数定理

関連事項

主要人物
ジャック・アダマール
(1865〜1963年)

分野
数論

それまで
1798年 フランスの数学者アドリアン＝マリー・ルジャンドルが、任意の数値以下で素数の個数を求める素数定理を予想する。

1859年 ベルンハルト・リーマンが素数定理の証明可能性を示すが、証明を完成させるのに必要な数学はまだ存在しない。

その後
1903年 ドイツの数学者エトムント・ランダウが、アダマールによる素数定理の証明を簡約する。

1949年 ハンガリーのポール・エルデシュとノルウェーのアトル・セルバークの2人が、数論だけによる素数定理の証明を発見する。

素数、つまり自分自身と1の2つしか因数をもたない正の整数は、長いあいだ数学者を魅了してきた。最初の段階は、素数を見つけ出すことだが、小さい数の中に頻繁に現れるとわかれば、次の段階は素数の分布パターンを特定することになる。素数が無限に存在することは、2000年以上も前にユークリッドが証明していたが、ようやく18世紀末に、ルジャンドルが自分の予想する、素数の分布を表す公式を発表した。いわゆる素数定理である。1896年、フランスでジャック・アダマールが、ベルギーでシャルル＝ジャン・ド・ラ・ヴァレ・プッサンが、まったく別々にこの定理を証明した。

数が大きくなるにつれて素数の出現頻度が減ることは、明らかである。最初の20個の正の整数のうち、2、3、5、7、11、13、17、19の8個が素数である。1,000と1,020のあいだには3個の素数（1,009、1,013、1,019）しかない。1,000,000と1,000,020のあいだには

1から100までに素数は25個ある。

101から200までに素数は21個ある。

201から300までに素数は10個ある。

大きい数になるほど素数の数が少なくなる。

素数の出現頻度にはパターンがある。

参照：ユークリッドの原論（p52～57）■メルセンヌ素数（p124）
■虚数と複素数（p128～31）■リーマン予想（p250～51）

1	2	3	4	5	6	7	8	9	10
11	12	13	14	15	16	17	18	19	20
21	22	23	24	25	26	27	28	29	30
31	32	33	34	35	36	37	38	39	40
41	42	43	44	45	46	47	48	49	50

大きい数になるほど素数の出現頻度が減少する。30から40までのあいだに素数は2つで、40から50までのあいだには3つあるが、それ以上の数になると素数定理の精度が増していく。

素数

1,000,003 の 1 個しかない。数が大きくなればなるほど、その約数になりうる数も多くなるから、もっともだと思える。

多くの著名な数学者が、素数の分布について頭を悩ませてきた。1859 年、ドイツの数学者ベルンハルト・リーマンは、論文「ある大きさ以下の素数の数について」で、その証明に取り組んだ。彼は、関数の考え方を複素数（1 などの実数と$\sqrt{-1}$などの虚数の組み合わせ）に適用する数学の一分野、複素解析学が解決につながると考えた。彼は正しかった。複素解析学の研究は発展し、アダマールやプッサンの証明を後押しした。

定理の内容

素数定理は、実数 x 以下の素数がいくつあるかを計算するためのもので、x が大きくなって無限大に近づくにつれ、$\pi(x)$ が $x \div ln(x)$ にほぼ等しくなると述べている。ここで $\pi(x)$ は素数計数関数（素数が何個あるか）を表し（円周率 π とは無関係）、$ln(x)$ は x の自然対数である。定理の説明を少し変えると、大きい数 x の場合、1 から x までの素数間の平均間隔はおよそ $ln(x)$ になる。あるいは、1 から x までの任意の数について、それが素数である確率はおよそ $1 \div ln(x)$ である。

化学において元素が化合物の構成要素であるように、素数は数学における数の構成要素である。このことを理解するための基礎となるのが、未解決問題であるリーマン予想だ。この仮説が真であれば、素数についてさらに多くのことが明らかになるだろう。◆

**素数は……
自然数の中で雑草のように
無秩序にはびこっていて、
一見偶然の法則に
従うようにしか思えない。**

ドン・ザギエ
アメリカの数学者

ジャック・アダマール

1865年、フランスのベルサイユで生まれる。すぐれた教師に影響されて、数学に興味をもつようになった。1892年にパリで博士号を取得し、同年、素数の研究によって数理科学大賞を受賞。ボルドー大学で講師を務め、その間に素数定理を証明した。

1894年、アダマールの妻の親戚、ユダヤ人のアルフレッド・ドレフュスが、国家機密を売ったとして無実の罪を着せられ、死刑判決を受けて収監される。自身もユダヤ人であるアダマールは無実を支持して労を惜しまずはたらきかけ、やがてドレフュスは釈放された。アダマールは輝かしい業績をあげる一方で、私生活ではつらい思いをする。2人の息子を第一次世界大戦で、もう1人を第二次世界大戦で亡くし、1962年の孫のエティエンヌの死で徹底的に打ちのめされた。その翌年に死去。

主な著作

1892年『任意の数より小さい素数の個数を求める』
1910年『変分法を学ぶ』

現代数学
1900年～現在

ダフィット・ヒルベルトが、数学における23のきわめて重要な未解決問題を挙げて、来るべき世紀の研究課題を示す。

1900年

1900年

カール・ピアソンがカイ2乗検定を導入し、統計学の分野に大進歩をもたらす。

バートランド・ラッセルが、床屋のパラドックスをもとに、集合論の矛盾を論証する。

1903年

1904年

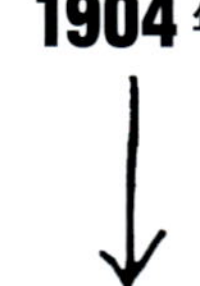

ポアンカレ予想が提示される。1世紀ほどのあいだ、証明が果たされなかった。

アインシュタインの特殊相対性理論に触発されたヘルマン・ミンコフスキーが、不可視の4次元空間としての時空というアイデアを提示する。

1907年

1921年

エミー・ネーターが、抽象代数学の発展に重要な役割を果たす研究書、『環のイデアル論』を出版。

フランスの数学者集団が、ニコラ・ブルバキというペンネームで活動を始め、その研究がフェルマーの最終定理解決への長い道のりを切り開くことにもなる。

1934年

1937年

アラン・チューリングが、コンピュータ黎明期に大きく影響を及ぼす計算機械のアイデアを提示する。

1900年、第一次世界大戦につながる軍拡競争が激化する中、ドイツの数学者ダフィット・ヒルベルトは、20世紀に数学が進むであろう方向性を予測しようと試みた。彼が重要だと考えた23の未解決問題のリストは、数学者たちが、実りある探究ができそうな数学の分野を特定するうえで、大きな影響を与えた。

新世紀、新分野

探究すべき分野のひとつには、数学の基礎もあった。バートランド・ラッセルが、数学の論理的基礎を確立すべく、ゲオルク・カントールの素朴な集合論の矛盾を浮き彫りにするパラドックスを記述し、数学を再検討することになる。これらのアイデアをとりあげたのは、ニコラ・ブルバキというペンネームで活動するアンドレ・ヴェイユらだった。基礎から出発した彼らは、1930年代から40年代にかけて、数学のあらゆる分野を集合論の観点から厳密に形式化することに取り組んだ。

また、アンリ・ポアンカレを筆頭に、表面や空間を扱う幾何学の一部門、位相幾何学という新しく確立された分野を探究した人々もいた。有名なポアンカレ予想は、3次元球の2次元表面に関するものである。20世紀に活躍した多くの同輩たちと違ってポアンカレは、数学のひとつの分野に閉じこもってはいなかった。純粋数学だけでなく、相対性原理の提案など理論物理学でも重要な発見をした。また、幾何学と、整数論の問題に適用される幾何学的手法に主な関心を寄せていたヘルマン・ミンコフスキーも、多次元の概念を探求し、第4の次元を可能とする時空を提案した。この時代に評価を得た最初の女性数学者のひとり、エミー・ネーターは、抽象代数学の観点から理論物理学の分野にも足を踏み入れた。

コンピュータの時代

20世紀前半、応用数学は理論物理学、特にアインシュタインの相対性理論が意味するものに大きく関わっていたが、世紀後半には進歩したコンピュータ・サイエンスが数学の分野にも大きな比重を占めるようになった。コンピュータ計算への関心が高まったのは1930年代、ヒルベルトの決定問題や、命題の真偽を決定するアルゴリズムがあり

1963年

エドワード・ローレンツが、カオス理論の研究を発表、のちに“バタフライ効果”が、カオスの例として多用される。

1965年

ロトフィ・ザデーがファジィ論理を定式化、まもなく広範囲のテクノロジーに応用され、特に日本のファジィ制御が注目を浴びる。

1977年

アメリカで3人の数学者が、素数を使って情報を暗号化するRSAアルゴリズムを開発する。

1977年

四色問題が、コンピュータを証明に使って解決した最初の問題となる。

1980年

ブノワ・マンデルブロが、マンデルブロ集合を生み出し、“フラクタル”という概念を考案する。

1989年

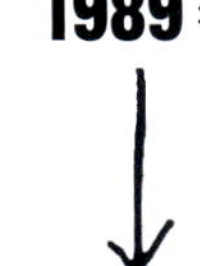

ティム・バーナーズ＝リーの考案したWorld Wide Web（WWW）によって、数学その他のアイデアの伝達スピードが上がる。

1995年

アンドリュー・ワイルズが、当初あった間違いを訂正したあとで、フェルマーの最終定理の証明を成し遂げ、長らくの難問がついに解決を見る。

2006年

ポアンカレ予想に対するグリゴリー・ペレルマンの証明が、数学界に完全に受け入れられる。

うるかという問題の解決を求めたところからだ。問題に最初に取り組んだ人物のひとり、アラン・チューリングは、第二次世界大戦中に現代のコンピュータの前身となる暗号解読機を開発し、のちには人工知能を判定するテストを提案した。

電子式コンピュータが出現すると、数学にはコンピュータ・システムの設計やプログラミングの方法提供が求められるようになった。その一方、コンピュータは数学者にとっても強力なツールとなる。四色定理など、これまで未解決だった数学の問題には延々と計算する必要があるものが多いが、コンピュータを使えば早く正確に計算できるようになったのだ。ポアンカレはカオス理論の基礎を築いたが、エドワード・ローレンツはコンピュータ・モデルの助けを借りて、その原理をより確固たるものにした。彼のアトラクターや振動子の視覚的イメージが、ブノワ・マンデルブロのフラクタルとともに、これら新しい研究分野の象徴となる。

また、コンピュータの出現によってデータの安全な転送が問題となり、数学者は大きな素数を素因数にもつ因数分解を利用して、複雑な暗号システムを考案した。1989年に開始されたワールド・ワイド・ウェブが知識の迅速な伝達を容易にし、コンピュータは特に情報技術の分野において、日常生活の一部となっていく。

新しい論理、新しいミレニアム

しばらくのあいだ、電子計算機がほとんどすべての問題に答えを与える可能性があると思われていた。しかし、コンピュータ・サイエンスは19世紀にジョージ・ブールによって提唱された二項論理に基づいており、オンとオフ、真と偽、1と0などの両極的対立の論理では、現実世界の成り立ちをそのまま記述することはできない。それを克服すべく、ロトフィ・ザデーは「ファジィ」論理というシステムを提案した。ファジィ論理では、0（絶対的に偽）から1（絶対的に真）のあいだで、ステートメントの一部が真であったり偽であったりする。◆

未来が隠された ベール

20世紀の23の問題

関連事項

主要人物
ダフィット・ヒルベルト
(1862〜1943年)

分野
論理学、幾何学

それまで
1859年　ベルンハルト・リーマンが、かの有名なリーマン予想を提示する。のちにヒルベルトのリスト8番目に挙がり、今なお証明されていない。

1878年　ゲオルク・カントールが連続体仮説を提示。のちにヒルベルトのリスト第1番目に挙がる。

その後
2000年　クレイ数学研究所が、それぞれの解決に100万ドルの懸賞金がかけられた7つのミレニアム賞問題を発表する。

2008年　アメリカ国防高等研究計画局(DARPA)が、数学にブレークスルーをもたらすべく、23の未解決課題を発表する。

1900年、ダフィット・ヒルベルトが、次の世紀に数学者たちが取り組むべき23の問題を発表した。

彼は、これらの問題を解決することによって、数論、代数学、幾何学、解析学など幅広い分野で解明が進むだろうと思っていた。

10題に決着がついた。	7題に解決案があるが、一般に認められていない。	4題は依然未解決のままだ。	2題は定義が曖昧で、解決のしようがない。

この先100年間に重要性をもつだろう問題を予測するには並はずれた専門的才能と自信が必要だが、ドイツの数学者ダフィット・ヒルベルトは1900年にそれを予測してみせた。1900年、パリで開催された国際数学会議で、彼は自信をもって、今後数十年間に数学者たちの思考を占めると思われる23の問題を選んだと発表した。予測には先見の明があったことになる。

問題の範囲

ヒルベルトの問題の多くは高度に専門的であるが、なかには親しみやすいものもある。例えば第3の問題は、体積の等しい2つの多面体のうち一方を有限個の断片に切り分け、再び組み立ててもう一方の多面体をつくることは常に可能かという問題である。この問

参照：ディオファントス方程式（p80～81） ■オイラー数（p186～91）
■ゴールドバッハ予想（p196） ■リーマン予想（p250～51） ■超限数（p252～53）

**無限！
人間の心にこれほど
深い感銘を与える問題は
ほかにない。**

ダフィット・ヒルベルト

題は1900年、ドイツ生まれのアメリカの数学者マックス・デーンによって、すぐ否定的に解決された。

また、ドイツの数学者カントールの研究の結果、自然数全体の集合は、実数全体の集合より「小さい」ことが証明された。連続体仮説は、この2つの間には、この2つと異なる「超限基数」は存在しないと主張する。

さらに連続体仮説によると、この2つの無限大のあいだには、この2つと異なる「超限基数」の無限大は存在しない。カントール自身はこれが真実であると確信していたが、それを証明することはできなかった。1940年、オーストリア系アメリカ人の論理学者クルト・ゲーデルが、そのような無限の存在を証明できないことを示し、1963年、アメリカの数学者ポール・コーエンは、そのような無限が存在しないことも証明できないと示した。ヒルベルトの最初の問題は実質的に解決されたが、集合論（集合の性質の研究）は複雑なテーマであり、まだ多くの研究が残されている。ヒルベルトの23の問題のうち、10題が解決済みとされ、7題が部分的に解決済み、2題が曖昧すぎて決定的な解決には至っていないとされ、3題が未解決のままであり、また1題は（これも未解決だが）実際には物理学の問題とされる。未解決の問題の中にはリーマン仮説がある。

未来への挑戦

ヒルベルトの驚くべき功績は、20世紀以降の数学者の関心事を正確に予測したことである。アメリカの数学者でフィールズ賞受賞者のスティーヴ・スメールが、1998年に彼自身の18の問題リストを作成したとき、そこにはヒルベルトの8番目と16番目の問題が含まれていた。その2年後、リーマン仮説はクレイ数学研究所のミレニアム賞問題のひとつにもなった。ヒルベルトの問題、特にまだ解決されていない問題は、依然として重要である。◆

**問題解決と理論構築とは
軌を一にする。
だからこそヒルベルトは、
新たな方法や成果を
紹介するのではなく、
覚悟のうえで未解決問題を
提示したのだ。**

リュディガー・ティーレ
ドイツの数学者

ダフィット・ヒルベルト

1862年、プロイセン王国領でドイツ人の両親のもとに生まれる。1880年、ケーニヒスベルク大学に入学。のちに同大学で教鞭をとり、1895年にはゲッティンゲン大学の数学教授に就任した。指導的数学者として同大学を世界の数学研究の中心地にした彼のもとに、若い数学者たちが続々集まり、その後の著名人を輩出した。

数学のさまざまな分野に広く精通することで知られたヒルベルトは、数理物理学にも熱中した。彼が貧血症で消耗して1930年に退官すると、ナチスのユダヤ人追放後まもなく、ゲッティンゲン大学数学部教授陣も衰退していった。第二次世界大戦中の1943年のヒルベルトの死は、数学への偉大な貢献にもかかわらず、ほとんど顧みられなかった。

主な著作

1897年『数について』
1900年「数学の問題」（パリ国際数学者会議講演）
1932～1935年『論文集』
1934～1939年『数学の基礎』（パウル・ベルナイスとの共著）

統計学は科学の文法

現代統計学の誕生

関連事項

主要人物
フランシス・ゴルトン
（1822〜1911年）

分野
数論

それまで
1774年　ピエール＝シモン・ラプラスが、最頻値周辺の推定分布パターンを示す。

1809年　カール・フリードリヒ・ガウスが、ばらつきのあるデータに対して最も確からしい関係式を求める、最小2乗法を導き出す。

1835年　アドルフ・ケトレーが、正規分布の鐘形曲線をもとに社会学のデータをモデリングする。

その後
1900年　カール・ピアソンが、カイ2乗検定を導入して、期待値と観測値の差の有意性を求める。

統計学は、大量のデータの分析と解釈を扱う、数学の一分野である。その基礎は19世紀後半、主にイギリスの博学者フランシス・ゴルトンとカール・ピアソンによって築かれた。

統計学は、記録されたデータのパターンが有意か無作為かを調査する。もとは、ピエール＝シモン・ラプラスら18世紀の数学者による、天文学の観測誤差特定のための研究だった。どんな科学的データの集合においても、ほとんどの誤差は非常に小さく、非常に大きい誤差はごく少数しかない。そのため、観測データをグラフにプロットすると、最も可能性の高い結果、つまり「ノルム」を中央にしたピークをも

参照：負の数（p76〜79） ■確率（p162〜65） ■正規分布（p192〜93） ■代数学の基本定理（p204〜09） ■ラプラスの悪魔（p218〜19） ■ポアソン分布（p220）

つ、釣鐘形の曲線（ベル曲線）になる。1835年、ベルギーの数学者アドルフ・ケトレーは、人間の集団内の体格などの特徴は、平均値付近の値が最も出現頻度が高く、平均値より高い値や低い値は出現頻度が低い、ベル曲線のパターンに従うと仮定し、体格を示すケトレー指数（現在はBMIと呼ばれる）を考案した。

通常、身長と年齢のような2つの変数をグラフにプロットすると、データを示す点が乱雑に散らばり、きれいな線で結ぶことができない。しかし1809年、ドイツの数学者カール・フリードリヒ・ガウスは、変数間の関係を示す「最適な」直線を作成する方程式を発見。ガウスは、データの2乗を足し合わせる「最小2乗法」と呼ばれる方法を導入した。1840年代までに、オーギュスト・ブラヴェのような数学者たちは、この直線が許容できる誤差のレベルに注目し、データ集合の中点、つまり「中央値」の重要性を突き止めようとした。

相関と回帰

それぞれの糸を結びつけたのが、まずゴルトン、次にピアソンだった。ゴルトンは従兄弟チャールズ・ダーウィンの進化論に触発され、身長や人相、さらには知能や犯罪傾向といった要素が、世代を超えて受け継がれる可能性が高いと示そうとした。ゴルトンとピアソンの考えは、優生学や人種改良の教義によって泥を塗られもしたが、彼らが開発した技術はほかの分野にも応用されている。

クインカンクス

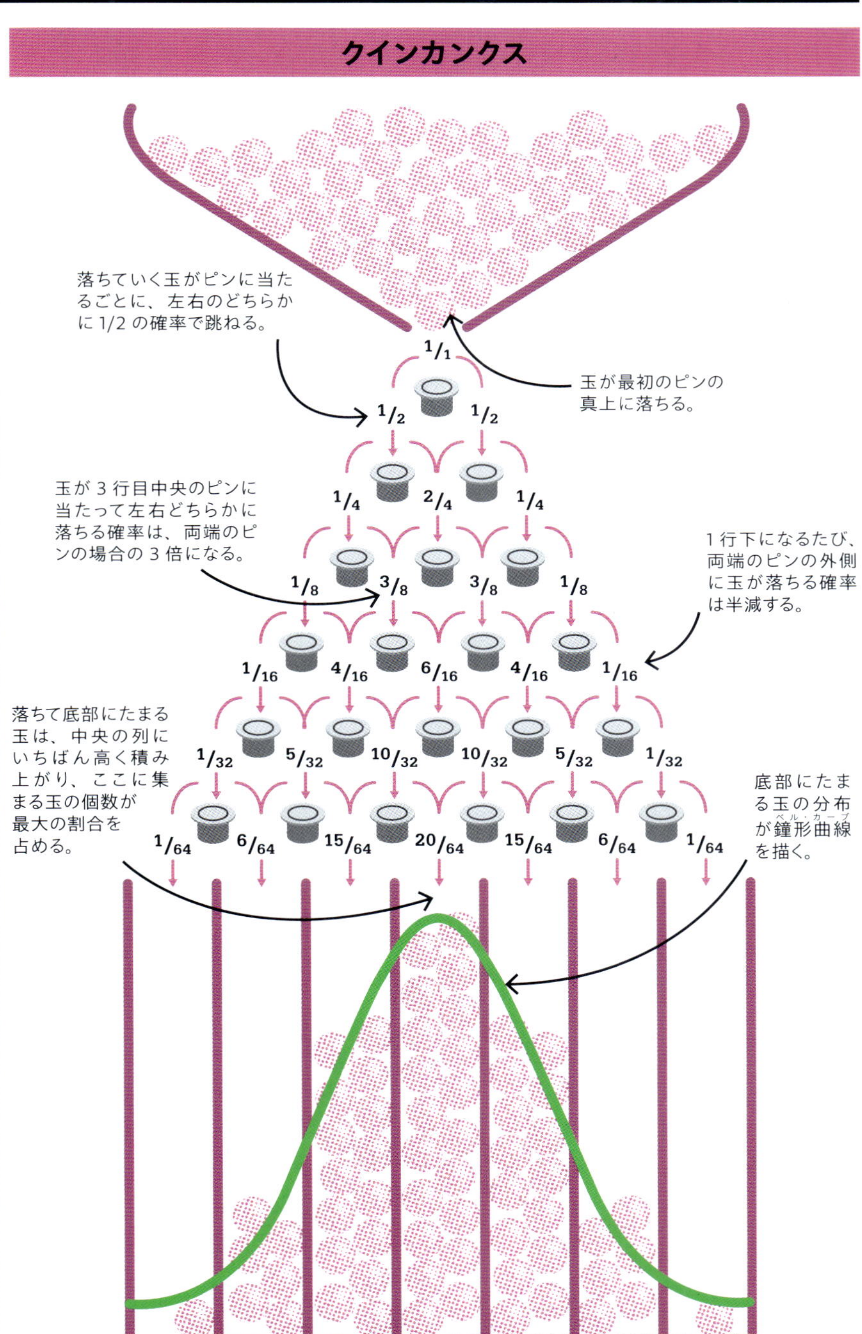

フランシス・ゴルトンが考案した、鐘形曲線（ベル・カーブ）をモデリングするクインカンクス（ゴルトン・ボードともいう）。行ごとずらしてピンを打った垂直のボードに、玉を上から落とす。もとは、さいころの5の目（クインカンクス）状に並んだ釘に玉が当たって経路を変えながら落ちていく、パチンコ台のような設計だった。

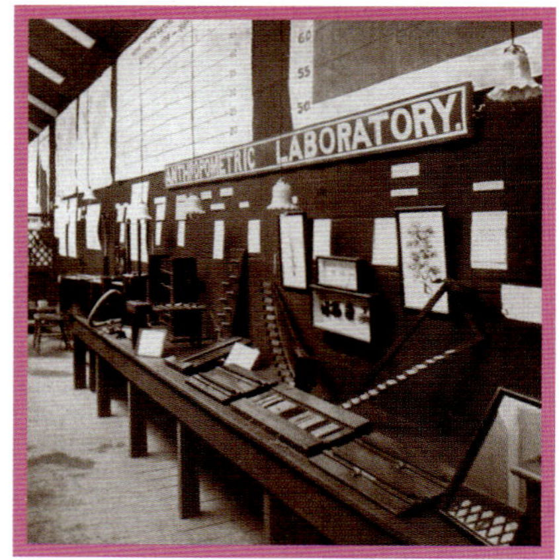

ゴルトンは“人体測定実験室”を設立して、頭部の大きさや視力その他、人間の身体的特徴を示す情報を収集した。集まったデータは膨大な量になり、体系的に分析しなくてはならなかった。

厳格な科学者だったゴルトンは、データを解析して結果の確率を数学的に示そうとした。1889年に出版した革新的な著書『自然遺伝』において、ゴルトンは2組のデータを比較して、それらのあいだに有意な関係があるかどうかを示す方法を提示した。彼のアプローチから、現在統計解析の中核をなしている2つの関連概念、相関と回帰が確立された。

相関は、身長と体重のような2つの確率変数が対応する度合いを測定する。多くの場合、線形関係、つまり、グラフ上で単純な線を描き、一方の変数が他方の変数と歩調を合わせて変化する関係を探す。相関は、2つの変数の間の因果関係を意味するのではなく、単にそれらが一緒に変化することを意味する。一方、回帰は、2つの変数のグラフ線の最適な方程式を探す。そうすれば、一方の変数の変化をもう一方の変数の変化から予測することができる。

標準偏差

ゴルトンの主な関心はヒトの遺伝であったが、彼は幅広いデータ集合を作成した。有名なのは、7組の種子から育てたエンドウ豆の種子の大きさを測定したことである。ゴルトンは、最も小さなエンドウ豆の種はより大きな子孫を残し、最も大きな種はより小さな子孫を残すことを発見した。「平均への回帰」という現象を発見したのである。平均への回帰とは、測定値が均等になる傾向のことで、時間がたつにつれて測定値が常に平均値に近づいていく。

ゴルトンの研究に触発されたピアソンは、相関と回帰の数学的枠組みの開発に着手した。コインを投げたり、くじを引いたりするテストを徹底的に繰り返し、ピアソンは「標準偏差」という重要なアイデアを思いついた。標準偏差とは、観測された値が平均して予想値とどの程度異なるかを示すものである。この数値に到達するために、彼

平均への回帰

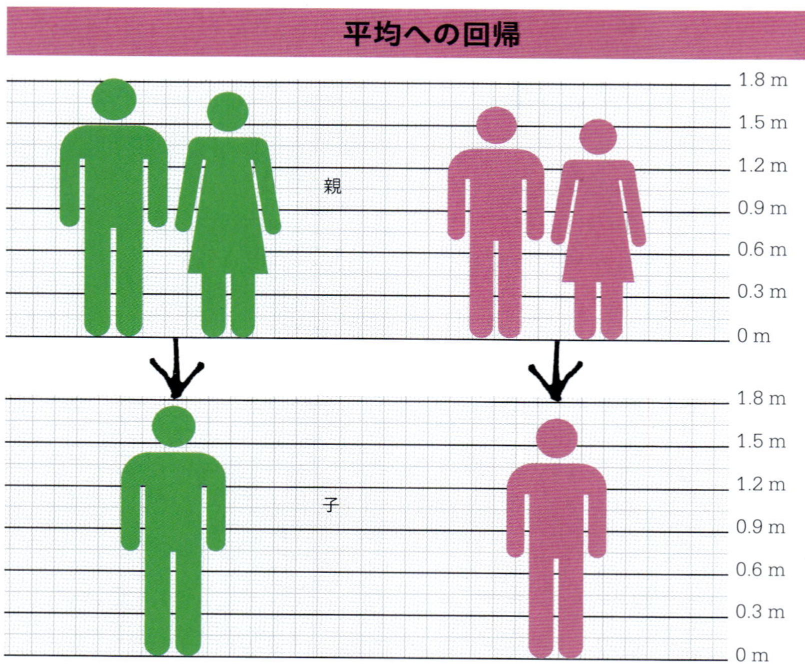

ゴルトンの指摘によると、とびぬけて高身長の親の子は親よりも身長が低い傾向にある一方、低身長の親の子は親よりも身長が若干高めである。第2世代になると、第1世代よりも平均値に近づくという、平均への回帰（平凡への回帰）の一例だ。

> **観測にまつわる問題は、データが多ければ解決するというものではない。**
>
> **ヴェラ・ルービン**
> アメリカの天文学者

はすべての値の合計を値の個数で割った平均値を求めた。ピアソンは次に、平均値からの差の2乗を平均して、分散を求めた。差を2乗することによって負の数の問題を避け、標準偏差を分散の平方根とする。平均と標準偏差を統合することによって、ゴルトンのいう回帰を正確に計算できることが判明した。

カイ2乗検定

1900年、モンテカルロの賭博テーブルから得られたベッティング・データを広範に研究したピアソンは、現在統計学の基礎のひとつとなっているカイ2乗検定を記述した。ピアソンの目的は、測定値と期待値の差が有意なのか、それとも単なる偶然の結果なのかを判断することだった。

ピアソンはギャンブルに関するデータを使って、カイ2乗（χ^2）という確率値の表を計算した。この表では、0は期待値との有意差なし（「帰無仮説」）を示し、値が大きいほど有意差があることを示している。ピアソンは丹念に手作業で表を作成したが、カイ2乗表は現在ではコンピュータ・ソフトウェアを使って作成される。データの各集合について、測定値と期待値の差の総和からカイ2乗値を求めることができる。カイ2乗値を表と照合し、研究者が設定した「自由度」の範囲内でデータ変動の有意性を見つける。ゴルトンの相関と回帰、ピアソンの標準偏差とカイ2乗検定の組み合わせが、現代統計学の基礎を形成した。これらの考え方はその後洗練され発展してきたが、経済行動の理解から新しい交通網の計画や公衆衛生サービスの改善まで、現代生活のさまざまな側面においてきわめて重要なデータ解析の中心であることに変わりはない。◆

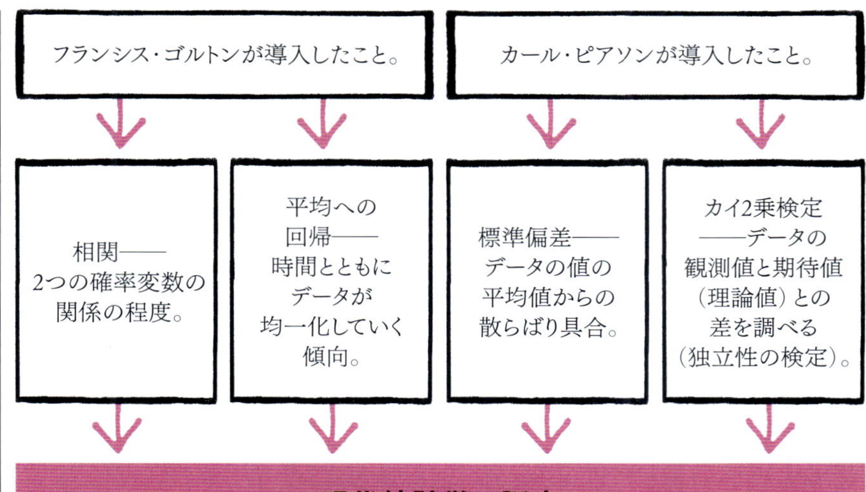

カール・ピアソン

1857年、ロンドンに生まれる。無神論者で自由思想家、社会主義者のピアソンは20世紀を代表する統計学者となったが、優生学という歪曲化された学問を擁護してもいた。

ケンブリッジ大学で数学の学位を取得したピアソンは、教職に就いてから統計学の分野で頭角を現した。1901年、フランシス・ゴルトン、進化学者ウォルター・F・R・ウェルドンとともに、闘鶏理論と方法論の雑誌『バイオメトリカ』を創刊。その後1911年には、ユニヴァーシティ・カレッジ・ロンドンに、大学では世界初の応用統計学科を創設した。彼の意見が論争を招くこともよくあった。1936年死去。

主な著作

1892年『科学の文法』
1896年『進化論への数学的貢献』
1900年『相関変数系の場合の確率からの所定の偏差系が、ランダムサンプリングから生じたと合理的に想定できるようなものであるという基準について』

より自由な論理が私たちを解放する

数学の論理

関連事項

主要人物
バートランド・ラッセル
（1872～1970年）

分野
論理学

それまで
紀元前300年ごろ　ユークリッドが著書『原論』に、公理からの論理的演繹という観点から幾何学を記述する。

1820年代　フランスの数学者オーギュスタン＝ルイ・コーシーが微積分のルールを明示し、数学をさらに厳密にする。

その後
1936年　アラン・チューリングが、数学問題のうちどれが解決可能か不可能か分析するという観点から、数学関数の計算可能性を研究する。

1975年　アメリカの論理学者ハーヴェイ・フリードマンが、定理から始めて公理へさかのぼって証明する“逆数学”プログラムを開発する。

床屋のパラドックスでは、すべての男が髭を剃らなければならない町があると想定する。

自分で髭を剃らない男は、1人しかいない町の床屋で剃ってもらわなければならない。

では、その床屋の髭は誰が剃るか？

床屋が自分で剃るなら、床屋に剃ってもらうべき、自分で髭を剃らない男という範疇に入らないので、矛盾する。

床屋が自分で剃らないなら、町の床屋で剃ってもらわなければならない男の範疇に入るので、やはり矛盾する。

数学は論理的であり、一定の法則があるという一般的な認識は、古代ギリシアのプラトン、アリストテレス、ユークリッドにまでさかのぼり、何千年にもわたって発展してきた。ジョージ・ブール、ゴットロープ・フレーゲ、ゲオルク・カントール、ジュゼッペ・ペアノらの研究、そして1899年のダフィット・ヒルベルトの『幾何学の基礎』によって、算術と幾何学の法則の厳密な定義が19世紀までに確立された。しかし1903年、バートランド・ラッセルが『数学の原理』を出版し、数学のある分野の論理の欠陥を明らかにした。この著書で彼が探究したのは、いわゆるラッセルのパラドックス（あるいは、1899年に同様の発見をしたドイツの数学者

参照：プラトンの立体（p48～49）■三段論法的推論（p50～51）■ユークリッドの「原論」（p52～57）■ゴールドバッハ予想（p196）■チューリング・マシン（p284～89）

バートランド・ラッセル

1872年、ウェールズ、モンマスシャーの伯爵家に生まれる。ケンブリッジ大学で数学と哲学を学び、同大学で教鞭をとったが、1916年、反戦運動を理由に解任された。卓越した平和主義者・社会評論家でもあったラッセルは、1918年には投獄され、獄中6カ月間に『数理哲学概論』を執筆した。

1930年代にはアメリカへ移任したが、彼のような思想の持ち主は道徳的に不適格だという司法決定によって、ニューヨークのあるカレッジからの招聘は取り消された。1950年にノーベル文学賞を受賞。1955年には、アルベルト・アインシュタインとともに核廃絶を訴える共同宣言を発表した。のちにはベトナム戦争に対しても厳しく批判した。1970年に死去。

主な著作

1903年『数学の原理』
1908年『型の理論に基づく数理論理学』
1910～1913年『プリンキピア・マテマティカ（数学原理）』（アルフレッド・ノース・ホワイトヘッドとの共著）

エルンスト・ツェルメロにもちなんで、ラッセル＝ツェルメロのパラドックスともいう）である。数の集合や関数の性質を扱ったそのパラドックスは、急速に数学の基礎となりつつあった集合論が矛盾を含んでいることを意味していた。ラッセルが問題を説明するためにもちだしたのは、床屋のパラドックスというたとえである。ある床屋が、自分で髭を剃る人を除いて、町じゅうの男の髭を剃るとする。これによって、自分で髭を剃る人と床屋がヒゲを剃る人という2つの集合が生まれる。しかし、そこで疑問が出てくる。もし床屋が自分の髭を剃るなら、床屋は2つの集合のどちらに属するのだろうか？

型の理論

ラッセルはパラドックスに対する独自の回答として「型の理論」を構築した。この理論では、「すべての集合の集合」が、その集合を構成する小さな集合とは異なるものとして扱われるように階層をつくることで、確立された集合論のモデル（「素朴集合論」として知られる）に制限を加えた。そうすることで、ラッセルはパラドックスを完全に回避することに成功した。ラッセルはこの新しい論理原則を、1910年から1913年にかけて全3巻で出版されたアルフレッド・ノース・ホワイトヘッドとの共著書『プリンキピア・マテマティカ』に生かした。

論理的空白

1931年、オーストリアの数学者・哲学者クルト・ゲーデルが、数年前に発表した完全性定理に続いて不完全性定理を発表し、数に関する記述の中には、真であるかもしれないが決して証明できないものが常に存在すると結論づけた。さらに、単に公理を増やすだけで数学を拡張すれば、さらなる「不完全性」がもたらされるという。つまり、数学の完全な論理的枠組みを開発しようというラッセル、ヒルベルト、フレーゲ、ペアノらの取り組みでは、どれほど堅実を期したとしても論理的な空白が生じる運命にあるというのである。

ゲーデルの定理はまた、ゴールドバッハ予想のような、まだ証明されていない数学の定理が、証明されえない可能性があることも示唆していた。しかし、それでも数学者たちはゲーデルに負けじと果敢な努力を続けている。◆

すぐれた数学者はみな、
少なくとも半分は哲学者であり、
すぐれた哲学者はみな、
少なくとも半分は数学者である。

ゴットロープ・フレーゲ

宇宙は4次元である

ミンコフスキー空間

関連事項

主要人物
ヘルマン・ミンコフスキー
（1864〜1909年）

分野
幾何学

それまで
紀元前300年ごろ　ユークリッドが著書『原論』で、3次元空間の幾何学を確立する。

1904年　イギリスの数学者チャールズ・ヒントンが著書『第4の次元』で、4次元に拡張した立方体を“テッセラクト（正8胞体）”と称する。

1905年　フランスの科学者アンリ・ポアンカレが、時間を第4の次元とするアイデアを着想する。

1905年　アルベルト・アインシュタインが、特殊相対性理論を発表する。

その後
1916年　アインシュタインが一般相対性理論を概説する重要な論文を著し、重力を湾曲した時空として記述する。

私たちの身近な世界観には、縦、横、高さの3つの次元があり、それらはユークリッドの幾何学によってだいたいは数学的に記述することができる。しかし1907年、ドイツの数学者ヘルマン・ミンコフスキーが、目に見えない第4の次元である時間を加えて、時空という概念をつくりだした。この概念が、宇宙の本質を理解するうえで重要な役割を果たすことになる。アインシュタインの相対性理論に数学的な枠組みを提供し、科学者たちがこの理論を発展・拡大させることを可能にしたのだ。

科学者たちが3次元のユークリッド幾何学で宇宙全体を記述できるのかという疑問を持ちはじめたのは、18世紀のことである。数学者たちは非ユークリッド幾何学の枠組みを研究しはじめ、なかには時間を潜在的な次元と考える者もいた。光がきっかけとなった。1860年代、スコットランドの科学者ジェームス・クラーク・マクスウェル

ブラックホールは、強い重力によって時空が極度にゆがみ、中央に底なしの穴があいたように見える天体だ。ブラックホールの重力からは光の速度でも逃げ出せない。

参照：ユークリッドの「原論」（p52～57）■ニュートンの運動の法則（p182～83）■ラプラスの悪魔（p218～19）■トポロジー（p256～59）■ポアンカレ予想の証明（p324～25）

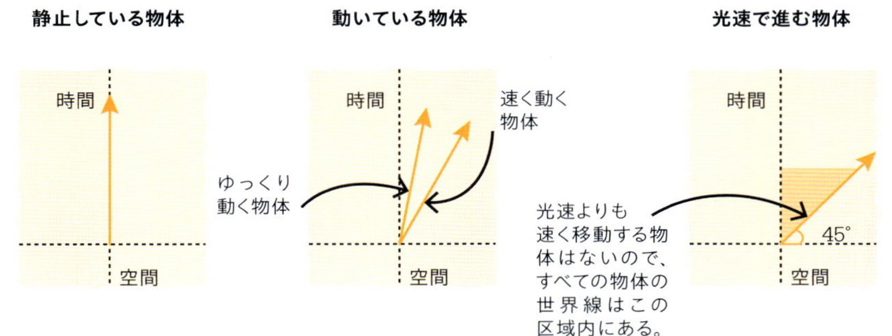

静止している物体の世界線は、その物体が空間内を移動していないため垂線になる。

ゆっくり動く物体の世界線は、空間軸に沿って移動する速度が遅いので傾斜が急になる。

世界線の傾斜角度は、時間軸と空間軸のあいだの比が1:1の45°になる。

が、光の速度はその発生源の速度にかかわらず一定であることを発見。数学者たちは、有限の光速が空間と時間の座標系にどのように適合するかを解明しようと、マクスウェルの方程式を発展させていく。

相対性理論の数学

1904年、オランダの数学者ヘンリック・ローレンツが、空間を占める物体の速度が光速に近づくにつれて質量、長さ、時間はどのように変化するかを示す、「変換」という一連の方程式を開発した。その1年後、アルベルト・アインシュタインが特殊相対性理論を発表し、光の速度が宇宙全体で同じであることを証明した。時間は絶対的な量ではなく相対的な量であり、観測者によって進み方が異なり、空間に織り込まれている。

ミンコフスキーはアインシュタインの理論を幾何学に置き換え、空間と時間が4次元時空の一部であり、時空間の各点が位置をもつことを示した。ミンコフスキーは、空間と時間を軸とするグラフにプロットできる理論的な線、「世界線」として、物体の移動を表現した。静止している物体は垂直な世界線を描き、動いている物体の世界線は斜めになる（上図参照）。ミンコフスキーによれば、どの世界線も光速の角度を超えられないが、現実には空間の3つの軸と時間の軸があるので、45°の世界線は実際には「ハイパーコーン」と呼ばれる4次元の図形になる。すべての物理的現実はこの中にあり、光よりも速く移動することはできない。◆

> **これからは、単独の空間、単独の時間という概念が薄れてただの影となり、両者が合体したものだけが独立した実在を保つことになるだろう。**
>
> **ヘルマン・ミンコフスキー**

ヘルマン・ミンコフスキー

1864年、アレクソタス（現リトアニア領）に出生。1872年、一家でプロイセン王国ケーニヒスベルクへ移住した。子供のころから数学的才能を発揮し、15歳にしてケーニヒスベルク大学で学びはじめる。19歳を前にパリのフランス科学アカデミーから数学大賞を受け、23歳でボン大学教授となった。チューリッヒのスイス連邦工科大学に在籍中の1897年には、教え子の中に若き日のアルベルト・アインシュタインがいた。

1902年にゲッティンゲン大学へ移ると、ミンコフスキーは数理物理学、特に光と物質の相互作用に魅せられていく。アインシュタインが特殊相対性理論を発表した1905年には、ミンコフスキーは現実世界も、特殊相対性理論が成り立つ4次元時空からなるという理論を導き出した。その概念がきっかけとなって実った1915～16年のアインシュタインの一般相対性理論を見届けることなく1909年、虫垂破裂によって44歳で永眠した。

主な著作

1907年『空間と時間』*Raum und Zeit*

いささかつまらない数

タクシー数

関連事項

主要人物
シュリニヴァーサ・ラマヌジャン
（1887〜1920年）

分野
数論

それまで
1657年　フランスの数学者ベルナール・フレニクル・ド・ベッシーが、1,729という数の性質に言及する。“タクシー”数最初の発見。

1700年代　スイスの数学者レオンハルト・オイラーが、4乗数（指数4の累乗数）2つの和で2通りに表せる最小の数は635,318,657であると予測する。

その後
1978年　ベルギーの数学者ピエール・ドリーニュが、最初にラマヌジャンが予想したモジュラー形式理論を証明したほか、数論における功績によってフィールズ賞を受賞する。

「タクシー数」Ta(n) とは、2つの正の数の3乗の和を n 通り表現できる、最小の数のことである。呼び名は、1919年にイギリスの数学者G・H・ハーディが、病気の弟子シュリニヴァーサ・ラマヌジャンをロンドンのパトニーへ見舞ったときの逸話に由来する。ハーディが、乗ってきたタクシーのナンバーが1729だったことについて、「いささかつまらない数だよな？」と言ったところ、ラマヌジャンは、「とてもおもしろい数です。1,729は2つの立方数の和として2通りに表される最小の自然数ですから」と言葉を返したのだった。ハーディがこの話を吹聴して回ったため、1,729は数学界で最もよく知られた数のひとつとなった。ただし、この数のユニークな性質に注目したのはラマヌジャンが最初ではない。フランスの数学者ベルナール・フレニクル・ド・ベッシーも、17世紀にこの数について書いているのだ。

概念の拡張

タクシー数の話が刺激となって、のちの数学者たちはラマヌジャンが気づいた性質があてはまる例、つまり、2

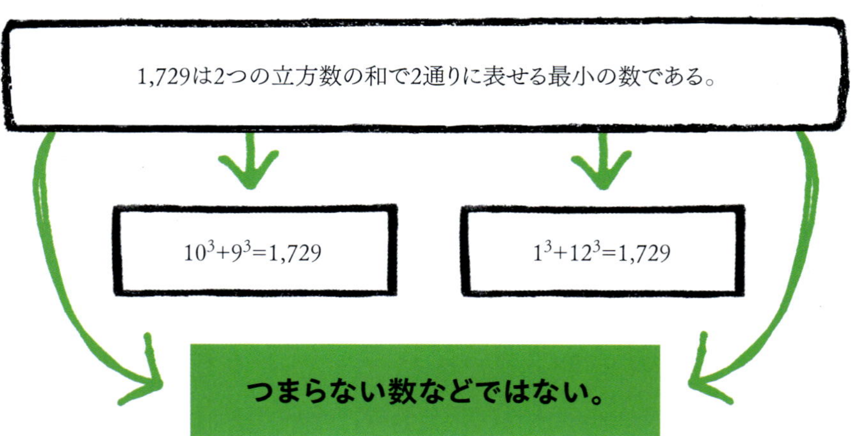

参照：3次方程式（p102〜05）■楕円関数（p226〜27）■カタラン予想（p236〜37）■素数定理（p260〜61）

すべての正の整数 *n* に対してタクシー数 Ta(*n*) は存在するか?

すべての正の整数*n*に対してタクシー数Ta(*n*)が存在することは、1938年に理論上証明されたが、より大きいタクシー数探しは今も続く。どんなにコンピュータを駆使しても、数学者たちはまだ、発見したTa(6)から先へ進んでいない。

発見年	タクシー数	数値	発見者
なし	Ta(1)	2	なし
1657年	Ta(2)	1,729	ド・ベッシー
1957年	Ta(3)	87,539,319	リーチ
1989年	Ta(4)	6,963,472,309,248	E・ローゼンスティール、ダーディス、C・R・ローゼンスティール
1994年	Ta(5)	48,988,659,276,962,496	ダーディス
2008年	Ta(6)	24,153,319,581,254,312,065,344	ホラーバッハ

つの正の立方数の和を3つ、4つ、あるいはそれ以上の異なる方法で表せる最小の数を探した。さらなる問題は、Ta(n)がすべてのnの値に対して存在するかということだが、1938年、ハーディとイギリスの数学者エドワード・ライトが存在することを証明した（存在証明）。だが、それぞれのケースでTa(n)を求める方法を確立するのは、困難であることも判明した。

この概念をさらに広げたTa(j, k, n)という式は、異なる自然数j個の、それぞれk乗した数の、n通りの和で表される最小の数を求めるものである。例えばTa(4, 2, 2)は、4個の平方数（2乗した数）の2通りの和で表される最小の数を求める式で、答えは635,318,657である。

関連性の継続

タクシー数はハーディとラマヌジャンが取り組んだ研究のほんの一分野に過ぎない。彼らの研究の焦点は、素数だった。ハーディは、xより小さい素数の数を正確に表すxの関数を見つけたというラマヌジャンの主張に興奮した。しかし、ラマヌジャンは厳密な証明を提示することはできなかった。

タクシー数は実用的な用途をほとんどもたないが、今なお学者たちの好奇心を刺激しつづける。◆

> 神の御心を表現しない
> 方程式には、
> 何の意味もない。
>
> シュリニヴァーサ・ラマヌジャン

シュリニヴァーサ・ラマヌジャン

1887年、インド、マドラス管区エロードに生まれ、幼いころから数学に非凡な才能を見せた。地元では満足に認められそうにないと考えたラマヌジャンは、思い切って、当時ケンブリッジ大学トリニティ・カレッジ教授だったG・H・ハーディらに、自分が発見した公式を抜粋した手紙を送る。ハーディはそれを“最高水準の”数学者の研究に違いないと断言、1913年に共同研究者としてラマヌジャンをケンブリッジ大学に招聘した。膨大な研究成果があがり、タクシー数のほか、ラマヌジャンは円周率を桁違いに正確に求める公式も導き出している。

しかし、身体的に衰弱して病気にかかったラマヌジャンは、1919年インドへ帰国し、翌1920年に、数冊のノートを遺して、32歳の若さで帰らぬ人となる。

主な著作

1927年『シュリニヴァーサ・ラマヌジャン論文集』

100万匹の猿が100万台のタイプライターを叩く

無限の猿定理

関連事項

主要人物
エミール・ボレル
(1871〜1956年)

分野
確率論

それまで
紀元前45年　ローマの哲学者キケロが、原子の偶然の組み合わせで宇宙が誕生したとはとてもありそうもないと論じる。

1843年　アントワーヌ・オーギュスタン・クールノーが、物理的確実性と実際的確実性を区別する。

その後
1928年　イギリスの数理物理学者アーサー・エディントンが、"ありそうもない"と"ありえない"は同じことだという考え方を導き出す。

2003年　イギリスのプリマス大学で、本物の猿にコンピュータのキーボードを打たせて、ボレルの定理が試される。

2011年　アメリカのプログラマー、ジェシー・アンダーソンの、100万匹の仮想猿というソフトウェアがシェイクスピア全集を生成する(9文字ごとに、バラバラにではあるが)。

20世紀初頭、フランスの数学者エミール・ボレルは、ありそうにないこと、つまり起こる確率がきわめて小さい事象を探究した。ボレルは、生起する確率が十分に小さい事象は決して起こらない、と結論づけた。起こりそうもない出来事の確率を研究したのは、彼が初めてではない。紀元前4世紀、古代ギリシアの哲学者アリストテレスは『形而上学』の中で、地球は原子がまったくの偶然で集まってできたものだと示唆した。その3世紀後、ローマの哲学者キケロは、その可能性はきわめて低く、本質的に不可能であると主張した。

不可能性の定義

過去2000年にわたってさまざまな思想家が、ありそうにないことと不可

無限大の時間のうちに、無限回数の事象が起きる。

1匹の猿が無限大の時間をかけてタイプライターをたたくと、あらゆる文字がありとあらゆる組み合わせで無限回数生み出されるだろう。

したがって、その猿はあらゆる有限の文章を無限回数生み出すことになる。

数学的確率論に従えば、1匹の猿が無限大の時間をかけてタイプライターをたたくと、やがてシェイクスピア全集ができあがる。

参照：確率（p162～65）■大数の法則（p184～85）■正規分布（p192～93）■ラプラスの悪魔（p218～19）■超限数（p252～53）

物理的に不可能な事象は、したがって生起する確率が無限に小さい事象であり、そのことによってのみ……数学的確率論に意味をもたらす。

アントワーヌ・オーギュスタン・クールノー

能なことのバランスを探ってきた。1760年代、フランスの数学者ジャン・ダランベールは、発生と不発生が等しく起こりうる連続の中で、非常に長い連続発生が可能かどうか、例えば、コイントスで200万回連続して「表」を出すことが可能かどうかを問うた。1843年にはフランスの数学者アントワーヌ・オーギュスタン・クールノーが、逆さにした円錐が先端でバランスをとって立つ可能性に疑問を呈した。彼は、それは可能だが、可能性は極めて低いと主張し、物理的確実性（バランスをとる円錐のように物理的に起こりうる事象）と実際的確実性（現実的には不可能とみなされるほど可能性が低い事象）を区別した。クールノーの原理としても知られるこの主張において、彼は生起確率がきわめて小さい事象は起こらないと示唆したのだった。

無限匹の猿

ボレルの法則は「単一偶然性の法則」と呼ばれ、現実的な確実性に尺度を与えた。ボレルは、人間の尺度では生起確率が10^{-6}（0.000001）未満の事象は起こらない（不可能である）と考えた。そして、不可能性を説明する例として、猿がタイプライターのキーをランダムに打ちつづけると、ついにはシェイクスピア全集が打ち出されるかという、有名な定理を思いついたのだ。

場合によっては従来の経済学理論に基づいて選択するよりも無作為に選んだほうがいいほどの混乱レベルになる株式相場には、ボレルの理論がよく応用される。

この結果はきわめてありそうにないが、数学的には、無限の時間をかけて（あるいは無限匹の猿を使って）実行すれば必ず起こるということになる。ボレルは、猿がシェイクスピア作品をタイプすることは不可能と数学的に証明することができないうちは、数学者がそれを不可能と考えることはありえないと指摘した。◆

エミール・ボレル

1871年、フランス、サンタフリク生まれ。数学の天才だったボレルは、1893年にエコール・ノルマル・シュペリウール（高等師範学校）を首席で卒業した。リール大学で4年間教鞭をとったあと、教授としてエコールへ戻ると、数学者仲間の目もくらむようなすばらしい論文を続々発表した。

ボレルの名は無限の猿定理でいちばんよく知られているが、彼の永続する業績は、特定の出力を達成するにはどの変数を変えなくてはならないか、複素関数を現代的に解釈する基礎を築いたことにある。第一次世界大戦中は陸軍省で働き、のちに海軍大臣を務めた。第二次世界大戦中、ドイツがフランスに侵攻した際は投獄されたが、釈放されるとレジスタンスに加わって戦い、軍功十字章を授与された。1956年、パリで死去。

主な著作

1913年『偶然論』
1914年『確率計算の古典的な原理と公式』

彼女は代数学の様相を一変させた

エミー・ネーターと抽象代数学

関連事項

主要人物
エミー・ネーター
（1882～1935年）

分野
幾何学

それまで
1843年　ドイツの数学者エルンスト・クンマーが、理想数という概念を導入する――整数環における特別な部分集合（イデアル）。

1871年　リヒャルト・デデキントが、クンマーのアイデアをもとに、環とイデアルを一般化した定理を築く。

1890年　ダフィット・ヒルベルトが、環の概念を洗練する。

その後
1930年　オランダの数学者バーテル・レーンデルト・ファン・デル・ヴェルデンが、抽象代数学を包括的に扱った最初の論文を著す。

1958年　イギリスの数学者アルフレッド・ゴールディーが、ネーター環をもっと単純なタイプの環で解釈、解析できることを証明する。

19世紀、数学の主流は解析学と幾何学で、代数学の人気はかなり低かった。産業革命を通じて、応用数学が理論的な分野よりも優先されたのだ。だが、20世紀初頭に「抽象」代数学が台頭したことによって状況が一変する。ドイツの数学者エミー・ネーターの革新的技術によって、抽象代数学が数学の主要分野のひとつとなった。

抽象代数学に注目した数学者は、ネーターが最初ではない。ジョゼフ＝ルイ・ラグランジュ、カール・フリードリヒ・ガウス、イギリスの数学者アーサー・ケイリーらが、代数理論の研究を発展させてきた。ドイツの数学者リヒャルト・デデキントが代数的構造の研究に着手して、その勢いは加速した。彼は、加算と乗算のような2種類の2項演算をもつ要素の集合、「環」という概念をつくりだした。環は、要素の部分集合「イデアル」という部分に分けることができる。例えば、偶数の集合は整数環のイデアルである。

> 私の方法というのは、
> 本当のところ研究方法や
> 思考方法なのだ。だからこそ、
> 名も知れずいたるところに
> 広まっていった。
>
> **エミー・ネーター**

重要な業績

第一次世界大戦前の時代に抽象代数学の研究を始めたネーターは、ほかの数値が変化しても記述に変化を受けない代数式があるという不変式論を探究した。1915年、この研究で彼女は物理学に大きな貢献をすることになる。エネルギー保存と質量保存の法則は、それぞれ異なるタイプの対称性に対応していることを証明したのだ。例えば、電荷の保存は回転対称性に関連している。現在ではネーターの定理と呼ばれるこの定理は、一般相対性理論に対処する方法としてアインシュタインにも

参照：代数学（p92～99）■二項定理（p100～01）■方程式の代数的解決（p200～01）
■代数学の基本定理（p204～09）■群論（p230～33）■行列（p238～41）■トポロジー（p256～59）

数学者たちは抽象代数学という体系をつくりあげ、
数学の対象や対象に作用する演算を一般化した。

↓

集合とは、例えば整数など、対象（オブジェクト）つまり元（エレメント）の集まりである。

↓

群とは、演算（例えば加法など）を含み、
特定の公理に従う集合の一種である。

↓

環とは、第二の演算（多くは乗法）も含む群の一種である。
結合性の公理も含まれ、2種類の演算のどちらも、
どの順序で適用しても結果に影響しない。

↓

**環論に対するネーターの貢献が、
代数的構造の解明を先へ進めた。**

称賛された。1920年代初頭、ネーターの研究は環とイデアルに集中する。1921年の重要な論文『環のイデアル論』は、数を掛け合わせたときにその結果に影響を与えることなく数を入れ替えることができる「可換環」の、特定の集合におけるイデアルを研究したものだ。1924年の論文では、可換環においてすべてのイデアルは素イデアルの一意な積であることを証明した。当時最も優れた数学者のひとりだったネーターは、環論への貢献によって抽象代数学という分野全体が発展していく基礎を築いたのだった。◆

エミー・ネーター

1882年生まれ。20世紀初頭のドイツで、ユダヤ人女性として、教育や正当な評価を受けるにも、基本的な雇用機会を得るのにさえ、ネーターの人生には苦労がつきまとった。父が数学を講義しているエルランゲン大学で学び、同大学で数学の能力を生かした仕事に就いたものの、1908年から1923年まで無給で働いた。その後、ゲッティンゲン大学でも似たような差別待遇を受けたが、同僚たちの尽力によって、やがて教授陣に迎えられた。
1933年にはナチ政府がユダヤ人教授を大学から解雇したため、アメリカへ渡ってブリンマー大学と高等研究所で職を得た。1935年に死去。

主な著作

1921年『環のイデアル論』
1924年『代数学におけるイデアル論の抽象的構造』

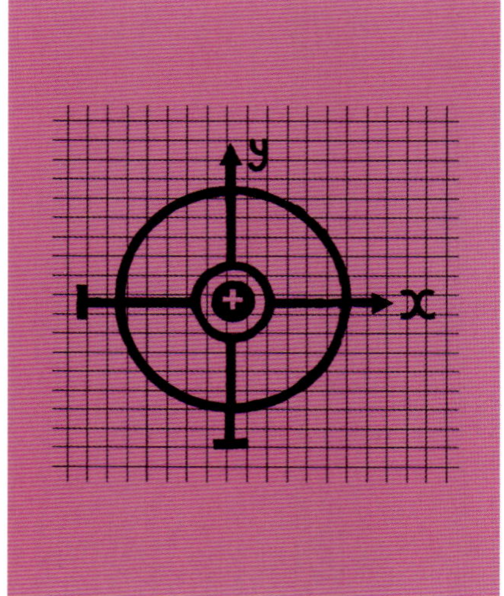

構造は数学者の武器

数学者集団ブルバキ

関連事項

主要人物
アンドレ・ヴェイユ
(1906〜1998年)
アンリ・カルタン
(1904〜2008年)

分野
数論、代数学

それまで
1637年　ルネ・デカルトが座標幾何学を生み出し、平面上に点が記述できるようになる。

1874年　ゲオルク・カントールが集合論を生み出し、集合とその部分集合との相互関係を記述する。

1895年　アンリ・ポアンカレが論文『位置解析』*Analysis Situs*を発表、位相幾何学（トポロジー）の基礎を築く。

その後
1960年代　アメリカやヨーロッパの学校教育に、集合論を重視する"新しい数学"を教える動きが広がっていく。

1995年　アンドリュー・ワイルズが、フェルマーの最終定理の最終的な証明を発表する。

20世紀で最も多作で影響力のあった数学者のひとり、ロシアの天才数学者ニコラ・ブルバキ。その記念碑的著作『数学原論』（*Éléments de Mathématique*、1960年）は大学の図書館で重要な位置を占め、数々の数学の学徒がその書に数学の手段を学んだ。

しかし、ブルバキなる人物は実在しない。1930年代に、第一次世界大戦の荒廃が残した空白を埋めようと努力していた、フランスの若い数学者たちが創作した架空の存在だった。戦争中、学者を国内から出さないようにしてい

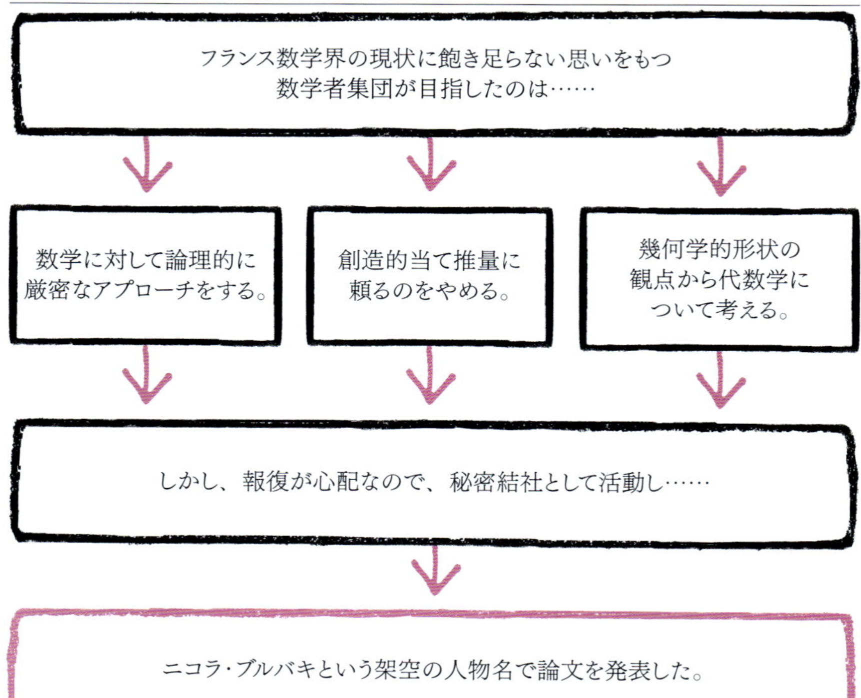

参照：座標（p144～51）▪トポロジー（p256～59）▪バタフライ効果（p294～99）▪フェルマーの最終定理を証明する（p320～23）▪ポアンカレ予想の証明（p324～25）

1935年7月のブルバキ第1回会議で撮影された写真。数学者集団ブルバキのメンバー、アンリ・カルタン（後列左端）、アンドレ・ヴェイユ（後列の右から2人目）ら。

た国もあったが、フランスの数学者たちは同胞とともに塹壕に身を投じたためにひと世代ぶんの人材が失われ、フランスの数学は時代遅れの教科書や教師から抜け出せずにいた。

数学の刷新

若い教師たちには、フランスの数学は厳密さと正確さの欠如に陥っているという考えもあった。カオス理論や数理物理学を発展させたアンリ・ポアンカレら前世代の数学者たちのやり方が、創造的な当て推量ではないかと思えたのだ。

1934年、ストラスブール大学の若手講師、アンドレ・ヴェイユとアンリ・カルタンの2人が行動を起こす。エコール・ノルマル・シュペリウール（高等師範学校）のもと学生6人をパリで昼食に招待し、新しい論文を書いて数学に革命を起こすという、野心的なプロジェクトへの参加をもちかけた。クロード・シュヴァレー、ジャン・デルサルト、ジャン・デュドネ、ルネ・ド・ポッセルらが、数学の全分野を網羅する新しい論集をつくることに同意した。定期的に会合を開いてデュドネが指揮を執り、グループは『数学原論』を筆頭に次々と本を出版した。その仕事が物議を醸しそうだったので、論文の筆者としてニコラ・ブルバキというペンネームを採用。数学を基本に戻し、そこから前進するための基礎を提供することを目指した。彼らの研究は1960年代に一時的なブームを巻き起こしたが、教師にとっても生徒にとっても急進的にすぎた。グループは最先端の数学や物理学としばしば対立し、純粋数学に集中するあまり、応用数学にはほとんど興味を示さなかった。また、確率のような不確定要素を含むテーマには取り組まなかった。

それでも、数学者集団ブルバキは、特に集合論と代数幾何学の分野で、幅広い数学的テーマに重要な貢献をした。秘密裏に活動し、メンバーは50歳で辞職しなければならないこのグループは、出版活動の勢いこそ衰えているものの今も存在している。最新の2作が1998年と2012年に出版された。◆

ブルバキのレガシー

ブルバキにとって、数と形とが合流する分野、トポロジーと集合論こそが数学の根底そのものであり、集団の中心的な研究対象だった。17世紀にルネ・デカルトが座標幾何学をもって、初めて形と数とを結びつけ、幾何学を代数学へと変えた。ブルバキはそれとは別の方法で形と数を結びつけ、代数学を幾何学へと変えて、代数幾何学を生み出そうとした。それが彼らの不朽のレガシーだろう。イギリスの数学者アンドリュー・ワイルズが、フェルマーの最終定理を証明できたのも、少なくとも部分的にはブルバキの代数幾何学研究があったからだ。ワイルズが最終的な証明を発表したのは1995年のことだ。

代数幾何学には未解明な部分が数多く残されている。代数幾何学はすでに、スマホやデビットカードのコードのプログラミングなど、現実世界で応用されている。

あらゆる計算可能な数列を処理する唯一の機械

チューリング・マシン

関連事項

主要人物
アラン・チューリング
（1912〜1954年）

分野
コンピュータ・サイエンス

それまで
1837年 イギリスで、チャールズ・バベッジが10進数を使った機械式コンピュータを設計。もし製作されていれば、史上初の"チューリング完全"な装置になっていたはずだ。

その後
1937年 クロード・シャノンが、ブール代数をもとに電気式開閉器を設計し、論理のルールに従うデジタル回路をつくる。

1971年 アメリカの数学者スティーヴン・クックが、P対NP問題（P≠NP予想）を提示。これは、計算手順がわかっているのに、計算を実行するとスーパーコンピュータでも膨大な年月がかかってしまう数学的問題が存在するのはなぜか、ということを解明しようとする問題（予想）である。

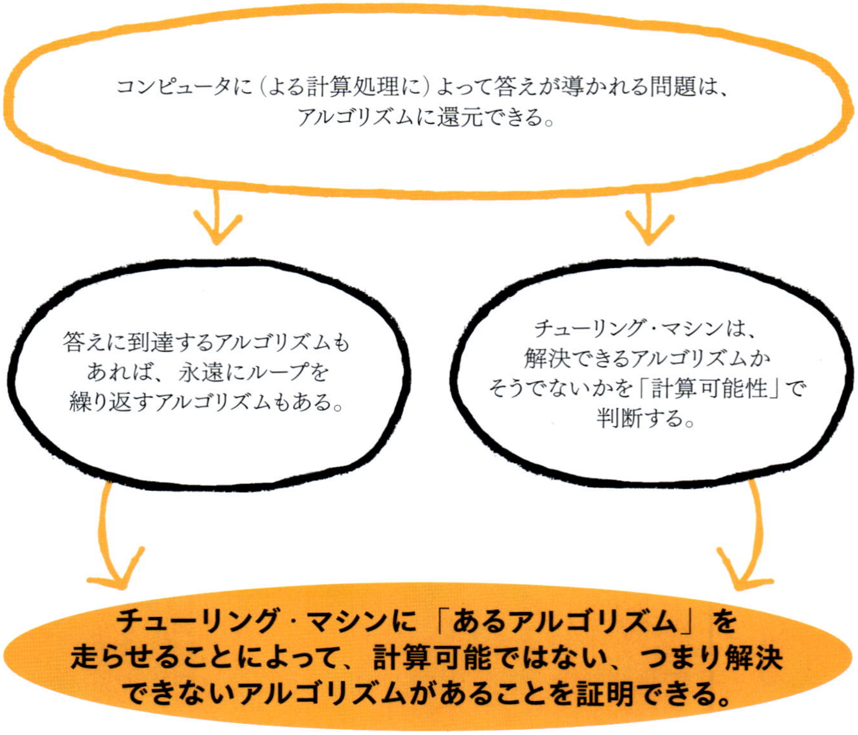

コンピュータに（よる計算処理に）よって答えが導かれる問題は、アルゴリズムに還元できる。

答えに到達するアルゴリズムもあれば、永遠にループを繰り返すアルゴリズムもある。

チューリング・マシンは、解決できるアルゴリズムかそうでないかを「計算可能性」で判断する。

チューリング・マシンに「あるアルゴリズム」を走らせることによって、計算可能ではない、つまり解決できないアルゴリズムがあることを証明できる。

マシンに絶対的正しさを期待するなら、高い知能は求められない。

アラン・チューリング

アラン・チューリングはしばしば「デジタル・コンピューティングの父」として引き合いに出されるが、その栄誉をもたらしたチューリング・マシンは物理的な装置ではなく、仮説上の機械だった。チューリングがコンピュータの原型をつくったわけではなくて、彼の功績は、1928年にドイツの数学者ダフィット・ヒルベルトが提起した「決定問題」を解くための思考実験にある。ヒルベルトは、当時、算術、幾何学などの数学分野と同様、論理学をルール（公理）の集合に単純化して、より厳密にできるかどうかに興味を持っていた。彼が知りたかったのは、アルゴリズム（数学の問題を、決まった順序で、命令のセットを使って解く方法）が問題の解に到達するか否かを、事前に決定する方法があるかどうかだった。

1931年、オーストリアの数学者クルト・ゲーデルが、形式的公理に基づく数学では、その公理に従って真であることすべてを証明することはできないことを示した。いわゆるゲーデルの「不完全性定理」は、数学的真理と数学的証明のあいだに不一致があることを見出したのだ。

古代のルーツ

アルゴリズムの起源は古い。最古の例のひとつに、ギリシアの幾何学者ユークリッドが2つの数の最大公約数（余りを残さずに2つの数を割る最大の数）を計算するために用いた方法がある。また、紀元前3世紀のギリシアの数学者エラトステネスの、素数を合成数（素数ではない数）から選別する「ふる

参照：ユークリッドの「原論」（p52～57） ■エラトステネスのふるい（p66～67）
■20世紀の23の問題（p266～67） ■情報理論（p291） ■暗号技術（p314～17）

紙と鉛筆と消しゴムを与えられ、厳密な規律に従う人間は、事実上の万能チューリング・マシンである。

アラン・チューリング

い」も、初期のアルゴリズムの一例だ。

1937年、チューリングは最初の論文を発表した。この論文は、ヒルベルトの決定問題には解がないことを示した。ある種のアルゴリズムは計算不可能であるが、それを試す前に識別する普遍的なメカニズムは存在しない。

チューリングは、2つの部分からなる仮想の機械を使ってこの結論に達した。まず、必要な長さのテープがあり、各セクションにコード化された文字（例えば0と1）が書かれている。第二の部分は、テープの各セクションからデータを読み取る（ヘッドまたはテープの移動によって）機械そのものであった。マシンの動作を制御する命令セット（アルゴリズム）がある。マシンは、左右に動いたり、停止したり、テープ上のデータを書き換えたりできた。このような機械は、考え得るあらゆるアルゴリズムを実行することができる。

チューリングは、どんなアルゴリズムでもマシンが停止するかどうかに興味を持った。停止は、アルゴリズムが解に到達したことを意味する。問題は、どのアルゴリズムが停止し、どのアルゴリズムが停止しないかを知る方法があるかどうかであった。チューリングがそれを見つけることができれば、彼

第二次世界大戦中、イギリス、ブレッチリー・パークのHut 8（暗号解読部門）で働く職員たち。チューリングがHut 8の任務についたことが、アドルフ・ヒトラーと軍とのあいだでやりとりされた暗号の解読につながった。

アラン・チューリング

1912年、ロンドンで誕生。チューリングは、子供のころから教師たちに天才といわれた。1934年、数学で優秀な成績を修めてケンブリッジ大学を卒業し、アメリカのプリンストン大学へ進む。

1938年に帰国すると、ブレッチリー・パークの政府暗号学校（GCCS）で働きはじめた。1939年に戦争が勃発、仲間とともに敵の暗号通信を解読する電気機械式の装置Bombe（ボンブ）を開発した。戦後はマンチェスター大学で自動コンピューティング機関ACEを設計、さらにデジタル装置の開発にも携わった。

1952年、チューリングは当時のイギリスで違法だった同性愛で有罪となる。政府の暗号解読の仕事も剥奪された。投獄されるのを避けるために、性欲を抑えると考えられていたホルモン治療を受け入れた。1954年に自死。

主な著作

1939年「確率論の暗号解読への応用について」

チューリング・マシンは、無限に長いテープの情報を読み取るヘッドからなる。マシンのアルゴリズムの指示によって、ヘッドまたはテープが左右に動く、あるいは静止する。メモリが変化を記憶して、アルゴリズムにフィードバックする。

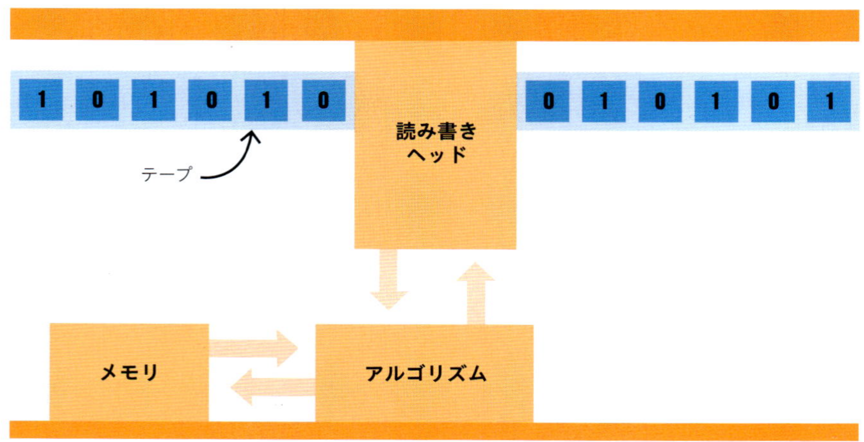

は決定問題に答えることになる。

停止問題

チューリングは思考実験としてこの問題に取り組んだ。彼はまず、答えが「はい」か「いいえ」のどちらかである入力が与えられたときに、任意のアルゴリズム（A）が停止（答えを出して実行を停止）するかどうかを言うことができる機械を想像することから始めた。理論的にはどんなアルゴリズムでも、その機械を使って停止するかどうかをテストすることができた。

要するに、チューリング・マシン（M）は、別のアルゴリズム（A）が解けるかどうかをテストするアルゴリズムなのである。これを、「Aは停止するか（解を持つか）？」と問うことによって行う。するとMは、「はい」か「いいえ」のどちらかの答えに到達する。チューリングは次に、この機械の修正版（M*）を想像した。M*は、答えが「はい」（Aが停止する）の場合、その逆を行うように設定されている。無限ループになる（停止しない）のだ。もし答えが「いいえ」（Aは停止しない）なら、M*は停止する。

チューリングはこの思考実験をさらに発展させ、機械M*を使って、その機械自身のアルゴリズムであるM*が停止するかどうかをテストできると想像した。答えが「はい」の場合、アルゴリズムM*は停止し、マシンM*は停止しない。もし答えが「いいえ」なら、アルゴリズムM*は決して停止せず、マシンM*は停止する。したがって、チューリングの思考実験は、数学的証明として使用できるパラドックスをつくりだした。それは、機械が停止するかどうかを知ることは不可能であるため、決定問題の答えは「いいえ」であることを証明した。アルゴリズムの妥当性についての普遍的なテストは存在しなかったのだ。

コンピュータ・アーキテクチャ

チューリング・マシンはその役目を終えていなかった。チューリングらは、この単純な概念が「コンピュータ」として使えることに気づいた。当時、「コンピュータ」という言葉は、複雑な数学的計算を行う人間を表す言葉として使われていた。チューリング・マシンは、入力（テープ上のデータ）を出力に書き換えるアルゴリズムを使ってそれを行う。現代のコンピュータとその上で動作するプログラムは、事実上チューリング・マシンとして動作しているため、「チューリング完全」と言われている。

数学と論理学の第一人者であるチューリングは、仮想コンピュータだけでなく、現実のコンピュータの開発にも重要な貢献をした。しかし、内部メモリに保存された情報を呼び出し、保存すべき新しい情報を送り返すことで入力を出力に変換する中央演算処理装置（CPU）を使って、チューリングの仮説装置の現実版を考案したのは、ハンガリーの数学者ジョン・フォン・ノイマンであった。彼は1945年に「フォン・ノイマン・アーキテクチャ」とし

> 私たちの手でプロセッサに［情報を］送り込む必要がある。人間が情報を知性や知識に変えなくてはならない。新たな問題提起をしてくれるコンピュータなどありはしないことを、私たちは忘れがちだ。
>
> **グレース・ホッパー**
> アメリカのコンピュータ・サイエンティスト

暗号文の解読に使われたチューリングBombe（ボンブ）。第二次世界大戦中にイギリスの暗号解読拠点だったブレッチリー・パークの博物館に再現されている。

て知られる彼の構成を提案し、今日、同様のプロセスがほとんどすべてのコンピューティング・デバイスで使われている。

バイナリコード

チューリングは当初、自分のマシンが2進データだけを使うとは考えていなかった。彼は単に、有限の文字集合を持つコードを使うだろうと考えていただけだった。しかし、2進法は最初のチューリング完全のマシン、Z3の言語であった。ドイツのエンジニア、コンラート・ツーゼによって1941年につくられたZ3は、電気機械式リレー（スイッチ）を使い、2進データの1と0を表現した。コンピュータ・コードにおける1と0は、当初「離散変数」と呼ばれていたが、1948年、2進数（バイナリ・デジット）の略である「ビット」と呼ばれるようになった。情報理論（情報をデジタルコードとしてどのように保存・伝送するかを研究する数学の分野）の第一人者であるクロード・シャノンによって作られた用語だ。

初期のコンピュータは、複数のビットをメモリのセクションの「アドレス」として使用し、プロセッサがデータを探すべき場所を示していた。これらのビットのかたまりは、ビットとの混同を避けるために「バイト」と呼ばれるようになった。コンピューティングの初期には、バイトは一般的に4または6ビットを含んでいたが、1970年代にインテルの8ビット・マイクロプロセッサが台頭し、バイトは8ビットを表す単位となった。

8桁からなるバイナリコードを備え、のちにはもっと長い文字列を備えることで、考えうるあらゆる用途のソフトウェアをつくることができるようになった。コンピュータ・プログラムは単純なアルゴリズムである。キーボードやマイク、タッチスクリーンからの入力は、これらのアルゴリズムによって処理され、デバイスの画面上のテキストといった出力に変換される。

> **科学者は未証明の推測などには目もくれず、確立した事実からまっしぐらに前進して新たに事実を確立するという通俗的な見方は、まるっきりの誤解だ。**
>
> **アラン・チューリング**

チューリング・マシンの原理は、現代のコンピュータでもまだ使われており、量子コンピュータによって情報の処理方法が変わるまで続くと考えられている。量子ビット（qubit）は、重ね合わせによって1と0を同時に作り出すことができ、計算能力が飛躍的に向上する。◆

チューリング・テスト

1950年にチューリングが、人間と同等あるいは区別がつかないほど知性的ふるまいを見せられるか、機械の能力を判定するテストを開発した。彼の見解によると、マシンが自力で思考しているように見えれば、そのマシンには知性がある（チューリング・テスト合格）。

アメリカの発明家ヒュー・ローブナーと、マサチューセッツ州のケンブリッジ行動研究センターによって、1990年から年に一度のローブナー賞が開始された。毎年開催される大会の場で、AIを使ったコンピュータが受賞を競う。審判はそれぞれ人間とも会話し、AIと人間のどちらが最も人間らしいかを判定する。

年月を経て、AIの知性の判定はほんとうに有効なのか、かえって人工知能分野の研究進展の邪魔なのではないかなど、このテストにはさまざまな批判も出ている。

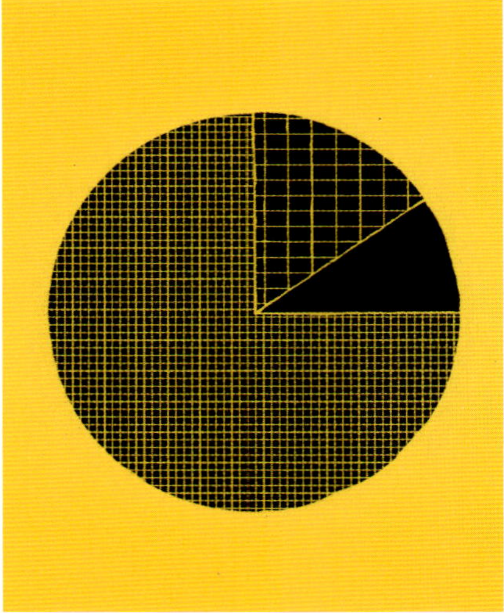

小さいものは大きいものより数が多い

ベンフォードの法則

関連事項

主要人物
フランク・ベンフォード
（1883〜1948年）

分野
数論

それまで
1881年　アメリカの天文学者サイモン・ニューカムが、対数表でいちばん参照回数が多いのは1から始まる数値が載ったページだということに気づく。

その後
1972年　アメリカの経済学者ハル・ヴァリアンが、ベンフォードの法則を利用して不正も発見できることを示唆する。

1995年　アメリカの数学者テッド・ヒルが、ベンフォードの法則は統計の分布にも応用できることを証明する。

2009年　イラン大統領選挙投票結果の統計分析がベンフォードの法則に従っていないところから、選挙の不正が示唆される。

どんな大きな数字の集合でも、3から始まる数字はほかの数字から始まる数字とほぼ同じ頻度で出現すると考えられそうだ。しかし、例えばイギリスの村、町、都市の人口リストなど多くの数の集合が、明らかに異なるパターンを示す。

自然界に存在する数字の集合では、約30％の数字が先頭の桁が1、約17％の数字が先頭の桁が2、そして5％以下の数字が先頭の桁が9であることが多いのだ。

1938年にアメリカの物理学者フランク・ベンフォードがこの現象について論文を書き、のちの数学者たちから「ベンフォードの法則」と呼ばれるようになった。

繰り返されるパターン

ベンフォードの法則は、川の長さから株価や死亡率に至るまで、さまざまな場面で明らかになっている。データの種類によっては、ほかよりもこの法則によく当てはまるものもある。例えば、数百から数百万の桁に及ぶ自然発生的な数のデータは、より密接にグループ化されたデータよりも法則をよく満たす。フィボナッチ数列の数はベンフォードの法則に従うし、多くの整数のべき乗も同様である。だがバスの番号や電話番号のように、名前やラベルとして機能する数字は、当てはまらない。◆

> **不思議なことに、ベンフォードが集めたデータの集合20個のうち、6つの集合のサンプルサイズは最高桁の数値が1だ。何かおかしいと思いませんか？**
>
> **レイチェル・フュースター**
> ニュージーランドの環境統計学者

参照：フィボナッチ数列（p106〜11）■対数（p138〜41）■確率（p162〜65）■正規分布（p192〜93）

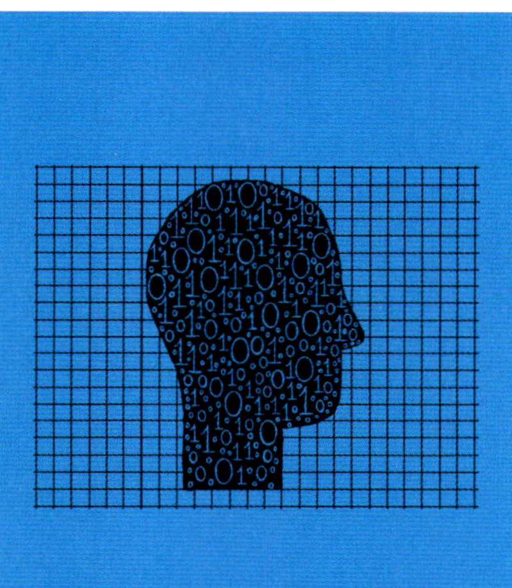

デジタル時代の青写真

情報理論

関連事項

主要人物
クロード・シャノン
（1916～2001年）

分野
コンピュータ・サイエンス

それまで
1679年　ゴットフリート・ライプニッツが、2進法を数学的に確立する。

1854年　ジョージ・ブールが、のちにコンピュータ処理の基礎をなす、2進法の代数による論理形式を示す。

1877年　オーストリアの物理学者ルートヴィッヒ・ボルツマンが、エントロピー（乱雑さの度合い）と確率との関係を明らかにする。

1928年　アメリカの電子工学者ラルフ・ハートレーが、情報を測定可能な量と考える。

その後
1961年　ドイツの物理学者ロルフ・ランダウアーが、情報を操作することによってエントロピーが増大することを示す。

1948年、アメリカの数学者・電子工学者クロード・シャノンが、「通信の数学理論」という論文を発表した。この論文は、情報の数理を解き明かし、情報をデジタルで伝送する方法を示すことで、情報化時代の幕開けとなった。

当時、メッセージは連続的なアナログ信号でしか伝送できなかった。これの主な欠点は、波が遠くへ行くほど弱くなり、背景の干渉が増加することだった。最終的には、この「ホワイトノイズ」がもとのメッセージを圧倒してしまうのだ。

シャノンの解決策は、情報を可能な限り小さなかたまり、すなわち「ビット」（2進数）に分割することだった。メッセージは0と1で構成されるコードに変換され、0は低電圧、1は高電圧となる。このコードをつくるにあたり、シャノンは、ゴットフリート・ライプニッツによって数学的に確立された2進数を利用した。

電話中継器の“脳”をはたらかせて迷路問題を解く、電気機械“ネズミ”のテセウスを実演してみせるシャノン。

シャノンはデジタルで情報を送信した最初の人物ではないが、その技術を洗練されたものにした。シャノンにとって、それは単に情報を効率的に伝送するという技術的な問題を解決することではなかった。情報が2進数で表現できることを示したことで、彼は「情報理論」を立ち上げたのである。その影響は科学のあらゆる分野に及び、コンピュータのある家庭やオフィスのすべてが恩恵をこうむっている。◆

参照：微積分学（p168～75）■2進数（p176～77）■ブール代数（p242～47）

私たちはみな互いに6段階しか離れていない

六次の隔たり

関連事項

主要人物
マイケル・グレヴィッチ
（1930～2008年）

分野
数論

それまで
1929年　ハンガリーの作家カリンティ・フリジェシュが、“六次の隔たり”という表現をつくりだす。

その後
1967年　アメリカの社会学者スタンレー・ミルグラムが、“スモール・ワールド実験”を計画し、人々の隔たりやつながりの度合いを調査する。

1979年　IBMのマンフレッド・コッヘンとMITのイシエル・デ・ソラ・プールが、ソーシャルネットワークの数学的分析を発表。

1998年　アメリカの社会学者ダンカン・J・ワッツと数学者スティーヴン・ストロガッツが、つながりを測定するワッツ＝ストロガッツ・ランダムグラフ生成モデルを提案。

個々の人物はたいてい、人生のさまざまな方面で
一定範囲の人々とつながりをもっている。

個人のつながりをたどっていくと、
ほかのグループやネットワークとのつながりが見つかる。

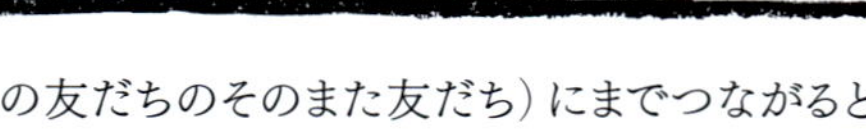

3段階離れた人物（例えば友だちの友だちのそのまた友だち）にまでつながると、
広範囲の人々が互いにつながり合う。

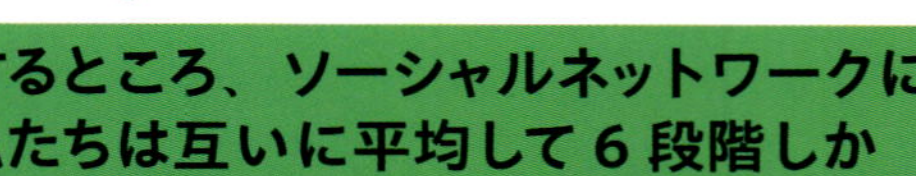

さまざまな研究の示唆するところ、ソーシャルネットワークによってつながれば、私たちは互いに平均して6段階しか離れていない。

ネットワークは、コンピュータ・サイエンス、素粒子物理学、経済学、暗号学、生物学、社会学、気候学など、多くの分野で物や人の関係をモデル化するために使われている。「六次の隔たり」というソーシャルネットワークがある。六次は、人々が互いにどの程度つながっているかをあらわす。

1961年、アメリカの大学院生だったマイケル・グレヴィッチが、ソーシャルネットワークの性質に関する画期

参照：対数（p138〜41）■グラフ理論（p194〜95）■トポロジー（p256〜59）■現代統計学の誕生（p268〜71）■チューリング・マシン（p284〜89）■社会活動としての数学（p304）■暗号技術（p314〜17）

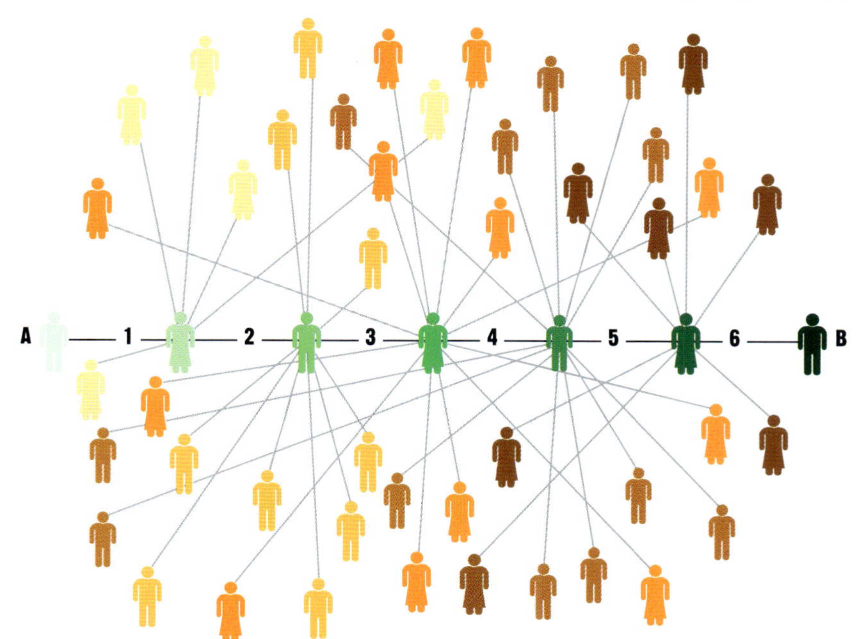

六次の隔たり仮説。任意の2人に一見つながりがなさそうでも、友だちや知り合いを介して6段階以内でつながることができる。ソーシャルメディアの発達とともに次数が減っていくかもしれない。

的な研究を発表した。1967年、スタンレー・ミルグラムは、アメリカで見知らぬ人同士をつなぐには、どれだけの中間的な知人リンクが必要かを研究した。彼は、ネブラスカ州の人々に、最終的にマサチューセッツ州の特定の（無作為の）人に届くことを意図した手紙を送らせた。そして、手紙を受け取った人はそれぞれ、その手紙をより目的地に近づけるために、自分の知り合いに手紙を送った。ミルグラムは、それぞれの手紙が何人の人を経由してターゲットに届いたかを調査した。平均して、ターゲットに届く手紙には6人の仲介者が必要であった。

この「スモール・ワールド理論」については、ミルグラムより先行するものがあった。1929年の短編小説『鎖』の中で、ハンガリーの作家カリンティ・フリジェシュは、世界をつなぐ要因が友情である場合、人々の平均的なつながりの数は6であろうと示唆したのだ。ダンカン・ワッツとスティーブン・ストロガッツはN個のノードがあり、各ノードがK個のリンクを持つ場合、2つのノード間の平均距離は$\ln N \div \ln K$（$\ln$は自然対数）だと示した。10個のノードがあり、それぞれが他のノードと4つのリンクでつながっているとすると、ランダムに選ばれた2つのノード間の平均距離は$\ln 10/\ln 4 \approx 1.66$となる。

その他のソーシャルネットワーク

1980年代、共同研究でよく知られていたハンガリーの数学者ポール・エルデシュの友人たちは、彼が他の数学者からどの程度離れているかを示すために「エルデシュ数」という言葉をつくった。エルデシュの共著者はエルデシュ数1、エルデシュの共著者のひとりと仕事をしたことのある人はエルデシュ数2、といった具合である。アメリカの俳優ケヴィン・ベーコンが、インタビューの際に、自分はハリウッドのすべての俳優と仕事をしたことがある、あるいは彼らと仕事をしたことがある人物と仕事をしたことがあると語ったことから、ベーコンとある俳優の距離を示す、「ベーコン数」という言葉ができた。ロック・ミュージックの世界では、ヘビーメタルグループ《ブラック・サバス》のメンバーとのつながりが「サバス数」として示されている。さらに「エルデシュ＝ベーコン＝サバス数」（ある人のエルデシュ数とベーコン数とサバス数の合計）がつくられた。このEBS数が一桁である人は、ごくわずかしかいない。◆

> ［慈善プロジェクトの］
> シックス・ディグリーズ
> （六次の隔たり）が……
> ソーシャルネットワークに
> 社会的良心（ソーシャル）を
> ［もたらすよう］願う。
>
> **ケヴィン・ベーコン**

小さなポジティブ・バイブレーションが全宇宙を変える

バタフライ効果

関連事項

主要人物
エドワード・ローレンツ
(1917〜2008年)

分野
確率論

それまで
1814年 ピエール=シモン・ラプラスが、現在の条件がすべてわかっていれば、それをもとに宇宙の状態を予測できるという、決定論的世界観を提唱する。

1890年 アンリ・ポアンカレが、引力によって相互作用する天体の運行を予測する三体問題に、一般的な解法はないことを示す。ほとんどの天体は周期的なパターンを繰り返して運行してはいない。

その後
1975年 ブノワ・マンデルブロが、コンピュータ・グラフィックスでさらに複雑なフラクタル(自己反復する図形)を生み出す。バタフライ効果を示すローレンツ・アトラクターもフラクタルのひとつ。

世界のどこかで1羽の蝶(バタフライ)の羽ばたきが大気の条件をわずかに変化させれば、やがて別のどこかで竜巻が起きる——バタフライ効果という表現が大衆の心をつかんだ。

1972年、アメリカの気象学者・数学者エドワード・ローレンツが、「ブラジルの蝶の羽ばたきはテキサスに竜巻を引き起こすか？」と題した講演を行った。これは「バタフライ効果」という言葉の起源であり、大気のわずかな変化(蝶だけでなく、どんなことからでも起こりうる)が、未来のどこかで気象パターンを変えるのに十分であるという考え方を指す。もし蝶が初期条件にほんの少し寄与していなかったとしたら、竜巻やその他の気象現象はまったく発生しなかったか、あるいはテキサス以外の場所を襲っただろう、と。

この講演のタイトルは、ローレンツ自身ではなく、ボストンで開催されたアメリカ科学振興協会の年次総会の主催者である物理学者、フィリップ・メ

エドワード・ローレンツ

1917年、アメリカ、コネティカット州ウェストハートフォード生まれ。ダートフォード・カレッジとハーヴァード大学で数学を学び、1940年にハーヴァード大学で修士号を取得。気象学者としての訓練を受け、陸軍航空隊に付いて第二次世界大戦に従軍した。戦後はマサチューセッツ工科大学で気象学を学び、大気のふるまいを予測する方法を開発しはじめる。当時の統計的な線形モデリングに基づく気象予測は、はずれることも多かった。

大気の非線形モデルをつくりだすなかで、のちにバタフライ効果と呼ばれることになるカオス理論の分野へ足を踏み入れたローレンツは、どんなに高性能なコンピュータにも、正確な長期的気象予測は不可能だと示した。2008年に90歳で世を去る直前まで、心身壮健に活躍した。

主な著作

1963年『決定論的な非周期の流れ』

参照：極大問題（p142～43）■確率（p162～65）■微積分学（p168～75）■ニュートンの運動の法則（p182～83）
■ラプラスの悪魔（p218～19）■トポロジー（p256～59）■フラクタル（p306～11）

アマゾンの密林で1羽の蝶々が羽ばたいて、その結果、ヨーロッパの半分に嵐が吹き荒れる。

テリー・プラチェット、ニール・ゲイマン
イギリスのSF・ファンタジー作家

リリーズが決めた。ローレンツが講演予定の情報を提供するのが遅れたため、メリリーズは即興で、ローレンツの研究について知っていることと、「カモメの羽ばたきひとつで天気予報が変わる」という以前のコメントに基づいて言葉を選んだのだった。

カオス理論

バタフライ効果は、いわばカオス理論への入門編である。カオス理論は、複雑なシステムが初期条件に非常に敏感であり、そのため極めて予測不可能であることに注目したものだ。カオス理論は、人口動態、化学工学、金融市場などの分野に実用的な関連性を持ち、人工知能の開発にも役立っている。ローレンツは1950年代に、気候モデルについて研究を始めた。1960年代初頭までに、彼はおもちゃの気候モデル（「おもちゃ」とは、プロセスを簡潔に示すためにつくられた単純化されたモデルという意味である）の予想外の結果で注目を集めた。このモデルは、気圧、気温、風速の3つのデータから大気の変化を予測するものだった。ローレンツは、その結果が混沌としていることに気づいた。彼は、ほぼ同じデータから出発した2組の結果を比較し、大気の状態が最初はほぼ同じ線に沿って発達したが、その後まったく異なる方法で変化したことに注目した。彼はまた、モデルのどの出発点もユニークな結果をもたらすが、それらはすべてある限界の範囲内に収まっていることを発見した。

奇妙なアトラクター

1960年代初頭のローレンツにとって可能だった計算能力では、モデル化された大気変数を3次元空間にプロットすることはできなかった。3次元空間の x、y、z 軸の値は、例えば気温、気圧、湿度（または他の気象データの3組）を表す。1963年、このデータをプロットすることが可能になると、その形状は「ローレンツ・アトラクター」として知られるようになる。各起点は、空間のある象限から別の象限へと揺れ動くループ状の線へと発展する。例えば、雨風が強い天候から暑く乾燥した

驚くべきことに、カオス系は必ずしも無秩序（カオティック）であるわけではない。

コニー・ウィリス
アメリカのSF作家

カオス運動の解集合を示すローレンツ・アトラクター。初期条件がほんのわずかに変わるだけで結果に大きな差が起こるが、その変化の軌跡は同一形状内に収まって、カオス内に秩序をもたらす。

カオス——現在から未来が予測できるとしても、近似的現在では未来は近似的にも予測できない。

エドワード・ローレンツ

天候への変化と、その間のすべての状態を示す。それぞれの始点はユニークな変化をもたらすが、始点が何であれ、すべての線は空間の同じ領域に入る。長い時間をかけて何度も繰り返されるうちに、その領域は美しいループ曲面になる。アトラクター内の個々の線は、その軌道が非常に不安定だ。同じ領域から出発した線は、のちの時点で大きく離れてしまうことが多く、出発点が大きく異なる線が、長期間にわたって互いに密接に追跡し合うこともある。しかしアトラクターは、全体としてシステムが安定していることを示している。アトラクター内では、アトラクターから脱出する軌道につながる出発点はありえない。この明らかな矛盾が、カオス理論の核心である。

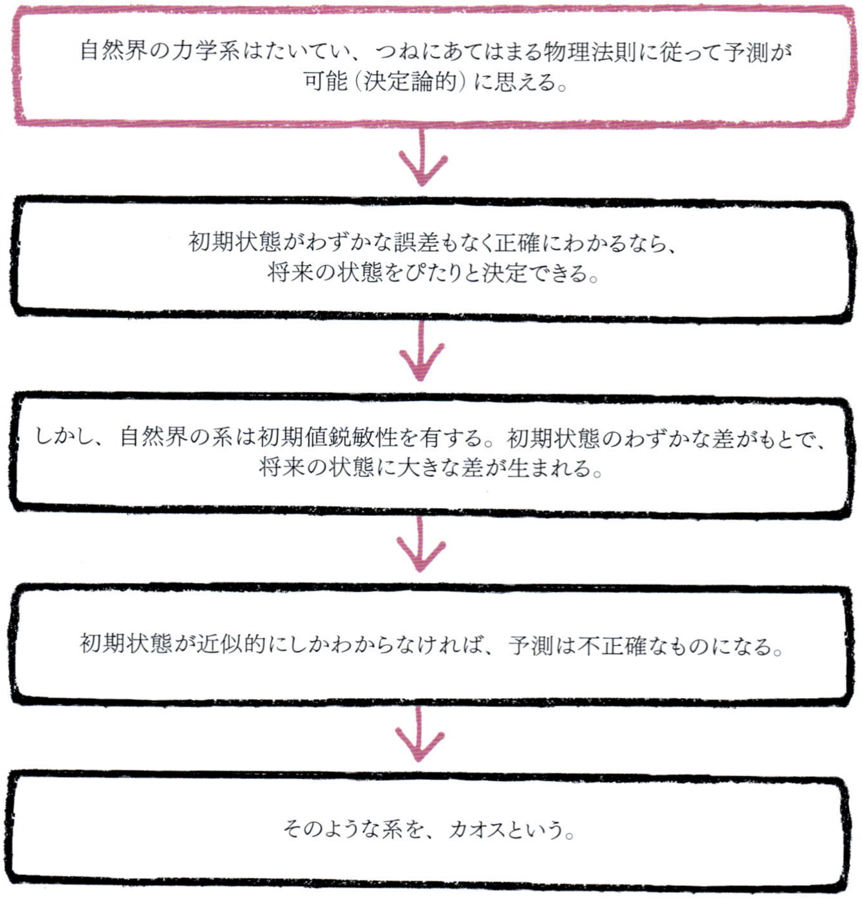

自然界の力学系はたいてい、つねにあてはまる物理法則に従って予測が可能(決定論的)に思える。

↓

初期状態がわずかな誤差もなく正確にわかるなら、将来の状態をぴたりと決定できる。

↓

しかし、自然界の系は初期値鋭敏性を有する。初期状態のわずかな差がもとで、将来の状態に大きな差が生まれる。

↓

初期状態が近似的にしかわからなければ、予測は不正確なものになる。

↓

そのような系を、カオスという。

正しい道を見つける

カオス理論のルーツは、運動、特に天体の運動を理解し予測しようとした初期の試みにある。例えば、17世紀にはガリレオが振り子の揺れ方や物体の落下方法に関する法則を定式化し、ヨハネス・ケプラーは惑星が太陽の周りを公転しながら宇宙空間をどのように移動するかを示した。アイザック・ニュートンはこの理論を、引力と物体の動きに関する物理法則に結びつけた。ニュートンはゴットフリート・ライプニッツとほぼ同時に、より複雑なシステムの挙動を分析・予測するために考案された数学の体系である微積分を開発したことで知られている。微積分を使えば、複雑な変数間の関係も、理論的には微分方程式を解くことで予測することができる。

物体の正確な位置と状態、それに作用するすべての力がわかっていれば、その物体の将来の位置と状態を完璧な精度で決定することができる。

三体問題

それにもかかわらず、ニュートンはこの決定論的な宇宙観に欠点を見つけた。ニュートンは、地球、月、太陽のように一見安定しているように見える天体であっても、重力によって結合している3つの天体の動きを分析することは困難であると報告した。その後、航海術を向上させるために月の動きを分析しようと試みたが、不正確さに悩まされた。1890年、フランスの数学者アンリ・ポアンカレは、3つの天体が互いの周りを動く一般化された予測可能な方法は存在しないことを示した。いくつかのケースでは、物体が特定の場所から出発する場合、運動は周期的で、同じ経路を何度も繰り返す。ポアンカレは、ほとんどの場合、3つの物体はその経路をたどらないので、その運動は非周期的であると主張した。

この「三体問題」を解決しようとする数学者たちは、この問題を抽象化して、特定の曲率を持つ曲面や空間の周りを移動する仮想物体を考えた。仮想物体の曲率は、その物体に作用する力（重力など）を数学的に表現することができる。それぞれの場合において、仮想物体がとる経路は測地線経路と呼ばれる（下記参照）。振り子の運動や恒星の周りの惑星の軌道のような単純な場合、この仮想物体は表面上の定点の周りを振動（前後に動く）し、繰り返し経路をたどり、極限サイクルと呼ばれるものをつくりだす。減衰した振り子（摩擦のためにエネルギーを失っている振り子）の場合、振動は、仮想物体が定点に達するまで、つまり動きを止めるまで減少する。

仮想物体の運動を複数の他の物体に対して考える場合、測地線の経路は非常に複雑になる。もし開始条件を正確に設定することができれば、ありとあらゆる経路をつくることができるだろう。あるものは周期的で、何度も何度も複雑な経路を繰り返す。また、最初は不安定だが、やがて極限サイクルに落ち着くものもあるだろう。第三のものは、無限大に飛び去るものである——おそらく、すぐに、あるいは見かけ上安定した期間の後に。

近似

物理学者や数学者によって研究されてきたとはいえ、三体問題は理論的な部分が大きい。現実の物理システムとなると、初期条件について絶対的に正確にする方法はない。これがカオス理論の本質である。システムが決定論的であっても、そのシステムの測定はすべて近似である。したがって、不確実な測定に基づく数学的モデルは、非常に高い確率で実物とは異なる発展を遂げることになる。小さな不確実性でも、カオスを生み出すには十分なのだ。◆

ローレンツ以前、決定論とはすなわち予測可能性だった。ローレンツ以後、私たちは……ものごとの長期的な予測は不可能だと考えるようになった。

スティーヴン・ストロガッツ
アメリカの数学者

惑星の測地線経路（バス）

左の画像は、恒星を予測可能な軌道で周回する惑星の測地線経路（バス）を示す。右の画像は、惑星以外にも3つ天体——おそらく近づき合った惑星またはほかの恒星——がある場合、惑星の軌道が複雑化して予測不可能、つまりカオスになる様子を示す。

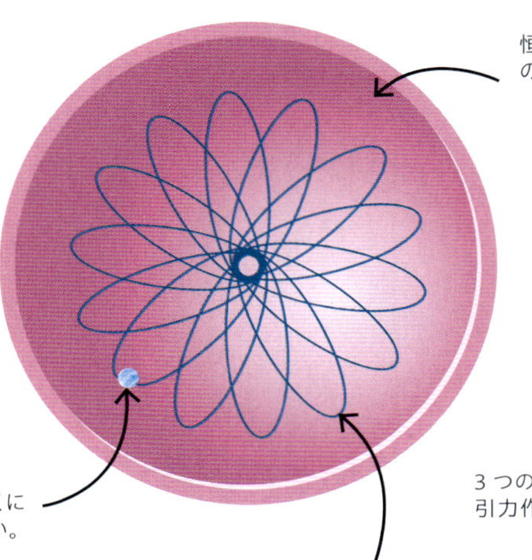

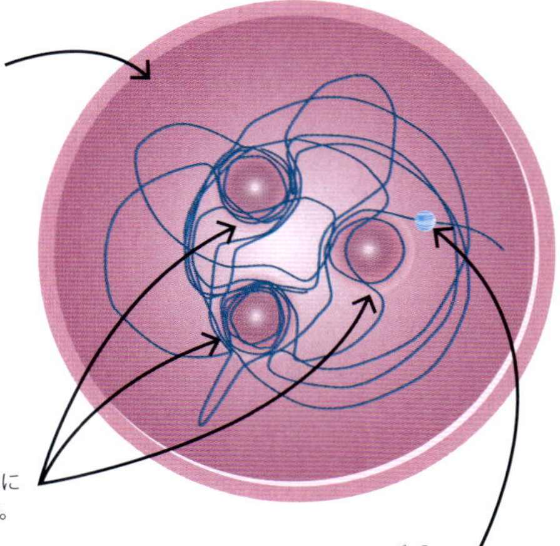

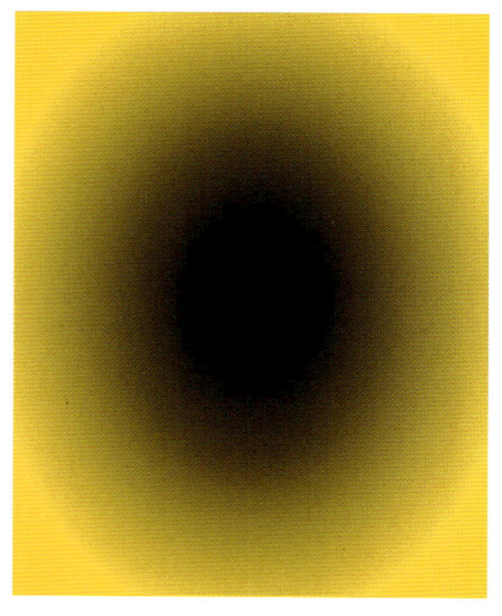

論理上、ものごとは部分的にしか真ではない

ファジィ論理

関連事項

主要人物
ロトフィ・ザデー
(1921〜2017年)

分野
論理学

それまで
紀元前350年　アリストテレスが論理学を体系化し、それが19世紀まで西欧の科学的論証の主流となる。

1847年　ジョージ・ブールが、変数の値が2つ(真または偽)だけの代数を形式化し、記号論理学、数理論理学への道を開く。

1930年　ポーランドの論理学者ヤン・ウカシェヴィチとアルフレト・タルスキが、無限個の真理値をもつ論理体系を定義する。

その後
1980年代　日本の電子機器メーカーが、産業機器や家電製品の制御システムにファジィ論理をとりいれる。

有効な入力（インプット）があれば、適切な出力（アウトプット）が得られる。しかし、2進法のコンピュータ・システムは、曖昧ではっきりしない実世界の入力を扱うには、必ずしも適していない。例えば、手書き文字認識の場合、バイナリ・システムでは十分な精度が得られない。しかし、ファジィ論理で制御されたシステムは、人間の行動や思考過程を含む複雑な現象をよりよく分析できる真実の度合いを可能にする。ファジィ論理は、イラン系アメリカ人のコンピュータ科学者ロトフィ・ザデーが1965年に開発したファジィ集合論から派生したものである。ザデーは、システムが複雑になればなるほど、それに関する正確な記述は無意味になり、それに関する唯一の意味のある記述は不正確なものになると主張した。そのような状況では、多値（ファジィ）推論システムが必要となる。

実際に自然界で遭遇するさまざまなものは、正確に定義されたメンバーシップの基準を持っていない

ロトフィ・ザデー

標準的な集合論では、要素は集合に属するか属さないかのどちらかであるが、ファジィ集合論では、属性の度合いや連続性がある。同様に、ファジィ論理では、ブール論理の完全に真または完全に偽という2値だけではなく、ある範囲の命題の真理値を許可する。例えば、ブール代数のAND演算子のファジィ・バージョンMIN演算子は、2つの入力の最小値を出力する。

ファジィ集合の作成

卵をやわらかくゆでるという、人間の単純な作業を模倣する基本的なコンピュータ・プログラムは、「卵を5分間ゆでる」という単一のルールを適用するかもしれない。より洗練されたプ

参照：三段論法的推論（p50～51）▪2進数（p176～77）▪ブール代数（p242～47）▪ベン図（p254）▪数学の論理（p272～73）▪チューリング・マシン（p284～89）

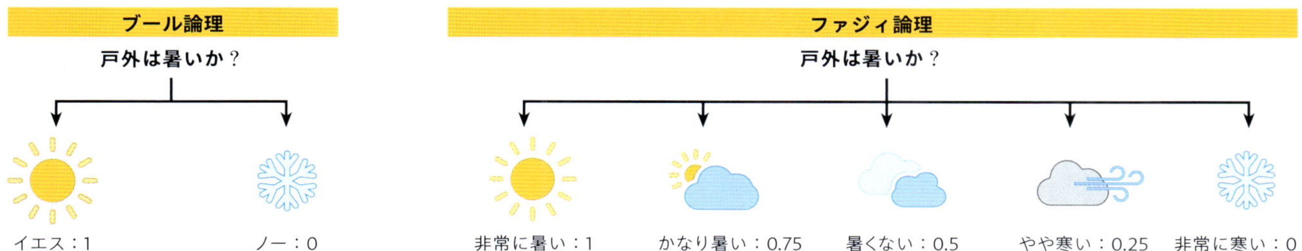

ファジィ論理は、ブール論理のイエス（1）かノー（0）という2値ではなく、連続的な真理値を認識する。確率論と似た多値論理の一種だが、ファジィ論理の真理値は、真である確からしさではなく、あいまいな前提が真である度合いを示すという解釈が確率論とははっきり異なる。

ログラムでは、人間のように卵の重さを考慮する。50g以下の小さな卵と50g以上の大きな卵に分け、前者は4分間、後者は6分間ゆでるというふうに。そのような、メンバーシップ関数の値が0か1にしかならない非ファジィ集合を、クリスプ集合という。それぞれの卵は、それに属するか属さないかのどちらかである。

しかし、完璧なゆで卵をつくるには、卵の重さに合わせてゆで時間を調整しなければならない。アルゴリズムが伝統的な論理を用いて卵の集合を正確な重さの範囲に分け、正確な調理時間を割り当てることができるのに対し、ファジィ論理はより一般的なアプローチでこの結果を達成する。最初のステップは、データをファジィにすることである。すべての卵は、大小両方の集合に属するとみなされる。例えば、50gの卵はどちらの集合にも0.5のメンバーシップ度を持つが、80gの卵はほぼ1の「大きい」であり、ほぼ0の「小さい」である。ファジィ推論と呼ばれるプロセスを経て、アルゴリズムはファジィ集合のメンバーシップに基づいて各卵にルールを適用する。システムは、80gの卵は4分と6分（それぞれの度数はほぼ0とほぼ1）の両方でゆでるべきだと推論する。この出力は、制御システムで使用できる鮮明な論理出力を与えるためにデファジィ化される。その結果、80gの卵には6分近いゆで時間が割り当てられる。

ファジィ論理は現在、コンピュータ制御システムのいたるところで使われている。天気予報から株取引まで、人工知能システムのプログラミングにおいても重要な役割を果たしているのだ。◆

世界初のロボットが働くホテルとしてギネス認定された、東京の〈変なホテル〉で、フロント業務に就くAI搭載ヒューマノイド・ロボット。

人工知能（AI）

ファジィ制御は日常世界の不確定性を効率的に扱えるので、人工知能（AI）システムにも利用される。あいまいさ（ファジイネス）のあるAIは自己決定する知能だと錯覚も起きそうだが、実際にはデータをファジィ論理で処理して不確定性を解決している。だから、AIがあらかじめルールの集合をプログラミングされた製品であることに変わりはない。

試行錯誤の過程によってAIがみずからプログラミングする機械学習のような技術や、人間のプログラマーに与えられた情報データベースをAIが検索するエキスパート・システムが、AIの能力を大きく伸ばしてきた。それでも、ほとんどのAIはまだ“狭い”。一定のジョブを人間よりもはるかにうまくやりこなす一方で、それ以外のことは学習できないし、自分が知らないことには気づかない。進化した知能と同等にみずから学習していくことのできる汎用AIが、コンピュータ・サイエンスの次なる目標だ。

数学の大統一理論

ラングランズ・プログラム

関連事項

主要人物
ロバート・ラングランズ
（1936〜）

分野
数論

それまで
1796年　カール・ガウスが平方剰余の相互法則を証明し、2次方程式の可解性と素数を関連づける。

1880〜1884年　アンリ・ポアンカレが、保型形式という概念を導き出す——複雑な群を解析するツールとなる。

1927年　オーストリアの数学者エミール・アルティンが、相互法則を群にまで拡張する。

その後
1994年　アンドリュー・ワイルズが、ラングランズ予想の特殊ケースをもとに、数論の問題であるフェルマーの最終定理を幾何学問題に翻訳し、解決を可能にした。

1967年、カナダ系アメリカ人の若き数学者ロバート・ラングランズが、数学の2つの主要で一見つながりのなさそうな分野、整数論と調和解析のあいだに、一連の深遠なつながりがあることを示唆した。整数論とは整数、特に素数の数学である。ラングランズが専門とする調和解析学は波形の数学的研究であり、波形をどのように正弦波に分解できるかを探究する。正弦波が連続的であるのに対し、整数は離散的である。

ラングランズの手紙

1967年、ラングランズは整数論者のアンドレ・ヴェイユに宛てた17ページの手書きの手紙の中で、整数論と調和解析を結びつけるいくつかの推測を提示した。その重要性に気づいたヴェイユは、その手紙をタイプし、1960年代後半から70年代にかけて数論学者のあいだで回覧させた。ラングラン

数論は、整数の性質や整数のあいだの関係を扱う。

調和解析は、複雑な関数を解析して、正弦波の群に展開する。

ラングランズ・プログラムは、この2つの一見異なる数学部門をつなぎ合わせる。

ラングランズ・プログラムは、“数学の大統一理論”とも表現される。

参照：フーリエ解析（p216〜17）■楕円関数（p226〜27）■群論（p230〜33）■素数定理（p260〜61）
■エミー・ネーターと抽象代数学（p280〜81）■フェルマーの最終定理を証明する（p320〜23）

ズの予想が公表されると、数学全体に影響力をもつようになり、50年経った今でも研究が続いている。

時刻の計算は、有限の数集合を法とする合同算術（モジュラー・アリスメティック）になっている。例えば12時間表示の時計なら、10時から4時間たつと2時——14÷12の余りが2なので、10＋4＝2になる。ラングランズ・プログラムでは一般的に、モジュラー計算（剰余をもつ除法）によって数を操作する。

つながりの発見

ラングランズのアイデアは、高度に専門的な数学を含んでいる。基本的な用語で言えば、彼の関心領域はガロア群とオートモルフィック形式と呼ばれる関数である。ガロア群は数論に登場し、エヴァリスト・ガロアが代数方程式の根を研究するために用いた群の一般化である。

ラングランズの予想は、整数論の問題を調和解析学の言葉で再構成することを可能にしたという点で重要である。ラングランズ・プログラムは、数学のある分野から別の分野へのアイデアの翻訳を助ける数学のロゼッタ・ストーンと言われている。ラングランズ自身も、異なるグループの構造を比較する方法であるファンクショナリティの一般化など、プログラムに取り組むための手段を開発するのに貢献してきた。ラングランズによる調和解析と整数論の融合は、19世紀の電気と磁気の電磁気学への統一が物理世界の新たな理解をもたらしたように、新たなツールを豊富にもたらす可能性がある。このプログラムは、全く異なるように見える数学分野の間に新たなつながりを見出すことで、数学の核心にある構造のいくつかを明らかにしてきた。1980年代、ウクライナの数学者ウラジーミル・ドリンフェルドは、調和解析学の特定のトピックと幾何学のほかのトピックとの間にラングランズ型のつながりがあるかもしれないことを示すために、プログラムの範囲を広げた。1994年、アンドリュー・ワイルズは、ラングランズの予想のひとつを使ってフェルマーの最終定理を解決に導いた。◆

ロバート・ラングランズ

1936年、カナダ、ヴァンクーヴァー近郊に生まれる。大学へ進学するつもりがなかったラングランズだが、教師が「授業の時間を1時間割いて」才能を生かすようにと、みんなの前で訴えた。語学の才能にも恵まれていたが、16歳でカナダのブリティッシュコロンビア大学へ入学すると、数学を学んだ。その後アメリカへ移り、イェール大学で1960年に博士号を授与される。プリンストン大学、カリフォルニア大学バークリー校、イェール大学を経て、プリンストン高等研究所（IAS）教授。IASでは昔アインシュタインがいた研究室を使っていた。

ラングランズは素数のパターンを探究する一環として、整数と周期関数との関係について研究を始めた。表現論と数論を結びつける“先見的な”プログラムに対して、2018年にアーベル賞を受賞。

主な著作

1967年『オイラー積』
1967年『アンドレ・ヴェイユへの手紙』
1976年『アイゼンシュタイン系列で満たされる関数方程式について』
2004年『ビヨンド・エンドスコピー』

もうひとつの屋根(ルーフ)の下に、もうひとつの証明(プルーフ)

社会活動としての数学

関連事項

主要人物
ポール・エルデシュ
（1913〜1996年）

分野
数論

それまで
1929年 ハンガリーの作家フリジェシュ・カリンティが、短編小説『鎖』*Láncszemek*の中で“六次の隔たり”という概念を表す。

1967年 アメリカの社会学者スタンレー・ミルグラムが、ソーシャルネットワークの相互連結について実験する。

その後
1996年 アメリカのテレビ番組で、俳優ケヴィン・ベーコンからの隔たりの程度を示すベーコン数が紹介される。

2008年 人々の相互連結にソーシャルメディアが及ぼす影響について、マイクロソフト社が初の実証研究を実施。

ハンガリー出身の数学者ポール・エルデシュは、生涯でおよそ1,500の学術論文を書いた。数論（整数の研究）や組み合わせ論（物体の集まりで可能な順列の数に関係する数学の分野）など、数学のさまざまな分野にまたがり、世界中で500人以上の数学者と共同研究を行った。彼のモットー、「もうひとつの屋根(ルーフ)の下に、もうひとつの証明(プルーフ)」“Another roof, another proof” は、しばらくのあいだ数学者仲間の家に泊まって“共同研究”をする習慣を表している。

1971年に初めて使用されたエルデシュ数は、ある数学者が発表した研究においてエルデシュからどの程度離れているかを示す。エルデシュと共著で論文を書いた人はエルデシュ数1、共著者と仕事をした（が、エルデシュと直接は仕事をしていない）人はエルデシュ数2、といった具合である。アルベルト・アインシュタインのエルデシュ数は2、ポール・エルデシュ自身のエルデシュ数は0である。

オークランド大学は、数学研究者間の共同研究を分析するエルデシュ数プロジェクトを運営している。平均的なエルデシュ数は約5である。エルデシュ数が10を超えることはまれで、数学者コミュニティ内での協力の度合いを示している。◆

> **エルデシュには人々に似合いの問題を組み合わせる驚異的な能力がある。だからこそ、あんなに大勢の数学者が彼の存在によって恩恵をこうむった。**
>
> **ベラ・ボロバシュ**
> ハンガリー生まれのイギリスの数学者

参照：ディオファントスの方程式（p80〜81） ■ オイラー数（p186〜91）
■ 六次の隔たり（p292〜93） ■ フェルマーの最終定理を証明する（p320〜23）

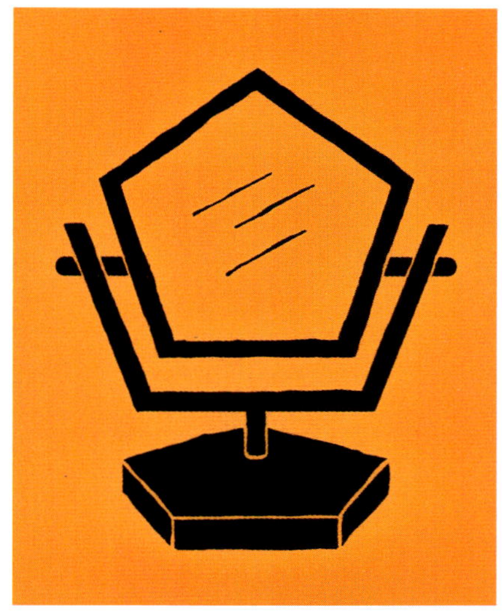

5角形は見ているだけで楽しい

ペンローズ・タイル

関連事項

主要人物
ロジャー・ペンローズ
(1931〜)

分野
応用幾何学

それまで
紀元前3000年 シュメールの建築物の壁に、平面充填形の切りばめ細工による装飾がほどこされる。

1619年 ヨハネス・ケプラーが、平面充填問題の研究を初めて文書として記録する。

1891年 ロシアの鉱物学者エヴグラフ・フョードロフが、平面の周期的タイリングが可能な充填形グループは17しかないことを証明する。

その後
1981年 オランダの数学者ニコラース・ホーヴァート・ド・ブラウンが、5つの平行線族によるペンローズ・タイリング構成法を提案する。

1982年 イスラエルの化学者ダニエル・シェヒトマンが、ペンローズ・タイリングに似た構造の準結晶を発見する。

タイル・パターンは、特にイスラム世界では何千年もの間、芸術や建築の特徴となってきた。2次元空間を可能な限り効率的に埋める必要性から、4角形が隙間なく重なり合う充填形が研究されるようになった。ハニカム（蜂の巣）のような自然界の構造にも、充填形がある。

正方形、正3角形、正6角形などの充填形があるが、多くの不規則な形も充填形になり、半規則的な充填形には複数の規則的な形が含まれる。充填（タイリング）のパターンは通常繰り返され、「周期的充填」という。

パターンが繰り返されない非周期的な充填はなかなか見つからないが、いくつかの規則的な形を組み合わせて非周期的に充填することができる。イギリスの数学者ロジャー・ペンローズは、どんな多角形でも非周期的な4角形にしかならないかどうかを調べた。1974年、彼は凧形とダーツ形を使ってタイルをつくった。凧とダーツは上図とまったく同じ形でなければならない。凧の面積とダーツの面積は黄金比で表される。タイルのどの部分もほかの部分と完全に一致はしないが、パターンはフラクタルと同じように大きなスケールで繰り返される。◆

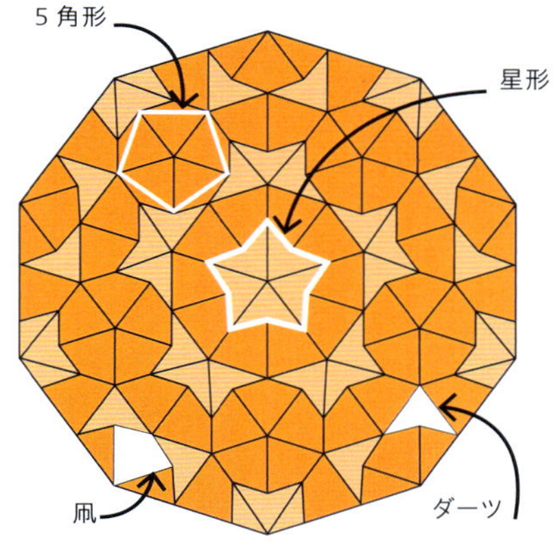

凧とダーツという2種類の四辺形ペンローズ・タイルによる、非周期的タイリング（タイル張り）。このタイリングにもやはり、5角形や星形のような5回の回転対称性が認められる。

参照：黄金比（p118〜23）■極大問題（p142〜43）■フラクタル（p306〜11）

際限のない変化と果てしない複雑化

フラクタル

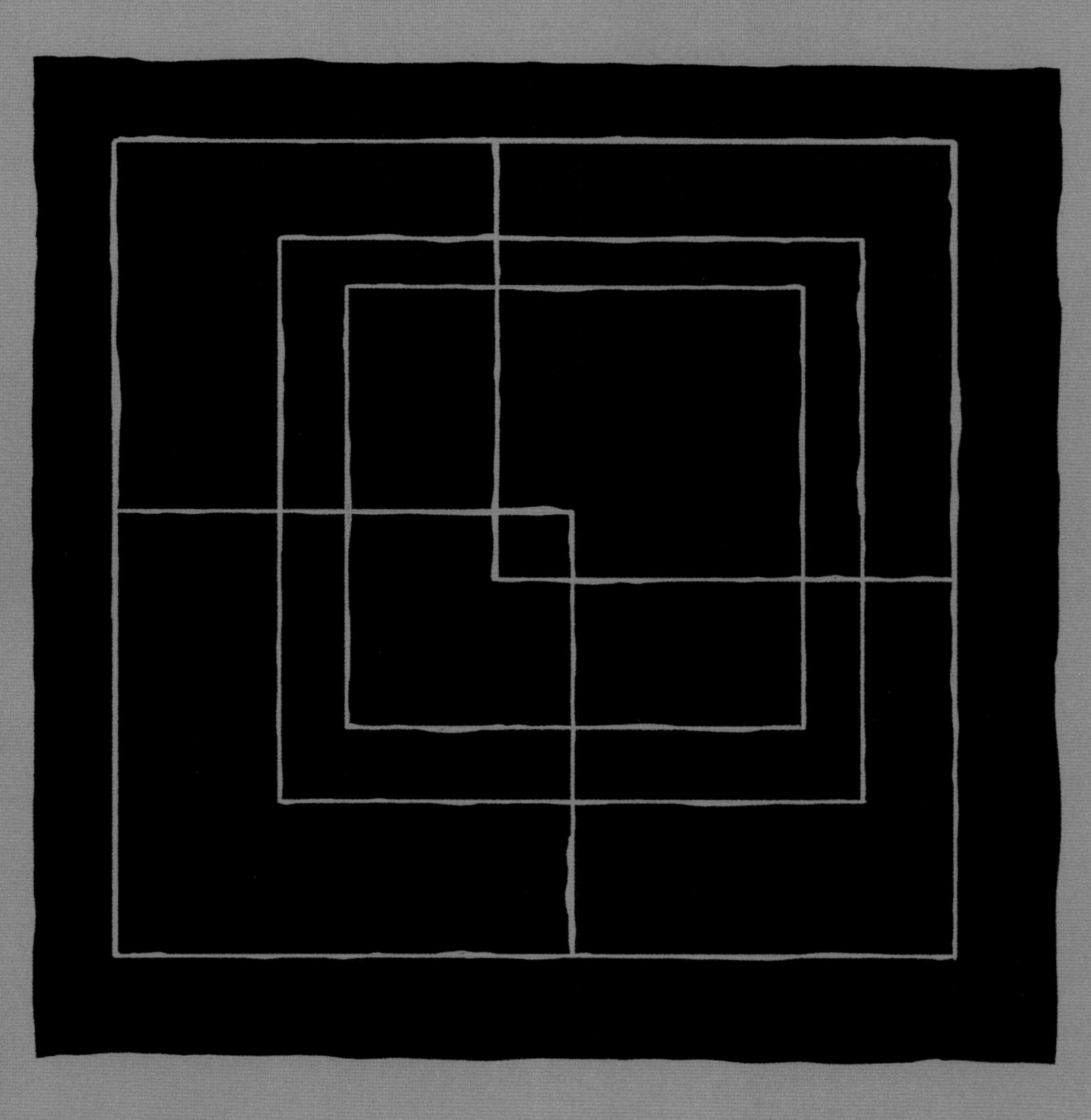

関連事項

主要人物
ブノワ・マンデルブロ
(1924〜2010年)

分野
幾何学、トポロジー

それまで
紀元前4世紀ごろ ユークリッドが『原論』を著し、幾何学の基礎を築く。

その後
1999年 相対成長(アロメトリック)スケーリングの研究で、生物システム内の代謝プロセスにフラクタル成長を応用、貴重な医学的応用へつながる。

2012年 オーストラリアで作成された史上最大の3D宇宙地図から、宇宙がある程度までは、物質の大規模クラスター内にまたクラスターが含まれるフラクタル構造だが、最終的には物質が均等に分布することが示唆される。

2015年 電力網の最適化にフラクタル解析が応用され、停電の頻度予測がモデリングされる。

目の前の山々や雲まで包括できる幾何学……。科学の世界では何でもそうだが、この新しい幾何学も、根がとてもとても深くて長い。

ブノワ・マンデルブロ

マンデルブロ集合を表すフラクタル図形のコンピュータ・グラフィックス。フラクタル生成ソフトウェアで生み出される美麗な画像は、スクリーンセーバーとしても人気がある。

ユークリッド以後、学者や数学者たちは、曲線と直線、円、楕円、多角形、そして立方体、正4面体、正8面体、正12面体、正20面体という5つのプラトン立体による、単純な幾何学の観点から世界をモデル化した。過去2000年の間、ほとんどの自然物(山や木など)は、これらの形状の組み合わせに分解することで大きさを知ることができると考えられてきた。しかし1975年、ポーランド生まれの数学者ブノワ・マンデルブロが、ギザギザの山頂のような構造において、大きな形と小さな形が響き合う非一様な形であるフラクタルに注目した。ラテン語で「壊れた」を意味するfractusに由来するフラクタルは、やがてフラクタル幾何学のテーマになっていく。

新しい幾何学

フラクタルを世に知らしめたのはマンデルブロだが、彼はそれ以前の数学者の発見を土台にしていた。1872年、ドイツの数学者カール・ワイエルシュトラスは、入力が変化すると出力もほぼ等しく変化することを意味する「連続関数」という数学的概念を定式化した。ワイエルシュトラス関数は角(かど)だけで構成され、どんなに拡大しても滑らかさはどこにもない。これは当時、数学的な異常であり、感覚的なユークリッド図形とは異なり、現実世界には何の関連性もないとみなされていた。

1883年、同じくドイツの数学者ゲオルク・カントールが、イギリスの数学者ヘンリー・スミスの研究を基に、あらゆる点で不連続で、長さがゼロの直線をつくる方法を示した。直線の真ん中3分の1を取り除く(2本の直線と

参照：プラトンの立体（p48～49） ■ユークリッドの「原論」（p52～57） ■複素数平面（p214～15） ■非ユークリッド幾何学（p228～29） ■トポロジー（p256～59）

隙間を残す）という作業を無限に繰り返すのだ。その結果、切断された点だけで構成される直線ができる。ワイエルシュトラス関数と同様、この「カントール集合」は数学界の権威を揺るがすものとみなされ、これらの新しい図形には「病的」、つまり「通常の性質を欠いている」という烙印が押された。

1904年、スウェーデンの数学者ヘルゲ・フォン・コッホは、3角形のモチーフがだんだん小さいサイズになって繰り返される「コッホ曲線」または「コッホ雪片」という形状を構築した。続いて1916年には、3角形の穴だけで構成されたシェルピンスキーの3角形（シェルピンスキー・ガスケット）がつくられた。

これらの図形はすべて、フラクタル幾何学の重要な特性である自己相似性をもっている。フラクタル図形の一部を拡大すると、もとの図形と同じ複製が現れるのだ。数学者たちは、これが自然成長の基本的な性質、つまりマクロからミクロまで、多くのスケールでパターンが繰り返されることだと気づいた。1918年には、ドイツの数学者フェリックス・ハウスドルフが小数次元の存在を提唱した。単純な直線、平面、立体がそれぞれ1次元、2次元、3次元を占めるのに対し、これらの新しい図形には整数以外の次元を与えることができる。例えば、イギリスの海岸線は理論的には1次元のロープで測ることができるが、入り江には糸が必要であり、隙間にはより細い糸が必要である。このことは、海岸線は1次元では測れないことを意味している。イギリスの海岸線のハウスドルフ次元は、コッホ曲線と同じ1.26である。

動的自己相似性

フランスの数学者アンリ・ポアンカレは、力学系（時間とともに変化する系）にもフラクタル的な自己相似性があることを発見した。その性質上、力学的状態は「非決定論的」であり、初期条

マンデルブロ集合にはとてつもなく精巧な構造がある。

→ 集合を表すフラクタル図形の境界線は非常に複雑で、どんなに拡大しても平坦にならない。

→ どの部分を拡大しても、どんな細部にも集合そのものと自己相似な図形が存在する。

→ **集合の際限のない変化と果てしない複雑化を完全に理解することは、誰にもできない。**

ブノワ・マンデルブロ

1924年、ポーランドのワルシャワでユダヤ人家庭に生まれたが、1936年にナチスから逃れてフランスに移住。一家は最初パリに、のちには南のチュールに住んだ。第二次世界大戦後、マンデルブロは奨学金を得てフランスとアメリカで学び、その後フランスに戻って1952年パリ大学で数学の博士号を取得する。

1958年、ニューヨークでIBMの研究員になったマンデルブロは、新たなアイデアをはぐくむ場を与えられた。1975年に“フラクタル”という概念を考案、1980年には、フラクタル幾何学という新分野の同義語となるマンデルブロ集合を発表する。1982年の著書『フラクタル幾何学』刊行によって話題となった。彼の功績は、1989年フランスのレジオンドヌール勲章を始め、数々の受勲、受賞に浴した。2010年、85歳で死去。

主な著作

1982年『フラクタル幾何学』*The Fractal Geometry of Nature*

フラクタル年表

1872年
ワイエルシュトラス関数
至るところ微分不可能な角からなる関数で、どれほど拡大してもなめらかな曲線にならない。

1883年
カントール集合
線分を3等分して中央の線分を取り除くという操作を、再帰的に繰り返すことでつくられる、至るところ疎な集合。

1904年
コッホ雪片
コッホ曲線を3つつなぎ合わせて始点と終点を一致させた図形。正3角形が増えるに従って無限に複雑化していく。

件がほとんど同じであっても、ほとんど同じである2つの系がまったく異なる振る舞いをすることがある。この現象は「バタフライ効果」としてよく知られている。これは、蝶が羽ばたくことによって小さな擾乱を引き起こすと、理論的には1羽の蝶が気象システムに大きな影響を与えるという、よく引き合いに出される例にちなんだものである。彼の理論を証明するためにポアンカレが考案した微分方程式は、フラクタル構造のような自己相似性を持つ力学的状態の存在を示唆していた。例えば、大きな低気圧の流れのような大規模な気象システムは、突風のような小さなスケールで繰り返される。

1918年、ポアンカレのもと教え子であるフランスの数学者ガストン・ジュリアは、複素数平面（複素数に基づく座標系）を反復と呼ばれるプロセス（関数に値を入力し、出力を得て、それをまた関数に差し込む）で写像していき、自己相似性の概念を探求した。同じような研究を独自に行ったジョージ・ファトゥーとともに、ジュリアは、複素数をとり、それを2乗し、定数（固定数または固定数を表す文字）をそれに加え、そのプロセスを繰り返すことによって、ある初期値は無限大に発散し、他の初期値は有限の値に収束することを発見した。ジュリアとファトゥーは、これらの異なる値を複素平面上に写像し、どれが収束し、どれが発散したかに注目した。これらの領域の境界は自己複製、つまりフラクタルであった。当時の限られた計算能力では、ジュリアとファトゥーは自分たちの発見の真の意味を理解することはできなかったが、のちにジュリア集合として知られるようになるものを発見したのである。

マンデルブロ集合

1970年代後半、ブノワ・マンデルブロが初めて「フラクタル」という言葉を使った。マンデルブロは、IT企業のIBMで働いていたときに、ジュリアとファトゥーの研究に興味をもった。定数（c）の値によって、各点が他の点と結合している「連結」集合が得られるものと、そうでないものがあることに気づいた。マンデルブロは、cの各値を複素平面上に写像し、連結された集合と切断された集合を異なる色で着色した。これが1980年、マンデルブロ集合の誕生につながった。美し

無限の複雑性を示す、自己相似形のロマネスコ・カリフラワー。ほかにもシダやヒマワリ、アンモナイトや貝など、自然界にはフラクタルが多くある。

1916年
シェルピンスキーの3角形
正3角形の各辺の中点を結んでできる中央の正3角形を切り取るという操作を、無限に繰り返してできるレース状パターン。

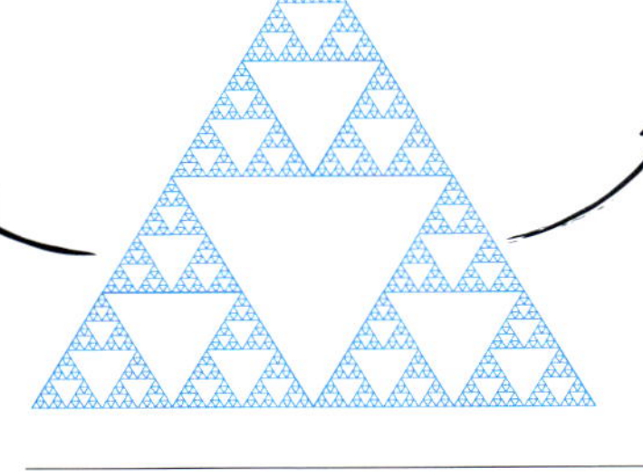

1918年
ジュリア集合
複素力学系の研究で活躍する集合。規則的な反復とカオス的な反復を示す。

1989年
マンデルブロ集合
どれほど拡大しても精巧になっていく一方の、無限の複雑性をもつ集合。

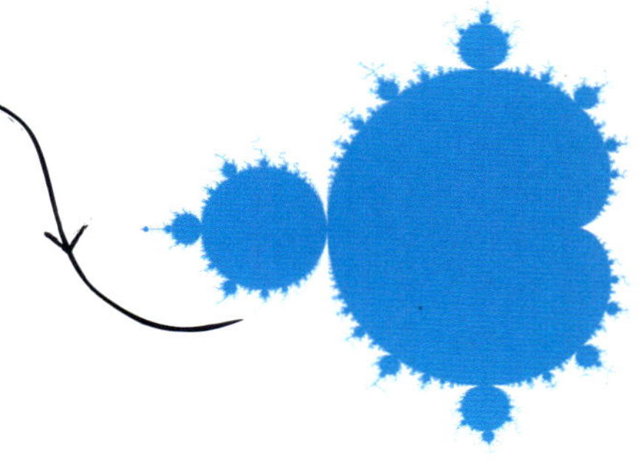

く複雑なマンデルブロ集合は、あらゆるスケールで自己相似性を示す。拡大すると、マンデルブロ集合そのものの小さな複製が現れるのだ。1991年、日本の数学者、宍倉光広はマンデルブロ集合の境界のハウスドルフ次元が2であることを証明した。

フラクタル幾何学の応用

フラクタル幾何学のおかげで、数学者は現実世界の不規則性を表現できるようになった。山、川、海岸線、雲、気象システム、血液循環システム、さらにはカリフラワーなど、多くの自然物体は自己相似性を示す。フラクタル幾何学を用いてこれらの多様な現象をモデル化することができれば、たとえその振る舞いが完全に決定論的でないとしても、その振る舞いや進化をよりよく理解することができる。

フラクタルは、ウイルスの挙動や腫瘍の発生を理解するなど、医学研究にも応用されている。また、工学、特にポリマーやセラミック材料の開発にも利用されている。宇宙の構造と進化も、経済市場の変動と同様に、フラクタルでモデル化することができる。フラクタルの応用範囲は拡大し、計算能力もますます向上しているため、私たちが生きている一見混沌とした世界を理解する上で、フラクタルは不可欠なものとなりつつある。◆

フラクタルと芸術

葛飾北斎（1760～1849年）の浮世絵、『神奈川沖浪裏』。自己相似の概念をとりいれてダイナミックな効果を出している。

哲学や芸術においても、無限規模の自己相似性の探究によって瞑想的効果を生み出そうとすることはよくある。それが仏教の瞑想や曼荼羅（修法に用いる、悟りの世界を象徴する図絵）の重要な精神であり、イスラム教の装飾タイルなどでは無限者である神を示唆してもいる。19世紀イギリスの詩人ウィリアム・ブレイクによる「無垢の予兆」という詩の、「一粒の砂に世界を見る」という書き出しにも、自己相似性がうかがえる。日本の浮世絵師葛飾北斎の、再帰的モチーフでさかまく大波を描いた作品は、カタルーニャの芸術家アントニ・ガウディの建築とともに、芸術におけるフラクタルとしてよく例に挙げられる。

1980年代末から90年代にかけての英米の“レイヴ”シーンも、フラクタル芸術への関心が急激に高まったことと結びついていた。最近ではフラクタルを生成するコンピュータ・プログラムがいろいろあって、誰でもフラクタルを描けるようになった。

4色で足りる

四色定理

関連事項

主要人物
ケネス・アッペル
(1932〜2013年)
ヴォルフガング・ハーケン
(1928〜2022年)

分野
トポロジー

それまで
1852年 のちに南アフリカへ移住する、ロンドンの法科学生フランシス・ガスリーが、隣接する領域が同色にならないよう地図を色分けするには4色が必要だと提唱する。

1890年 イギリスの数学者パーシー・ヒーウッドが、どんな地図でも5色で十分だと証明する。

その後
1997年 アメリカのニール・ロバートソン、ダニエル・P・サンダーズ、ロビン・トマス、ポール・シーモアが、四色定理を再証明する。

2005年 マイクロソフト社研究員ジョルジュ・ゴンティエが、汎用定理証明ソフトウェアを用いて四色定理をよりシンプルに証明する。

国境で接するどの2国も同色とはならないよう地図を色分けするには、何色が必要か?

2色あるいは3色だけでは色分けできない。

1890年、どんな地図でも5色で色分けできると証明される。

1976年、コンピュータを使って、色分けには4色しか必要ないことが証明される。

地図を色分けするには4色あれば足りる。

地図製作者は、どんなに複雑な地図でも4色だけで色付けできることを知っていた。一見5色必要なように見えるが、4色だけで地図を塗り替える方法は必ずある。数学者たちは120年以上もこの単純な定理の証明を探し求め、数学の中で最も不朽の未解決定理のひとつとした。

四色定理を最初に定式化したのは、南アフリカの法学生フランシス・ガスリーだと考えられている。彼はたった4色を使ってイギリスの郡の地図に色をつけたことがあり、どんなに複雑な

参照：オイラー数（p186～91）■グラフ理論（p194～95）■複素数平面（p214～15）■フェルマーの最終定理を証明する（p320–23）

平面上の図形がどんなに複雑な組み合わせで配置されていても、4色だけで隣接する図形が同色にならないよう色分けできる。

地図でも同じことができると信じていた。1852年、彼はロンドンで数学者オーガスタス・ド・モルガンに師事していた弟のフレデリックに、自分の理論が証明できるかどうか尋ねた。ド・モルガンは定理を証明できないことを認め、アイルランドの数学者ウィリアム・ハミルトンと定理を共有した。ハミルトンは自分でも定理を証明しようとしたが、成功しなかった。

誤ったスタート

1879年、イギリスの数学者アルフレッド・ケンプが科学雑誌《ネイチャー》に四色定理の証明を発表した。ケンプはこの研究で称賛を受け、2年後にはその証明の功績もあって王立協会のフェローとなった。しかし、1890年、同じイギリスの数学者パーシー・ヒーウッドがケンプの証明に穴があることを発見し、ケンプ自身も修正できない間違いを犯したことを認めた。ヒーウッドは、どのような地図も5色で十分であることを正しく証明した。

数学者たちはこの問題に取り組みつづけ、徐々に研究が進む。1922年、フィリップ・フランクリンは、25地域以下の地図は4色であることを証明した。ノルウェーの数学者オイスタイン・オレとアメリカの数学者ジョエル・ステンプルが1970年に39地域以下の証明を達成し、フランスのジャン・メイヤーが1976年に95まで数字を伸ばした。

新たな希望

1970年代、膨大なデータを処理できるスーパー・コンピュータが登場し、四色定理を解くことへの関心が再び高まった。ドイツの数学者ハインリッヒ・ヘーシュはその方法を提案したが、彼はそれをテストするのに十分なスーパー・コンピュータを利用できなかった。ヘーシュの教え子ヴォルフガング・ハーケンがこの問題に興味をもち、アメリカのイリノイ大学でコンピュータ・プログラマーのケネス・アッペルと出会ってから、進展が始まる。2人は1977年、ついにこの問題を解き明かした。数学史上初めてのコンピュータによる証明である。スーパー・コンピュータの計算能力を完全に頼りに、数十億回の計算と1,200時間のコンピュータ時間を使って、約2,000のケースを検証した。◆

コンピュータによる証明

1977年のアッペルとハーケンによる四色定理の証明は、コンピュータを使って数学定理を証明した初めての例である。この証明をめぐって、仲間に確認してもらえる論理によって問題を解いてきた数学者たちのあいだに論争が起きた。アッペルとハーケンは、コンピュータを使った悉尽（しつじん）法で証明を実行した——あらゆる可能性をひとつひとつ入念に確認していくという、人の手では無理な力業（ちからわざ）だ。人間には確認できそうにない長々とした計算のあげくに、あっさりと「はい、その定理は証明されました」という判定が出ても、なかなか受け入れられはしないだろう。認めかねるという数学者が多かった。コンピュータによる証明には今も異論が残るが、テクノロジーが進歩して信頼性は高まってきた。

1970年ごろのIBMシステム／370。商用初の仮想記憶（ヴァーチャル・メモリ）を実現した高性能コンピュータで、大容量のデータを処理できるようになった。

片道の計算処理によってデータの安全を守る

暗号技術

関連事項

主要人物
ロン・リベスト
(1947年〜)
アディ・シャミア
(1952年〜)
レオナルド・エーデルマン
(1945年〜)

分野
コンピュータ・サイエンス

それまで
9世紀 アル＝キンディーが、頻度分析による暗号解読を導入する。

1640年 ピエール・ド・フェルマーが、今も公開鍵暗号用に素数を探す確率的素数判定のもととなっている、(素数の性質についての)“小定理”を記述する。

その後
2004年 暗号化に初めて楕円曲線が利用される。小さめの鍵ながら、RSA暗号方式と同等のセキュリティをもたらす。

2009年 匿名のコンピュータ・サイエンティストが、中央銀行の存在しない分散型暗号資産、ビットコインを初めて採掘(マイニング)する。取引(トランザクション)はすべて暗号化され、公開される。

暗号技術とは、秘密の通信手段を開発することである。デジタル機器同士の安全な持続は、ほぼ必ず、機器同士の「ハンドシェイク」と呼ばれるやりとりから始まる。このハンドシェイクは、多くの場合、ロン・リベスト、アディ・シャミア、レナード・エーデルマンという3人の数学者の研究の成果だとされる。1977年、彼らは2002年にチューリング賞を受賞した暗号化手順であるRSAアルゴリズム(彼らのイニシャルから命名)を開発した。RSAアルゴリズ参照：群論（p230～33）▪リーマン予想（p250～51）▪チューリング・マシン（p284～89）▪情報理論（p291）
▪フェルマーの最終定理を証明する（p320～23）

数学が絶対に必要というわけではなかったものの、数学者が得意とするような仕事ではあった。

ジョーン・クラーク
イギリスの暗号解読者

取り扱いに注意すべき情報を含むデータを送信する場合は、安全確実を期さなくてはならない。

何世紀にもわたって暗号が使われてきたが、すぐに解読されることもあった。

コンピュータ計算によって、さらに高度な暗号がつくりだされるようになった。

高度な暗号は、解読するための正しい“鍵”がなければほぼ復号不可能だ。

暗号化すればデータを安全に送り届けられる。

ムが特別なのは、通信を監視する第三者がプライベートな詳細を完全に把握できないようにするからだ。

通信の暗号化が必要になる、主な理由のひとつは、銀行情報が悪人の手に渡ることなく金融取引をしたいからだ。暗号は、ライバル企業、敵対勢力、警備保障など、あらゆる第三者の「敵」を想定して使われる。暗号は古くから使われてきた。紀元前1500年ごろのメソポタミアの粘土板にも、陶器の釉（うわ）薬（ぐすり）のレシピその他の商業的に価値のある情報を保護するために、しばしば暗号化された記述が見られる。

暗号と鍵

「暗号」という言葉は、ギリシア語の「隠された文章学」に由来する。歴史上、暗号は文字で書かれたメッセージを保護するために使われてきた。暗号化されていないメッセージは平文と呼ばれ、暗号化されたものは暗号文と呼ばれる。例えば、“HELLO”は平文（ひらぶん）、“IFMMP”はその暗号文である。平文から暗号文への変換には、暗号と鍵が必要だ。暗号とはアルゴリズムのことで、今の場合はアルファベットの各文字をずらして別の文字にすることである。平文の各文字はアルファベットの並びの中で+1の位置の文字で置き換えられるので、鍵は+1となる。もし鍵が−6なら、この暗号は同じ平文“HELLO”を“BZFFI”に変えることになる。この単純な置換システムは、紀元前1世紀にローマのユリウス・カエサル（シーザー）が使ったことにちなんで、シーザー暗号、またはシフト暗号と呼ばれる。シーザー暗号は対称暗号の一例であり、メッセージを解読するために同じ暗号と鍵が（逆に）使われる。

1802年にイギリスで、シーザー暗号の解読をスピードアップするために使われた暗号ホイール。鍵が見つかりさえすれば、同心円状に重なった2つのホイールを鍵に従って組み合わせればいい。

解読プロセス

十分な紙と時間があれば、シーザー暗号を解読するのは比較的簡単だ。現代用語では、これは「総当たり」テクニックとして知られている。より複雑な暗号と鍵になると、総当たり方式はより時間がかかり、コンピュータが登場する以前は、大量の情報を保持するのに十分な長さのメッセージでは事実上実行不可能だった。長いメッセージは、「頻度分析」と呼ばれる別の解読技術に弱い。9世紀にアラブの数学者アル＝キンディーによって開発されたこの技術は、特定の言語におけるアルファベットの各文字の出現頻度を利用したものである。英語で最も一般的な文字は“e”であるため、暗号解読者は暗号文の中で最も頻度の高い文字を見つけ、それを“e”とする。次に頻度の高い文字を“t”、その次を“a”……としていく。“th”や“ion”のような一般的な文字のグループも、暗号を明らかにする方法を提供する可能性がある。十分な大きさの暗号文があれば、このシステムはどんなに精巧な暗号でも、どんな置換暗号でも機能した。

頻度分析に対抗するには2つの方法がある。ひとつは、「コード」を使って平文を見えなくする方法だ。暗号学ではこの用語の特別な定義を使っている。コードとは、暗号化される前の平文の単語やフレーズ全体を変更するものである。コード化された平文には「木曜日にレモンを買う」と書かれているかもしれない。「買う」は「殺す」のコードであり、「レモン」は暗殺者リストの特定の標的のコードである。暗号語のリストがなければ、意味を完全に解読することは不可能である。

1923年から1945年にかけてドイツの諜報活動に使われたエニグマ暗号機。ランプボード（表示盤）の奥に3枚のローター（暗号円盤）が入っていて、キーボードの手前にプラグボード（配線盤）が格納されている。

エニグマ暗号

暗号の安全性を高めるもうひとつの方法は、多表式換字暗号（多アルファベット暗号）を使うことである。多表式換字暗号では、平文中の1文字を暗号文中の複数の異なる文字に置き換えることができるため、頻度分析の可能性を排除することができる。このような暗号は16世紀に初めて開発されたが、最も有名なものは第二次世界大戦で枢軸国軍が使用したエニグマ機によって作られた暗号である。

エニグマ機は恐るべき暗号化装置であった。要するに、26個の電球（ランプ）に接続されたバッテリーで、アルファベットの各文字に1個ずつ接続されていた。信号係がキーボードの文字を押すと、対応する文字がランプボードに点灯した。同じキーを2度目に押すと、必ず別のランプが点灯した（キーと同じ文字が点灯することはなかった）。なぜなら、電池とランプボードの接続は、キーを押すたびにカチカチと音を立てる3つのローターによって変更されていたからだ。

エニグマの欠点は、それ自身として文字を暗号化できないことだった。そのため、連合軍の暗号解読者は、「ハイル・ヒトラー」や「ウェザー・リポート」といった頻繁に使用されるフレーズを試し、その日の鍵を解読しようとした。これらの単語のどの文字も含まない暗号文は、その単語の暗号文である可能性があった。連合軍の暗号解読者たちは、イギリスの数学者アラン・チューリングらによって開発されたショートカットを使って総当たりで暗号を解読するために、エニグマ機を模倣した電気機械装置であるチューリング・ボンブを使用した。英国の暗号化装置タイプXはエニグマを改良したもので、文字をそれ自体として暗号化することができた。ナチスは解読をあきらめた。

> **コンピュータ・テクノロジーは［人々が］匿名のまま通信し交流する能力を、もたらそうとしている。**
>
> **ピーター・ラドロー**
> アメリカの言語哲学者

非対称暗号化

対称暗号化では、メッセージの安全性は鍵と同じである。この鍵は物理的な手段で交換されなければならない。軍の暗号書に書かれたり、人目につかない待ち合わせ場所でスパイの耳元でささやかれたりする。鍵が悪人の手に

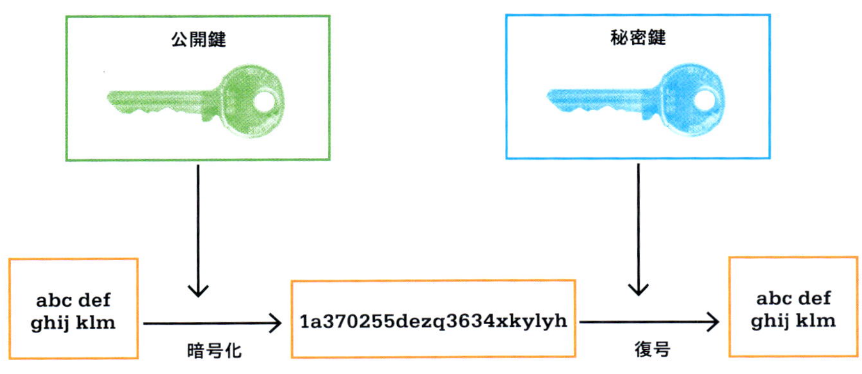

公開鍵暗号方式では、誰にでも入手できる暗号化鍵でデータにスクランブルをかける。秘密鍵を持っている人しか、データのスクランブル解除はできない。容量の小さいデータには効果的な方法だが、データの容量が大きいと時間がかかりすぎるのが難点だ。

渡れば、暗号化は失敗する。

コンピュータ・ネットワークの台頭により、人々は一度も顔を合わせることなく、遠く離れた場所でも簡単に通信できるようになった。しかし、最も一般的に使用されているインターネットは公開されているため、接続を介して共有された対称鍵は意図しない相手にも利用されてしまい、役に立たない。RSA アルゴリズムは、送信者と受信者が 2 つの鍵（1 つは秘密鍵、もう 1 つは公開鍵）を使用する非対称暗号化を構築する上で初期に開発されたものだ。例えばアリスとボブの 2 人が秘密裏に通信したい場合、アリスはボブに公開鍵を送ることができる。この鍵は n と a という 2 つの数字からできている。ボブは n と a を使って平文メッセージ（M）を暗号化する。平文の各数値は a 乗され、n で割られる。割り算は剰余演算（mod_n と略される）であり、答えは余りということになる。例えば、n が 10 で M^a が 12 の場合、答えは 2 となる。M^a が 2 だったとしても、2 が 10 の 0 倍で余りが 2 なので、答えは 2 となる。M^a の mod_n に対する答えが暗号文（C）で、この例では 2 となる。盗聴者は、公開鍵の n と a を知ることはできるが、M が 2 なのか、12 なのか、1,002 なのか（すべて 10 で割って余りが 2 なので）、全くわからない。$C^z\ mod_n = M$ なので、アリスだけが秘密鍵 z を使って知ることができる。

このアルゴリズムで重要なのは n であり、これは 2 つの素数、p と q を掛け合わせることで形成される。次に、剰余計算が確実に機能する公式を使って、p と q から a と z が計算される。暗号を解読する唯一の方法は、p と q が何であるかを突き止め、z を計算することである。そのためには、暗号解読者が n の素因数を突き止めなければならないが、今日の RSA アルゴリズムは 600 桁以上の n の値を使用している。試行錯誤で p と q を計算するにはスーパー・コンピュータで何千年もかかるため、RSA や同様のプロトコルは実質的に解読不可能だ。◆

溶岩（ラーヴァ）ランプをコンピュータに接続して、ランダムな光の動きをもとに乱数を生成する。

素数をランダムに探し出す

RSA 暗号のアルゴリズムなどの公開鍵暗号方式では、p および q として働く大きな2つの素数の組が必要になる。非常に少ない個数の素数にばかり頼れば、日々の暗号化に使われている p、q の数値のいくつかを第三者が割り出す可能性が出てくる。その対策として、新規に使える素数の源（ソース）が必要だ。生成した乱数（無秩序で予測不可能な数）から素数を見つけ出すには、ピエール・ド・フェルマーの“小定理”で素数判定する——もし p が素数ならば、別の数 n を p 乗した結果から n を引くと p の倍数になる（ただし n と p は互いに素）。

真にランダムな数列を生み出すようコンピュータをプログラミングすることはなかなかできないため、企業では物理世界の事象を利用して乱数を生成する。溶岩（ラーヴァ）ランプの光の動きを追う、放射性崩壊を測定する、無線通信で発生するホワイトノイズを聞き取るといったプログラミングによって、そのデータを乱数に変えて暗号化に利用するのだ。

まだ見えない糸につながれた宝石

有限単純群

関連事項

主要人物
ダニエル・ゴーレンシュタイン
（1923～1992年）

分野
数論

それまで
1832年　エヴァリスト・ガロアが、単純群の概念を定義する。

1869～1889年　フランスの数学者カミーユ・ジョルダンとドイツの数学者オットー・ヘルダーが、すべての有限群は有限単純群で構成されることを証明。

1976年　クロアチアの数学者ズヴォニミル・ヤンコが、最後に発見された有限単純群、ヤンコ群J4を導入する。

その後
2004年　アメリカの数学者ミハエル・アッシュバッハーとスティーヴン・D・スミスが、ダニエル・ゴーレンシュタインの始めた有限単純群の分類を完成させる。

単純群は代数の原子と言われてきた。1889年頃に証明されたジョルダン＝ヘルダー定理は、すべての正の整数が素数から構成できるように、すべての有限群は有限単純群から構成できると主張している。数学では、群とは単なるものの集まりではなく、例えば掛け算、引き算、足し算によって、群のメンバーをどのように使ってより多くのメンバーを生成できるかという仕組みのことである。1960年代初頭、アメリカの数学者ダニエル・ゴーレンシュタインが群の分類を開拓し始め、1979年に有限単純群の完全な分類を発表した。

単純群と幾何学における対称性には類似点がある。90°回転した立方体が回転前と同じように見えるように、規則的な2次元または3次元の形状に関連する変換（回転および反射）は、対

群とは、同一の集まり内でほかの元と演算（例えば加算、減算、乗算など）を通して組み合わさる元（数、文字、図形）の集合である。

有限個の元しかないものは有限群という。

部分群に分解できないものは単純群という。

有限単純群は、すべての有限群の基本構成要素である。

参照：プラトンの立体（p48～49）■代数学（p92～99）■射影幾何学（p154～55）■群論（p230～33）■暗号技術（p314～17）
■フェルマーの最終定理を証明する（p320～23）

称群として知られる単純群の一種に整理することができる。

無限群と有限群

ある群は無限である。例えば足し算のもとでの全整数の群は、数は無限に足せるので無限である。しかし、−1, 0, 1との乗算は有限群である。群のすべてのメンバーとその生成規則は、ケイリー・グラフを使って視覚化できる（右図）。

より小さな群に分解できない場合、その群は単純である。単純群の数は無限であるが、単純群の種類の数は無限ではない。1963年、アメリカの数学者ジョン・G・トンプソンは、トリビアル群（例えば、0＋0＝0、1×1＝1）を除いて、すべての単純群は偶数の要素を持つことを証明した。このことから、ダニエル・ゴーレンシュタインは、より困難な課題であるすべての有限単純群の分類を提案した。

モンスター

有限単純群には18の族があり、それぞれの族はある種の幾何学的構造の対称性に関連している。また、散在型単純群と呼ばれる26の個別の群もあり、その中で最大のものは、次元数196,883、要素数約8×10^{53}のモンスター群と呼ばれている。すべての有限単純群は、18の族のいずれかに属するか、26の散在型単純群のいずれかに属する。◆

位数60の群A5（3次元正20面体の回転対称変換群）の、すべての元（さまざまな回転方向）と、それぞれの元の関係を示すケイリー・グラフ。元の個数が有限のA5は有限群である。また、単純群でもある。生成元（群のほかのどの元とも結合できる元）が2つある。

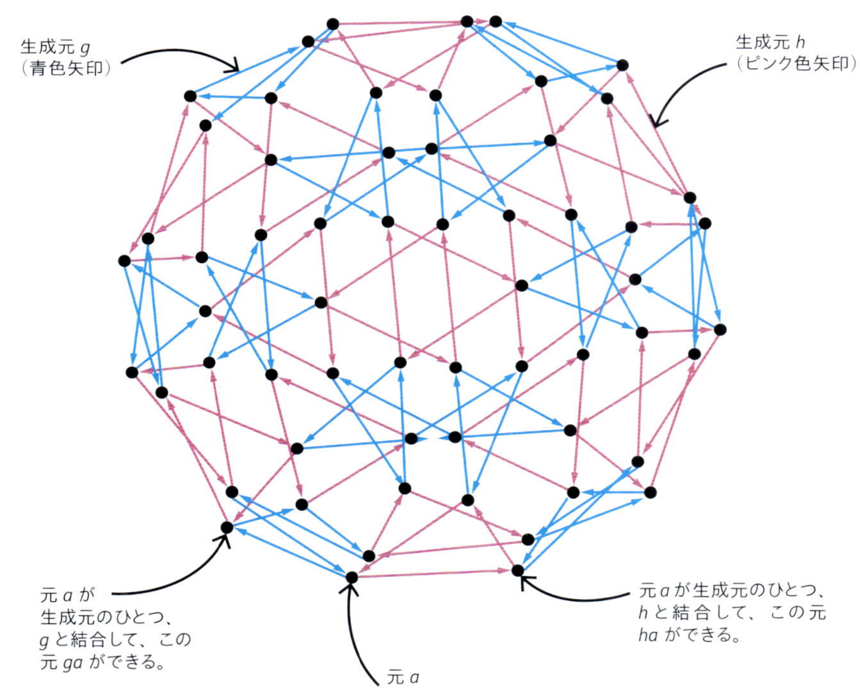

ダニエル・ゴーレンシュタイン

1923年、マサチューセッツ州ボストン生まれ。12歳になるころには微積分を独学し、のちにハーヴァード大学へ進む。学生時代に出会った有限群が生涯の研究対象となった。1943年の卒業後も数年間ハーヴァード大学にとどまり、最初は第二次世界大戦中軍関係者に数学を教え、その後オスカー・ザリスキの指導を受けて博士号を取得。

1960～61年、シカゴ大学の9カ月間のプログラムに参加したことから思い立ち、ゴーレンシュタインは有限単純群の分類を提案する。1992年に亡くなるまで、そのプロジェクトに取り組みつづけた。

主な著作

1968年『有限群』
1979年「有限単純群の分類」
1982年『有限単純群』
1986年「有限単純群を分類する」

じつに驚くべき証明

フェルマーの最終定理を証明する

関連事項

主要人物
アンドリュー・ワイルズ
（1953年～）

分野
数論

それまで
1637年　ピエール・ド・フェルマーが、nが2より大きい整数の場合、方程式$x^n+y^n=z^n$を満たす整数x、y、zの組は存在しないと記す。ただし、証明は残さない。

1770年　スイスの数学者レオンハルト・オイラーが、フェルマーの最終定理は$n=3$のとき成り立つことを示す。

1955年　日本の谷山豊（たにやまゆたか）と志村五郎（しむらごろう）が、すべての楕円曲線はモジュラー形式であると示唆する。

その後
2001年　谷山＝志村予想が確証され、モジュラリティ定理と呼ばれるようになる。

フランスの数学者ピエール・ド・フェルマーは、1665年に亡くなるとき、3世紀のギリシアの数学者ディオファントスの『算術書』を大切に残していった。その余白にはフェルマーのアイデアが書き込まれていた。フェルマーの余白に書き込まれた疑問は、1つを除いてすべて後に解決された。彼は余白に興味深いメモを残している。「私はじつに驚くべき証明を発見したが、余白が小さすぎて、ここには書ききれない」と。直角3角形において、斜辺（直角に対向する辺）の2乗は他の2辺の2乗の

参照：ピュタゴラス（p36～43） ■ディオファントス方程式（p80～81） ■確率（p162～65） ■楕円関数（p226～27） ■カタラン予想（p236～37） ■20世紀の23の問題（p266～67） ■有限単純群（p318～19）

ピエール・ド・フェルマーが本の余白に、ピュタゴラスの定理についてメモを書き込んだ。

nが2より大きい正の整数のときは、$x^n+y^n \neq z^n$であるという。

「私は真に驚くべき証明を見つけたが、この余白はそれを書くには狭すぎる」

3世紀以上にもわたって、数学者たちがフェルマーの最終定理を証明しようとして果たせず、ついに1995年、決着がついた。

和に等しい、つまり$x^2+y^2=z^2$である。フェルマーは、この方程式がx、y、zに対して3、4、5（9＋16＝25）、5、12、13（25＋144＝169）のような「ピュタゴラスの3角形」として知られる無限の整数解を持つことを知っていた。フェルマーは、3、4、つまり2より大きい整数のべき乗の3角形が他にも見つかるのかどうかについて考えた。フェルマーは、そのような三角形は存在しないという結論に達した。彼は次のように記している。「立方体が2つの立方体の体積の和になることも、4乗（4の累乗）が2つの4乗の和になることも、一般に2乗より大きい数が2つの累乗の和になることも不可能である」。フェルマーは自分の理論の証明を明らかにしなかったため、この理論は未解決のままとなり、フェルマーの最終定理として知られるようになった。フェルマーの死後、多くの数学者がフェルマーの証明を復元しようとした。しかし、問題の単純さにもかかわらず、誰にも解決できなかった。

解の発見

フェルマーの最終定理は、1995年にイギリスの数学者アンドリュー・ワイルズによって証明されるまで、300年以上も数学における未解決の大問題のひとつであり続けた。ワイルズがフェルマーの難問のことを知ったのは、10歳のときだった。まだ少年であった自分にも理解できるのに、世界最高の数学者たちがそれを証明できなかったことに驚いた。オックスフォード大学で数学を学び、ケンブリッジ大学で博士号を取得する意欲をかき立てられた。そこで彼が博士論文の研究分野として選んだのは楕円曲線だ。しかし、後にワイルズがフェルマーの最終定理を証明できるようになったのは、この数学の分野でだったのだ。

1950年代半ば、日本の谷山豊と志村五郎という2人の数学者が、一見無関係に見える2つの数学分野を結びつけるという大胆な一歩を踏み出した。彼らは、すべての楕円曲線（代数的構造）は、数論に属する高度に対称的な構造のクラスのひとつである一意なモジュラー形式と関連づけることができると主張したのだ（谷山＝志村予想）。

彼らの予想の潜在的な重要性はその後の30年で徐々に理解され、異なる数学分野を結びつける継続的なプログラムの一部となった。しかし、誰もそれを証明する方法を思いつかなかった。

1985年、ドイツの数学者ゲルハルト・フライが、この予想とフェルマーの最終定理を結びつけた。フェルマー方程式の仮想解から、モジュラーでないように見える不思議な楕円曲線を構

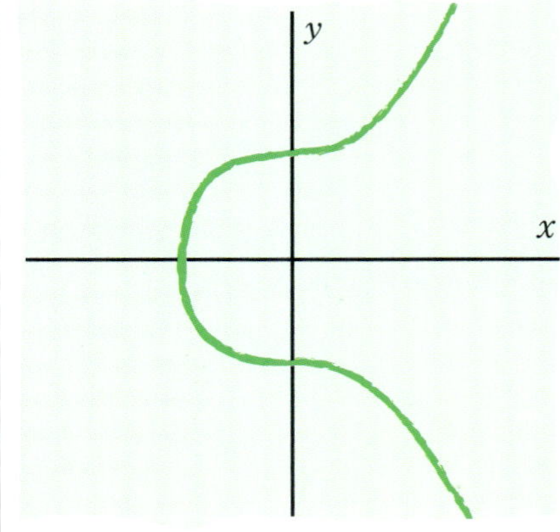

フェルマーの最終定理に取り組むワイルズはまず、A、Bを定数とする方程式$y^2=x^3+Ax+B$で表される楕円曲線を研究した。

ゲルハルト・フライが、$x^n+y^n=z^n$（ただし$n>2$）からはモジュラーでない楕円曲線が得られるというアイデアを提示した。

谷山＝志村予想によると、すべての楕円曲線はモジュラーである。

アンドリュー・ワイルズが、すべての楕円曲線はモジュラーであることを証明した。

それによって、$x^n+y^n=z^n$（ただし$n>2$）が成り立たないことが証明された。

ワイルズはフェルマーの最終定理を証明した。

築したのだ。彼は、谷山＝志村予想が偽である場合にのみ、そのような曲線が存在しうると主張した。一方、谷山＝志村予想が真であれば、フェルマーの最終定理が成り立つ。1986年、ニュージャージー州にあるプリンストン大学のケン・リベット教授が、フライの予想のつながりを証明することに成功した。

証明不可能なことの証明

リベットの証明はワイルズに衝撃を与えた。不可能と思われた谷山＝志村予想を証明できれば、フェルマーの最終定理も証明できる。共同作業を好む多くの数学者とは異なり、ワイルズは妻以外には誰にも言わず、ひとりでこの目標を追求することにした。フェルマーに取り組んでいることを公然と話題にすれば、数学界の興奮をあおり、望まない競争につながるかもしれないと考えたからだ。しかし、証明の最終段階にさしかかった7年目になると、ワイルズは自分には助けが必要だと気づいた。

当時、ワイルズはプリンストンにある高等研究所（IAS）に勤めており、そこには世界有数の数学者が集まっていた。ワイルズが講義、執筆、教育という日常業務をこなしながらフェルマーの研究をしていたことを明かしたとき、同僚たちは完全に驚愕した。

ワイルズは証明をまとめる最終段階で、これらの同僚の助けを借りた。彼はアメリカの数学者ニック・カッツに自分の推論をチェックしてもらった。カッツは間違いを見つけられなかったので、ワイルズは公表することにした。1993年6月、ケンブリッジ大学で開かれた会議でワイルズは結果を発表した。彼が結果を次々と積み上げていくにつれ、緊張が高まっていった。彼は最後に「フェルマーの最終定理を証明するものです」と言い、微笑み、こう付け加えた。「これで終わりにしたいと思います」

間違いの修正

翌日、世界のマスコミはこの話題でもちきりで、ワイルズは世界で最も有名な数学者に変身した。誰もがこの問題が最終的にどのように解決されたかを知りたがった。ワイルズは喜んだが、その後、彼の証明には問題があるとわかった。

ワイルズの証明は何ページにも及んだ。校閲者の中にはワイルズの友人ニ

数学の問題のなかには単純に思えるものもある。だからといってその問題が簡単だというわけではなく、かえってとんでもなく難解だと判明することがある。

アンドリュー・ワイルズ

> 大人になってからも
> 子供のときからの夢を
> 追いつづけることができたのは、
> 非常に恵まれていた。
>
> **アンドリュー・ワイルズ**

ック・カッツもいた。カッツはひと夏のあいだ、意味がはっきりするまで証明の一行一行に目を通し、質問しつづけた。ある日、彼は論旨に穴があると思った。彼はワイルズに電子メールを送ったが、ワイルズからの返事はカッツの満足のいくものではなかった。カッツはワイルズの研究の核心にある欠陥を発見したのである。

ワイルズのアプローチに対して、にわかに疑問が投げかけられた。もし彼がひとりではなく、ほかの人たちと一緒に研究していたら、間違いはもっと早く発見されていたかもしれない。世間はワイルズがフェルマーの最終定理を解いたと信じ、完成し発表された証明を待っていた。ワイルズは大きなプレッシャーにさらされていた。彼のこれまでの数学的業績は素晴らしいものであったが、彼の名声は危機に瀕していた。同じ IAS の数学者であるピーター・サルナックが言うように、「部屋の片隅に絨毯を固定しても、別の場所に絨毯が飛び出してくるようなものだった」。結局、ワイルズは友人のイギリス人代数学者リチャード・テイラーを頼り、2人はその後9カ月間証明に取り組んだ。

ワイルズは、自分が証明を主張したのが時期尚早であったと認めざるをえなくなるところだった。そこへ1994年9月、天啓を受けた。現在の問題解決法を用いて、その長所を以前のアプローチに加えれば、一方が他方を修正し、問題を解決できるかもしれない。小さな洞察に思えたが、それがすべてを変えた。数週間のうちに、ワイルズとテイラーは証明のギャップを埋めたのである。ニック・カッツをはじめ数学界全体も間違いがないことを確認し、ワイルズはフェルマーの最終定理の征服者として2度目の登場を果たした。

定理のその後

フェルマーは驚くほど先見の明のある推論を行ったが、彼が発見したと主張する「驚くべき証明」が存在したとは考えにくい。17世紀以降のすべての数学者が、フェルマーの時代の数学者が発見し得た証明を見逃したとは思えない。そのうえ、ワイルズが証明できたのは、フェルマーよりずっとあとの時代に出現した高度な数学的ツールとアイデアを駆使したからでもある。

多くの点で、重要なのはフェルマーの最終定理の証明ではなく、ワイルズが用いた証明なのである。整数に関する不可能と思われた問題が、数論と代数幾何学を結びつけ、新しい技術や既存の技術を使って解決された。その結果、ほかの多くの数学的予想の証明方法にも新しい展望が開かれたのだった。◆

アンドリュー・ワイルズ

1953年、ケンブリッジで、のちに神学教授となる英国教会司祭の息子として生まれ、幼いころから数学の問題を解くことに熱中した。最初にオックスフォード大学マートン・カレッジで数学の学位を、ケンブリッジ大学クレア・カレッジで博士号を取得。1981年プリンストン高等研究所にポストを得て、翌年教授に就任する。

米国滞在中のワイルズは、専門とする数論分野で谷山＝志村予想など最難関の問題に取り組んだ。また、フェルマーの最終定理の証明という、長く孤独な道のりにも踏み出していた。ついに証明を成し遂げ、2016年に数学界最高の栄誉、アーベル賞受賞に至る。

また、ワイルズはボン大学、パリ大学で指導者として優秀な弟子たちを育て、2018年にはオックスフォード大学欽定講座担任教授に任じられた。オックスフォード大学数学科棟や、小惑星――9999ワイルズ――にもその名を冠されている。

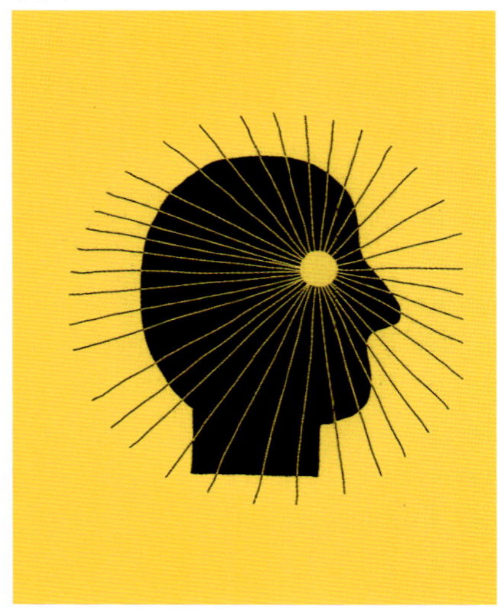

ほかに評価は必要ない

ポアンカレ予想の証明

関連事項

主要人物
グリゴリー・ペレルマン
(1966年～)

分野
幾何学、トポロジー

それまで
1904年 アンリ・ポアンカレが、4次元空間における多様体の同相性について予想を提出する。

1934年 イギリスの数学者ヘンリー・ホワイトヘッドが誤った証明を発表したことから、ポアンカレ予想に対する関心が高まる。

1960年 アメリカの数学者スティーヴン・スメイルが、5以上の高次元ポアンカレ予想を証明する。

1982年 4次元ポアンカレ予想が、アメリカの数学者マイケル・フリードマンによって証明される。

その後
2010年 ペレルマンがクレイ数学研究所のミレニアム賞を断り、副賞100万ドルは才能ある若手数学者のための研究員ポスト、ポアンカレ・チェアの設置に使われることとなる。

"3球面"とは、
4次元空間内に存在する
3次元球面である。

↓

ポアンカレの主張によると、
穴がなければどんな3次元多様体も、
ゆがめて3球面にすることができる。

↓

ポアンカレ予想はどの次元にも
一般化できる。

↓

ペレルマンによる
ポアンカレ予想の証明が
2006年に承認された。

2000年、アメリカのクレイ数学研究所が、ミレニアムを祝って7つの問題を発表した。そのひとつ、ポアンカレ予想は、1世紀近く数学者を悩ませてきた難問だ。それが数年のうちに、あまり知名度の高くなかったロシアの数学者グリゴリー・ペレルマンによって解決されたのである。

ポアンカレ予想とは、1904年にフランスの数学者アンリ・ポアンカレが提示した、「単連結な3次元閉多様体は3次元球面に同相である」という仮説である。位相幾何学(図形の幾何学的性質、構造、空間的関係を研究する分野)では、球(幾何学における3次元物体)は、3次元空間の中に2次元の表面をもつ2次元多様体であるという。3次元球面のような3次元多様体は純粋に理論的な概念であり、3次元の表面をもち、4次元空間に存在する。単連結という表現は、ベーグルやフープ形状(トーラス)とは異なり、その図形には穴がないことを意味し、「閉」という表現は、無限平面の開放的な果てしなさとは異なり、その図形が境界によって制限されていることを意味する。位相幾

参照：プラトンの立体（p48〜49） ▪ グラフ理論（p194〜95） ▪ トポロジー（p256〜59） ▪ ミンコフスキー空間（p274〜75） ▪ フラクタル（p306〜11）

3球面とは、左のボールのような2球面（すなわち2次元の表面）の3次元版である。ボールの形状を理解するには3次元空間内で見る必要がある。同様に、3球面を見るには4次元空間が必要になる。

何学では、2つの図形が同じ形に歪めたり伸ばしたりできる場合、同相であるという。仮説では、すべての閉じた3次元多様体が3次元球面に変形できると主張する。

ペレルマンは、それが宇宙の形を理解する鍵になると主張している。

確実な証明の発見

1982年、アメリカの数学者リチャード・ハミルトンが、「リッチフロー」という数学的プロセスを用いてこの予想を証明しようと試みた。しかし、この幾何学的フローは、スパイクのような「特異点」、つまり「シガー」や無限に密集した「ネック」を含む変形を扱うことができなかった。

1990年代初頭にカリフォルニア大学バークレー校で2年間の研究員生活を送り、ハミルトンから多くのことを学んだペレルマンは、ロシアに戻ってからもリッチフローとそのポアンカレ予想への応用を研究しつづけた。彼は“外科手術（サージェリー）”と呼ばれる技術を使ってハミルトンが遭遇した制限をみごとに克服し、事実上特異点を切り取って、予想を証明することができた。

数学界を驚かせる

型破りなことに、ペレルマンは2002年にこのテーマに関する39ページの最初の論文をオンラインで発表し、その要約をアメリカの12人の数学者に電子メールで送った。その1年後、彼はさらに2つの論文を発表した。また、ほかの研究者が彼の結果を再構成し、《アジア数学ジャーナル》誌で説明した。最終的に、彼の証明は2006年に数学界に完全に受け入れられた。

それ以降も、ペレルマンは綿密に研究を続け、彼とハミルトンのリッチフローを使って特異点を平滑化するテクニックをより強力にしたものなど、位相幾何学の新たな発展に拍車をかけている。◆

ペレルマンの証明は……1世紀あまりにわたってトポロジーの消化できない種だった問題を解決した。

ダナ・マッケンジー
アメリカのサイエンス・ライター

グリゴリー・ペレルマン

1966年、サンクトペテルブルク生まれ。数学教師の母親から数学の英才教育を受けたペレルマンは、数学に夢中になっていった。16歳でブダペストの国際数学オリンピックに最年少出場し、満点を達成して金メダル獲得。その後も一時期在籍したアメリカの大学でソウル予想を解決するなど、研究で成果をあげた。その間に、ポアンカレ予想の証明に影響を与えたリチャード・ハミルトンと出会っている。

人前に出たがらないペレルマンは、ポアンカレ予想の証明がもたらした名声を喜ばなかった。2006年のフィールズ賞と2010年のクレイ数学研究所ミレニアム賞（副賞100万ドル）という数学界最大級の栄誉である賞を、功績はハミルトンのものでもあるといって2つとも辞退している。

主な著作

2002年「リッチ・フローのエントロピー公式とその幾何学的応用」
2003年「特定の3次元多様体におけるリッチ・フローの解の有限消滅時間」

人名事典
DIRECTORY

人名事典

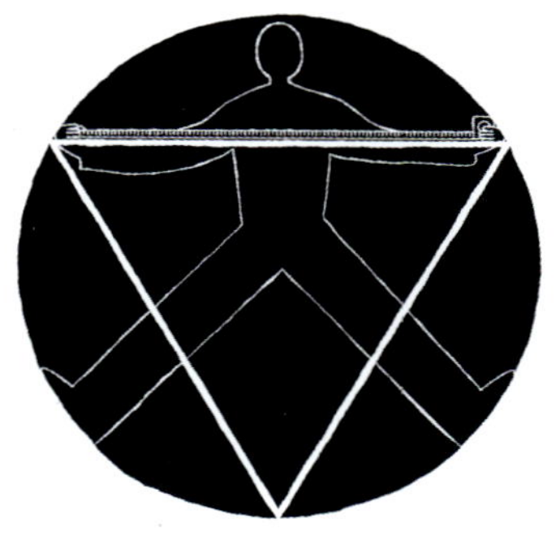

本書前出の各章にとりあげた以外にも、男女を問わず大勢の数学者たちが数学の発展に影響を与えてきた。古代エジプト、バビロニア、ギリシア文明の時代から中世のペルシャ、インド、中国の学者たち、そしてルネサンス期ヨーロッパ都市国家の支配者たちまで、建築や通商、交戦、金銭処理を目指す人々にとって測定や計算は必須だった。数学は、19 世紀、20 世紀には世界的な学問となり、あらゆる分野の科学者が数学に携わるようになる。宇宙探査、医療革新、人工知能、デジタル革命が押し進み、宇宙の謎がどんどん解明されていく 21 世紀になっても、数学の重要性は変わらない。

ミレトスのタレス　Thales of Miletus

紀元前624年ごろ〜545年ごろ

古代ギリシアの都市ミレトス（現トルコ領）で、数学や天文学を研究した。神話をもとに世界のなりたちを説くという従来の方法から脱却、幾何学によってピラミッドの高さや海岸から船までの距離を計算した。タレスの名を冠した定理によると、円に内接する 3 角形の最長辺がその円の直径である場合、その 3 角形は直角 3 角形である。

参照 36-43頁 ■ 52-57頁 ■ 70-75頁

キオスのヒポクラテス

Hippocrates of Chios

紀元前470年ごろ〜410年ごろ

もとはギリシア、キオス島の商人だったが、のちにアテネに出て学び、数学を教えるようになった。幾何学についての最古の体系的著作を残したらしい。円と円が交差してできる月形（弓形）図形の面積を計算してみせた。内接する直角 3 角形の斜辺を直径とする大きい円と、ほかの 2 辺を直径として外接する小さい円、それぞれの円弧に囲まれた月形はその後、ヒポクラテスの三日月と呼ばれるようになる。

参照 36-43頁 ■ 52-57頁 ■ 70-75頁

クニドスのエウドクソス

Eudoxus of Cnidus

紀元前390年ごろ〜337年ごろ

ギリシアの都市クニドス（現トルコ領）出身の数学者・天文学者。「消尽法」を導入し、逐次近似による面積や体積の計算法を提案。例えば、円の面積が半径の 2 乗に比例し、球の体積が半径の 3 乗に比例すること、円錐の体積は高さの等しい円柱の 3 分の 1 であることなどを示した。

参照 32-33頁 ■ 52-57頁 ■ 60-65頁

アレクサンドリアのヘロン（ヘロ）

Hero of Alexandria

紀元10年ごろ〜75年ごろ

エジプト地方のローマ領アレクサンドリア生まれの技術者・発明家・数学者。アイオロスの球という蒸気動力装置や風力オルガン、聖水の自動販売機といった発明を著作に記述している。数学の業績としては、数の平方根、立方根の求め方を記述した。また、辺の長さから 3 角形の面積を求める公式を立てた。

参照 52-57頁 ■ 70-75頁 ■ 102-105頁

アーリヤバタ　Aryabhata

476〜550年

ヒンドゥー人の数学者・天文学者。インドの学問の中心地クスマプラで活躍した。韻文で著した天文学書『アーリヤバティーヤ』で、小数点以下 4 桁までの正確な円周率πの近似値 3.1416 で地球の外周を計算し、現在認められている距離に近い値を出した。また、三角関数の研究を進めて正弦と余弦の表を正確に作成し、連立 2 次方程式の解を計算した。

参照 28-31 頁 ■ 60-65 頁 ■ 70-75 頁 ■ 92-99頁

バースカラ1世　Bhaskara I
600年ごろ～680年ごろ

生涯についてはほとんど不明だが、インドの西海岸サウラシュトラ地方に生まれたらしい。アーリヤバタが設立した天文学研究所で、抜きん出てすぐれた学者のひとりとなり、師の初期の論文『アーリヤバティーヤ』について解説書を著した。インド＝アラビア記数法で円形のゼロを用いて数を表した最初の人物でもある。

参照 70-75頁 ■ 88-91頁

イブン・アル＝ハイサム
Ibn Al-Haytham
965年ごろ～1040年ごろ

アルハーゼンの名でも知られる、現イラクのバスラ生まれ、アラブの数学者・物理学者。ファーティマ朝カリフにエジプトへ招聘され、カイロの宮廷に仕えた。仮説を正しいと想定するだけでなく、実験によって検証するべきだという科学的手法を用いる先駆者だった。

参照 52-57頁 ■ 68-69頁

バースカラ2世　Bhaskara II
1114～1185年

中世インド屈指の数学者。南インド、カルナータカ州ヴィジャヤプラに生まれ、のちにマディヤ・プラデーシュ州のウッジャイン天文台長を務めたという。微積分法のもととなる概念を導入し、数をゼロで割ると無限大になるという演算規則を確立。

参照 28-31頁 ■ 80-81頁 ■ 102-105頁

ナスィールッディーン・トゥースィー
Nasir Al-Din Al-Tusi
1201～1274年

ペルシャ（現イラン）、トゥース生まれの数学者。若くして父を亡くしたあと、学問に生涯を捧げる。13世紀イスラム世界を代表する偉大な学者となり、数学と天文学に重要な功績を残した。三角法を学問分野として確立し、三角法の入門書『アルマゲスト解説』に正弦表の計算方法を記述した。

参照 70-75頁

カマール・アル＝ディーン・アル＝ファーリスィー　Kamal Al-Din Al-Farisi
1260年ごろ～1320年ごろ

ペルシャ（現イラン）のタブリーズ生まれ。ナスィールッディーン・トゥースィー（前項参照）の弟子の学者クトゥブ・アル＝ディーン・アル＝シラージに師事し、彼らにならって数学者・天文学者たちのマラーガ学派に属した。友愛数や因数分解などの研究で数論に重要な功績を残す。また、円錐曲線（円、楕円、放物線、双曲線）の理論をもとに光学の問題を解明し、虹の色彩は光の反射によって生じると説明した。

参照 68-69頁 ■ 100-101頁

ニコル・オレーム　Nicole Oresme
1320年ごろ～1382年

フランス、ノルマンディー地方の、おそらく村の農家に生まれ、経済的に恵まれない家庭の学生に王室から奨学金が出るパリ大学ナヴァール学寮で学んだ。のちにルーアン大聖堂の司教代理となる。オレームは、一方に関連するもう一方の数値変化――例えば、距離とともに温度がどう変化するか――を表す、2軸の座標系を考案した。小数の指数や無限級数を研究し、調和級数の発散を初めて証明したのだが、その証明が失われ、再び証明されたのは17世紀になってからだった。

参照 92-99頁 ■ 144-151頁 ■ 168-175頁

ニッコロ・フォンタナ・タルタリア
Niccolò Fontana Tartaglia
1499～1557年

イタリアのブレシアに生まれ、子供のころ、侵攻してきたフランス軍兵士の住民虐殺を生き延びたものの、顔に重傷を負って言語障害が残ったため「タルタリア（吃音症）」というニックネームがついた。本質的に独学で土木技師となり、防壁などを設計。そのためには大砲の弾道を理解することが必須だと気づいたことから、弾道学研究への道を切り開く。

参照 48-49頁 ■ 70-75頁 ■ 102-105頁 ■ 214-215頁

ジローラモ・カルダーノ
Gerolamo Cardano
1501～1576年

ニッコロ・タルタリアと同時代人。ロンバルディアに生まれ、傑出した物理学者・天文学者・生物学者となり、数学者としても有名になった。現イタリアのパヴィア大学とパドヴァ大学に学び、医学博士号を授かって医師として働いたのち、数学を教えるようになった。3次方程式と4次方程式の解法を公表し、虚数（負数の平方根を単位とする数）の存在を認めた。

参照 92-99頁 ■ 102-105頁 ■ 128-131頁

ジョン・ウォリス　John Wallis
1616～1703年

ケンブリッジ大学で医学を修め、その後聖職に就いたが、少年時代にケント州の学校で出会って以来はぐくんだ数学への興味をもちつづけた。議会派と親交があったウォリスは、イギリス市民革命中に王党派の暗号文書解読を支援した。1644年にオックスフォード大学の幾何学教授に任じられ、算術代数学の第一人者となる。微積分法の発展に貢献するほか、数直線という考え方を生み出し、無限大の記号を導入、指数の標準的表記法も考案した。ウォリスも参加していた学者グループが母体となって、1662年に王立協会が設立された。

参照 68-69頁 ■ 92-99頁 ■ 100-101頁 ■ 168-175頁

ギヨーム・ド・ロピタル
Guillaume de L'Hôpital
1661～1704年

パリで生まれ、若いころから数学好きだったロピタルは、1693年にフランス科学アカデミー会員に任命された。その3年後、ヨーロッパで最初の微積分学テキスト『曲線を理解するための無限小の解析』を出版。ロピタルは優秀な数学者ではあったが、自身のものではないアイデアが多かった。

参照 168-175頁

ジャン・ル・ロン・ダランベール
Jean le Rond D'Alembert
1717～1783年

パリで、上流サロンの女主人の非嫡出子として生まれ、ガラス職人の妻に育てられる。会うこともない父から資金援助されて法学や医学を学んでから、数学に向かった。1743年、ニュートンの運動の第3法則が、自由運動する物体と同じように静止している物体にも成り立つことを示す（ダランベールの原理）。また、偏微分方程式を導入し、地球を始めとする惑星の軌道偏差を説明。積分学も研究した。

参照 168-175頁 ■ 182-183頁 ■ 200-201頁

マリア・ガエタナ・アニェージ
Maria Gaetana Agnesi
1718～1799年

当時はオーストリア＝ハプスブルク家の統治下にあったミラノに生まれ、子供時代は父が招いた客たちに博識ぶりを披露する神童だった。1748年、女性で初めて数学概説書『解析教程』を著す。その2年後、彼女の業績を認めた教皇ベネディクトゥス14世からボローニャ大学の数学・自然哲学教授に任命され、ヨーロッパの大学で初めての女性数学教授になった。彼女の名にちなんだベル形の曲線が英語圏では「アニェージの魔女」とも呼ばれるが、「曲線」を意味するイタリア語が英語の「魔女」に誤訳されたらしい。

参照 70-75頁 ■ 92-99頁 ■ 168-175頁

ヨハン・ランベルト　Johann Lambert
1728～1777年

ミュルーズ（現フランス領）生まれ。スイス・ドイツの学者。数学、哲学、アジアの言語を独学した。数学においては、円周率が無理数であることを論理的に厳密に証明したほか、三角法に双曲線関数を導入するなどの功績を残す。そのほか、円錐曲線についての定理を示して彗星の軌道計算を単純化し、新しい地図投影法もいくつか考案。また、空気中の湿度を測定する、初の実用的湿度計を発明した。

参照 60-65頁 ■ 68-69頁 ■ 70-75頁

ガスパール・モンジュ
Gaspard Monge
1746～1818年

商人の息子として生まれ、17歳にしてフランスのリヨンで物理学を教えていた。その後メジエール工兵学校で製図者として働き、1780年、パリ科学アカデミー会員に列する。公人として積極的に活動し、フランス革命という理想を抱いた。1795年のメートル法による度量衡制度確立にも貢献。数学に基づく製図法、画法幾何学、透視画法や投影図法を考案し、「製図法の父」と称される。

参照 132-137頁 ■ 154-155頁 ■ 156-161頁

アドリアン＝マリー・ルジャンドル
Adrien-Marie Legendre
1752～1833年

1775～1780年、パリ陸軍学校で物理学と数学を教えた。その間、英仏間の測地にも取り組み、三角法をもとにパリ天文台とロンドンの王立グリニッジ天文台とのあいだの距離を計算した。数論の分野では、平方剰余の相互法則や素数定理を予測している。そのほか、測定誤差を考慮して必要な値を決める最小2乗法を導入し、楕円積分のルジャンドル変換やルジャンドル多項式などに名を残す。

参照 168-175頁 ■ 204-209頁 ■ 226-227頁

ソフィー・ジェルマン
Sophie Germain
1776～1831年

フランス革命の大混乱期に13歳だったソフィー・ジェルマンは、18歳のときに設立されたエコール・ポリテクニークには女子だったため入学を断られたが、彼女は講義ノートを手に入れて、その講座の数学者ジョゼフ＝ルイ・ラグランジュと手紙でやりとりした。数論研究についてはアドリアン＝マリー・ルジャンドル（前項参照）やカール・ガウスとも文通し、ルジャンドルは彼女のアイデアを借りてフェルマーの最終定理のn＝5の場合を証明した。1816年、金属板の弾性についての論文で、パリ科学アカデミーの大賞を受賞した最初の女性となる。

参照 204-209頁 ■ 320-323頁

ニールス・ヘンリク・アーベル
Niels Henrick Abel
1802～1829年

若くして悲劇的な死を遂げた、ノルウェーの数学者。クリスチャニア（現オスロ）大学を1822年に卒業後、ヨーロッパじゅうに一流の数学者たちを訪ねて遊学して回った。1828年、ノルウェーに帰国したが、翌年、ベルリン大学の数学教授という栄えあるポストを提示する手紙が届く数日前に、結核により26歳で死亡。アーベルの数学における最大の功績は、5次以上の代数方程式には一般的な解の公式が存在しないと、初めて正確に証明したことだ。彼の名を冠して、2001年にアーベル賞が創設された。

参照 204-209頁 ■ 226-227頁 ■ 230-233頁

ジョゼフ・リウヴィル　Joseph Liouville
1809～1882年

フランス北部に生まれ、パリのエコール・ポリテクニークに学ぶ。1827年に卒業後は、1838年まで教鞭をとった。研究分野は数論から微分幾何学、数理物理学、天文学にまで及ぶ。1844年、超越数の存在を初めて証明した。400を超える論文を著し、1836年には《純粋及び応用数学雑誌》を創刊。その世界で2番目に歴史の長い数学誌は、現在も毎月刊行されている。

参照 168-175頁 ■ 204-209頁 ■ 228-229頁

カール・ワイエルシュトラス
Karl Weierstrass
1815～1897年

ドイツ、ヴェストファーレン州に生まれ、幼くして数学に興味をもった。息子が経営職に就くことを望む両親によって、大学で法律や経済を専攻させられたが、学位を取らずに辞めてしまう。それから教員となり、最終的にはベルリンのフンボルト大学の数学教授の地位についた。ワイエルシュトラスは数理解析という新分野や現代的な関数理論における先駆者であり、微積分法を厳密に再公式化した。

参照 168-175頁 ■ 204-209頁

フローレンス・ナイティンゲール
Florence Nightingale
1820～1910年

社会改革に尽力した、近代医療・看護統計学の始祖。1854年、クリミア戦争が勃発すると、看護団を率いて従軍したナイティンゲールは、トルコ、スクタリの兵舎病院で傷病兵看護に活躍した。院内の衛生状態改善にたゆまず努め、夜回りを欠かさなかったことから「光を掲げる貴婦人」と呼ばれた。イギリスに帰国後は、統計データをグラフ化してわかりやすく提示する工夫で有名になる。死亡原因ごとの死者数など、さまざまなデータが円弧の大きさによって一目でわかる円グラフの一種、“とさか帽子グラフ”を考案したのだ。1907年、イギリス民間人功労者への最高の名誉、メリット勲位に叙せられる。

参照 268-271頁

アーサー・ケイリー　Arthur Cayley
1821～1895年

サリー州リッチモンド生まれのケイリーは、19世紀イギリスを代表する純粋数学者といえよう。1860年、稼ぎのいい弁護士業をやめて、ケンブリッジ大学で純粋数学の教授職に就いた。群論や行列代数学の先駆的研究者で、楕円関数論や代数不変式論を考案し、射影幾何学を研究したほか、ウィリアム・ハミルトンの四元数を拡張して八元数を生み出した。

参照 228-229頁 ■ 230-233頁 ■ 234-235頁 ■ 238-241頁

リヒャルト・デデキント
Richard Dedekind
1831～1916年

ドイツ、ゲッティンゲン大学でカール・ガウスに師事した。卒業後、無給で講師を務めたのち、スイス、チューリッヒ工科大学で教鞭をとる。1862年、ドイツに戻るとブラウンシュヴァイク工科大学へ移籍し、そこで生涯研究生活を送った。現在では標準的な実数定義になっているデデキント切断を提示し、順序集合の相似や無限集合など、集合論の概念を定義した。

参照 204-209頁 ■ 230-233頁 ■ 242-247頁

メアリ・エヴェレスト・ブール
Mary Everest Boole
1832～1916年

牧師の娘として生まれ、階差機関の発明者チャールズ・バベッジとも親交があった父親の書斎の本で独学。18歳で、著名な数学者ジョージ・ブール（彼もまた独学の数学者だった）とアイルランドで出会う。2人は5年後に結婚するが、ジョージは5人目の子供が生まれてすぐに他界。1864年、娘5人をかかえて扶養者を失ったメアリはロンドンへ戻り、クイーンズ・カレッジ女学校で図書館司書として働いた。『代数の哲学と楽しみ』（1909年）など、子供に親しみやすい数学の本も著している。

参照 92-99頁 ■ 204-209頁

ゴットローブ・フレーゲ
Gottlob Frege
1848～1925年

ドイツ北部ヴィスマールに生まれる。父は女子校の校長だった。イェーナ大学とゲッティンゲン大学で数学、物理学、化学、哲学を学び、その後は終生イェーナ大学で数学教授を務めた。数学の全分野にわたって講義し、微積分学を専門としたが、著作のほとんどは数学の哲学について論じるもので、その2つの学問を一体化させて、ほぼ独力で新時代の数理論理学を切り開いた。学生や同僚たちとはほとんど交流がなく、生前はほとんど真価を認められなかったフレーゲだが、バートランド・ラッセル、ルートヴィヒ・ウィトゲンシュタインをはじめとする数理論理学者たちの研究に多大な影響を与えた。

参照 272-273頁 ■ 300-301頁

ソフィア・コワレフスカヤ
Sofya Kovalevskaya
1850～1891年

ヨーロッパで数学の博士号を授与された初めての女性であり、学術誌の編集委員会に加わった初めての女性であり、大学教授に任命された初めてのロシア人女性。母国ロシアでは女性が大学教育を受けられなかったにもかかわらず、彼女はこの3つの「初めて」を達成した。17歳で古生物学者ウラジミール・コワレフスキーと偽装結婚してドイツに留学、ハイデルベルク大学とベルリン大学で学ぶ。ベルリン大学では、ドイツの数学者カール・ワイエルシュトラス（331ページ参照）の個人指導を受けた。ストックホルム大学でついに数学教授の地位についたが、インフルエンザのため41歳の若さで命を落とした。

参照 168-175頁 ■ 182-183頁

ジュゼッペ・ペアノ　**Giuseppe Peano**
1858～1932年

イタリア北部ピエモンテ州の農家で育った。トリノ大学に学び、1880年に博士号を取得。直後から同大学で微積分学を講ずるようになり、1889年、正教授に任命される。最初に著した微積分学についてのテキストが1884年に刊行され、1891年には5巻からなる『数学の定式化』執筆に着手。彼がほぼ独力でつくりだした記号言語で数学の基本原理を述べた。その記号や略語の多くが今日でも使われている。自然数の公理系（ペアノの公理）を導き出し、自然論理や集合論の表記法を考案して、新時代の証明テクニックとなる数学的帰納法に貢献した。

参照 168-175頁 ■ 228-229頁 ■ 272-273頁

ヘルゲ・フォン・コッホ
Helge von Koch
1870～1924年

スウェーデン、ストックホルム生まれ。ストックホルム大学およびウプサラ大学で学び、のちにストックホルム大学の数学教授を務めた。1906年の論文で発表した、コッホ曲線による“雪片”図形で名を知られる。正3角形の各辺を3等分して、中央の線分を底辺とする正3角形を描くというプロセスを、際限なく繰り返すことによってできるフラクタル図形である。3角形の頂点をすべて外向きにすると、雪片のような形になる。

参照 306-311頁

アルベルト・アインシュタイン
Albert Einstein
1879～1955年

アインシュタインはずばぬけて優秀な物理学者・数学者だった。ドイツに生まれ、少年時代に一家でイタリアへ移住し、スイスで学ぶ。1905年、チューリッヒ大学から博士号を授与され、ブラウン運動、光量子仮説、特殊相対性理論、物質とエネルギーの等価原理、一般相対性理論について、立て続けに革新的な論文を発表した。物理学への貢献によって1921年度のノーベル賞を受賞し、その後も量子力学解明の道を切り開いていった。

参照 182-183頁 ■ 228-229頁 ■ 256-259頁 ■ 274-275頁

L·E·J·ブラウワー
L. E. J. Brouwer
1881〜1966年

1904年にアムステルダム大学数学科を卒業、1909年から1951年まで同大学で教鞭をとる。ダフィット・ヒルベルトやバートランド・ラッセルによる論理主義的数学基礎論を批判し、数学は自明の法則に支配されるという考えに基づいて直観主義数学を表明した。また、不動点定理で代数学的構造と関連づけることによって、トポロジーの研究を様変わりさせた。

参照 256-259頁 ■ 266-267頁 ■ 272-273頁

ユーフェミア·ロフトン·ヘインズ
Euphemia Lofton Haynes
1890〜1980年

ワシントンDC生まれ。数学の博士号を取得した最初のアフリカ系アメリカ人女性。マサチューセッツ州のスミス大学で数学の学位を取得して1914年に卒業後、教職に就き、1930年にはのちにディストリクト・オブ・コロンビア大学に併合されるマイナー教育大学に数学科を創設した。1943年、アメリカ・カトリック大学で、集合論に関する論文により博士号を授与される。1966年、女性で初めてDC教育委員会の議長を務めた。

参照 272-273頁

メアリ·カートライト **Mary Cartwright**
1900〜1998年

イギリスの片田舎で牧師を務めていた父のもとに生まれた。のちにカオス理論と呼ばれるようになる分野を初めて研究した数学者のひとり。オックスフォード大学で数学の学位を取得して1923年に卒業。7年後に彼女の博士論文を審査したジョン・E・リトルウッドと、その後長いあいだ共同で、特に関数や微分方程式の研究に取り組むことになる。1947年、女性数学者として初めて王立協会フェローに選出される。

参照 294-299頁

ジョン·フォン·ノイマン
John von Neumann
1903〜1957年

ハンガリー、ブダペストで裕福なユダヤ人の両親のもとに生まれる。早くも10代で重要な論文を発表しはじめ、24歳になるとベルリン大学で数学を教えていた。1933年、ニュージャージー州のプリンストン高等研究所の教授職を得て、1937年にはアメリカ国籍も取得。数学を生涯にわたって研究し、フォン・ノイマンはほとんどどの分野にも貢献したと言える。一方が勝てば相手は負けるという"2人対戦型ゼロサムゲーム"戦略に基づくゲーム理論を成立させ、経済やコンピュータ・プログラム、軍事など、現実世界の複雑系などに指針を与えた。また、新型コンピュータ開発のためのプロジェクトを立ち上げ、量子力学や核物理学の研究で、第2次世界大戦中原子爆弾開発にも関与した。

参照 272-273頁 ■ 284-289頁

グレース·ホッパー **Grace Hopper**
1906〜1992年

旧姓マレー、ニューヨーク・シティ出身の先駆的なコンピュータ・プログラマー。イェール大学で1934年に博士号を授与されたあと、ヴァッサー女子大学で数学を教えていたが、数年後に第2次世界大戦が勃発した。アメリカ海軍への入隊を断られ、海軍予備役に入った彼女は、コンピュータ・サイエンスへ向かいはじめる。戦後、数学研究者として企業のコンピュータ開発に携わっていたあいだに、共通事務処理用言語（COBOL）を開発。その自然言語に近いプログラミング言語は、最も広く使われるようになった。作業中に蛾がはさまってマシンが作動しなくなったことから、プログラムの不具合を意味する「バグ」という用語を広めた。

参照 222-225頁 ■ 284-289頁

マージョリー·リー·ブラウン
Marjorie Lee Browne
1914〜1979年

数学の博士号を取得した3人目のアフリカ系アメリカ人女性。有色人種の女性にはなかなか高等教育も受けられなかった時代に、テネシー州に生まれた。鉄道郵便局員だった父親の励ましで、ワシントンDCのハワード大学を1935年に卒業。ニューオーリンズでしばらく教鞭をとったあと、ミシガン大学で学び、1949年に博士号を授与された。数学教育への貢献のほか、特にトポロジーの研究が高く評価されている。

参照 256-259頁

ジョーン・クラーク　Joan Clarke
1917〜1996年

ロンドン生まれ。第2次世界大戦直前にケンブリッジ大学で、数学の2科目最優等の成績を獲得したにもかかわらず、女性であるばかりに正式な学位授与を拒否された。ただし、能力の高さは認められ、ブレッチリー・パークで立ち上がったドイツ軍のエニグマ暗号解読プロジェクトに採用される。そこでクラークは第一流の暗号解読者になり、身近で働いていたアラン・チューリングと短いあいだながら婚約までした。戦後、政府通信本部（GCHQ）で働いたが、情報機関の仕事は機密とされるため、クラークの功績はいまだによくわかっていない。

参照 284-289頁 ■ 314-317頁

キャサリン・ジョンソン Katherine Johnson
1918〜2020年

旧姓コールマン。幼いころから数学に強く、コンピューティングの先駆者としてアメリカの宇宙計画に貢献した。いずれも米国初となったアラン・シェパードの宇宙飛行（1961年）とジョン・グレンの地球周回飛行（1962年）、アポロ11号の月面着陸（1969年）やスペースシャトル計画の開始（1981年）などを支えた、重要な軌道計算に従事した功労者である。映画 Hidden Figures（2016年、邦題『ドリーム』）のもととなった、ウェスト・エリア・コンピュータ部門というアフリカ系アメリカ人女性数学者グループの一員として働く。その後、改組されてアメリカ航空宇宙局（NASA）となった1958年からは、スペース・タスク・グループに所属。2015年、オバマ大統領より大統領自由勲章が授与された。

参照 168-175頁 ■ 182-183頁 ■ 228-229頁

ジュリア・ボウマン・ロビンソン Julia Bowman Robinson
1919〜1985年

アメリカ、ミズーリ州セントルイス出身。カリフォルニア大学バークレー校で、1948年に数学の博士号を取得した。最もよく知られた研究は、1900年にダフィット・ヒルベルトが挙げた23の未解決問題の10番目、あらゆるディオファントス方程式を解くアルゴリズムはあるか、という問題を解決したことだ。ほかにユーリ・マチャセビッチ（335ページ参照）らの数学者とともに、ロビンソンはそういうアルゴリズムが存在しないことを証明した。1976年には女性として初めて全米科学アカデミー数学部門会員に選出された。

参照 80-81頁 ■ 266-267頁

メアリ・ジャクソン　Mary Jackson
1921〜2005年

旧姓ウィンストン。アメリカ宇宙開発計画に貢献し、女性や有色人種の技術者のために機会均等プログラムに尽力した航空宇宙工学技術者。ヴァージニア州のハンプトン大学で数学と物理学の学士号を取得して、しばらく教職に就いたあと、1951年、アメリカ航空諮問委員会（NACA）のウェスト・エリア・コンピュータ部門で働きはじめる。1958年から1963年まで、NASAで最初のアフリカ系アメリカ人女性エンジニアとして、米国最初の有人宇宙飛行マーキュリー・プログラムに取り組んだ。

参照 168-175頁 ■ 182-183頁 ■ 228-229頁

アレクサンドル・グロタンディーク Alexander Grothendieck
1928〜2014年

多くの人に20世紀後半の最も偉大な純粋数学者と考えられているグロタンディークは、どこをとっても型破りな人物だった。ドイツでアナキストの両親のもとに生まれ、10歳のときナチス政権を避けて亡命したフランスで、生涯のほとんどを過ごすことになる。代数幾何学の大幅な書き直し、概型（スキーム）論の導入、代数的トポロジーや数論、圏論への貢献など膨大な研究成果の、ほとんどが未発表だった。

参照 228-229頁 ■ 256-259頁

ジョン・ナッシュ　John Nash
1928〜2015年

ゲーム理論（333ページ、フォン・ノイマンの項参照）の数学的原理を確立したことで最もよく知られる、アメリカの数学者。カーネギー工科大学を1948年に卒業後、プリンストン大学で1950年に博士号を授与される。1994年、ゲーム理論の経済学への応用に関する貢献により、ノーベル経済学賞を受賞。長きにわたって統合失調症に苦しんだ半生が、映画『ビューティフル・マインド』（2001年）に描かれた。

参照 168-175頁 ■ 272-273頁

ポール・コーエン　Paul Cohen
1934〜2007年

アメリカ、ニュージャージー州生ま

れ。ダフィット・ヒルベルトの23の未解決問題の第1、自然数より真に大きく実数より真に小さいサイズの集合はないという、連続体仮説の（公理系からの）独立性の証明に貢献して、1966年にフィールズ賞を受賞した。シカゴ大学を卒業後、1958年に同大学から博士号を授与され、マサチューセッツ工科大学、プリンストン大学を経て、2004年にスタンフォード大学名誉教授となる。

参照 266-267頁

クリスティン・ダーディン Christine Darden
1942年～

旧姓マン。キャサリン・ジョンソン、メアリ・ジャクソン（334ページ参照）らとともに、NASA宇宙開発計画に重要な貢献をしたアフリカ系アメリカ人女性数学者のひとり。ハンプトン大学を卒業後、ヴァージニア州立大学で修士号を取得して教えたのち、NASAラングレー研究センターに採用される。1989年、ソニックブーム・チームのリーダーに選ばれ、超音速飛行にともなう騒音その他のマイナス面を低減する設計について研究した。

参照 168-175頁 ■ 182-183頁 ■ 228-229頁

カレン・ケスクラ・ウーレンベック Karen Keskulla Uhlenbeck
1942年～

2019年に女性で初めてアーベル賞を受賞した数学者。1942年、オハイオ州クリーブランドに生まれ、マサチューセッツ州ウォルサムのブランダイス大学で1968年に数学の博士号を取得、数理物理学、幾何解析学、トポロジーの分野で次々と画期的な研究を成し遂げていった。1994年、ニュージャージー州プリンストン高等研究所に女性と数学（WAM）プログラムを創設。

参照 256-259頁

イヴリン・ネルソン Evelyn Nelson
1943～1987年

カナダ数学協会が女性数学者のすぐれた研究に授けるクリーガー＝ネルソン賞に、仲間のセシリア・クリーガーとともに名を冠された数学者。癌によって絶たれてしまった20年のキャリアのうちに、40以上の研究論文を発表した。普遍代数（代数構造自体の研究）や代数論理学の分野に多大な業績を残し、コンピュータ・サイエンスへの応用に貢献した。

参照 204-209頁 ■ 272-273頁

ユーリ・マチャセビッチ Yuri Matiyasevich
1947年～

レニングラード（現サンクトペテルブルク）のステクロフ数学研究所博士課程在籍中に、ダフィット・ヒルベルトの第10未解決問題に夢中になった。あきらめてしまいそうになったころ、アメリカの数学者ジュリア・ボウマン・ロビンソン（334ページ参照）の論文を読んだら、ぴたりとはまる解決策があった。1970年、ディオファントス方程式を解く一般的アルゴリズムは存在しないと、第10の問題を否定的に証明した。1995年、サンクトペテルブルク大学教授に任命される。当初はソフトウェア工学科、のちに代数学および数論の学科長。

参照 80-81頁 ■ 266-267頁

ラディア・パールマン Radia Perlman
1951年～

アメリカ、ヴァージニア州生まれ。「インターネットの母」とも呼ばれる。マサチューセッツ工科大学（MIT）の学生時代に、3歳ごろからの子供にコンピュータ・プログラミングを教える研究に取り組んだ。1976年に数学の修士課程を修了後は、政府のソフトウェア開発を請け負う業者の仕事をした。1984年、ディジタル・イクイップメント社（DEC）で働いていたときに、LAN内でループ構成を回避するためのスパニング・ツリー・プロトコル（STP）を発明。それがのちのインターネット発展に不可欠な技術となる。MITやワシントン大学、ハーヴァード大学で教え、コンピュータ・ネットワークやセキュリティ・プロトコルについての研究を続けている。

参照 222-225頁 ■ 284-289頁

マリアム・ミルザハニ Maryam Mirzakhani
1977～2017年

17歳にしてイラン人で初めて国際数学オリンピック金メダルを受賞、天才少女として注目を浴びた。テヘランのシャリフ工科大学を卒業し、ハーヴァード大学で2004年に博士号を取得すると、プリンストン大学教授職に就く。その10年後、リーマン面の研究における業績によって、女性としてもイラン人としても初のフィールズ賞受賞者となった。スタンフォード大学在籍中の2017年、乳癌のため40歳の若さで死去。

参照 228-229頁 ■ 250-251頁 ■ 256-259頁

用語集

用語解説中、別見出しの項で定義されている語は太字で示す。

●あ

アウトプット
インプットが**関数**と組み合わされた結果。

アルゴリズム
一定の種類の問題を解くための、数学的または論理的規則による一定の手順。広く数学やコンピュータ・サイエンスの分野で、計算、データ整理を始めとする多くのタスクに用いられる。

暗号化
データやメッセージを符号化して、安全性や機密性の守られたかたちにする過程。

暗号法
解読してからでないと判読できないように、メッセージをコード化する体系的方法。

1次変換
1次（線形）**写像**ともいう。線形性と呼ばれる性質をみたし、**ベクトル空間**内でベクトルを別のベクトルに移す写像のこと。

1次方程式
変数の**累乗**を含まない（例えばx^2やx^3がない）**方程式**。**グラフ**に直線で表される。

一致
幾何学において、2つ以上の**線分**や図形が、重ね合わせるとすべての点とぴったり同じ空間を共有すること。

イデアル
抽象代数学において、**環**の特別な部分**集合**。

因数
ある数や**式**を割り切れる数や式。例えば、1、2、3、4、6、12はすべて12の因数である。

因数分解
数や**式**を、掛け合わせるともとの数や式になる**因数**を**項**とした**積**のかたちで表すこと。

インプット
関数と組み合わせて**アウトプット**を生み出す**変数**。

鋭角
角度が90°よりも小さい角。

演繹
既知の、あるいは仮定した数学的原理に基づいて問題の解を導き出す過程。**帰納**も参照のこと。

演算
加算（足し算）や乗算（掛け算）など、標準的な数学の計算手続き。演算を表す記号を演算子という。

円周
一定点（中心）から等距離にある点が一周する軌跡。

円周率（π）
円の**直径**に対する**円周**の比。近似値は22/7、または3.14159。数学のさまざまな分野に登場する重要な**超越数**である。

円錐
円形の底面と、**頂点**方向へ先細りの側面からなる立体。

円柱
同一の円を両端にして**円周**を曲面で結んだ、缶詰の缶のような形の立体。

応用数学
数学的モデルを立てて科学やテクノロジーの問題を解く研究。特定の種類の**方程式**を解く数学的手法など。

●か

解
方程式を解いた答え。**根**ともいう。

階乗
任意の正の**整数**と、それより小さいすべての正の整数の**積**。例えば、5の階乗（感嘆符を使って5!とも表記する）は5×4×3×2×1＝120。

解析学
極限値を研究する数学の一部門。特に**微積分学**の問題を解くために、無限大や無限小の数量を扱う。

解析幾何学
→**代数幾何学**

確率論
将来さまざまな結果が起こる可能性を研究する、数学の一部門。

環
群のような、ただし2つの**演算**を含むいくつかの公理を満たす数学的構造。例えば、**整数**の**集合**は、加算と乗算とともに環を形成する。

関数
ある**変数**の値が、別の数値から、特定の法則に従ってただひとつだけ求められる関係。例えば、関数 $y=x^2+3$ の場合、変数 y の値は、x を2乗して3を足すことによって求められる。同じ関数を「x の関数」という意味で、$f(x)=x^2+3$ とも表す。

幾何学
図形、直線、点の性質や、それらの関係を研究する、数学の一部門。**非ユークリッド幾何学**も参照のこと。

基数
（1）底ともいう。**数体系**において、系統立ての基礎として用いる数。現在主に使われている10進法は、10を基数とする体系で、0から9まで10個の数字を使って9の次の数を10と表すのは、10の位が1で1の位に何もないことを示す。**位取り記数法**も参照のこと。（2）集合数。**序数**に対して、1個、2個、3個など、ものの多さを数える数。

帰納
ある過程における1つの事例が真であれば、次の事例も真、続くすべての事例も真であると確立することによって、一般的な結論を導き出すこと。**演繹**も参照のこと。

逆算
ある**式**や**演算**の逆の、もとに戻す（アンドゥー）計算法。例えば、除法（割り算）は乗法（掛け算）の逆算である。

逆数
逆算した数や**式**。逆数を掛けると1になる。例えば、3の逆数は1/3である。

級数
数列の**項**の和の形で表す**式**。通常は数学の規則に従い、**無限級数**であっても和が有限の数になることもある。

キュービット
肘から先の腕の長さを単位とした、古代世界の長さの尺度。

行列
数値や文字を正方形あるいは長方形に並べて、ひとつのオブジェクトとして計算できるようにまとめたもの。加算や乗算の独自ルールに従って計算される。複数の**方程式**を同時に解く、**ベクトル**を記述する、幾何学図形の形状や位置の**変換**を計算する、現実世界のデータを表示するなど、多方面で利用される。

極限値（関数）
変数がある値（正負の無限大も含む）に限りなく近づくとき、その関数の値も限りなくある値に近づくとき、関数が近づいた値を極限値という。

極限値（数列）
数列の番号が限りなく大きくなったときに、その数列がある値に限りなく近づくとき、その値を数列の極限値という。

虚数
実数には存在しない負の数の平方根 $\sqrt{-1}$ を単位として、虚数単位 i の積のかたちで表される数。

組み合わせ論
数や図形その他の数学的オブジェクトの**集合**において、順序や組み合わせ方を研究する、数学の一部門。

位取り記数法（桁値システム）
数字の位置によって桁値を表す、標準的な記数法。例えば、120という数の2という数字は10の位にあるので桁値20だが、210の2は100の位にあるので200を意味する。

グラフ
（1）直線や点、曲線、棒などを使って、データを表示する図。（2）**グラフ理論**において、ノード（頂点）とエッジ（辺）の結合関係を示す図。

グラフ理論
点と線がどのように結ばれて**グラフ**を構成するかを研究する、数学の一部門。

群
集合の要素（元）にある**演算**を与えたとき、結果に対応する要素もやはり同じ集合の要素となり、そしていくつかの公理を満たすとき、その集合を群という。例えば**整数**の集合は、加算を演算とした場合、群を構成する。群の要素の数は有限の場合と**無限**の場合がある。群の研究を群論という。

傾斜
水平に対する直線の角度、または曲線の**接線**の角度。

経線
地表のある場所を通って地球の南北両極を結ぶ、想像上の線。経度を示す。

係数
別の数（特に**変数**）の前に置いて、その数に掛け合わせる数や**式**。たいていの場合、**定数**である。例えば、ax^2 や $3x$ という式では、a や3を係数という。

結合法則
例えば $1+2+3$ など、どの順番で計算しても結果が同じになるとき、結合法則が成り立つという。$(1+2)+3=1+(2+3)$。通常の加算や乗算で成り立つが、減算、除算には成り立たない。

弦
円または曲線の**弧**の両端を結ぶ**線分**。

原点
グラフ上の x 軸と y 軸が交わる点。

弧
円周の一部をなす曲線。

項
代数学において、ひとつ以上の数や**変数**が加算記号（＋）や減算記号（－）で区切られた**式**の、あるいはカンマで区切られた**数列**の1単位。例えば、$x+4y-2$という式は、x、$4y$、2の3つの項からなる。

交換法則
例えば$1+2=2+1$のように、数の位置を入れ替えても計算結果に影響しない（可換である）とき、交換法則が成り立つという。通常の加算や乗算で成り立つが、減算、除算には成り立たない。

公式
数や**式**のあいだに成り立つ関係、あるいは法則を表示する式。

公準
数学において、**公理**のように自明ではないが**証明**不可能で、真であるとみなされる命題。

合成数
素数ではない、1とその数自身以外の約数をもつ**自然数**。

合同
幾何学図形を比較して、大きさと形が等しいこと。

勾配
直線の**傾斜**。

公理
数学の基礎におかれる、ルールとなる命題。無証明命題ともいわれる。

5次方程式
式に含まれる**項**の**累乗**の最大**指数**が5（例えばx^5）である**方程式**。

根
（1）ある数を**累乗**した数に対する、もとの数。例えば、4と8はどちらも64の根であり、4は64の立方根（3乗根、$4\times4\times4=64$）、8は64の平方根（2乗根、$8\times8=64$）という。（2）**方程式**の**解**。

●さ

最頻値
データの集合内に最も頻繁に出現する値。

座標
グラフ上の点や直線、図形、あるいは地理学において地図上の位置を表す、数の組み合わせ。数学では、2次元の場合、水平の位置をx、**垂直**の位置をyとして(x, y)のかたちで記述する。

三角法
もとは**直角**3角形の辺の比や角についての研究だが、のちには3角形全般の研究に拡張された。角度の変化にともなう辺の長さの比を表す三角**関数**は、今では数学の各部門の基礎ともなっている。

3次方程式
同じ数を3回掛け合わせた**変数**（例えば$y\times y\times y$、つまりy^3）を、少なくともひとつ含むが、それ以上の回数掛け合わせた変数は含まない**方程式**。

次
多項式に含まれる**項**の、**累乗**の最大**指数**。例えば、x^3のように3乗の項が含まれていて、その3が最大の指数であれば、「3次の」あるいは「次数3の」多項式という。**微分方程式**の場合も同様に、微分する回数が最大の項によって次数が決まる。

4角形
4つ直線の辺をもつ2次元図形。

式
$2x+5$など、記号を組み合わせて、ある関係を表すもの。

軸
グラフの**座標**を定める基準となる直線。垂直のy軸、水平のx軸など。

四元数
複素数というアイデアを拡張して、1と**虚数**単位iだけでなく、1と3つの虚数を基底として表される数体系。

指数
同じ数を掛け合わせる（累乗する）回数を示す数。例えばyを4回掛け合わせる$(y\times y\times y\times y)$を「$y$を指数4で累乗する」といい、$y^4$と表記する。

指数関数
数値が大きくなるにつれ、増加率が急速に上昇する**関数**（ただし、指数関数の底の部分が1より大きい数の場合）。

自然数
正の**整数**。

自然対数→対数

実数
有理数か**無理数**のどちらかに属する数。分数や負の数も実数のうちだが、**虚数**や**複素数**は実数ではない。

写像
ある**集合**と別の集合の対応関係をつくること。それぞれの集合の元が一対一対応する場合が多いが、必ずしもそうとは限らない。

斜辺
直角3角形の直角に向き合う側に位置する、最長の辺。

周期関数
例えば**正弦関数**のように、**グラフ**に描くと同じ波形が繰り返し現れるような、数値が周期的に繰り返される関数。

集合
数や、数をもとにした数学的構造の集まりをひとつにまとめたもの。**無限集合**になる場合もある(例えば**整数**の集合など)。

集合論
集合を研究する、数学の一部門。現代数学では、様々な分野において集合が使われている。

収束
数列が、あるいは**無限級数**の**項**の和が、有限確定の値に限りなく近づくこと。**円周率**などの値を、収束する級数を使って概算することができる。

充塡(埋め尽くし)
同一の幾何学図形を規則正しく並べて、2次元平面を隙間なく覆い尽くすこと。タイリングともいう。

12面体
12の5角形の**面**からなる3次元**多面体**。正12面体は、5つの**プラトンの立体**のひとつ。

循環
ある数が繰り返しながら**無限**に続くこと。例えば、1/3を小数で表すと0.333333……と、小数点以下3が循環する。

純粋数学
実用性をあまり意識しない、数学という学問探究のための研究テーマ。**応用数学**も参照のこと。

商
ある数をほかの数で割った(除算した)結果。

証明
数学において、主張や結果が真であることを疑問の余地なく示すこと。**演繹**、**帰納**、**存在証明**などの証明方法がある。

序数
順序数。第1、第2、第3など、並んでいる位置、順序を表す数。**基数**(2)も参照のこと。

除数
除法(割り算)において、ある数を割る数値。

振動
2つの位置や数値のあいだを規則正しく行き来する運動。

垂直
何かに対して**直角**であること。

数体系
数を表現するシステム。今日では、0から9までの数字に基づくインド=アラビア数体系が広く用いられている。9の次の数はまた1に戻って、その右側に0を置いて10と表す。このシステムは**位取り記数法**でもあり、**基数**が10の10進数体系でもある。

数直線
計数、計算に用いる、数を目盛りに表した水平な直線。小さい数を左から並べ、右へ進むほど大きい数になる。すべての**実数**を数直線上に並べることができる。

数列
数を**項**としてひとつひとつ並べたもの。

数論
数(特に**整数**)やその性質、数どうしの関係を研究する、数学の一部門。**素数**の研究も数論に含まれる。

スカラー
方向のある**ベクトル**に対して、大きさや量しかもたない数値。

正弦(sin)
三角法において重要な**関数**(三角関数)。**直角**3角形の**斜辺**の長さに対する、対辺の長さの比を表す。2辺の交わる角度によって変化する比が、360**度**ごとに同じパターンを繰り返すので、正弦関数を**グラフ**に描くと、光を始めとする波に典型的な波形が現れる。

正3角形
3辺の長さがみな等しく、3つの角の大きさもみな等しい3角形。

正4面体
4つの3角形の**面**からなる3次元**多面体**。正4面体は、5つの**プラトンの立体**のひとつ。

整数
0と正および負の**自然数**。小数は整数ではない。

正接(tan)
三角法における**関数**(三角関数)。**直角三角法**において重要な**関数**(三角関数)。3角形の斜辺ではない、2つの辺の長さの比。

積
数と数を掛け合わせた(乗算した)結果。

積分
微積分学において、**関数**の表す曲線の下の一定区間の**面積**(体積)を、ある**極限値**として求める過程。その極限値を関数の定積分という。

接線
曲線上の1点でその曲線に接する直線。

線分
両端の限られている、直線の部分。

双曲線
放物線に似たところのある曲線だが、2

定点からの距離の差が一定である点の2本の軌跡。それぞれの曲線を延長すると斜めの直線に近づいていき、互いに接することも交差することもない。

素数
1とその数自身でしか割り切れない**自然数**。

存在証明
ひとつの例を構成することによって、または一般的な**演繹**によって得られる、何かが存在するという数学的**証明**。

●た

対数
ある数を別の数の**累乗**で表したとき、その累乗の**指数**を対数（logarithm）、累乗する数を対数の**底**という。例えば、$2=10^{0.301}$ なので、底を10とする2の対数（常用対数）は0.301である。オイラー数 e（2.71828……）を底とする対数 $\log_e$ を**自然対数**（natural logarithm）といい、ln を前置して表す。数の乗算を対数の加算に変換できる。

代数学
未知数や**変数**を文字記号で表して計算する、数学の一部門。

代数幾何学
多項式の零点が作る図形を代数的手法を用いて研究する分野。

代数的数
有理数を係数とする代数**方程式**の**根**。代数的でない**無理数**（例えば**円周率** π や**自然対数の底** e など）は**超越数**という。

体積
3次元物体が空間に占める大きさを表す量のこと。

代表値
数学や**統計学**で、データ**集合**を代表する値。主に**平均値**、**中央値**、**最頻値**の3種類がある。

楕円
円を一方向に、対称的に引き伸ばした形。幾何学的には、**平面**上で2定点（焦点）からの距離の和が一定である点の軌跡。

多角形
3角形や5角形など、直線の辺が3つ以上ある**平面**図形。

多項式
2つ以上の**項**の和のかたちで表される**式**。例えば、x^3+2x+4 のように、**変数**の**累乗**や**定数**を含むことが多い。

多面体
多角形の**面**をもつ3次元図形（立体）。

多様体
トポロジーにおいて、局所的に見ると、ユークリッド空間と同じような空間のこと。4次元以上の場合もある。

単位元
数その他の数学的オブジェクトの**集合**内に必ずひとつ存在する、乗算や加算などの**演算**をしても変化しない要素（元）——演算したあともほかの**項**を変化させない数や**式**のこと。例えば、通常の乗算における単位元は1（$1\times x=x$ なので）、**実数**の加算における単位元は0（$0+x=x$ なので）である。

中央値
データを順番に並べると中央に位置する値。

抽象代数学
群や**環**など代数的構造に関する研究。主として20世紀に導入された、**代数学**の一部門。

超越数
代数的数でない**無理数**。**円周率** π、オイラー数 e はどちらも超越数である。

超限数
すべての有限数よりも大きい**無限**数。さまざまな濃度の無限を表現するために導入された概念。

頂点
（1）2つ以上の直線や曲線の辺が共有する角の端点。（2）3次元図形の、底面から最も遠い角の端点。

調和級数
各項の**逆数**が等差**数列**となる数列を調和数列、その**級数**（各項の和）を調和級数という。調和級数 $1+1/2+1/3+1/4+1/5$ ……のそれぞれの項は、例えば**弦**や管内の空気などの**振動**音の出方を定義する。その結果、音高の級数が基になって音階ができあがる。

直角
例えば垂直線と水平線の交わりのような、90度（4分の1回転）の角。

直径
円の中心を通って、**円**周上の2点を結ぶ直線。

通約不可能性
2つのもののあいだに共通の尺度が存在しないこと。

底
対数における**定数**。任意の数 x を**指数**として底を**累乗**した数を、x の対数という。常用対数は10を、**自然対数**はオイラー数 e を底とする。

定数
数学の**式**において、一定の値をとる数。a、b、c などの文字で表されることが多い。

定理
自明ではないが、**公理**または定義を基礎として真であると**証明**された重要な数学的命題。未証明の命題は予想（仮説）という。

展開
代数において、数や**式**を**因数分解**するのと逆の操作。例えば（$x+2$）（$x+3$）という**多項式の積**のかたちの式を、x^2+5x+6 という単項式の和のかたちで表すこと。

度
幾何学において、角の大きさ（角度）の測定単位。

導関数
→**微分**

統計
現象の**集合**的把握を目的に、系統立てて収集した測定可能なデータ。

統計学
統計データの解析方法、研究方法を開発する、数学の一部門。

トポロジー
図形を伸ばしたり曲げたりしても、変わらない性質を研究する数学の一分野。位相幾何学ともいう。例えば、トポロジーにおいて、どちらも穴がひとつあいているドーナツとマグカップ（持ち手の部分が穴）は同類である。

鈍角
角度が90**度**と180度のあいだの角。

●な

二項式
例えば $x+y$ のように、2つの**項**の和のかたちで表される**式**。$(x+y)^3$ など、二項式をある**指数**で**累乗**すると、掛け算の結果が、この場合は $x^3+3x^2y+3xy^2+y^3$ と表される。この過程を**展開**、各項に掛ける数（この例では3）を二項**係数**という。二項**定理**によって係数のパターンを見つけ出すことができる。**多項式**も参照のこと。

2次方程式
指数2で**累乗**する**変数**（例えば $y \times y$、つまり y^2）が少なくとも1つ含まれ、それより大きい指数の累乗は含まない**方程式**。

20面体
20の3角形の**面**からなる3次元**多面体**。正20面体は、5つの**プラトンの立体**のひとつ。

2進法
0と1の2個の数字だけを使って表記する**数体系**。10進法の6は、2進法で110と3桁で表される。いちばん左の桁値が4（2×2）、中央の桁値が2なので、4の位が1、2の位が1、1の位が0という意味だ（4+2+0=6）。

二等辺3角形
2つの辺の長さと2つの角の大きさが等しい3角形。

●は

8面体
8つの3角形の**面**からなる3次元**多面体**。正8面体は、5つの**プラトンの立体**のひとつ。

発散
主として、一定値に近づかない**無限級数**を、発散するという。**収束**も参照のこと。

半径
円や球の中心と**円周**を結ぶ直線。

反復法
同じ**演算**を何度も繰り返して結果を求めること。

ひし形
4辺の長さが等しい**4角形**。いわゆるダイヤの形。正方形は、4つの角がすべて90**度**のひし形である。

微積分学
連続的に変化する数量を扱う、数学の一部門。変化の割合（変化率）を考察する**微分**学と、曲線や曲面の下の**面積**や**体積**を求める**積分**学からなる。

微分
微積分学において、任意の**関数**の変化率を求める過程。微分計算の結果の関数を、もとの関数の微分**係数**、あるいは**導関数**という。

微分方程式
任意の**変数**の**導関数**を含む、**関数**を表す**方程式**。

非ユークリッド幾何学
従来の**幾何学**は、古代にユークリッドが記述した、**平行**な直線は決して交わらないなどの**公準**や**公理**を出発点に築かれてきたが、そういう公理を無効にして矛盾なく展開しうる幾何学を非ユークリッド幾何学という。

表面積
平面や曲面、あるいは立体の外側表面の**面積**。

比例
2つの数量が同じ割合で変化する関係。1つの数量が大きくなると、もう1つの数量が同じ割合で小さくなる（逆数に正比例する）関係を、反比例（逆比例）という。

複素数
実数と**虚数**、2つの単位によって構成される数。

複素数平面
複素数を点で表すことができる**無限**の2次元**平面**。

不尽根数
例えば$\sqrt{2}$のように、**根**のかたちで表される**無理数**。分数に簡約はできないし、小数では**循環**しない**無限**小数となって正確に表せない。

不等辺3角形
どの3辺の長さも3つの角の大きさも等しくない3角形。

フラクタル
どの部分を拡大しても全体の形と同じ図形になるという複雑なパターンを形成する、自己相似性をもつ曲線や図形。雲や岩石の構成など、自然現象の多くがフラクタルに近似する。

プラトンの立体
すべての**面**が同一の**多角形**で構成され、すべての面が同じ角度で接する、対称性をもつ正**多面体**。正**4面体**、**立方体**、正**8面体**、正**12面体**、正**20面体**の5つ。

分子
分数表現を除法（割り算）で考えたとき、横線の上や斜線の左に記す被除数（割られる数）。例えば3/4という分数の、分子は3。

分母
分数表現を除法（割り算）で考えたとき、横線の下や斜線の右に記す**除数**。例えば3/4という分数の、分母は4。

平均値
データの合計値をデータ数で割った値。例えば、1、4、6、13という4つの数の平均値は、$1+4+6+13=24$、$24\div4=6$なので、6である。

平行
ある直線が別の直線の方向とまったく同じであること。

平行移動
形、大きさ、向きを変えずに、オブジェクトを一定の距離、一定の方向へ移す**関数**。

平行四辺形
2組の向かい合う辺の長さがそれぞれ等しく、互いに**平行**な**4角形**。正方形、長方形、**ひし形**も平行四辺形のうちである。

平方数
同じ数を2回掛けて（2乗して）得られる**自然数**。例えば25は、$5\times5=5^2=25$なので、平方数である。

平面
平らな表面。

平面幾何学
平面上の図形を研究する**幾何学**。

べき級数
各**項**が**累乗**（**べき乗**）の**積**で、累乗する回数が1から次第に大きくなっていくかたちで表される**級数**。

ベクトル
数学や物理学において、力、速度、加速度など、大きさと向きをもつ量。図式中ではよく矢印で表される。

ベクトル空間
特に線形**代数学**において、**ベクトル**どうしやベクトルと**スカラー**の乗算に関する、複雑な抽象的数学構造。

変換
特定のルールに従って、図形や**式**をほかの図形や式に移すこと。

変数
さまざまな数値をとることができる数。xやyなどの文字で表されることが多い。

ベン図
データの**集合**を重なり合う円のかたちで示す図式。円が重なった部分には、各集合に共通する要素が含まれる。

偏微分方程式
変数を複数含み、一度にひとつの変数しか**微分**されない**微分方程式**。

方程式
2つの**式**や数値が互いに等しいと述べること。数学ではたいてい**関数**を方程式で表す。例えば$y\times y\times y=y^3$など、**変数**がどんな値をとっても成り立つ方程式を、恒等式という。

放物線
楕円の片側に似た、ただし**発散**する曲線。**グラフ**上に2次**関数**を描くと放物線状になる。

●ま

無限
際限がなくて、完結しないこと。数学においては無限にも種類があり、例えば**自然数の集合**は可算無限（1つ1つ並べて数えられるが、終わりには決して達しない）、**実数**の集合は非可算無限である。

無限級数
項が無限個ある**級数**。

無理数
整数の比では表すことのできない数。

面
3次元図形の平坦な表面。

面積
2次元の領域内の広さを表す量。平方センチメートル（cm^2）など、平方単位で示す。

モジュール算数
時計の算数ともいう。ある一定値まで数えると0に達し、その過程が繰り返される計算。

●や

友愛数
一方の**因数**の和が他方に等しい**整数**の対（ペア）。最小の組は220と284。

有理数
2つの**自然数**の比（分数）のかたちで表される数。**無理数**も参照のこと。

弓形
円の**弦**と**弧**（**円周**の一部）からなる図形。

余弦（cos）
正弦と同様、**三角法**の**関数**（三角関数）。**直角**3角形の**斜辺**の長さに対する、隣接辺の長さの比を表す。

4次元立方体
立方体の各**頂点**には3辺、正方形の各頂点には2辺が集まるのに対して、各頂点に4つの辺が集まる4次元図形。

4次方程式
式に含まれる**項**の**累乗**の最大**指数**が4（例えばx^4）である**方程式**。

予想
まだ**証明**や反証のされていない命題や主張。強い予想と弱い予想が対になっていることもある。強い予想が証明されれば、弱い予想も証明されるが、その逆はありえない。

●ら

ラジアン
角の大きさ（角度）を表す、**度**に代わる単位。**円周**上で**半径**と長さの等しい**弧**を切り取る、2本の半径がつくる角を1ラジアンとする。円周の長さは半径×2×**円周率**（π）なので、2πラジアン（全周）が360°となる。

立方体〔正6面体〕
同一の正方形の**面**6つからなる3次元**幾何学**図形。5つの**プラトンの立体**のひとつ。また、例えば8など正の**整数**を3乗して得られる数（$2\times2\times2=2^3=8$）を立方数というが、立方体の体積を求める計算のしかた（辺の長さ×高さ×奥行き）と同じである。

累乗（べき乗）
同じ数を何回か掛け合わせること。例えば、yを4回掛け合わせる（$y\times y\times y\times y$）のを「$y$を4乗する」といい、$y^4$と表す。

連立方程式
x、y、zなど共通する未知数を含む、複数の**方程式**。未知数が与えられた方程式をすべて満足するものとして、解を求める。

60進法
古代バビロニア発祥の60を**基数**とする**数体系**。今でも限定的に、時間や角度、地理上の**座標**などに用いられている。

論理学
推論、つまり、妥当なルールに従って、ある初期情報（前提）から正しく結論を導き出す方法を研究する学問。

索引

さ行

た行

な行

は行

ま行

や行

ら行

わ行

引用出典

項のタイトルに使われた以下の引用は、各項目のキーパーソンではない人のものが多い。

古代および古典期

p.60　**「円周率探究は宇宙探検のごとし」**
デイヴィッド・チュドノフスキー（ウクライナ系アメリカ人の数学者）

p.70　**「3角形を測る技術」**
サミュエル・ジョンソン（イギリスの著述家）

p.80　**「算術の華」**
レギオモンタヌス（ドイツの数学者・天文学者）

p.82　**「智の大空に輝く比類なき星」**
マーティン・コーエン（イギリスの哲学者）

中世

p.92　**「代数は科学的技術」**
ウマル・ハイヤーム（ペルシャの数学者・詩人）

p.106　**「いたるところにある"天球の音楽"」**
ガイ・マーチー（アメリカの作家）

p.112　**「倍増しの力（パワー）」**
イブン・ハッリカーン（イスラムの学者・伝記作家）

ルネサンス期

p.118　**「芸術と生命の幾何学」**
マティラ・ギカ（ルーマニアの小説家・数学者）

p.124　**「大きなダイヤモンドのように」**
クリス・コールドウェル（アメリカの数学者）

p.152　**「すばらしい発明の手段」**
エヴァンジェリスタ・トリチェッリ（イタリアの物理学者・数学者）

p.162　**「偶然は法則に縛られ、法則に支配される」**
ボエティウス（古代ローマの数学者・政治家）

p.168　**「微積分で未来を予測できる」**
スティーヴン・ストロガッツ（アメリカの数学者）

啓蒙思想期

p.186　**「自分自身を生み出す不思議な数」**
イアン・スチュアート（イギリスの数学者）

p.197　**「最も美しい方程式」**
キース・デブリン（イギリスの数学者）

p.198　**「どんな理論も完璧ではない」**
ネイト・シルヴァー（アメリカの統計学者）

p.200　**「単に代数の問題」**
ロバート・シンプソン・ウッドワード（アメリカの技術者・物理学者・数学者）

p.204　**「代数学はしばしば求められる以上のものを与える」**
ジャン・ダランベール（フランスの数学者・哲学者）

19世紀

p.218　**「宇宙のあらゆる粒子の位置を知る小鬼」**
スティーヴン・ピンカー（カナダ生まれ、アメリカの心理学者）

p.221　**「応用数学に不可欠なツール」**
ヴァルター・フリッケ（ドイツの天文学者・数学者）

p.226　**「新しい種類の関数」**
W・W・ラウズ・ボール（イギリスの数学者・法律家）

p.234　**「折りたたみ地図のように」**
シルヴァナス・フィリップス・トンプソン（イギリスの物理学者・技術者）……元はピーター・テイト（イギリスの物理学者・数学者）の言葉

p.238　**「マトリックス（行列）はどこにでもある」**
映画『マトリックス』より

p.250　**「素数の音楽」**
マーカス・デュ・ソートイ（イギリスの数学者・著述家）

p.252　**「無限にも大小がある」**
ジョン・グリーン（アメリカの小説家）

p.260　**「静かでリズミカルな空間で途方に暮れている」**
パオロ・ジョルダーノ（イタリアの数学者・小説家）

現代数学

p.268　**「統計学は科学の文法」**
カール・ピアソン（イギリスの数学者・統計学者）

p.276　**「いささかつまらない数」**
G・H・ハーディ（イギリスの数学者）

p.278　**「100万匹の猿が100万台のタイプライターを叩く」**
ロバート・ウィレンスキー（アメリカのコンピュータ科学者）

p.280　**「彼女は代数学の様相を一変させた」**
ヘルマン・ヴァイル（ドイツの数学者）

p.291　**「デジタル時代の青写真」**
ロバート・ギャラガー（アメリカの電子技術者）

p.294　**「小さなポジティブ・バイブレーションが全宇宙を変える」**
アミット・レイ（インドの著述家）

p.302　**「数学の大統一理論」**
エドワード・フレンケル（ロシア生まれのアメリカの数学者）

p.306　**「際限のない変化と果てしない複雑化」**
ロジャー・ペンローズ（イギリスの数学者）

p.318　**「まだ見えない糸につながれた宝石」**
ロナルド・ソロモン（アメリカの数学者）

p.320　**「じつに驚くべき証明」**
ピエール・ド・フェルマー（フランスの法律家・数学者）

図版出典

謝辞

本書の完成までにお世話になった、以下の方々に感謝する。デザイン協力者：ガディ・ファーフォー、ミーナル・ゲール、デビヨティ・ムクハージー、ソナリ・ラワット、ギャリマ・アガーワル。編集協力者：ローズ・ブラケット＝オード、ダニエル・バーン、キャスリン・ヘネッシー、マーク・サイラス、シュレヤ・イェンガー。制作協力者：ジリアン・レイド、エイミー・ナイト、ジャクリン・ストリート＝エルカヤム、アニタ・ヤダフ。

PICTURE CREDITS

The publisher would like to thank the following for their kind permission to reproduce their photographs:
(Key: a-above; b-below/bottom; c-centre; f-far; l-left; r-right; t-top)

25 Getty Images: Universal History Archive / Universal Images Group (crb). **Science Photo Library:** New York Public Library (bl). **27 Alamy Stock Photo:** Artokoloro Quint Lox Limited (tr); NMUIM (clb). **29 Alamy Stock Photo:** Historic Images (cra). **31 SuperStock:** Stocktrek Images (crb). **32 Getty Images:** Werner Forman / Universal Images Group (cb). **33 Getty Images:** DEA PICTURE LIBRARY / De Agostini (crb). **35 Getty Images:** Print Collector / Hulton Archive (cla). **38 Alamy Stock Photo:** World History Archive (tr). **41 Alamy Stock Photo:** Peter Horree (br). **42 Getty Images:** DEA Picture Library / De Agostini (br). **43 Alamy Stock Photo:** World History Archive (tl). **SuperStock:** Album / Oronoz (tr). **45 Alamy Stock Photo:** The History Collection (tr). **47 Rijksmuseum, Amsterdam:** Gift of J. de Jong Hanedoes, Amsterdam (bl). **49 Dreamstime.com:** Vladimir Korostyshevskiy (bl). **51 Dreamstime.com:** Mohamed Osama (tr). **54 Wellcome Collection http://creativecommons.org/licenses/by/4.0/:** (bl). **55 Science Photo Library:** Royal Astronomical Society (cra). **59 Alamy Stock Photo:** Science History Images (br). **63 Wellcome Collection http://creativecommons.org/licenses/by/4.0/:** (bl). **65 Alamy Stock Photo:** National Geographic Image Collection (tl). **NASA:** Images courtesy of NASA / JPL-Caltech / Space Science Institute (crb). **67 Alamy Stock Photo:** Ancient Art and Architecture (tr). **73 Alamy Stock Photo:** Science History Images (bl, cra). **75 Dreamstime.com:** Gavin Haskell (tr). **77 Getty Images:** Steve Gettle / Minden Pictures (crb). **79 Alamy Stock Photo:** Granger Historical Picture Archive (b). **81 Alamy Stock Photo:** The History Collection (cra). **82 Alamy Stock Photo:** Art Collection 2 (cr). **89 Alamy Stock Photo:** The History Collection (bl). **90 Alamy Stock Photo:** Ian Robinson (clb). **91 SuperStock:** fototeca gilardi / Marka (crb). **94 SuperStock:** Melvyn Longhurst (bl). **98 Getty Images:** DEA PICTURE LIBRARY / De Agostini (t). **99 Getty Images:** DEA / M. SEEMULLER / De Agostini (br). **103 Bridgeman Images:** Pictures from History (cra). **105 Alamy Stock Photo:** Idealink Photography (cra). **108 Alamy Stock Photo:** David Lyons (bl). **110 Alamy Stock Photo:** Acorn 1 (bc). **111 Alamy Stock Photo:** Flhc 80 (clb); RayArt Graphics (tr). **112 Getty Images:** Smith Collection / Gado / Archive Photos (bc). **121 Alamy Stock Photo:** Art Collection 3 (bl). **122 Alamy Stock Photo:** Painting (t). **123 Dreamstime.com:** Millafedotova (crb). **126 Alamy Stock Photo:** James Davies (bc). **127 Getty Images:** David Williams / Photographer's Choice RF (tr). **131 Science Photo Library:** Science Source (b). **134 iStockphoto.com:** sigurcamp (bl). **136 Alamy Stock Photo:** George Oze (br). **137 Alamy Stock Photo:** Hemis (tl). **139 Alamy Stock Photo:** Classic Image (tr). **140 Science Photo Library:** Oona Stern (clb). **141 Alamy Stock Photo:** Pictorial Press Ltd (tl). **Getty Images:** Keystone Features / Stringer / Hulton Archive (bc). **143 Wellcome Collection http://creativecommons.org/licenses/by/4.0/:** (tr). **146 Alamy Stock Photo:** IanDagnall Computing (bl). **147 Science Photo Library:** Royal Astronomical Society (br). **150 Getty Images:** Etienne DE MALGLAIVE / Gamma-Rapho (tr). **159 Rijksmuseum, Amsterdam:** (bl). **160 Alamy Stock Photo:** James Nesterwitz (clb). **Gwen Fisher:** Bat Country was selected as a 2013 Burning Man Honorarium Art Project. (tl). **163 123RF.com:** Antonio Abrignani (tr). **Alamy Stock Photo:** Chris Pearsall (clb, cb, cb/blue). **164 Alamy Stock Photo:** i creative (br). **171 Alamy Stock Photo:** Stefano Ravera (ca). **172 Getty Images:** DE AGOSTINI PICTURE LIBRARY (bl). **173 Alamy Stock Photo:** Granger Historical Picture Archive (br). **174 Alamy Stock Photo:** World History Archive (tc). **175 Alamy Stock Photo:** INTERFOTO (tr). **177 Alamy Stock Photo:** Chronicle (crb). **182 Getty Images:** Science Photo Library (bc). **183 Library of Congress, Washington, D.C.:** LC-USZ62-10191 (b&w film copy neg.) (bl). **185 Alamy Stock Photo:** Interfoto (tr). **Getty Images:** Xavier Laine / Getty Images Sport (bc). **188 Wellcome Collection http://creativecommons.org/licenses/by/4.0/:** (bl). **190 Alamy Stock Photo:** Peter Horree (clb). **191 Alamy Stock Photo:** James King-Holmes (tr). **193 Alamy Stock Photo:** Heritage Image Partnership Ltd (bl). **196 Getty Images:** Steve Jennings / Stringer / Getty Images Entertainment (crb). **201 Alamy Stock Photo:** Classic Image (bl). **203 Wellcome Collection http://creativecommons.org/licenses/by/4.0/:** (tr). **206 Alamy Stock Photo:** Science History Images (tr). **208 Alamy Stock Photo:** Science History Images (tr). **Getty Images:** Bettmann (tl). **209 Alamy Stock Photo:** NASA Image Collection (clb). **217 Getty Images:** AFP Contributor (br). **Wellcome Collection http://creativecommons.org/licenses/by/4.0/:** (cla). **218 Getty Images:** Jamie Cooper / SSPL (bc). **219 Getty Images:** Mondadori Portfolio / Hulton Fine Art Collection (tr). **220 Alamy Stock Photo:** The Picture Art Collection (crb). **223 Alamy Stock Photo:** Chronicle (cla). **224 Dorling Kindersley:** The Science Museum (tl). **Getty Images:** Science & Society Picture Library (bc). **225 The New York Public Library:** (tr). **227 Getty Images:** Stocktrek Images (cb). **SuperStock:** Fine Art Images / A. Burkatovski (tr). **229 Daina Taimina:** From Daina Taimina's book *Crocheting Adventures with Hyperbolic Planes* (cb); Tom Wynne (tr). **231 Getty Images:** Bettmann (tr). **232 Getty Images:** Boston Globe / Rubik's Cube® used by permission of Rubik's Brand Ltd www.rubiks.com (bc). **233 Alamy Stock Photo:** Massimo Dallaglio (tl). **235 Alamy Stock Photo:** The History Collection (tr); Jochen Tack (cla). **237 Alamy Stock Photo:** Painters (tr). **239 Alamy Stock Photo:** Beth Dixson (bl). **Wellcome Collection http://creativecommons.org/licenses/by/4.0/:** (tr). **245 Wellcome Collection http://creativecommons.org/licenses/by/4.0/:** (bl). **247 Alamy Stock Photo:** sciencephotos (tl). **249 Alamy Stock Photo:** Chronicle (tr); Peter Horree (cla). **251 Alamy Stock Photo:** The History Collection (tr). **Science Photo Library:** Dr Mitsuo Ohtsuki (cb). **253 Alamy Stock Photo:** INTERFOTO (bl). **255 Dreamstime.com:** Antonio De Azevedo Negrão (cr). **257 Alamy Stock Photo:** Science History Images (tr). **259 Alamy Stock Photo:** Wenn Rights Ltd (tr). **261 Getty Images:** ullstein bild Dtl. (tr). **267 Alamy Stock Photo:** History and Art Collection (tr). **270 Alamy Stock Photo:** Chronicle (tl). **271 Science Photo Library:** (bl). **273 Getty Images:** John Pratt / Stringer / Hulton Archive (cla). **274 NASA:** NASA's Goddard Space Flight Center (br). **275 Getty Images:** Keystone / Stringer / Hulton Archive (tr). **277 Alamy Stock Photo:** Granger Historical Picture Archive (tr). **279 Getty Images:** Eduardo Munoz Alvarez / Stringer / Getty Images News (cra); ullstein bild Dtl. (bl). **281 Alamy Stock Photo:** FLHC 61 (cra). **283 Bridgeman Images:** Private Collection / Archives Charmet (cla). **287 Alamy Stock Photo:** Granger Historical Picture Archive (tr). **Getty Images:** Bletchley Park Trust / SSPL (bl). **289 Alamy Stock Photo:** Ian Dagnall (tl). **291 Alamy Stock Photo:** Science History Images (cr). **296 Alamy Stock Photo:** Jessica Moore (tr). **Science Photo Library:** Emilio Segre Visual Archives / American Institute of Physics (bl). **297 Alamy Stock Photo:** Science Photo Library (br). **301 Alamy Stock Photo:** Aflo Co. Ltd. (clb). **303 Dorling Kindersley:** H. Samuel Ltd (cra). Institute for Advanced Study: Randall Hagadorn (bl). **308 Getty Images:** PASIEKA / Science Photo Library (tr). **309 Science Photo Library:** Emilio Segre Visual Archives / American Institute Of Physics (tr). **310 Alamy Stock Photo:** Steve Taylor ARPS (bc). **311 Getty Images:** Fine Art / Corbis Historical (clb). **313 Getty Images:** f8 Imaging / Hulton Archive (crb). **315 Dorling Kindersley:** Royal Signals Museum, Blandford Camp, Dorset (bc). **316 Alamy Stock Photo:** Interfoto (bl). **317 Getty Images:** Matt Cardy / Stringer / Getty Images News (clb). **323 Science Photo Library:** Frederic Woirgard / Look At Sciences (bl). **325 Avalon:** Frances M. Roberts (tr)